WLW

高等职业院校
物联网应用技术专业系列教材

无线通信技术

（第二版）

WUXIAN TONGXIN JISHU

总 主 编　任德齐
副总主编　陈　良　程远东
主　　编　杨　槐
副 主 编　王建勇
参　　编　张建碧　蔡　川　杨　埙　姚　进
王万刚　沈　昕　邓　旭　陈　勇
董　灿　向舜然　徐玲利

重庆大学出版社

内容提要

本书主要介绍物联网应用中的常用无线通信技术,内容包括短距离无线通信技术及移动通信领域的几个热点技术:RFID 技术、ZigBee 技术、WLAN 技术、蓝牙技术、红外技术、超宽带技术、移动通信技术。本书全面分析了这些无线通信技术的基本理论、基本技术,并兼顾具体实际应用。在介绍每种无线通信技术时,均采用循序渐进的方式,有助于引导读者在短时间内掌握无线通信技术及其组网技术的基本理论和研究方法,并为其应用提供了很好的技术参考。本书通俗易懂,具有较强的操作性和实用性。

本书可作为高等职业院校物联网应用技术、电子信息工程、通信技术等专业的无线通信技术课程的教材和相关工程技术人员的参考书,还可以作为学习无线通信技术爱好者的参考书。

图书在版编目(CIP)数据

无线通信技术/杨槐主编.—重庆:重庆大学出版社,2015.7(2023.7 重印)

高等职业院校物联网应用技术专业系列教材

ISBN 978-7-5624-9156-9

Ⅰ.①无… Ⅱ.①杨… Ⅲ.①无线电通信—高等职业教育—教材 Ⅳ.①TN92

中国版本图书馆 CIP 数据核字(2015)第 126405 号

高等职业院校物联网应用技术专业系列教材

无线通信技术

(第二版)

主 编 杨 槐

副主编 王建勇

责任编辑:章 可 版式设计:章 可

责任校对:关德强 责任印制:赵 晟

*

重庆大学出版社出版发行

出版人:饶帮华

社址:重庆市沙坪坝区大学城西路 21 号

邮编:401331

电话:(023) 88617190 88617185(中小学)

传真:(023) 88617186 88617166

网址:http://www.cqup.com.cn

邮箱:fxk@cqup.com.cn (营销中心)

全国新华书店经销

重庆魏承印务有限公司印刷

*

开本:787mm×1092mm 1/16 印张:18 字数:428 千

2015 年 7 月第 1 版 2021 年 1 月第 2 版 2023 年 7 月第 4 次印刷

ISBN 978-7-5624-9156-9 定价:45.00 元

序 言

近几年来，物联网作为新一代信息通信技术，继计算机、互联网之后掀起了席卷世界的第三次信息产业浪潮。信息产业第一次浪潮兴起于20世纪50年代，以信息处理PC机为代表；20世纪80年代，以互联网、通信网络为代表的信息传输推动了信息产业的第二次浪潮；而2008年兴起的以传感网、物联网为代表的信息获取或信息感知，推动信息产业进入第三次浪潮。

与错失前两次信息产业浪潮不同，我国与国际同步开始物联网的研究。2009年8月，温家宝总理在视察中科院无锡物联网产业研究所时提出“感知中国”概念，物联网被正式列为国家五大新兴战略性产业之一。当前我国在物联网国际标准制定、自主知识产权、产业应用和制造等方面均具有一定的优势，成为国际传感网标准化的四大主导国之一。据不完全统计，目前全国已有28个省市将物联网作为新兴产业发展重点之一。2012年国家发布了《物联网“十二五”发展规划》，物联网将大量应用于智能交通、智能物流、智能电网、智能医疗、智能环保、智能农业等重点行业领域中。业内预计，未来五年全球物联网产业市场将呈现快速增长态势，年均增长率接近25%。保守预计，到2015年中国物联网产业将实现5 000多亿元的规模，年均增长率达11%左右。

产业的发展离不开人才的支撑，急需大批的物联网应用技术高素质技能人才。物联网广阔的行业应用领域为高等职业教育敞开了宽广的大门，带来了无限生机，越来越多的院校开办这个专业。截止到2012年，国内已有400余所高职院校开设了物联网相关专业（方向），着眼培养物联网应用型人才。由于物联网属于电子信息领域的交叉领域，物联网应用技术专业与电子、计算机以及通信网络等传统电子信息专业有何差异？物联网应用技术人才需要掌握的专业核心技能究竟是哪些？物联网应用技术专业该如何建设？这些问题需要深入思考。作为新专业有许多工作要做：制订专业的培养方案、专业课程体系、实训室建设，同时急需要开发与之配套的教材、教学资源。

2012年6月，针对物联网专业建设过程中面临的共性问题，重庆工商职业学院、重庆电子工程职业学院、重庆城市管理职业学院、绵阳职业技术学院、四川信息职业技术学院、成都职业技术学院、贵州交通职业技术学院、武汉职业技术学院、九江职业技术学院、重庆正大软件职业技术学院、四川工程职业技术学院、重庆航天职业技术学院、重庆管理职业学院、重庆科创职业学院、昆明冶金高等专科学校、陕西工业职业技术学院等西部国家示范和国家骨干高职学院联合倡议，在重庆大学、四川大学等“985”高校专家的指导下，在重庆物联网产业联盟组织的支持下，依托重庆大学出版社，发起成立了国内第一个由“985”高校专家、行业专家、职业学院教师等物联网行业技术与教育精英人才组成的“全国高等职业院校物联网应用技术专业研究协作会”(简称协作会)。旨在开发物联网信息资源、探索与研究职业教育中物联网应用技术专业的特点与规律、推进物联网教学模式改革及课程建设。协作会的成立为“雾里看花”的国内高职物联网相关专业教学人员提供了一个交流、研讨、资源开发的平台,促进高职物联网应用技术专业又快又好地发展。

在协作会的统一组织下,汇集国内行业技术专家与众多高职院校从事物联网相关专业教学的资深教师联合编撰的物联网应用技术专业系列教材是“协作会”推出的第一项成果。本套教材根据物联网行业对应用技术型人才的要求进行编写,紧跟物联网行业发展进度和职业教育改革步伐,注重学生实际动手能力的培养,突出物联网企业实际工作岗位的技能要求,使教材具有良好的实践性和实用价值。帮助学生掌握物联网行业的各种技术、规范和标准,提高技能水平和实践能力,适应物联网行业对人才的要求,提高就业竞争力。系列教材具有以下特点:

1. 遵循“由易到难、由小到大”的规律构建系列教材

以学生发展为中心。满足学生需要,重视学生的个体差异和情感体验,提倡教学中设计有趣而丰富的活动,引导学生参与、参与、再参与。

教材编写时根据教学对象的知识结构和思维特点,按照学生的认知规律,由小而简单的知识开始,便于学生掌握基本的知识点和技能点,再逐步由小知识一步步叠加构成后面的大而相对复杂的知识,这样可以避免学生学习过程中产生的畏难情绪,有利于教与学。

2. 校企合作,精心选择、设计任务载体

系列教程编写过程中强调行业人员参与,每本教材都有行业一线技术专家参加编写,注重案例分析,以案例示范引领教学。根据课程特点,部分教材将编写成项目形式,将课程内容划分为几个课题,每个课题分解成若干个任务,精心选择、设计每一课题的每一个任务。各个任务中的主要知识点蕴含在各个任务载体中,学生围绕每个任务的实现而循序渐进地学习,实现相应的教学目标,从而激发学生的学习兴趣,树立学生的学习信心。

3. 教材编写遵循“实用、易学、好教”的原则

教材内容根据“实用、易学、好教”的原则编写,尽量选择生活、生产中的实例,突出学以致用,淡化理论推导,着重分析,简化原理讲解,突出常用的功能以及应用,使学生易学,老师好教。

我们深信,这套系列教材的出版,将会有效地推动全国高等职业院校物联网应用技术专业的教学发展,填补国内高职院校物联网技术应用专业系列教材的空白。

本系列教材比较准确地把握了物联网应用技术专业课程的特征,既可作为高职学院物联网应用技术专业的课程教材,也可作为职业培训机构的物联网相关技术培训教材,对从事物联网工作的工程技术人员也有学习参考价值。当然,鉴于物联网技术仍处于发展阶段,编者的理论水平和实践能力有限,本套教材可能存在一定缺陷和疏漏,我们衷心希望使用本系列教材的院校和师生提出宝贵建议和意见,使该系列教材得到不断的完善。

总主编　任德齐

2013 年 1 月

前言

物联网技术被认为是继计算机、互联网之后信息产业的第三次浪潮。物联网的出现，将信息互通的方式从 H2H（Human to Human）延伸至 M2M（Machine to Machine），为信息化提供了更加广阔的空间。

物联网中所运用到的无线通信技术有短距离无线通信技术和移动通信技术。短距离无线通信技术旨在解决近距离设备的连接问题。该技术满足物联网终端组网，以及物联网终端网络与电信网络互连互通的要求，已经广泛应用于热点覆盖、家庭办公网络、家庭数字娱乐、智能楼宇、物流运输管理等方面，并以其丰富的技术种类和优越的技术特点，满足了物物互连的应用需求，逐渐成为物联网架构体系的主要支撑技术。

移动通信网络能够实现无缝覆盖，接入也很方便，为物联网的实际应用提供了坚实的物质基础。其移动终端实现了信息节点和网络之间随时、随地的通信。其传输网络主要实现各移动节点的相互连接和信息的远程传输，而物联网中的信息传输网络也可完成相类似的功能，而且完全可以将移动通信网络管理维护的相关思想、架构应用到物联网的网络管理和维护。

高职物联网教材多是"物联网导论""物联网基础"等类的书籍，侧重介绍物联网的基本概念、基本原理以及相关应用等综述性知识，而介绍物联网的相关核心技术的专门教材比较少。

本书系统地介绍了物联网架构体系中的一些重要支撑技术——短距离无线通信技术的基本概念、基本原理、技术特点及应用等，内容包括 RFID、ZigBee、无线局域网（WLAN）、蓝牙、IrDA（红外）、超宽带（UWB）技术等。全书共有 8 个项目，各项目内容安排如下：

项目 1 为概述，首先介绍无线通信的定义、工作方式，基带/频带传输、并行/串行传输、同步/异步传输以及无线电波的传播方式；然后介绍物联网的体系结构；之后对物联网中的无线通信技术进行简要介绍；最后对 5G 的标准、技术规范、优点、网络结构关键技术等进行介绍。

项目 2 为 RFID 技术，首先从射频的概念和与其他自动识别技术对比讲起，对 RFID 技术相关的知识进行介绍。然后对 RFID 的系统构成及其 3 大部件——电子标签、读写器和系统高层分别进行介绍。最后简要介绍 RFID 项目实施过程要考虑的几个问题。

项目 3 为 ZigBee 网络，首先介绍 ZigBee 技术的概念、特点、发展历程、体系结构、网络结构和协议栈；接着着重介绍 ZigBee 点对点数据传输实验的步骤；最后介绍 ZigBee 的具体应用。

项目 4 为无线局域网（WLAN），首先介绍无线局域网的概念、特点及典型应用；然后介绍无线局域网的网络组件的选择策略与安装、网络模式；最后介绍了搭建简单无线局域网的步骤。

项目5为蓝牙技术，首先介绍蓝牙技术的概念、主要特点、版本及标准；然后着重介绍了蓝牙技术的网络结构和系统构成；最后介绍了蓝牙技术的各种具体应用以及应用蓝牙技术组建无线局域网的步骤。

项目6为红外技术，首先介绍红外技术的概念、技术特点、发展及其标准；然后介绍红外通信的核心——IrDA协议栈；最后简要介绍IrDA的应用。

项目7为超宽带技术(UWB)，首先介绍UWB的定义、技术规范、技术特点、UWB与现代通信的区别、UWB的关键技术、标准及系统框架；最后对UWB应用的网络结构及各种应用和应用举例进行介绍。

项目8为移动通信技术，首先介绍移动通信发展的历史，移动通信网络的属性、特点、系统组成、主流业务，移动通信中用到的基本技术；然后介绍3G移动通信系统的结构、3G的3大标准以及3G的应用；之后对4G实现的性能、优点、网络结构、关键技术和标准技术进行介绍；最后对5G的标准、技术规范、优点、网络结构、关键技术等进行介绍。

本书对物联网中用到的短距离无线通信技术和移动通信技术领域中用到的几个关键技术的基本原理、技术特点及其应用均作了介绍，便于读者进一步深入地学习研究。

全书由重庆城市管理职业学院的杨槐主编，王建勇任副主编，王小平教授主审，张建碧、蔡川、杨埙、姚进、王万刚、沈昕、邓旭、陈勇、董灿、向舜然等老师和重庆市工业高级技工学校的徐玲利老师参编。在编写过程中，承蒙乐明于教授、四川信息工程职业学院的曾宝国老师和重庆工商职业学院郭斌教授等多位专家提供了大量宝贵的意见与建议，并参考和引用了相关资料。在此，向为本书的编写、出版工作作出贡献的所有人员深表感谢。

最后需要说明的是，由于本书涉及的内容广泛，编者水平有限，加之时间仓促，书中难免存在错误和不足，恳请读者批评指正。

编　者

2015年3月

目录 CONTENTS

项目1 无线通信技术概述

学习目标

· 掌握无线通信的定义、工作方式；

· 掌握基带/频带传输、并行/串行传输、同步/异步传输；

· 了解无线电波的传播方式；

· 掌握物联网的体系结构；

· 掌握物联网中的无线通信网络；

· 掌握物联网中常用的无线通信技术。

重点、难点

· 数据传输中的基带/频带传输、并行/串行传输、同步/异步传输；

· 物联网的体系结构；

· 物联网中的无线通信网络；

· 物联网中常用的无线通信技术。

任务1 认识无线通信技术的基本概念及业务

1.无线通信的定义

通信是将信号从一个地方向另一个地方传输的过程，用于完成信号的传递与处理的系统称为通信系统（Communication System）。现代通信要实现多个用户之间的相互连接，这种由多用户通信系统互连的通信体系称为通信网络（Communication Network）。通信网络以转接交换设备为核心，由通信链路将多个用户终端连接起来，在管理机构（包含各种通信与网络协议）的控制下实现网上各个用户之间的相互通信。

无线通信（Wireless Communication）是利用电磁波信号可以在自由空间中传播的特性进行信息交换的一种通信方式，近些年在信息通信领域中，发展最快、应用最广的就是无线通信技术。在移动中实现的无线通信又统称为移动通信。人们把二者合称为无线移动通信，与有线通信对应。

作为有线通信的补充和发展，无线通信系统自20世纪起，特别是21世纪初以来得到了迅猛的发展。其中，蜂窝移动通信从模拟无线通信发展到数字无线通信，从早期的大区制蜂窝系统，支持很少的用户，很低的数据速率，但是有较远的传输距离，到目前的宏蜂窝、微蜂窝，通信半径越来越小，支持用户越来越多，数据传输速率越来越高。从2G、2.5G、3G到目前在国内已经应用的4G，毫无疑问，蜂窝移动通信技术的产生、发展及应用是通信领域最伟大的成就之一。这些蜂窝移动通信对于国民经济和国家安全具有越来越重要的意义，和人们生活紧密相关的短距离无线通信技术与系统也得到了迅速的发展。

2.无线通信系统的组成和分类

无线通信系统有五个组成部分：信号源、发送设备、接收设备、受信人、传输媒质，如图1.1所示。

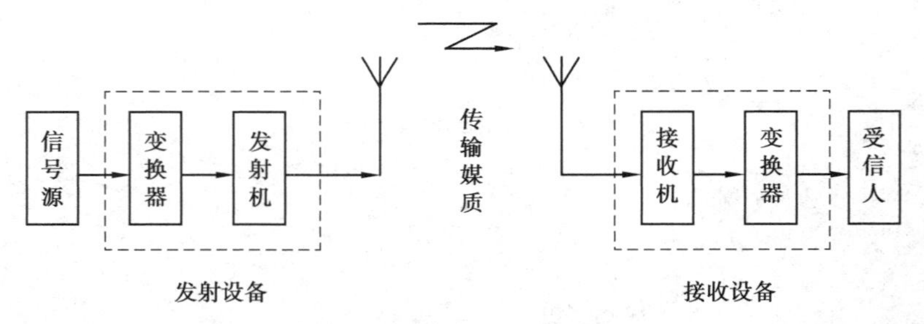

图1.1 无线通信系统组成

✧信号源：提供需要传送的信息；

✧变换器:完成待发送的信号(图像、声音等)与电信号之间的转换;

✧发射机:将电信号转换成高频振荡信号并由天线发射出去;

✧传输媒质:指信息的传输通道,对于无线通信系统来说,传输媒质是指自由空间;

✧接收机:将接收到的高频振荡信号转换成原始电信号以方便受信人接收;

✧受信人:指信息的最终接收者。

按照无线通信系统中关键部分的不同特性,有以下一些类型:

按照工作频段或传输手段分类,有中波通信、短波通信、超短波通信、微波通信和卫星通信等。所谓工作频率,主要指发射与接收的射频(RF)频率。射频实际上就是“高频”的广义语,它是指适合无线电发射和传播的频率。无线通信的一个发展方向就是开辟更高的频段。

按照通信方式来分类,主要有(全)双工、半双工和单工方式。

按照调制方式的不同来划分,有调幅、调频、调相以及混合调制等。

按照传送消息的类型分类,有模拟通信和数字通信,也可以分为话音通信、图像通信、数据通信和多媒体通信等。

各种不同类型的通信系统,其系统组成和设备的复杂程度都有很大不同。但是组成设备的基本电路及其原理都是相同的,遵从同样的规律。

3.传输信息的信号

电磁信号是一个时间的函数,也可表示为一个频率的函数。也就是说,一个信号是由不同的频率成分组成的。实际上,要理解数据传输,用频域的观点解释信号比用时域的观点解释信号重要得多。下面对这两种观点一一介绍。

1)时域的概念

从时间函数的观点来看,一个电磁信号或是模拟的或是数字的。如果经过一段时间,信号的强度变化是平滑的,这种信号就是模拟信号(Analog Signal)。换句话说,模拟信号中没有中断或不连续。如果在某一段时间内信号强度保持某个常量值,然后在下一时段又变化为另一个常量值*,这种信号就称为数字信号(Digital Signal)。图1.2所示为这两种信号的例子。这里的模拟信号可能代表了一段讲话,而数字信号可能代表了二进制的0和1。

最简单的信号是周期信号(Periodic Signal),它是指经过一段时间,不断重复相同信号模式的信号。图1.3所示的例子就是一个周期模拟信号(正弦波)和一个周期数字信号(方波)。从数学的角度来看,当且仅当信号 $s(t)$ 可表示为式(1.1)时,信号 $s(t)$ 才是周期信号,这里的常量 T 是信号周期(T 是满足该等式的最小值),否则该信号是非周期的。

$$s(t+T)=s(t) \qquad (-\infty < t < +\infty) \tag{1.1}$$

* 注:这是一个理想化的定义。事实上,从一个电压电平转变为另一个电压电平并不是即时的,其间会有一个小的转换期。无论如何,实际的数字信号大致接近于理想化的具有即时转换的常量电压电平的模型。

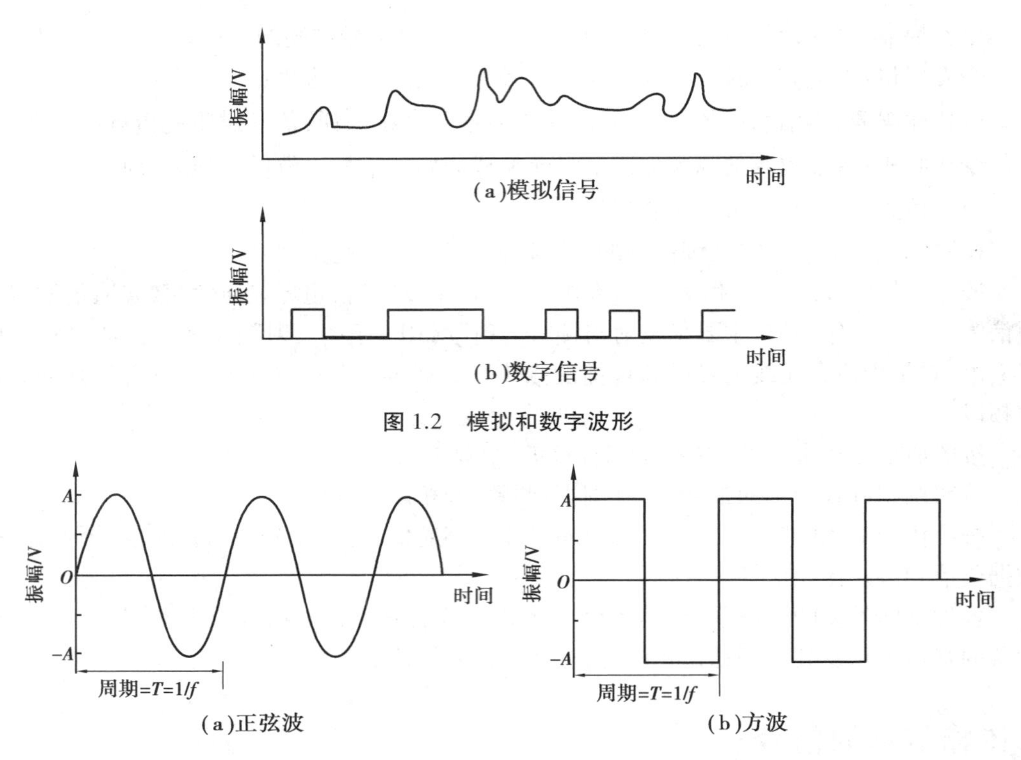

图 1.2　模拟和数字波形

图 1.3　周期信号示例

正弦波是最基本的模拟信号。简单正弦波可以用以下 3 个参数表示:振幅(A)、频率(f)和相位(φ)。振幅(Peak Amplitude)是指一段时间内信号的最大值或强度,通常该值以伏(V)为单位来计量。频率(Frequency)是指信号循环的速度(用 Hz 或每秒的周数表示)。另一个与信号相关的参数是信号的周期(Period)T,它是指信号重复一周所花的时间,因此 $T=1/f$。相位(Phase)表示了一个信号周期内信号在不同时间点上的相对位置。

一般正弦波可用式(1.2)表示。

$$s(t) = A\ \sin(2\pi ft + \phi) \tag{1.2}$$

式(1.2)所表示的函数曲线是人们所熟知的正弦曲线。图 1.4 显示了当 3 个参数分别变化时对正弦波的影响。在图 1.4(a)部分,频率是 1 Hz,也就是周期 $T=1$ s。图1.4(b)与图1.4(a)有相同的频率和相位,但振幅只有原来的 1/2。在图 1.4(c)部分,频率$f=2$ Hz,对应的周期 $T=0.5$ s。图 1.4(d)部分显示了相位移 $\pi/4$ rad(弧度)时的效果,也就是移动了 45°(2π rad=360°=1 周期)。

图 1.4 中的横坐标代表的是时间,因此图形显示的是在空间某一给定点的信号值作为时间的函数。同样这几幅图,只要改变刻度就可以应用到横坐标轴代表空间的情况。在这种情况下,图形显示的是在某时间点的信号值可以用距离的函数来表示。例如,对一个正弦传输(假设是距广播天线一段距离的一个无线电磁波,或者是离喇叭某处的一个声波)来说,某一时刻信号强度是距离的函数,并以正弦波的形式变化。

这两种正弦波一个以时间为横坐标轴,另一个以空间为横坐标轴,它们之间存在着简

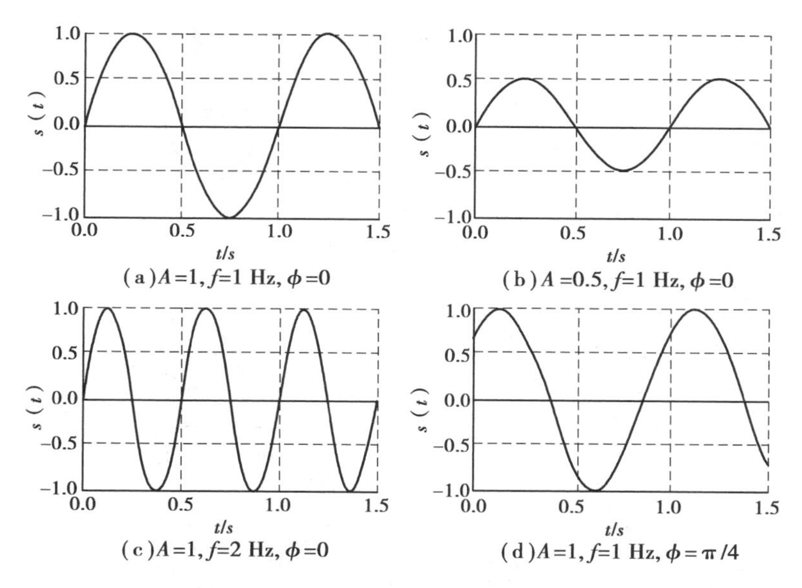

(a) $A=1, f=1$ Hz, $\phi=0$ (b) $A=0.5, f=1$ Hz, $\phi=0$ (c) $A=1, f=2$ Hz, $\phi=0$ (d) $A=1, f=1$ Hz, $\phi=\pi/4$

图 1.4 $s(t)=A\sin(2\pi ft+\phi)$

单的相互关系。定义信号的波长(λ)为一个信号周期所占用的空间长度,或者说,是信号的两个连续周期上相位相同的两点之间的距离。假设信号传播的速度为v,那么波长与周期之间的关系就是$\lambda=vT$,或者写成$\lambda f=v$。与此处的讨论相关的一个特例是$v=c$,c是自由空间中的光速,它约为3×10^8 m/s。

2)频域的概念

实际上,一个电磁信号是由多种频率组成的。例如图 1.5(c)所示表示的信号可用式(1.3)表示。

$$s(t)=(4/\pi)\times(\sin(2\pi ft)+(1/3)\sin((3f)t)) \tag{1.3}$$

这个信号的组成成分只有频率为f和$3f$的正弦波。图 1.5 中(a)和(b)分别表示了这两个独立成分。从这张图中可以发现两个有趣的现象:

✧第二个频率是第一个频率的整数倍。当一个信号所有的频率成分都是某个频率的整数倍时,则后者称为基频(Fundamental Frequency)。

✧整个信号的周期等于基频周期。成分 $\sin 2\pi ft$ 的周期是$T=1/f$,而且$s(t)$的周期也是T,这从图 1.5(c)中可以看出。

利用傅里叶分析可以知道,任何信号都可以由各频率成分组成,而每个频率成分都是正弦波。通过将足够多的具有适当的振幅、频率和相位的正弦信号叠加在一起,可构造任一种电磁信号。即任一电磁信号都可表示为由具有不同振幅、频率和相位的周期性模拟信号(正弦波)所组成。随着讨论的进行,从频率的观点(频域)而不是时间的观点(时域)来看信号的重要性会变得更清楚。

一个信号的频谱(Spectrum)是指它所包含的频率范围。对于图 1.5(c)中的信号,其频谱从f延伸到$3f$。一个信号的绝对带宽(Absolute Bandwidth)是指它的频谱宽度。在图

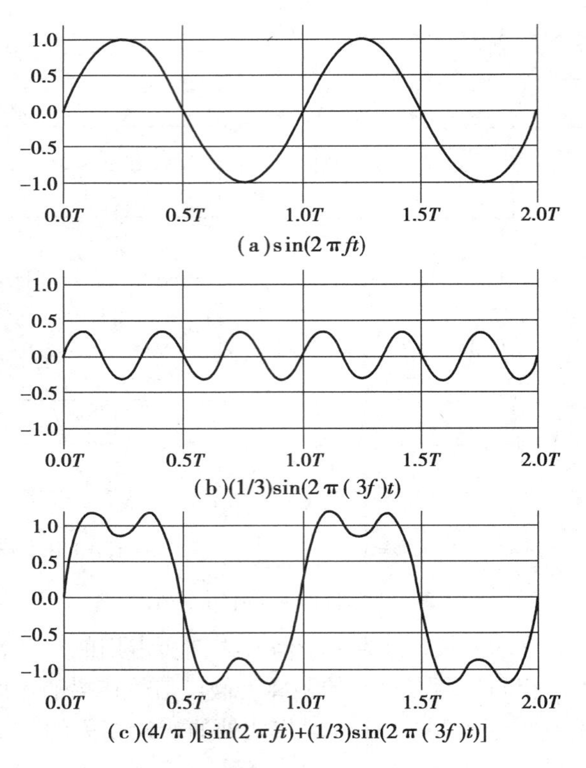

图 1.5 频率成分的叠加($T=1/f$)

1.5(c)的例子中,带宽是 $3f-f=2f$。对许多信号而言,其带宽是无限的。但是,一个信号的绝大部分能量集中在相当窄的频带内,这个频带被称为有效带宽(Effective Bandwidth),或者称带宽(Bandwidth)。

3)数据率与带宽的关系

一个信号的信息承载能力同它的带宽之间存在着直接的关系:带宽越宽,信息承载能力就越强。举个很简单的例子,考虑一下图 1.3(b)中的方波。假设我们让正脉冲代表二进制的 0,负脉冲代表二进制的 1,则该波形就代表了二进制数字流 0101……其中,每个脉冲的持续时间是 $1/(2f)$,因此数据率(data rate)是 $2f$ b/s。这个信号的频率成分是什么呢?要回答这个问题,可以再考虑一下图 1.5。通过将频率为 f 和 $3f$ 的正弦波相加,我们可以得到一个类似方波的波形。让我们继续这一过程,再叠加一个频率为 $5f$ 的正弦波(如图 1.6(a)所示),然后再加上一个频率为 $7f$ 的正弦波(如图 1.6(b)所示)。当叠加更多的 f 的奇数倍正弦波,并按比例对这些正弦波的振幅加以调整后,得到的波形跟方波波形越来越接近。

事实上,具有 A 和 $-A$ 振幅的方波的频率成分可以用式(1.4)表示。

$$s(t) = A \times \frac{4}{\pi} \sum_{k\text{为奇数},k=1}^{\infty} \frac{\sin(2\pi kft)}{k} \tag{1.4}$$

因此,这个波形就具有无限个频率成分,因而具有无限的带宽。尽管如此,第 k 个频

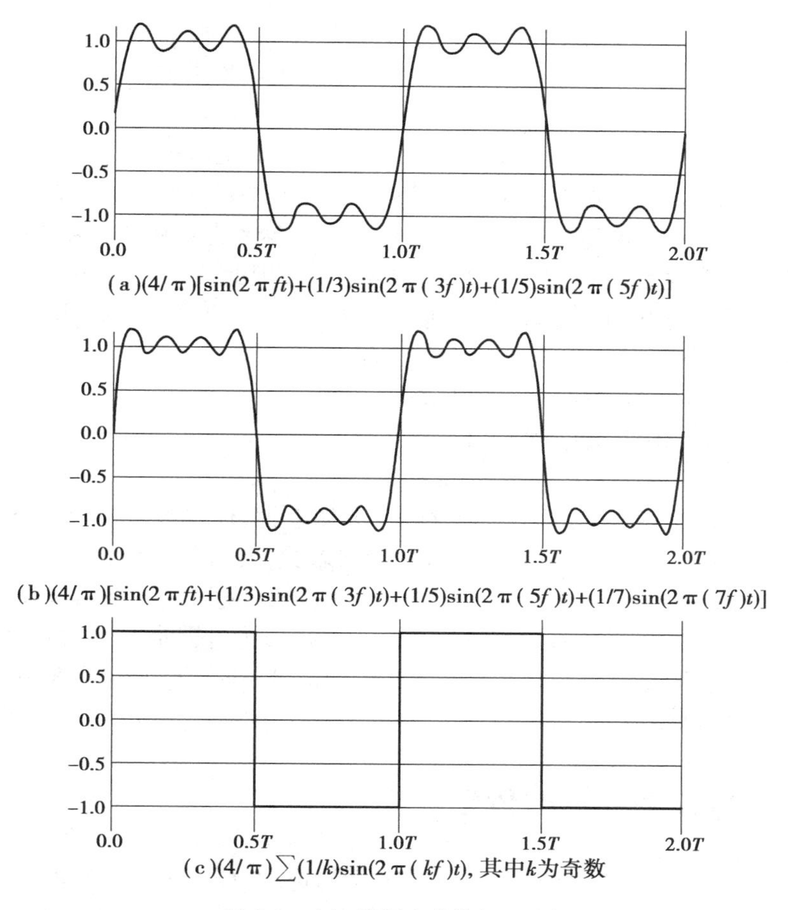

图 1.6　方波的频率成分(T=1/f)

率成分 kf 的振幅仅为 $1/k$,所以这个波形中绝大多数的能量集中在最前面的几个频率成分中。如果将带宽限制在最前面的 3 个频率成分上会发生什么呢？图 1.6(a)显示出了答案。正如我们所看到的,结果波形的形状已经相当接近于原方波了。

我们可以用图 1.5 和图 1.6 来说明数据率与带宽之间的关系。假设我们使用的数字传输系统能够以 4 MHz 的带宽传输信号,让我们试着传输一组 0、1 交替序列,就像图 1.6(b)所示的方波。可以获得什么样的数据率呢？我们考察如下 3 种情况。

情况 1:假设我们的方波近似于图 1.6(b)中的波形。尽管这一波形是“失真”的方波,但它与方波足够相似,接收器应该能够区分出二进制的 0 和 1。如果令 $f=1$ MHz,那么信号：$s(t)=\dfrac{4}{\pi}\times\left[\sin((2\pi\times10^6)t)+\dfrac{1}{3}\sin((2\pi\times3\times10^6)t)+\dfrac{1}{5}\sin((2\pi\times5\times10^6)t)\right]$ 的带宽就是$(5\times10^6)-10^6=4$ MHz。请注意,由于 $f=1$ MHz,那么基频的周期就是 $T=1/10^6=1\ \mu s$。因此,如果把这个波形看成是 0 和 1 的二进制位序列,那么每 0.5 s 就发生 1 位,也就是数据率为 2 Mb/s。所以对 4 MHz 的带宽来说,可以达到 2 Mb/s 的数据率。

情况 2:假设具有 8 MHz 的带宽,再来看看图 1.6(a),这一次 $f=2$ MHz 与前面的推导过程一样，这个信号的带宽是$(5\times2\times10^6)-2\times10^6=8$ MHz，此时$T=1/f=0.5$ μs。因此，0.25 μs发生1位，也就是数据率为4 Mb/s。所以，假如其他项保持不变，带宽加倍就意味着数据率加倍。

情况3：假设图1.5(c)中的波形被认为与方波接近。也就是说，图1.5(b)中的正、负脉冲间的差别足够大，使波形能够成功地用来表示0、1序列。如像情况2中那样假设$f=$ 2 MHz，$T=1/f=0.5$ μs，其结果是0.25 μs发生1位，数据率为4 Mb/s。采用图1.5(c)中的波形，图中信号的带宽是$(3\times2\times10^6)-2\times10^6=4$ MHz。因此，在存在噪声和其他损伤的情况下，根据接收器区分0和1之间差别的能力，给定的带宽可以支持不同的数据率。

以上情况总结如下。

情况1：带宽=4 MHz；数据率=2 Mbit/s；

情况2：带宽=8 MHz；数据率=4 Mbit/s；

情况3：带宽=4 MHz；数据率=4 Mbit/s。

从以上的讨论中我们可以得出如下结论：大体上说，任何数字波形都具有无限的带宽。如果我们试图作为一个信号在某种媒体上传输这个波形，该传输系统将限制可以被传输的带宽。更进一步说，对于任何一种媒体，传输带宽越宽，则花费也越高。因此，一方面鉴于经济上和实现上的原因，数字信息不得不被近似为有限带宽的信号；另一方面，带宽的限制引起了失真，这样就更加不易将接收到的信号还原。带宽越受限制，失真就越严重，接收器产生差错的机会也就越多。

4.模拟数据和数字数据的传输

术语模拟(Analog)和数字(Digital)大致分别与连续(Continuous)和离散(Discrete)相对应。当数据通信涉及数据、信号和传输3方面的内容时，会经常遇到这两个术语。

简而言之，我们可以将数据(Data)定义为传达某种意义或信息的实体。信号(Signal)是数据的电气或电磁表示。传输(Transmission)是通过信号的传播和处理进行数据通信的过程。在下面的内容中，我们将试图分别就应用于数据、信号和传输这3种情况，对术语模拟和数字进行讨论，以进一步阐明这些抽象的概念。

1)模拟数据和数字数据

模拟数据和数字数据的概念十分简单。模拟数据在一段时间内具有连续的值，如声音和视频是连续变化的强度样本。大多数用感应器采集的数据(如温度和气压)数值是连续的。数字数据的值是离散的，如文本和整数。

我们最熟悉的模拟数据的例子是音频(Audio)，它能以声波的形式被人类直接感受到。图1.7显示了人类的话音或音乐的声音

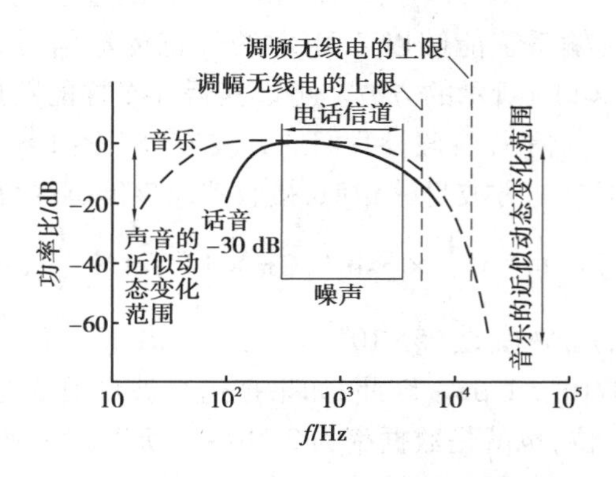

图1.7　话音和音乐的声音频谱

频谱。典型的话音频率成分范围为 100 Hz～7 kHz，尽管话音的大多数能量集中在低频区，但实验证明，频率在 600～700 Hz的话音通过人耳得到的可懂度甚小。典型的话音具有大约 25 dB（Decibel，分贝）的动态范围。也就是说，在大声喊叫下产生的功率可以比最低的耳语差不多高出 300 倍。图1.7中还显示了音乐的声音频谱和动态范围。

2）模拟信号和数字信号

在通信系统中，数据以电磁信号的方式从一点传播至另一点。一个模拟信号（Analog Signal）就是一个连续变化的电磁波，根据它的频率可以在多种类型的媒体上传播。例如铜线媒体，像双绞线和同轴电缆、光纤电缆，还有大气或空间传播（无线）。一个数字信号（Digital Signal）是一个电压脉冲序列，这些电压脉冲可以在铜线媒体上传输。例如，用一个恒定的正电压电平代表二进制 0，一个恒定的负电压电平代表二进制 1。

数字信号的主要优点是：它通常比使用模拟信号便宜，且较少受噪声的干扰。其主要的缺点是数字信号比模拟信号的衰减要严重。图 1.8 显示了采用两个电压电平的一个源所产生的一个电压脉冲序列，以及沿传导媒体传输一段距离后所接收到的电压。由于在较高频率处信号强度的衰减会减小，脉冲变成圆形并变小。显然，这种衰减会使包含在传播信号中的信息相当快地丢失。

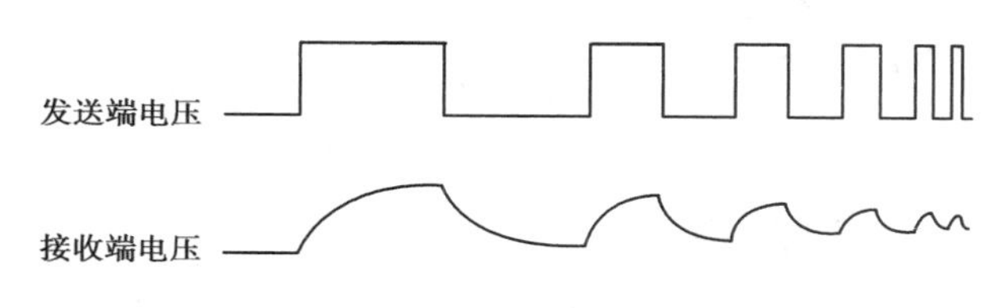

图 1.8　数字信号的衰减

模拟数据和数字数据都可以被表示，因此它们可以通过模拟信号或数字信号传播。图 1.9 说明了这一点。通常，模拟数据是时间的函数，且占有一段有限的频谱，这样数据可以直接用具有相同频谱的电磁信号表示。这种情况的最好示例是话音数据。作为声波，话音数据具有 20 Hz～20 kHz 范围的频率成分。然而，就像前面已经提到的那样，绝大部分的话音能量是在一个更为狭窄的频带范围内。话音信号的标准频谱范围是 300～3 400 Hz，这完全能使传输的话音清晰而易于理解。电话设备就是那样做的。对于在 300～3 400 Hz 频谱范围内的所有声音输入，产生一个具有相同频率—振幅模式的电磁信号，这是由把电磁能量转换成声音的反过程实现的。

通过使用调制解调器（调制-解调），数字数据也可以用模拟信号来表示。调制解调器通过调制一个载波频率将一个二进制（两个值）电压脉冲序列转化成一个模拟信号。所得信号占有以载波频率为中心的特定频谱，并且能够在适用于此载波的媒体中传播。最常见的调制解调器用话音频谱表示数字数据，因而允许这些数据在普通的话音级的电话线上传播。在电话线的另一端，调制解调器将信号解调恢复源数据。

模拟数据可以用数字信号来表示，其操作跟调制解调器的功能非常相似。对话音数据执行这一功能的设备叫编解码器（编码-解码），本质上，编解码器得到直接代表话音数据的模拟信号,并用位流来近似这个信号。在接收端,编解码器使用这个位流重建此模拟数据。

最后,数字数据可以直接通过两个电压电平以二进制形式表示。然而为改进传播特性,二进制数据常常编码成更为复杂的数字信号形式,后面会介绍。

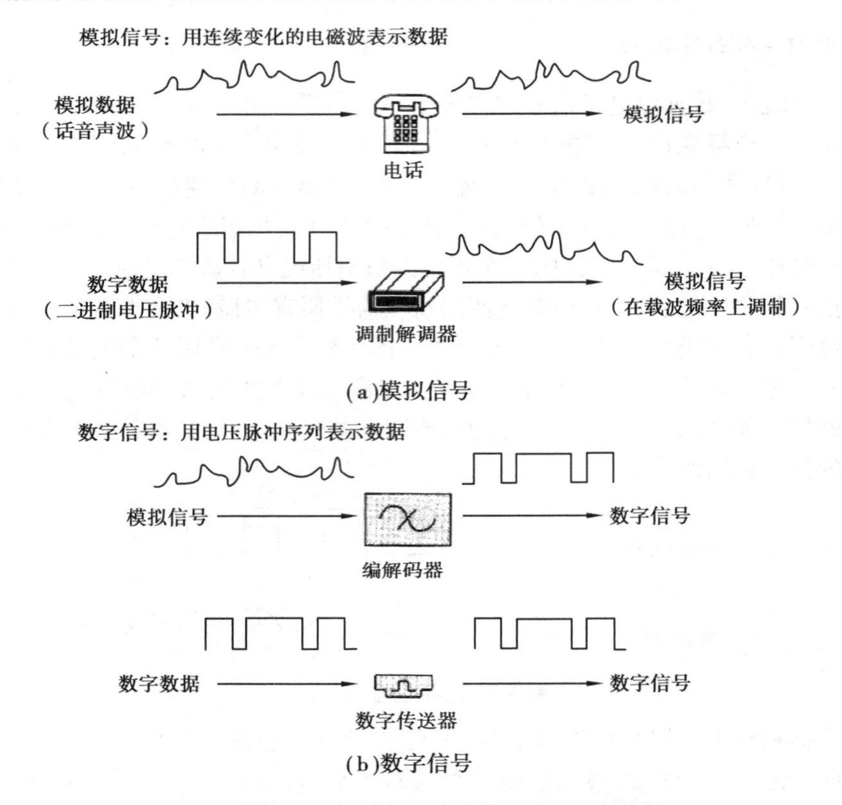

图 1.9 模拟数据和数字数据的模拟信号和数字信号

模拟数据和数字数据可以用模拟信号和数字信号表示,表 1.1 列出了 4 种组合情况所采用的方法。对任一给定的通信任务来说,选择一种特定组合的理由是不同的。下面列出了一些有代表性的理由。

①数字数据,数字信号:一般来说,比起将数字数据编码为模拟信号的设备,将数字数据编码为数字信号的设备结构简单且不昂贵。

②模拟数据,数字信号:将模拟数据转换为数字形式允许对模拟数据使用现代数字传输和交换设备。

③数字数据,模拟信号:有些传输媒体,例如光纤和卫星只能传输模拟信号。

④模拟数据,模拟信号:模拟数据很容易被转换为模拟信号。

表 1.1　数据用信号表示的方法

情　况	方　法
模拟数据用模拟信号表示	a.信号占据跟模拟数据相同的频谱； b.模拟数据被编码以占据不同的频谱段
模拟数据用数字信号表示	使用编解码器对模拟数据编码以产生数字位流
数字数据用模拟信号表示	数字数据通过调制解调器编码以产生模拟信号
数字数据用数字信号表示	a.信号由两个电压电平组成以代表两个二进制的值； b.数字数据被编码以产生具有所要求属性的数字信号

3）模拟传输和数字传输

模拟信号和数字信号都可以在适宜的传输媒体上传输，处理这些信号的方法是传输系统的功能，表 1.2 概括了信号传输的方法。模拟传输（Analog Transmission）是传输模拟信号的方法，它不考虑信号的内容。这些信号可能代表模拟数据（例如声音），也可能代表数字数据（例如经过了调制解调器的数据）。无论哪种情况，模拟信号在传输中会变得越来越弱。模拟信号的衰减限制了传输线路的长度。为进行远距离传输，模拟传输系统中包含了放大器，用于增强信号能量。遗憾的是，放大器同时也增强了噪声成分。如果为了远距离传输而将放大器级联起来，信号的失真就会越来越严重。对模拟数据来说，譬如声音，失真比较严重还是可以容忍的，其数据仍是可理解的。可是对于作为模拟信号传输的数字数据来说，级联放大器将引入误差。

表 1.2　信号传输的方法

情　况	方　法
模拟信号的模拟传输	通过放大器来传播。不论信号是用来表示模拟数据还是数字数据，处理方式相同
模拟信号的数字传输	假设模拟信号表示的是数字数据。信号通过中继器传播。在每个中继器上，从入口信号恢复数字数据，并用它来生成一个新的外出模拟信号
数字信号的模拟传输	不使用
数字信号的数字传输	数字信号表示的是 1 和 0 的位流，它代表了数字数据，或者是经过编码的模拟数据。信号通过中继器传播。在每个中继器上，从入口信号恢复 1 和 0 的位流，并用它来生成一个新的外出数字信号

与此相反，数字传输（Digital Transmission）与信号的内容有关。我们已说过，在衰减威胁到数据的完整性之前，数字信号只能传送有限的距离。要传送到较远的距离就必须使用中继器。中继器接收到数字信号，将其恢复为 1、0 的模式，然后重新传输一个新的信

号，这样就克服了衰减。

如果一个模拟信号携带的是数字数据，那么同样的技术可用于这个模拟信号。在传输系统适当的地方加入重传设备（而不是放大器），重传设备从模拟信号中恢复数字数据，并生成一个新的、干净的模拟信号，这样噪声就不会积累。

5.信道容量

我们知道，存在着多种形式的损伤可能导致信号的失真或损坏。通常的损伤是噪声，它是不希望有的信号，它与信号混合在一起并因此使供传送和接收用的信号失真。就本节来说，读者只需知道噪声是降低信号质量的因素。就数字数据而言，接下来出现的问题是这些损伤对数据率带来的限制会达到什么样的程度。给定条件下在某一通信线路上，或者说信道上数据可以被传输的最大速率称为信道容量（Channel Capacity）。

这里涉及下面4个彼此相关的概念。

✧数据率（Data Rate）：是指数据能够进行通信的速率，用位每秒（b/s）表示。

✧带宽（Bandwidth）：是指传输信号的带宽，是受发送器和传输媒体特性限制的带宽，用周数每秒或赫兹（Hz）来表示。

✧噪声（Noise）：我们这里所讨论和关心的是通信线路上的平均噪声电平。

✧误码率（Error Rate）：即差错发生率。这里的差错是指发送的是0而接收的却是1，或者发送的是1而接收的却是0。

应当引起我们注意的问题是：通信设备是昂贵的。通常来说，通信设备的带宽越宽，费用就越高，而且，任何实际所考虑的传输信道都是有限带宽的。带宽的限制起因于传输媒体的物理特性，或者传输器对带宽的故意限制，以防止其他干扰源的干扰。由此，我们希望尽可能有效地利用给定的带宽。对数字数据来说，这意味着我们希望在给定的带宽条件下尽可能地提高数据率，同时又将误码率限制在某个范围内。噪声是限制我们达到这种高效率的主要不利因素。

1）尼奎斯特带宽

首先，我们假设信道无噪声。这种情况下数据率的限制仅仅来自信号的带宽。根据尼奎斯特（Nyquist）定理，这一限制的公式表达是：如果信号传输的速率是 $2B$，那么频率不大于 B 的信号就完全能够达到此信号传输率。反之亦然：假设带宽为 B，那么可被传输的最大信号速率就是 $2B$。这一限制是由于码间串扰的影响，例如是由时延失真产生的*。这一结果在开发数字到模拟的编码模式中十分有用。

请注意，在上面的段落中我们提到了信号率。如果被传输的信号是二进制的（只具有两个值），那么，B Hz 能承载的数据率是 $2B$ b/s。例如，假设使用话音信道通过调制解调器来传送数字数据，若其带宽为3 100 Hz，则信道容量 C 是 $2B$=6 200 b/s。然而，可以使

---

* 注：在信号的频率范围内，当传输媒体的传播延迟不是一个常量时会发生信号的时延失真。

用多于两个电平的信号。也就是说，每个信号单元可以表示不止一个位的数据。例如，如果 4 个电压电平用作信号，则每个信号单元可表示两个位。对于多电平信号而言，尼奎斯特公式变成式(1.5)。

$$C = 2B \log_2 M \tag{1.5}$$

式中，M 是离散信号或电压电平的个数。因此，对于 $M=8$，即一些调制解调器所采用的一个值，带宽 $B=3\ 100$ Hz，则容量 C 就是 18 600 b/s。

因此，对于给定的带宽，可以通过增加不同信号单元的个数来提高数据率。然而，这样就会增加接收器的负担，因为，在每个信号时间内，它不再只是从两个可能的信号单元中区分出一个，而是必须从 M 个可能的信号中区分出一个来。传输线上的噪声和其他损伤将会限制 M 的实际取值。

2)香农容量公式

尼奎斯特公式指出，当所有其他条件都相同时，带宽加倍则数据率也加倍。现在我们考虑一下数据率、噪声和误码率之间的关系。噪声的存在会破坏一个或多个位。假如数据率增加了，那么这些位会变“短”，因而一个给定的噪声模式会影响更多个位。于是，在一个给定噪声电平下，数据率越高，则误码率也越高。

图 1.10 中所举的例子显示了噪声对数字信号所产生的影响。这里噪声是由适中的背景噪声加上偶发的较大的噪声尖峰组成的。通过对接收到的波形每位时间采样一次，可以从信号中恢复数字数据。从图中可能看到，有时噪声足以将 1 变为 0，或将 0 变为 1。

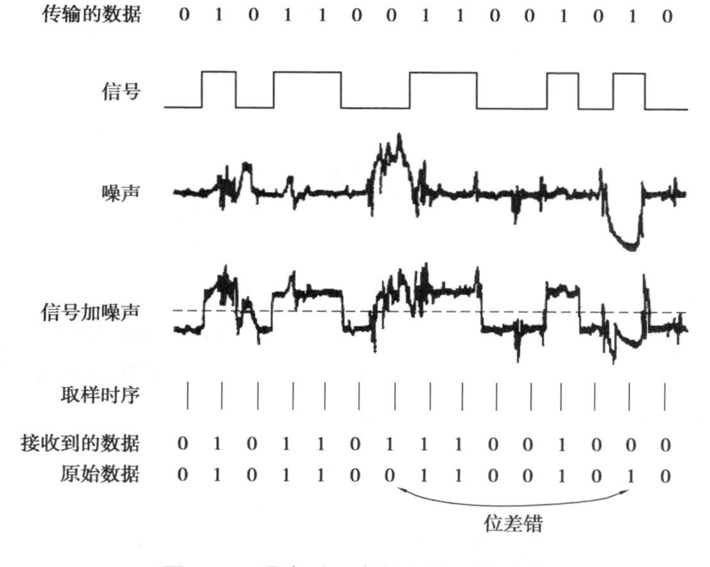

图 1.10　噪声对一个数字信号的影响

所有这些概念可以通过一个公式简洁地联系在一起，这个公式是由数学家香农(Claude Shannon)推导出来的。如我们刚才所看到的，数据率越高，无用的噪声带来的破坏会更严重。在噪声存在的情况下，对于一个给定的噪声电平，我们希望通过提高信号强度能够提高正确接收数据的能力。在这一推理中涉及的主要参数是信噪比(SNR 或 S/N)*,它是信号功率与在传输的某一特定点处呈现的噪声中包含的功率的比率。通常信噪比在接收器处测量,因为正是在这里我们试图处理信号并消除无用的噪声。为了方便起见,这个噪声通常用分贝式(1.6)来表示:

$$\mathrm{SNR_{dB}} = 10\ \lg \frac{\text{信号功率}}{\text{噪声功率}} \tag{1.6}$$

它表示有用信号超出噪声电平的量,以分贝为单位。SNR 的值越高表示信号的质量越好。

对数字数据传输来说,信噪比非常重要,因为它设定了一个可达到的数据率上限。香农得出的结果是:用 b/s 来表示的信道容量的最大值遵从式(1.7)。

$$C = B\ \log_2(1 + \mathrm{SNR}) \tag{1.7}$$

其中,C 是信道容量,单位为 b/s;B 是信道带宽,单位为 Hz。香农公式表示了理论上可达到的最大值。然而,在实际应用中能够达到的速率要低得多。其中一个原因是该公式假定噪声为白噪声(热噪声),既没有计算冲击噪声,也没有考虑到衰减失真或时延失真。

在上面等式中提到的容量称为无误码容量。香农证明,假如信道上的实际信息率比无误码容量要低,那么,使用一个适当的信号编码来达到通过信道的无误码传输,在理论上是可能的。遗憾的是,香农定理并没有给出如何找到这种编码的方法,但它确实提供了一个用来衡量实际通信系统性能的尺度。

与上面的公式有关的其他几个发现是有益的。对给定的噪声电平,看起来似乎通过增加信号强度或带宽就能提高数据率。然而,如果信号强度提高了,则系统非线性程度也会提高,这就导致互调噪声的增加。还有一点需要注意,由于假定是白噪声,那么带宽越宽,系统可容纳的噪声也就越多。因此,随着 B 的增加,SNR 反而降低了。

例 1.1 让我们考虑一个与尼奎斯特和香农公式有关的例子。

假设一个信道的频谱为 3~4 MHz,且 $\mathrm{SNR_{dB}} = 24$ dB,则

$$B = 4\ \mathrm{MHz} - 3\ \mathrm{MHz} = 1\ \mathrm{MHz}$$

$$\mathrm{SNR_{dB}} = 24\ \mathrm{dB} = 10\ \lg(\mathrm{SNR})$$

$$\mathrm{SNR} = 251$$

由香农公式得:

$$C = 10^6 \times \log_2(1 + 251) \approx 10^6 \times 8\ \mathrm{Mbit/s} = 8\ \mathrm{Mbit/s}$$

这是理论上可获得的最大值,实际上不太可能达到。但假设可以达到这一极限值,要问这时要求的信号电平是多少个?根据尼奎斯特公式,可得

$$C = 2\ B\ \log_2 M$$

$$8 \times 10^6 = 2 \times 10^6 \times \log_2 M$$

$$4 = \log_2 M$$

$$M = 16$$

---

* 注:有的文献使用 SNR,有的使用 S/N。在某些情况下无量纲数量的是指 SNR 或 S/N,按分贝计量的是指 SNR 或(S/N)dB。有时使用 SNR 或 S/N 只是表示 dB 数量的。本书使用 SNR 和 SNRdB。

6.传输媒体

传输媒体(Transmission Medium)指的是数据传输系统中发送器和接收器之间的物理路径。传输媒体可分为导向的(Guided)和非导向的(Unguided)两类。在这两种情况下,通信都是以电磁波的形式进行的。对导向媒体而言,电磁波被引导沿某一固定媒体前进,如铜双绞线、同轴电缆和光纤。非导向媒体的例子是大气和外层空间,它们提供了传输电磁波信号的手段,但不引导它们的传播方向,这种传输形式通常称为无线传播(Wireless Transmission)。

数据传输的特性以及传输质量取决于传输媒体的性质和传输信号的特性。对于导向媒体,传输受到的限制主要取决于媒体自身的性质。对于非导向媒体,在决定传输特性方面,发送天线生成的信号带宽比媒体更为重要。天线发射的信号有一个重要属性是方向性。通常,低频信号是全向的,就是说,信号从天线发射后会沿所有方向传播。当频率较高时,信号才有可能被聚集成为有向波束。

图 1.11 描绘了电磁波的频谱,并指出各种导向媒体和非导向传输技术的工作频率范围。在本节中,我们将对非导向、无线及媒体做简要描述。

对于非导向媒体,发送和接收都是通过天线实现的。在发送时,天线将电磁能量发射到媒体中(通常是空气);而在接收时,天线从周围的媒体中获取电磁波。无线传输有两种基本的构造类型:定向的和全向的。在定向的结构中,发送天线将电磁波聚集成波束后发射出去,因此发送和接收天线必须精心校准。在全向的情况下,发送信号沿所有方向传播,并能够被多数天线接收到。

在对无线传输的讨论中,我们感兴趣的频率范围主要有 3 个。频率范围为 1 GHz (10^9 Hz)~100 GHz,称为微波频率(Microwave Frequencies)。在这个频率范围内,高方向性的波束是可实现的,而且微波非常适用于点对点的传输,它也可用于卫星通信。在 30 MHz~1 GHz 的频率范围适用于全向应用,我们把这一范围称为无线电广播频段。

另外还有一种对本地应用重要的频率范围是红外线频谱段,它覆盖的频率范围为 3×10^{11}~2×10^{14} Hz。红外线在有限的区域(如一个房间)内对于局部的点对点及多点应用非常有用。

1)地面微波

(1)物理描述

微波天线最常见的类型是呈抛物面的“碟形”天线,其典型尺寸大约为直径 3 m。这种天线被牢牢固定,并且将电磁波聚集成细波束,以实现对接收天线的视距信号传输。微波天线通常被安放在高出地面很多的地方,这样做是为了扩展天线之间的范围,并且能够越过位于天线之间的障碍物。为了实现长距离传输,需要使用一组微波中继塔台,在所要求的距离上点对点的微波链路被串联在一起。

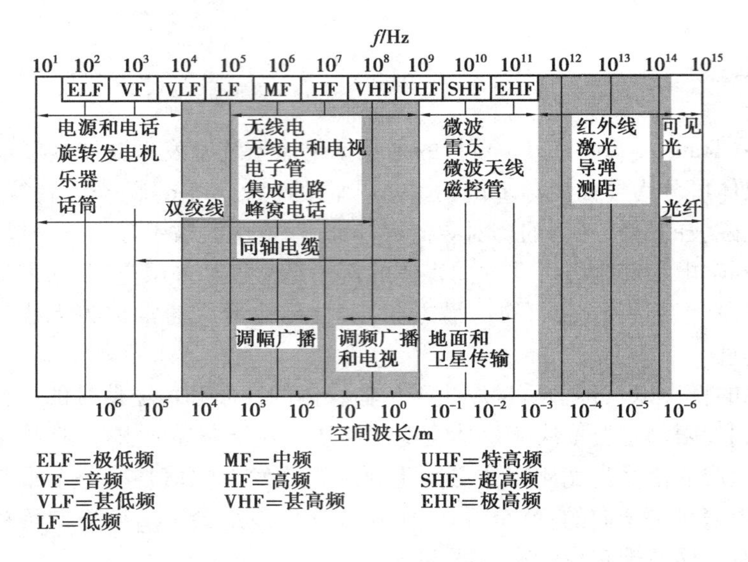

图 1.11 电信用的电磁波频谱

(2)应用

地面微波系统主要用于长途电信服务,可替代同轴电缆或光纤。在传输距离相等的条件下,微波设备需要的放大器或中继器要比同轴电缆少得多,但是它要求视线距离传输。微波常用于话音和电视传播。

微波的另一种常见应用是用于建筑物之间的点对点短线路。这种方式可用于闭路电视或用作局域网之间的数据链路。短距离微波也可用于所谓的旁路应用。一个商业公司可直接与本市长途电信设备建立微波链路,从而绕过本地的电话公司。

(3)传输特性

微波传输覆盖了电磁波频谱中的很大一部分。常见的用于传输的频率范围为 2~40 GHz。使用的频率越高,可能的带宽也越宽,因此可能的数据率也越高。表 1.3 列出了某些典型系统的带宽和数据率。

表 1.3 典型的数字微波性能

波段/ GHz	带宽/ MHz	数据率/ Mbit/s
2	7	12
6	30	90
11	40	135
18	220	274

正如任何传输系统的情况一样,微波传输的主要损耗来源于衰减。对于微波(以及无线电广播频段),其损耗可用式(1.8)表示。

$$L = 10\ \lg\left(\frac{4\pi d}{\lambda}\right)^2\ \text{dB} \tag{1.8}$$

其中，d 是距离，λ 是波长，这两个参数的单位是一样的。因而，微波的损耗随距离的平方变化。与此相反，双绞线和同轴电缆的损耗随距离呈指数（用分贝表示则为线性）地变化。因此，对微波系统来说，中继器或放大器可以放置在相距很远的地方——典型情况下为 10~100 km。在下雨的情况下，衰减会增大，下雨所带来的衰减对高于 10 GHz 的频段来说影响尤其明显。损伤的另一缘由是干扰，随着微波应用的不断增多，传输区域重叠，干扰总是一个威胁。因此，频带的分配需要严格控制。

长途电信系统最常用的频段位于 4~6 GHz 的频率范围内。由于该频段变得越来越拥挤，目前已经开始使用 11 GHz 的频段。12 GHz 的频段用作有线电视系统的组成部分。使用微波线路向本地有线电视（CATV）设备提供电视信号，然后这些信号通过同轴电缆被分配到各个有线电视用户。频率更高的微波用于建筑物之间点对点的短线路，它通常使用的频段在 22 GHz。由于频率越高衰减越大，所以较高的微波频率对长途传输没有什么用处，但却非常适用于短距离传输。另外，频率越高，使用的天线就越小、越便宜。

2）卫星微波

（1）物理描述

一个通信卫星实际上是一个微波接力站，它用于将两个或多个称为地球站或地面站的地面微波发送器/接收器连接起来。卫星接收一个频段（上行）上的传输信号，放大或再生信号后，再在另一个频段（下行）上将其发送出去。一个轨道卫星可以在多个频段上工作，这些频段被称为转发器信道（Transponder Channel），或者简称转发器（Transponder）。

（2）应用

通信卫星的出现是跟光纤同等重要的通信技术革命，其中最重要的卫星应用有电视广播、长途电话传输、个人用商业网络。

由于通信卫星的广播特性，它非常适用于电视广播，因而不论在美国还是在世界其他国家，它被广泛地应用于这一目的。在其传统的应用中，一个网络提供来自中心地点的节目。节目被发送到卫星上，然后将节目向下广播到一些电视台，并由这些电视台将节目分配给每位电视观众。公众广播服务（PBS）网络几乎全部使用卫星信道来分配它的电视节目。其他商业网络也大量使用了通信卫星，有线电视系统中来自卫星的节目所占比重也越来越大。卫星技术在电视分配系统中的最新应用是直接广播卫星（DBS）。这时，卫星上的视频信号被直接发送到家庭用户。费用的不断降低和接收天线尺寸的不断缩小，使 DBS 变得非常经济实用，现在已是一种很平凡的服务。

卫星传输也用于公用电话网中电话交换局之间点对点的干线。对使用率很高的国际干线而言，它是最佳的媒体；对众多长途国际线路来说，它与地面微波系统不相上下。

最后，卫星也有许多商业数据应用。卫星供应商可将总传输容量划分成许多信道，并将这些信道出租给个体商业用户。在一些站点上安装上天线的用户就可以将一个卫星信道用作一个专用网络。在以前，这样的应用花费相当高昂，并且只限于具有大量通信需求的大型机构。

(3)传输特性

卫星传输的最佳频率范围为1~10 GHz。低于1 GHz,存在着值得注意的来自天然源的噪声,包括银河星系、太阳和大气中的噪声,以及来自各种电子设备的人为干扰。高于10 GHz,大气的吸收和降雨使信号的衰减更严重。

目前,大多数卫星提供的点对点服务使用的频带范围为:从地球向卫星传输时(上行)为5.925~6.425 GHz,从卫星向地球传输时(下行)为3.7~4.2 GHz。这两个频段结合起来称为4/6 GHz频段。请注意,上行线和下行线的频率并不相同。在进行没有干扰的连续工作时,卫星无法用同样的频率进行发送和接收。因此,来自地面站的信号以某一频率被卫星接收,卫星必须用另一个频率将信号发送回地面。

4/6 GHz频段位于1~10 GHz的最佳频率范围内,但这个频段已经趋于饱和。由于干扰的存在,通常是来自地面微波的干扰,使这个频率范围内的其他频率无法使用。因此,出现了12/14 GHz频段(上行线为14~14.5 GHz,下行线为11.7~12.2 GHz)。在这个频段内必须克服衰减问题。不过,地面站可以使用比较小且便宜的接收器。预计这个频段也将饱和,于是人们计划使用20/30 GHz频段(上行线为27.5~30.0 GHz,下行线为17.7~20.2 GHz)。在这个频段内会遇到更为严重的信号衰减问题,不过它允许更大的带宽(2 500 MHz与500 MHz),并且接收器更小、更便宜。

卫星通信还有几个特点应当要注意。首先,由于所涉及的距离很远,所以从一个地面站发送到另一个地面站接收,中间大约有1/4 s的传播延迟。在普通的电话通话中,这个时延是很显著的。在差错控制和流量控制领域,它也会带来问题。其次,卫星微波本身就是一个广播设施,许多站点可以向卫星发送信息,同时从卫星上传送下来的信息也会被众多站点接收。

3)广播无线电波

(1)物理描述

广播无线电波与微波之间的主要区别在于前者是全向性的,而后者是方向性的。因此,广播无线电波不要求使用碟形天线,而且天线也无须严格地安装到一个精确的校准位置上。

(2)应用

无线电波(Radio)是一个笼统的术语,它包括的频率范围为3 kHz~300 GHz。我们使用非正式术语广播无线电波(Broadcast Radio),它包括VHF频段和部分的UHF频段:30 MHz~1 GHz。这个范围不仅覆盖了FM无线电频段,还包括UHF和VHF电视频段。一些数据网络应用也使用了这一频率范围。

(3)传输特性

30 MHz~1 GHz的频率范围是广播通信的有效频段。与低频电磁波不同,电离层对高于30 MHz的无线电波是透明的。因此,无线电波的传输局限于视距范围,而相距很远的发送器不会因大气层的反射而互相干扰。与高频处的微波区也不同,下雨对无线电波的衰减影响不大。

正如微波的情况一样，由于传输距离给无线电波带来的衰减服从等式(1.8)，即 $L = 10\ \lg\left(\frac{4\pi d}{\lambda}\right)^2$ dB，由于无线电波的波长较长，它所受到的衰减相对要小。

广播无线电波损伤的一个主要来源是多路径干扰。来自地面、水域和自然的或人造的物体的反射会在天线之间产生多条传输路径。多径干扰对接收的影响常常是很明显的，例如，当一架飞机从上空飞过，电视接收就会出现重影。

4)红外线

使用发送器/接收器(收发器)调制出不相干的红外线就可以实现红外线通信。无论是直接传输还是经由一个浅色表面，如一个房间的天花板的反射，收发器与收发器之间的距离都不能超过视线范围。

红外线传输与微波传输的一个重要区别是前者无法穿透墙体。因此，在红外线传输中没有微波系统中遇到的安全性和干扰问题。而且，红外线不存在频率分配的问题。

7.多路复用

无论是局部的还是远程的通信，传输媒体的容量通常都会超出传输单一信号所要求的容量。为有效地利用传输系统，人们希望在单一的媒体上能承载多路的信号，这称为多路复用(Multiplexing)。

图1.12示意了多路复用功能最简单的形式。多路复用器(Multiplexer)有 n 个输入，该多路复用器通过一条数据链路连接到一个多路信号分离器(Demultiplexer)上，这条链路可以承载 n 个独立的数据信道。多路复用器将来自 n 条输入线上的数据组合起来(多路复用)，并通过容量更大的数据链路传输。多路信号分离器接收复合的数据流，根据信道分配这些数据(分用)，并将它们交付给相应的输出线路。

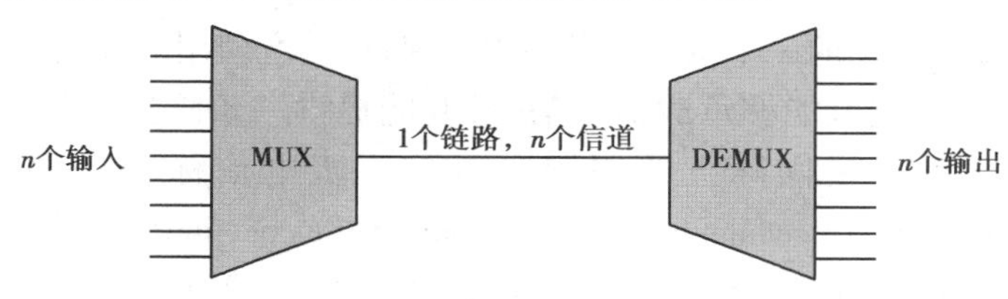

图1.12　多路复用

在数据通信中，多路复用被广泛使用有以下两个原因：

✧数据率越高，传输设备成本效益就越好。也就是说，对于给定的应用以及在一定的距离范围内，1 kbit/s 的花费随传输设备数据率的提高而降低。类似地，随着数据率的提高，传输和接收设备 1 kbit/s 的费用也相应减少。

✧大部分专用的数据通信设备要求比较适中的数据率支持。例如，对于大多数的客户机/服务器应用，数据率达到 64 kbit/s 即可。

上述观点是针对数据通信设备而言的，类似的观点对于话音通信也同样适用。就是说，传输设备的容量越大，对于话音信道来说，每一个话音信道的费用就越小。同样，单路话音信道要求的容量也是适中的。

在电信网络中，有两种多路复用技术是最常用的：频分多路复用（Frequency Division Multiplexing，FDM）和时分多路复用（Time Division Multiplexing，TDM）。

当传输媒体的有效带宽超出了被传输信号所要求的带宽时，就可以使用 FDM。如果将每个信号调制到不同的载波频率上，并且这些载波频率的间距足够大，使这些信号的带宽不会重叠，那么，这些信号就可以同时被运载。FDM 的一个简单情况如图 1.13（a）所示，有 6 个信号源向多路复用器输入数据，多路复用器将各路信号调制到不同的频率上（$f_1,f_2,\cdots,f_6$）。每个被调制的信号都需要以各自载波频率为中心的一定带宽，称为信道（Channel）。为防止相互间的干扰，这些信道被防护频带（Guard Band）隔离，防护频带是频谱中没有用到的部分（图中并未画出）。

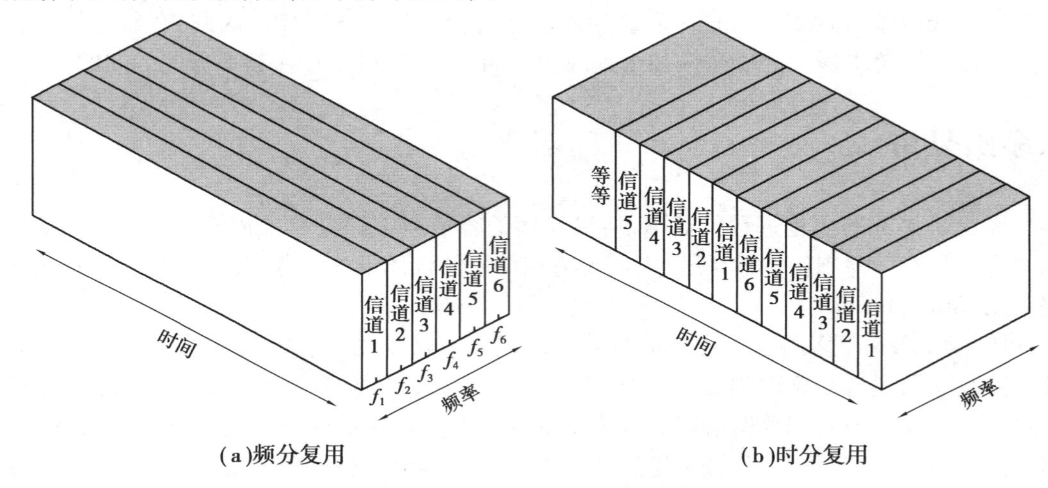

（a）频分复用　　（b）时分复用

图 1.13　频分多路复用和时分多路复用

话音信号是多路复用的一个例子。我们曾介绍过，话音使用的频谱为 300～3 400 Hz。因而，使用 4 kHz 的带宽就能够承载话音信号，并能提供一条防护频带。无论是在北美（使用 AT&T 标准），还是国际上使用国际电信联盟电信标准化部门（International Telecommunication Union Telecommunication Standardization Section［ITU-T］）标准的其他地方，标准化的话音多路复用模式都是 60～108 kHz 的 12 个 4 kHz 的话音信道。为获得更高容量的链路，AT & T 和 ITU-T 均定义了更大的将 4 kHz 的话音信道群聚在一起的复用标准。当传输媒体能够获得的位速率（有时也称为带宽）超出了被传输的数字信号所要求的数据率时，就可以使用 TDM。通过按时间交错信号的每一部分的方法多路数字信号可以通过一条传输通路运载。这种交错可以是位级的，也可以是字节块或更大的数据单位。例如，图 1.13（b）中的多路复用器有 6 个输入，假定每个输入是 9.6 kbit/s，那么，一条容量为 57.6 kbit/s 的链路就能够容纳所有的这 6 个数据源。类似于 FDM，用于某个特定数据源上的时隙序列称为一个信道。时隙的一次循环（每个数据源一个时隙）称为一帧（Frame）。

图 1.13(b)所示的 TDM 模式也被称为同步 TDM,之所以这样称呼,是因为时隙是预先分配给数据源的,而且是固定的。因此,来自各个数据源的传输时间是同步的。与此对应的是异步 TDM 模式,它是动态地分配媒体中的时间。除非特别说明,TDM 在本书中均是指同步 TDM。

同步 TDM 系统的一般描述如图 1.14 所示。多路信号($f_1,f_2,\cdots,f_6$)是被多路传输到同一传输媒体。这些信号携带的是数字数据,并且通常都是数字信号。来自每个数据源的输入数据都被短暂地缓冲,通常每个缓冲区的长度为一个位或一个字符。这些缓冲区被顺序扫描后,形成复合数字数据流 $m_c(t)$。扫描操作的速度非常快,以至于在更多的数据到达之前,每个缓冲区都已清空。因此,$m_c(t)$的数据率至少必须等于 $m_i(t)$的数据率之和。数字信号 $m_c(t)$可以被直接传输,或者通过一个调制解调器使模拟信号被传输。无论是哪种情况,其传输通常都是同步的。

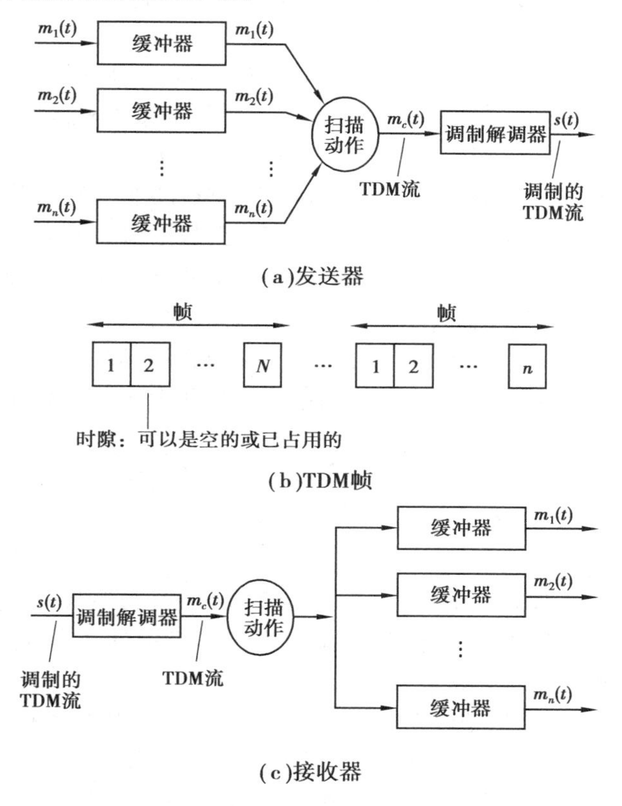

图 1.14 同步 TDM 系统

所传输的数据可以具有图 1.14(b)那样的格式,数据被组织成帧的形式。每个帧含有时隙的一个周期。在每个帧中,各数据源都有其对应的一个或多个时隙。从一个帧到另一个帧,用到一个数据源上的时隙序列称为一个信道。时隙的长度等于发送器缓冲区的长度,通常为一个位或一个字节(字符)。

字节交错(Byte-Interleaving)技术用于异步和同步的数据源。每个时隙含有数据的一个字符。典型情况下，每个字符的起始位和停止位在传输之前都被清除，并由接收器重新插入，这样做是为了提高效率。位交错技术用于同步的数据源，同时也可以用于异步数据源，它的每个时隙仅含有一个位。

在接收器端，交错的数据被多路分解，并传递到适当的目的缓冲器中。对于每个输入数据源 $m_c(t)$，都有一个一样的输出源，它接收输入数据的速率跟数据生成时的速率相同。

同步 TDM 之所以被称为同步，不是因为使用了同步传输，而是因为时隙是预先分配给数据源的，并且是固定的。无论数据源有没有数据需要发送，所有数据源的时隙都会被传输，这种情况在 FDM 中也是一样的。这两种情况都是为了简化实现而浪费了容量。不过，即使在使用固定分配时，同步 TDM 设备也能够处理不同数据率的数据源。例如，最慢的输入设备可以是给定的每周期一个时隙，而比较快的设备则可以在每周期分配多一些时隙。

TDM 的一个例子是在传输 PCM（Pulse Code Modulation，脉码调制）话音数据中所使用的标准模式，这在 AT & T 说法中称为 T1 载波。数据的采集来自每个数据源，每次一个样本（7 个位），再加上一个用于信令和管理功能的第 8 位。对于 T1，24 个数据源被多路复用，因此每帧的数据及控制信令长度是 8×24＝192 位，加上一个用于建立和维护帧同步的末位。因此，一个帧的长度是 193 位，它包含了每个数据源一个 7 位样本。由于数据源必须是每秒 8 000 次的采样，所要求的数据率就是 8 000×193 bit/s＝1.544 Mbit/s。如同话音 FDM 的情况一样，为了实现更大的编组，规定更高的数据率。

TDM 不限于数字信号。模拟信号也可以按时间交错，并且，对于模拟信号来说，将 TDM 和 FDM 结合起来是可能的。一个传输系统可以是分成多个信道的频率，每一个信道再进一步按 TDM 划分。

8.无线通信的工作方式

与有线通信一样，无线通信的工作方式可分为单工通信、半双工通信及全双工通信。

所谓单工通信，是指数据消息只能单方向进行传输的一种通信工作方式，如图 1.15（a）所示，发送端只管发送，接收端只管接收。

所谓半双工通信方式，是通信双方使用同一个信道或同一根传输线，既作输入又作输出，虽然数据可以在两个方向上传送，但通信双方不能同时收发数据的形式，如图1.15（b）所示。

所谓全双工通信，是指通信双方可同时进行双向传输消息的工作方式，如图 1.15（c）所示。

当数据的发送和接收分流，分别用不同的信道或两根不同的传输线传输时，例如采用频分复用或时分复用技术，通信双方都能同时进行发送和接收操作，此传送方式就是全双工模式。

在全双工方式下，通信系统的每一端都设置了发送器和接收器，因此，能控制数据同时在两个方向上传送，即向对方发送数据的同时，也可以接收对方送来的数据。全双工方

式无须进行方向的切换，因此这种传送方式对那些不能有时间延迟的交互式应用（如远程监测和控制系统）十分有利。

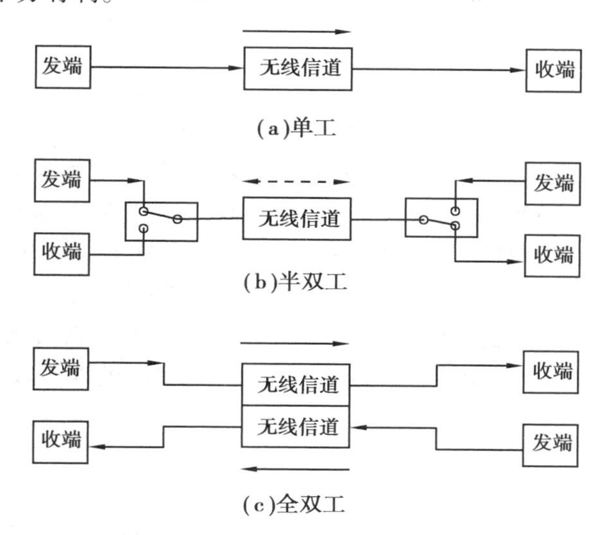

图1.15　无线通信的工作方式示意图

无线信道为开放性信道，时刻受到人为或自然现象的影响与干扰，传输特性不如有线信道稳定和可靠，但无线信道具有方便、灵活、通信者可移动等优点，在现代生活中越来越受到人们的重视。

9.基带/频带传输

1）基带传输

近年来，随着大规模集成电路的出现，设备复杂程度和技术难度大大降低，同时高效的数据压缩技术以及光纤等大容量传输介质的使用正逐步使带宽问题得到解决，数字传输方式日益受到欢迎。

此外，数字处理的灵活性使得数字传输系统中传输的数字信息，既可以是来自计算机、电传机等数据的各种数字代码，又可以是来自模拟信号经数字化处理后的脉冲编码（Pulse-Code Modulation，PCM）信号等。在原理上，数字信息可以直接用数字代码序列表示和传输，但在实际传输中，视系统的要求和信道情况，一般需要进行不同形式的编码，并且选用一组取值有限的离散波形来表示。这些取值离散的波形可以是未经调制的电信号，也可以是调制后的信号。未经调制的数字信号所占据的频谱是从零频或很低频率开始，称为基带（Baseband ）信号。在某些具有低通特性的有线信道中，特别是在传输距离不太远的情况下，基带信号可以不经过载波调制而直接传输，我们把传输数字基带信号的系统称为基带传输系统，它的基本结构如图1.16所示。而把包括调制和解调过程的传输系统称为频带传输系统。

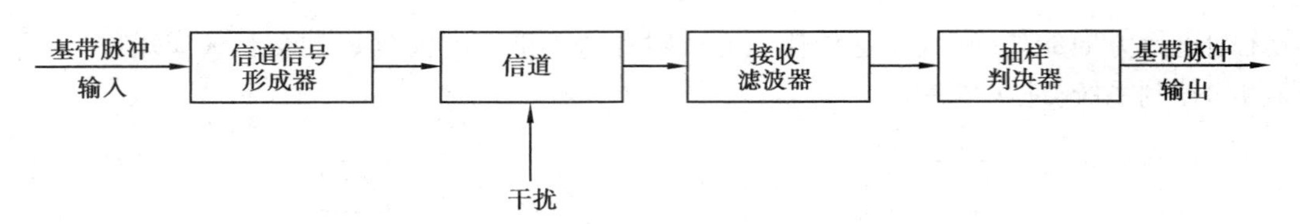

图 1.16　基带传输系统的基本结构

目前,虽然数字基带传输不如频带传输那样应用广泛,但对于基带传输系统的研究仍是十分有意义的。这是因为:第一,在利用对称电缆构成的近程数据通信系统中广泛采用了这种传输方式;第二,随着数字通信技术的发展,基带传输方式也有迅速发展的趋势,它不仅用于低速数据传输,而且用于高速数据传输;第三,基带传输中包含频带传输的许多基本问题,也就是说,基带传输系统的许多问题也是频带传输系统必须考虑的问题;第四,理论上也可证明,任何一个采用线性调制的频带传输系统,可以等效为一个基带系统来研究。

2)频带传输

数字信号的传输方式分为基带传输(Baseband Transmission)和频带传输(Frequency-Band Transmission)。前面已经详细地描述了数字信号的基带传输,但实际中的大多数信道(如无线信道)由于具有频带特性而不能直接传送基带信号,这是因为数字基带信号对载波往往具有丰富的低频分量。为了使数字信号在频带信道中传输,必须用数字基带信号对载波进行调制,以使信号与信道的特性相匹配。这种用数字基带信号控制载波,把数字基带信号变换为数字频带信号(已调信号)的过程称为数字调制(Digital Modulation);在接收端通过解调器把频带信号还原成数字基带信号的过程称为数字解调(Digital Demodulation)。通常把包括调制和解调过程的数字传输系统称为带通传输系统,它的基本结构如图 1.17 所示。为了与“基带”一词相对应,带通传输也称为频带传输,又因为是借助于正弦载波的幅度、频率和相位来传递数字基带信号的,所以带通传输也称为载波传输。

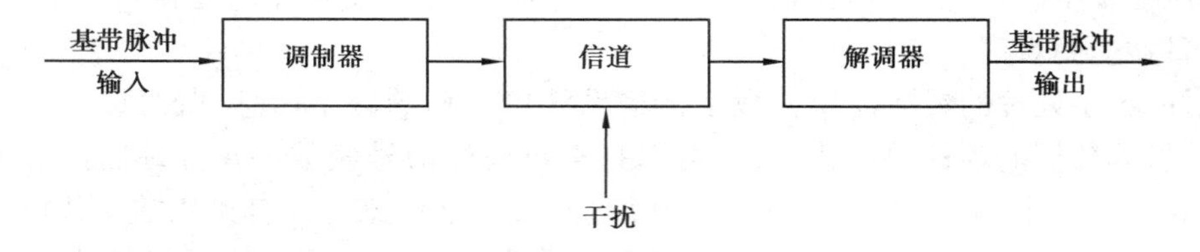

图 1.17　频带传输系统的基本结构

10.并行/串行传输

数据在信道上传输时,按使用信道的多少来划分,可以分为串行方式和并行方式,如图 1.18 所示。串行传输是指把要传输的数据编成数据流,在一条串行信道上进行传输,

一次只传输一位二进制数，接收方再把数据流转换成数据。在串行传输方式下，只有解决同步问题，才能保证接收方正确地接收信息。串行传输的优点是只占用一条信道，易于实现，应用较为广泛。

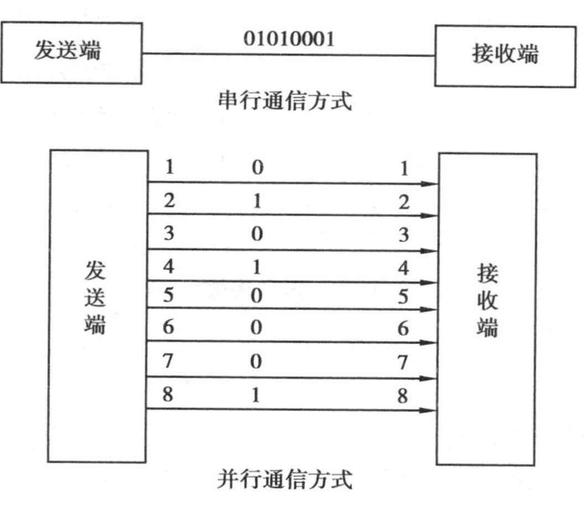

图 1.18　串行与并行通信方式

并行传输是指数据以组为单位在各个并行信道上同时进行传输。例如，把构成一个字符位的二进制代码同时在几个并行信道上进行传输，如用 8 位二进制代码表示一个字符时，就用 8 个信道进行并行传输。接收双方不需要增加"起止"等同步信号，并行传输通信效率较高，但是因为并行传输的信道实施不是很便利，一般较少使用。

11.同步/异步传输

按照通信双方协调方式的不同，数据传输方式可分为异步传输和同步传输两种方式。

数据在传输线路上传输时，为保证发送端发送的信息能够被接收端正确无误地接收，就要求接收端应按照发送端所发送的每个码元的起止时间和重复频率来接收数据，即收发双方在时间上必须取得一致，否则即使微小的误差也会随着时间的增加而逐渐积累起来，最终造成传输的数据出错。为保证数据在传输途中的完整，接收和发送双方须采用"同步"技术，该技术包含异步传输和同步传输两种。

异步传输方式又称为起止时间同步方式。它以字符为单位进行传输，在发送每一个字符代码时，前面均要加上一个"起始"位，表示开始传输，然后才开始传输该字符的代码。一般还要加上一个码元的校验来确保传输正确。最后还要加上 1 位、1.5 位或 2 位的"停止"位，以保证能区分开传输过来的字符。"起始"信号是低电平，"停止"信号是高电平。发送端发送数据前，一直输出高电平，"起始"信号的下跳沿就是接收端的同步参考信号。接收端利用这个变化，启动定时机构，按发送的速率顺序地接收字符，待发送字符结束时，发送端又使传输线处于高电平状态，等待发送下一个字符，如图 1.19 所示，其中，DCE 为数据通信设备。

在异步传输方式中，收、发双方虽然有各自的时钟，但它们的频率必须一致，并且每个字

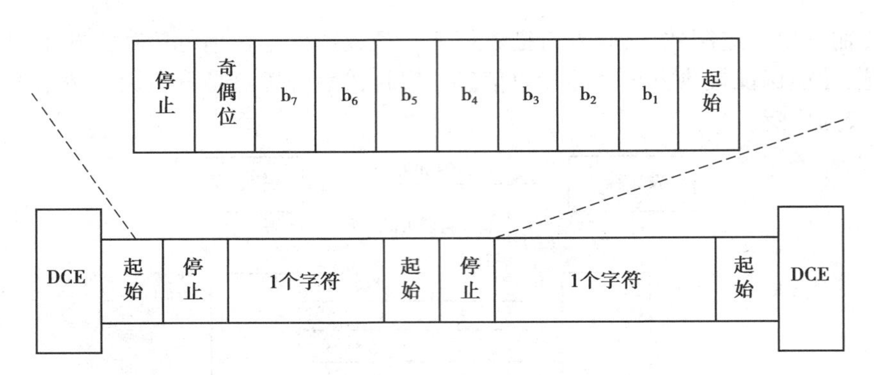

图 1.19　异步传输示例

符都要同步一次。因此,在接收一个字符期间不会发生失步,从而保证了数据传输的正确性。

异步传输的优点是实现方法简单、收发双方不需要严格的同步;缺点是每一个字符都要加入“起”“止”等位,从而传输速率不会很高,开销比较大,效率低,适用于1 200 bit/s 及其以下的低速数据传输。

同步传输方式的效率比异步传输方式要高。如图 1.20 所示,同步传输方式要求接收和发送双方有相同的时钟,以便知道是何时接收每一个字符。该方式又可细分为字符同步方式和位同步方式。字符同步要求接收和发送双方以一个字符为通信的基本单位,通信的双方将需要发送的字符连续发送,并在这个字符块的前后各加一个事先约定个数的特殊控制字符(称为同步字符)。同步字符表示传输字符的开始,其后的字符中不需要任何附加位。在接收端检测出约定个数的同步字符后,后续的就是被要求传输的字符,直到同步字符指出被传字符结束。如果接收的字符中含有与同步字符相同的字符时,则需要采用位插入技术。

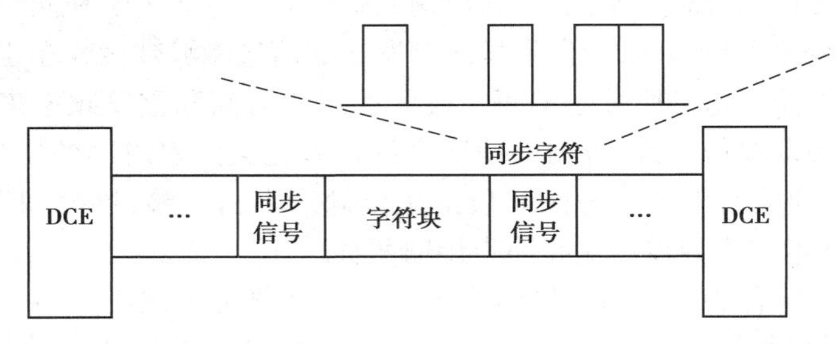

图 1.20　同步传输示例

位同步(bit synchronous)是使接收端接收的每一位数据信息都要和发送端准确地保持同步,通信的基本单位是位(bit)。数据块以位流(比特流)传输,在发送的位流前后给出相同的同步标志。如果有效的位流中含有与同步标志相同的情况,仍需采用位插入技术。

目前,位同步传输方式正在代替字符同步方式,在以太网中采用的正是位同步方式。

比较异步传输和同步传输可知,异步传输时,每个字符连同它的起始位和停止位都是一个独立的单位,一个字符同步一次;同步传输时,整个字符组或位流被同步字符标志后作为

一个单位进行传输。从效率上看,同步传输方式的效率要比异步传输方式高,因为同步方式是适合于大的数据块的传输,这种方法开销小、效率高;但其缺点是控制比较复杂,如果传输中出现错误,异步方式中只影响一个字符,而同步方式就会影响整个字符块的正确性。

12.无线电波的传播方式

无线电波的传播分直射、反射、透射、折射、绕射、散射等方式或现象。

1)无线电波直射

根据无线电波的特性,无线电波在传输距离内无遮挡的均匀大气媒质中,应以恒定的速度沿直线传播,由于能量的扩散与媒质的吸收,传输距离越远信号强度越小,并且大气吸收衰减与电波频率有关,频率越高,衰减越大,如图 1.21 所示。

而无线电波在非均匀的大气媒质中传播时,速度会发生变化,同时还会产生反射、折射、绕射、散射的现象,其传播能量一般会小于直射波。

2)无线电波反射

当电波碰到的建筑物或其他障碍物大于其波长时,会发生反射,如图 1.22 所示,反射波的强度比直射波差,但多重反射会形成多条传播路径到达接收端,故又称多径反射波,会造成多径衰落。

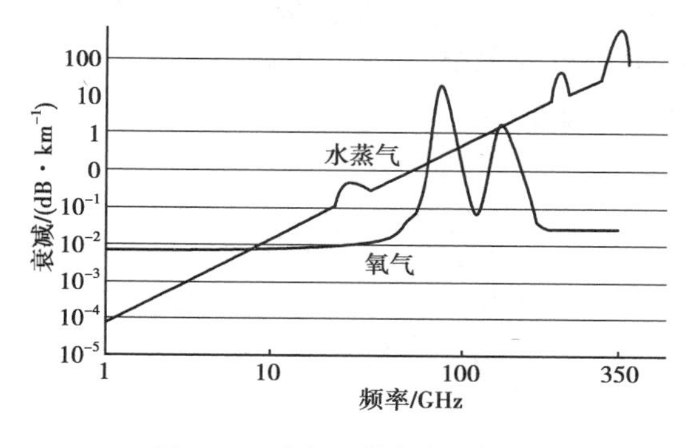

图 1.21　大气吸收损耗(衰减)

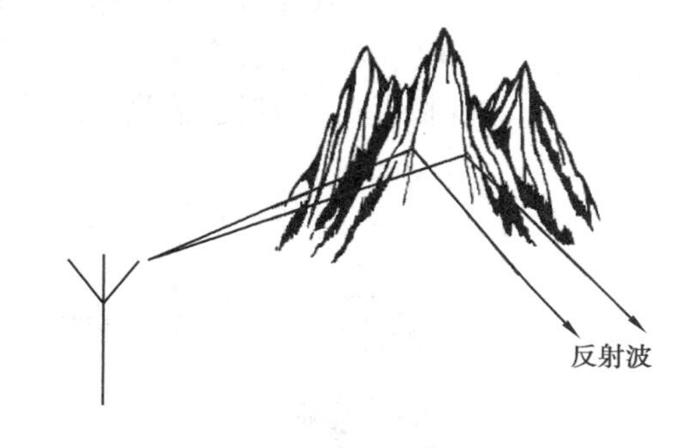

图 1.22　无线电波反射

3)无线电波折射与透射

当电波由一种媒质进入另一种媒质,例如电波进入水下、地下、大气层或墙壁等,由于媒质的密度、介电常数等不同,传播速度与路径偏转不同,这种现象称为无线电波折射,如图 1.23 所示。电波由一种媒质穿过另一种媒质,如电波穿过墙壁、地板、家具或穿过大气层进入外侧空间等时,称为无线电波透射。

电波的折射强度与入射波的波长、强度、角度和障碍物的透射率等因素有关,并且一般折射强度比直射波差。

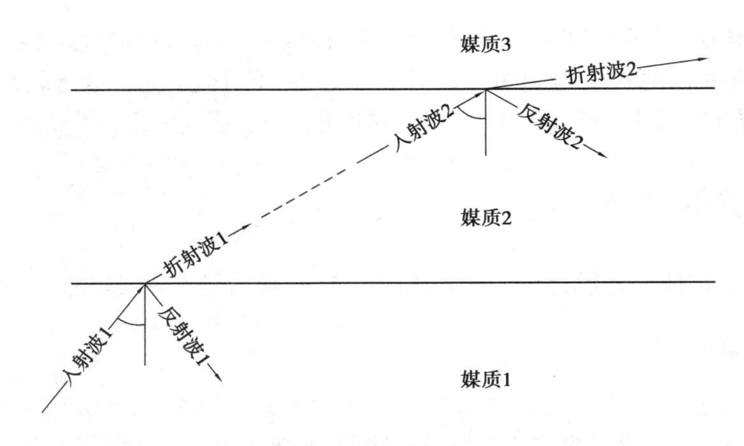

图 1.23 无线电波折射与透射

4) 无线电波绕射

当电波遇到较大的障碍物(山丘、建筑物等)时,会通过边缘绕到其背后继续传播,称为无线电波绕射,如图 1.24 所示。绕射后到达接收点的传播信号,其强度与反射波相当,并且波长越长,绕射能力越强,但是当障碍物尺寸远大于电波波长时,绕射就变得微弱。

5) 无线电波散射

当电波遇到粗糙障碍物或小物体,如雨点、树叶、微尘等,会产生大量的杂乱无章的反射,即漫反射,称为无线电波散射,对流层散射传播如图 1.25 所示。散射造成能量的分散,形成电波的损耗更大,到达接收点的传播信号强度最弱。

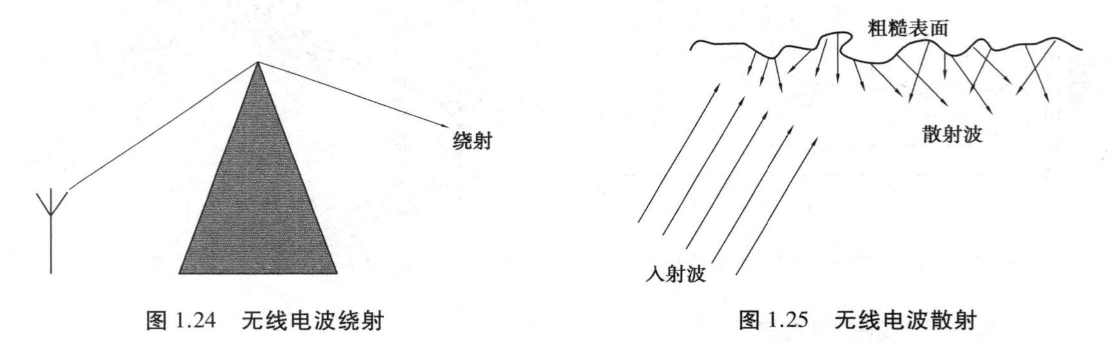

图 1.24 无线电波绕射

图 1.25 无线电波散射

13.认识无线通信业务

1) 无线通信业务的定义

无线通信业务(Wireless Communications Service,WCS)是美国联邦通信委员会定义的无线电通信,可以为个人和企业在对其所分配的频段和其地理区域内提供固定、移动、无线电定位或卫星通信业务。WCS 能够提供比较先进的无线电话业务，这些业务可以精确地确定任何给定地点中用户的位置。WCS 最可能用来提供多种移动业务，包括全套的采用小体积、轻质量、多功能便携式电话的新通信设备和具有双向数据传输能力的先进设备。WCS 系统将可以与其他的电话网络及与个人数字助理进行通信，并允许用户不必连接线路就可以发送和接收数据及视频信息。WCS 位于电磁频谱的 2.3 GHz 频段处，从 2 305 MHz至 2 320 MHz 和从 2 345 MHz 至 2 360 MHz。FCC 的 WCS 许可证拍卖帮助开辟了一个全新的行业。WCS 行业的竞争将使消费者和企业受益。FCC 计划将该频谱的许可证提供给每个市场中无线业务的几家新的全业务提供商。消费者将可以在多个提供商中加以选择，从而获得物美价廉的服务。

2)主要无线通信业务使用频率表

表 1.4 列出了主要无线通信业务所使用的频率。该表格给出了部分无线电通信业务的使用频率范围，若要查询具体使用频率或其他信息，可直接向省、市无线电管理机关查询。

表 1.4　主要无线通信业务使用频率表

序号	频率范围/MHz	业务名称
1	3~30	短波
2	1.8~2.0	业余
	3.5~3.9	
	7.0~7.1	
	10.1~10.15	
	14~14.35	
	18.068~18.168	
	21~21.45	
	24.89~24.99	
	28~29.7	
	50~54	
	144~148	
	430~440	
	2 300~2 450	
	1 240~1 300	
	3 300~3 500	
	5 650~5 850	
	10~10.5 GHz	
	24~24.25 GHz	

序号	频率范围/MHz	业务名称
2	47~47.2 GHz	业余
	75.5~76 GHz	
	76~81 GHz	
	142~149 GHz	
	241~250 GHz	
3	223.025~235.000	遥测、遥控、数据传输
4	806~821	集群通信
	851~866	
5	821~825	无线数据通信
	866~870	
6	825~835	联通 CDMA 公众通信
	870~880	
7	885~903	移动公众模拟通信网
	930~948	
8	903~909	移动 GSM 网
	948~954	
9	909~915	联通 GSM 网
	954~960	
10	1 427~1 525	点对多点业务

续表

序号	频率范围/MHz	业务名称
11	1 710～1 755	公众蜂窝通信
	1 805～1 850	
	1 865～1 880	
	1 945～1 960	
12	1 880～1 900	FDD 方式无线接入
	1 960～1 980	
13	1 900～1 920	TDD 方式无线接入
14	2 400～2 483.5	扩频数据通信
15	2 535～2 599	MMDS 多路微波有线电视传输系统
16	2 300～2 690	无线电定位微波接力通信
17	2 400～2 500	工科医设备电磁辐射频段
18	3 600～4 200	微波接力系统
19	3 800～4 200	微波接力系统

序号	频率范围/MHz	业务名称
20	3 700～4 200	C 波段卫星业务
21	4 400～5 000	微波接力系统
	5 925～6 425	
	6 425～7 110	
	7 125～7 425	
	7 425～7 725	
	7 725～8 275	
	8 275～8 500	
	10 700～11 700	
	12 750～13 250	
	14 250～14 500	
	14 500～15 350	
	17 700～19 700	
	21 200～23 600	

任务 2 认识物联网中的无线通信技术

1.认识物联网的基本概念

1)物联网的定义

“物联网概念”是在“互联网概念”的基础上,将其用户端延伸和扩展到任何物品与物品之间,进行信息交换和通信的一种网络概念。

其定义是:通过射频识别(Radio Frequency Identification,RFID)、红外感应器、全球定位系统、激光扫描器等信息传感设备,按约定的协议,把任何物品与互联网相连接,进行信息交换和通信,以实现智能化识别、定位、跟踪、监控和管理的一种网络概念。

物联网的概念与其说是一个外来概念,不如说它已经是一个“中国制造”的概念。它的覆盖范围与时俱进,已经超越了 1999 年 Ashton 教授和 2005 年 ITU 报告所指的范围,物联网已被贴上“中国式”标签。

“中国式”物联网(Internet of Things)指的是将无处不在的末端设备和设施,包括具备“内在智能”的传感器、移动终端、工业系统、楼控系统、家庭智能设施、视频监控系统等和

"外在使能"的,如贴上RFID的各种资产、携带无线终端的个人与车辆等"智能化物件或动物"或"智能尘埃"通过各种无线和/或有线的长距离和/或短距离通讯网络实现互联互通、应用大集成以及基于云计算的营运等模式在内网、专网、互联网环境下,采用适当的信息安全保障机制,提供安全可控乃至个性化的实时在线监测、定位追溯、报警联动、调度指挥、预案管理、远程控制、安全防范、远程维保、在线升级、统计报表、决策支持、领导桌面(集中展示的Cockpit Dashboard)等管理和服务功能,实现对"万物"的"高效、节能、安全、环保"的"管、控、营"一体化。

2)物联网的原理

物联网是在计算机互联网的基础上,利用RFID、无线数据通信等技术,构造一个覆盖世界上万事万物的"Internet of Things"。在这个网络中,物品(商品)能够彼此进行"交流",而无需人的干预。其实质是利用射频识别技术,通过计算机互联网实现物品(商品)的自动识别和信息的互联与共享。

射频识别技术是20世纪90年代开始兴起的一种自动识别技术,是目前比较先进的一种非接触识别技术。以简单RFID系统为基础,结合已有的网络技术、数据库技术、中间件技术等,构筑一个由大量联网的阅读器和无数移动的标签组成的,比Internet更为庞大的物联网成为RFID技术发展的趋势。

而RFID,正是能够让物品"开口说话"的一种技术。在"物联网"的构想中,RFID标签中存储着规范而具有互用性的信息,通过无线数据通信网络把它们自动采集到中央信息系统,实现物品(商品)的识别,进而通过开放性的计算机网络实现信息交换和共享,实现对物品的"透明"管理。

"物联网"概念的问世,打破了之前的传统思维。过去的思路一直是将物理基础设施和IT基础设施分开:一方面是机场、公路、建筑物,而另一方面是数据中心,个人电脑、宽带等。而在"物联网"时代,钢筋混凝土、电缆将与芯片、宽带整合为统一的基础设施,在此意义上,基础设施更像是一块新的地球工地,世界的运转就在它上面进行,其中包括经济管理、生产运行、社会管理乃至个人生活。

3)物联网的体系结构

物联网引起了包括企业、科研团体、新闻媒体和政府机构的广泛关注。一些研究机构也对物联网关键技术以及体系结构进行了研究。但目前对于物联网的研究尚未形成统一的看法,对于物联网技术内涵的分析也不够专业和深入。有一些出版物将RFID或者传感器网络当作物联网,实际上,这些只是物联网的一个组成部分或是物联网的一种类型而已。真正的物联网的定义与结构,比这些描述更加广泛和简单。物联网就是一个连接物与物的网络,RFID是其中一种,传感器网络也是其中一种。除此之外,还有很多的"物"可以与"物"通过网络连接起来,它们也同样构成物联网。

通过研究实际的物联网系统,如智能电网、远程环境监控、家居安防和远程医疗等,可以分析出物联网系统的共有特征:它是一个包含节点、网络和监控中心在内的网络信息传输和处理系统。

我们从一个实际的物联网系统来分析物联网的组成。例如,一个基于产品电子代码(Electronic Product Code,EPC)的车辆管理系统,主要由车辆识别、网络和监控中心组成,如图 1.26 所示。

图 1.26　基于 EPC 的车辆管理系统

✧车辆标识与读卡器:由标签读写器、电子标签及天线等构成,完成车辆信息的识别。

✧网络:将车辆信息传输到监控中心,并把监控中心的控制信息发回给读卡器进行标识的读取及其他操作。

✧监控中心:由管理主机和数据接口构成,负责本地车辆信息的监控、本地信息和服务器的管理、远程信息的网络调度。

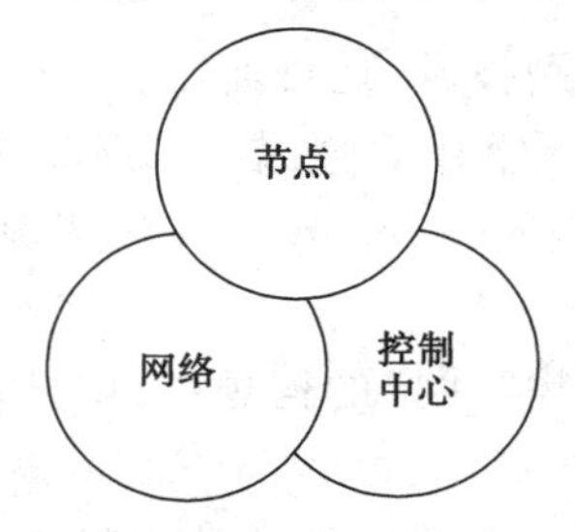

图 1.27　物联网的三个组成部分

工作过程:当车辆通过收费口时,附着在车辆上的电子标签进入 RFID 磁场,接受标签读写器发出的射频信号,凭借感应电流所获得的能量,发送出存储在电子标签芯片中的车辆信息,标签读写器读取信息并解码后形成 EPC,送至管理主机,通过本地及远程接口,存储到本地服务器或访问远程服务器进行相应的数据处理。

其他物联网应用,如智能电网(远程抄表)、环境的远程监控、社区安防等也都具有类似结构——节点、网络和控制中心。可见,这三个部分构成了物联网的核心组成部分,如图 1.27 所示。这样划分比用 RFID 或者传感器来表示传感器的组成元素具有更广泛的代表性。

(1)节点

节点是物联网中“物”的标识单元,它包括各种各样的类型,如 RFID、传感器、终端等。节点的基本组成包括如下几个基本单元:传感单元(由传感器和模数转换功能模块组成)、处理单元(包括 CPU、存储器、嵌入式操作系统等)、通信单元(由无线通信模块组成)以及能量供应单元。此外,可以选择的其他功能单元包括定位系统、移动系统以及电源自供电系统等。

(2)网络

网络是物联网中的信息传输介质,它可以将节点与节点、节点与控制中心连接起来,共同构成物联网。这种连接网络可以是无线的,也可以是有线的;可以是宽带的,也可以是窄带的;可以是近程的,也可以是远程的。不同的网络适应不同的业务及其服务质量(Quality of Service,QoS)要求。

(3)控制中心

在有的物联网中,节点通过网络与其他节点连接,也有的节点通过网络与控制中心连接,将采集的信息发送到控制中心进行处理,或者节点接收控制中心发出的指令,进行相应的操作。

4）物联网的网络结构

虽然物联网的应用领域千变万化，其各个组成部分的物理性质、计算能力、构成形态及层次结构等也各不相同，但都可以划分为点到点、节点到控制处理中心这两种最基本的网络结构。由这最基本的网络结构，又可以叠加演化为更加复杂的物联网网络体系结构，如混合体系结构、分级体系结构等。

（1）点到点（Point to Point，P2P）的网络体系结构

在点到点的物联网体系结构中，节点通过网络介质直接与其他节点通信，整个网络由节点和传输网络（或网络介质）共同组成，如图 1.28 所示。组成网络的节点有着相似的结构，发挥相似的功能，彼此对等。如无线传感器网络、Ad Hoc 网络就是典型的点到点的体系结构。彼此连接的节点还可以构成不同的网络域，不同的网络域完成不同的工作划分，如不同的信息处理层级等。此外，还可以通过节点之间的协议约定，联合构成 Mesh 网络。

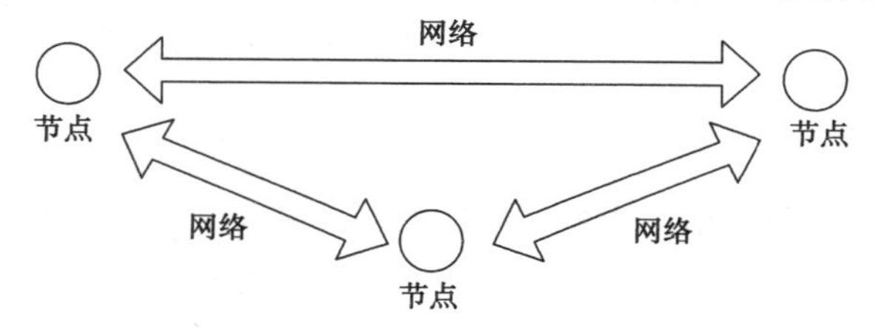

图 1.28　点到点的体系结构

（2）节点到控制/处理中心的网络体系结构

在节点到控制/处理中心的物联网结构中，节点通过网络介质直接与控制/处理中心通信。整个网络由节点、控制/处理中心和传输网络（或网络介质）共同组成，如图 1.29 所示。节点负责处理终端的信息，如信息采集、分发等；控制/处理中心汇聚各个节点传送过来的信息，并进行处理，同时也控制各个节点的工作状态，将处理后的信息分发给各个节点。在这种体系构架下，各个节点在中心的控制下进行工作，中心集中对信息进行处理，节点无须具备太强的信息处理能力，只需做简单的信息采集和传递工作，这样也降低了各个节点的设计复杂度和成本。

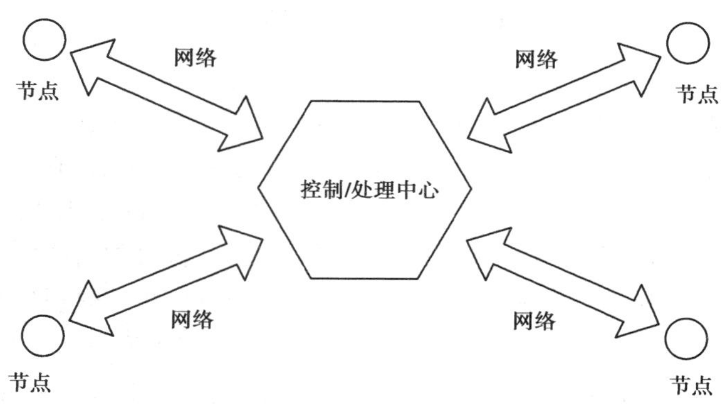

图 1.29　节点到控制/处理中心的网络体系结构

5) 无线传感器节点构建的物联网体系结构

我们以无线传感器节点构建的物联网为例对其体系结构进行分析。无线传感器网络的网络拓扑结构是组织无线传感器节点的组网技术,有多种形态和组网方式。

按照其组网形态和方式,可分为集中式、分布式和混合式。

✧集中式结构类似移动通信的蜂窝结构,集中管理。

✧分布结构类似 Ad Hoc 网络结构,可自组织网络接入连接和分布管理。

✧混合式结构是集中式和分布式结构的组合。

无线传感器网络的网状式结构类似 Mesh 网络结构,以网状分布式连接和管理。如果按照节点功能及结构层次,无线传感器网络通常可以分为平面网络结构、分级网络结构、混合网络结构以及 Mesh 网络结构。无线传感器节点经多跳转发,通过基站、汇聚节点或网关接入网络,在网络侧的任务管理节点对感应信息进行管理、分类和处理,再把感应信息送给用户使用。研究和开发有效、实用的网络结构,对构建高性能的无线传感器网络十分重要。

(1)平面网络结构

平面网络结构是无线传感器网络中最简单的一种拓扑结构,如图 1.30 所示。图中,所有节点为对等结构,具有完全一致的功能特性,也就是说每个节点均包含相同的 MAC、路由、管理和安全协议。这种拓扑结构简单易维护,具有较好的健壮性,事实上就是一种 Ad Hoc 网络结构形式。由于没有中心管理节点,故采用自组织协同算法形成网络,其组网算法比较复杂。

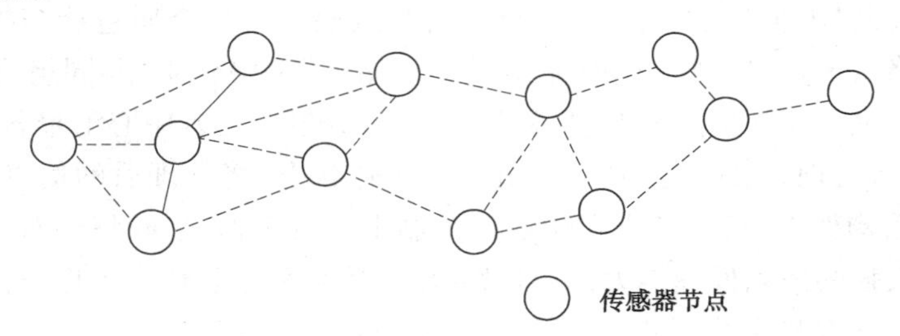

图 1.30　无线传感器平面网络结构

(2)分级网络结构

分级网络结构是无线传感器网络中平面网络结构的一种扩展拓扑结构,如图 1.31 所示。网络分为上、下两层:上层为中心骨干节点,下层为一般传感器节点。通常网络可能存在一个或多个骨干节点,骨干节点之间或一般传感器节点之间采用的是平面网络结构。具有汇聚功能的骨干节点和一般传感器节点之间采用的是分级网络结构。所有骨干节点为对等结构,骨干节点和一般传感器节点有不同的功能特性,也就是说每个骨干节点均包含相同的 MAC、路由、管理和安全等功能协议,而一般传感器节点可能没有路由、管理及汇聚处理等功能。这种分级网络通常以簇的形式存在,按照功能分为簇首(具有汇聚功能的骨干节点)和成员节点(一般传感器节点)。这种网络拓扑结构扩展性好,便于集中管

理，可以降低系统建设成本，提高网络覆盖率和可靠性，但是集中管理开销大、硬件成本高，一般传感器节点之间不太可能直接通信。

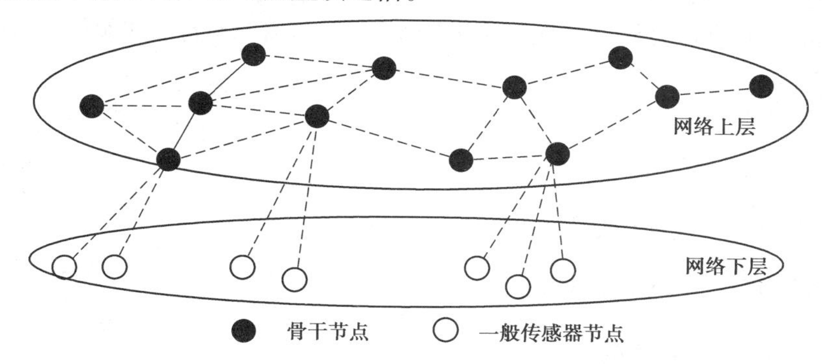

图 1.31　无线传感器网络分级网络结构

(3)混合网络结构

混合网络结构是无线传感器网络中平面网络结构和分级网络结构的一种混合拓扑结构，如图 1.32 所示。

网络骨干节点之间及一般传感器节点之间都采用平面网络结构，而网络骨干节点和一般传感器节点之间采用分级网络结构。这种网络拓扑结构和分级网络结构不同的是：一般传感器节点之间可以直接通信，可以不通过汇聚骨干节点来转发数据。同分级网络结构比较，这种结构支持的功能更加强大，但所需硬件成本更高。

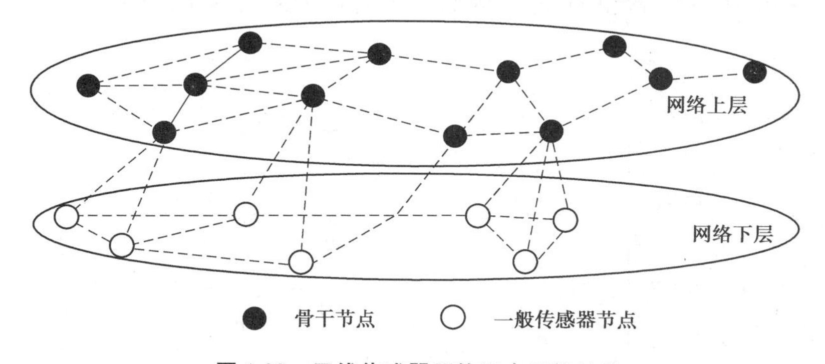

图 1.32　无线传感器网络混合网络结构

(4)Mesh 网络结构

Mesh 网络结构是一种新型的无线传感器网络结构，与传统的无线网络拓扑结构相比在结构和技术上有一些不同。从结构来看，Mesh 网络是规则分布的网络，不同于完全连接的网络结构，如图 1.33 所示。Mesh 网络通常只允许节点和其最近的邻居节点通信，如图 1.34 所示。网络内部的节点一般都是相通的，因此，Mesh 网络也称为对等网络。

Mesh 网络是构建大规模无线传感器网络的一个很好的结构模型，特别是那些分布在一个地理区域的传感器网络，如人员或车辆安全监控系统。尽管这里反映通信拓扑的是规则结构，然而节点实际的地理分布不必是规则的 Mesh 结构形态。

通常 Mesh 网络结构节点之间存在多条路由路径，网络对于单点或单个链路故障具有较强的容错能力和鲁棒性。Mesh 网络结构最大的优点就是尽管所有节点都是对等地位,且具有相同的计算和通信传输功能,但某个节点可被指定为簇首节点,而且可执行额外的功能。一旦簇首节点失效,另外一个节点可以立刻补充并接管原簇首那些额外可执行的功能。

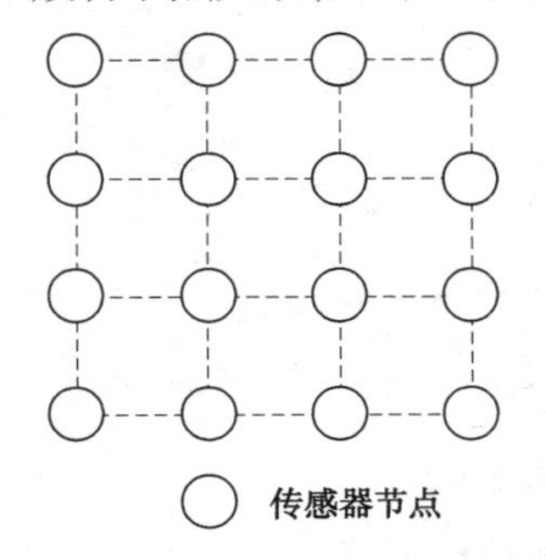

图 1.33 完全连接的网络结构

传感器节点

图 1.34 无线传感器网络 Mesh 网络结构

不同的网络结构对路由和 MAC 的性能影响较大。例如,一个 $n\times m$ 的二维 Mesh 网络结构的无线传感器网络拥有 nm 条连接链路,每个源节点到目的节点都有多条连接路径。对于完全连接的分布式网络,路由表随着节点数增加而呈指数增加,且路由设计复杂度是个 NP-hard 问题。通过限制允许通信的邻居节点数目和通信路径,可以获得一个具有多项式复杂度的再生流拓扑结构,基于这种结构的流线型协议本质上就是分级的网络结构。如图 1.35 所示,采用分级网络结构技术可使 Mesh 网络路由设计简单许多,由于一些数据处理可以在每个分级的层次里面完成,因而比较适合于无线传感器网络的分布式信号处理和决策。

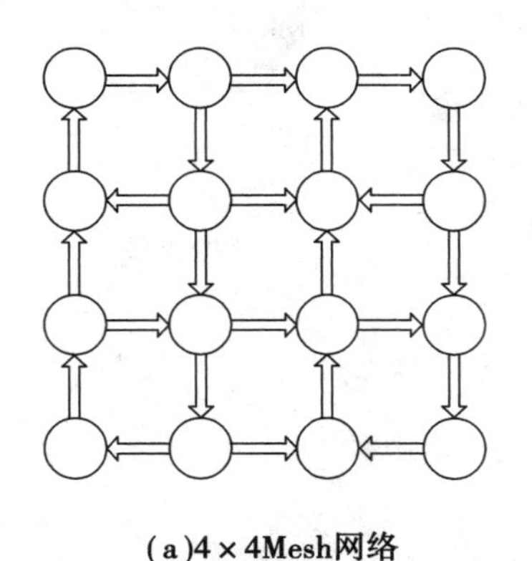

(a)4×4Mesh网络

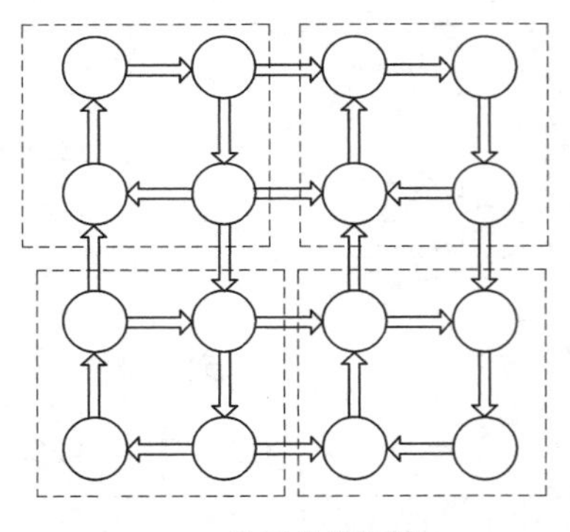

(b)分级分簇网络

图 1.35 采用分级网络结构技术的 Mesh 结构

从技术上来看,基于 Mesh 结构的无线传感器网络具有以下特点:

✧由无线节点构成网络。这种类型的网络节点是由一个传感器或执行器构成且连接到一个双向无线收发器上。数据和控制信号是通过无线通信的方式在网络上传输的,节点可以方便地通过电池来供电。

✧节点按照 Mesh 拓扑结构部署。一种典型的无线 Mesh 网络拓扑,网内每个节点至少可以和一个其他的节点通信,这种方式可以实现比传统的集线式或是星形拓扑更好的网络连接性。除此之外，Mesh 网络结构还具有以下特征：自我形成，即当节点打开电源时，可以自动加入网络；自愈功能，即当节点离开网络时，其余节点可以自动重新路由它们的消息或信号到网络外部的节点，以确保存在一条更加可靠的通信路径。

✧支持多跳路由。来自一个节点的数据在其到达一个主机或控制器之前，可以通过多个其余节点转发。在不牺牲当前信道容量的情况下，扩展无线传感器网络的授盖范围是无线传感器网络设计和部署的重要目标之一。Mesh 方式的网络连接，只需短距离的通信链路，经受较少的干扰，因此可以为网络提供较高的吞吐率及较高的频谱复用效率。

✧功耗限制和移动性取决于节点类型及应用的特点。通常基站或汇聚节点移动性较低，感应节点可能移动性较高。基站通常不受电源限制，而感应节点通常由电源供电。

✧存在多种网络接入方式。可以通过星形、Mesh 等节点方式和其他网络集成。

在无线传感器网络以及其他类型的物联网实际应用中，通常都根据应用需求来灵活选择合适的网络拓扑结构。

2.物联网的架构

物联网的总体构架分为感知层、网络层和应用层，如图 1.36 所示。

1）感知层

感知层主要用于识别物体、采集信息，由感知设备和传感网两部分组成，包括视频采集设备、无线传感器网络（Wireless Sensor Network，WSN）、有线传感器网络、传感器和 RFID 等。感知层的特征是通用和智能。

2）网络层

网络层主要用于信息传递，包括接入网络和接入单元两部分。接入网络包括无线（WiFi，2G/3G），有线（PSTN 和宽带等）；接入单元有独立的物联网终端以及作为感知数据汇聚点的物联网网关。网络层的主要特征是经济、广泛和智能。

3）应用层

应用层主要用于处理和应用各种业务相关信息，主要包括如基础通信能力调用、通道通信管理、目录以及内容服务及统一数据建模等各种物联网的通用能力，而各种行业之间的应用则在通用能力之上，主要包括了移动通信在内的个人、家庭以及企业单位等，还有社会保障、银行管理、交通枢纽控制、救灾援助和公共安全等各类应用，几乎涵盖物联网应用的各个领域。应用层的主要特征是集中、智能和协同功能。

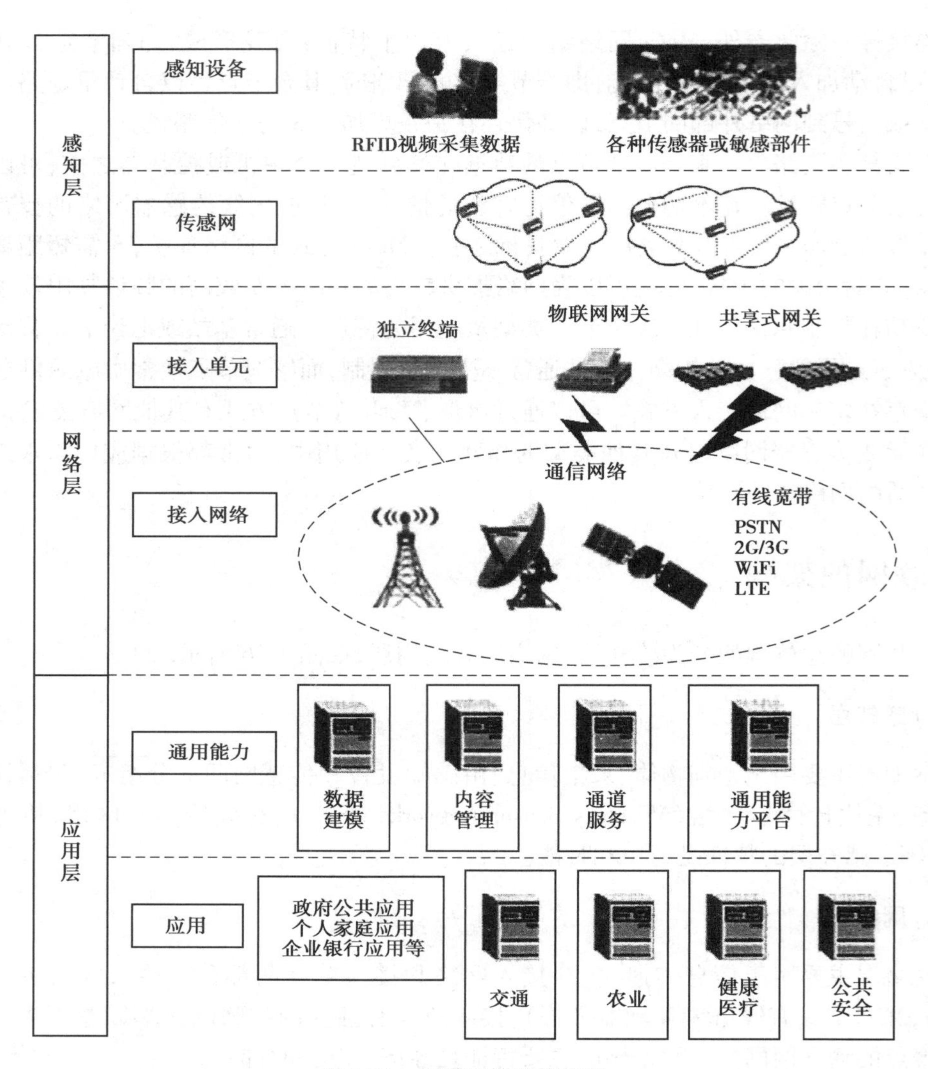

图 1.36 物联网的总体构架

3.物联网的关键技术

1)感知与识别

(1)感知技术

感知技术主要是指传感器，它是摄取物理信息的关键器件，是构成物联网的基础单元。根据国标 GB 7665—2005 的定义，传感器是能感受规定的被测量，并按照一定的规律将其转换成可用输出信号的器件或装置。传感器种类繁多，可按不同的标准分类。按外界输入信号变换为电信号时采用的效应可分为物理传感器、化学传感器；按输入量可分为

温度、湿度、压力、位移、加速度、角速度、力、浓度和气体成分等；按工作原理可分为电容式、电阻式、电感式、压电式、热电式、光敏和光电等。

传感器技术是半导体技术、测量技术、计算机技术、信息处理技术、微电子学、光学、声学、精密机械、仿生学和材料科学等众多学科相互交叉的综合性、高新技术密集型的前沿研究课题之一，是现代新技术革命和信息社会的重要基础，它与通信技术、计算机技术构成信息产业的三大支柱。

(2)识别技术

识别技术涵盖物体识别、位置识别和地理识别。

物体识别技术是以 RFID 技术为代表，RFID 集成了无线通信、芯片设计与制造、天线设计与制造、标签封装、系统集成和信息安全等技术。目前，RFID 应用以低频和高频标签技术为主，超高频技术具有可远距离识别和低成本的优势，有望成为未来主流。

位置识别技术比较成熟，它以全球定位系统(Global Positioning System，GPS)技术为代表。另外，伽利略、北斗以及基于蜂窝网基站的定位技术也逐步成熟并步入商用。此外，小范围或室内、复杂环境定位技术也在近几年获得了较大的发展，其典型代表是实时定位系统(Real Time Locating Systems，RTLS)，这些技术都将为物联网在不同环境条件下的位置识别提供支持。

地理识别技术以地理信息系统(Geographic Information System，GIS)为代表，以空间数据库为基础，运用系统工程和信息科学的理论，对空间数据进行科学管理和综合分析。GIS 集合了测绘学、地理学、地图学、计算机科学、卫星遥感、管理信息系统和定位系统等学科和技术的发展。近年来，计算机大容量存储介质、多媒体技术和可视化技术为 GIS 的发展提供了新的技术和方法。

2)数据采集与处理

传感器技术和传感器网络技术主要负责物联网信息的采集和处理，其中传感器技术是实现对现实世界感知的基础，是物联网服务和应用的基础。传感器是指那些对被测对象的某一确定的信息具有感受与检出功能，并按照一定规律转换成与之对应的有用信号的元器件或装置，通常由敏感元件和转换元件组成。如果没有传感器对被测的原始信息进行准确可靠的捕获和转换，一切准确的测试与控制都将无法实现，即使最现代化的电子计算机，没有准确的信息或不失真的输入，也将无法充分发挥其应有的作用。

传感器种类及品种繁多，原理也各式各样。根据被测量的性质，可分为物理传感器、化学传感器和生物传感器三类；还可以按照用途、材料、输出信号类型和制造工艺等方式进行分类。随着技术的发展，新的传感器类型不断产生，传感器的应用领域非常广泛，包括工业生产自动化、国防现代化、航空技术、航天技术、能源开发、环境保护与生物科学等。随着纳米技术和微机电系统技术的应用，传感器尺寸的减小和精度的提高，也大大拓展了传感器的应用领域。物联网中的传感器节点通常由数据采集、数据处理、数据传输和电源构成。节点具有感知能力、计算能力和通信能力，也就是在传统传感器基础上，增加了协同、计算和通信功能。

传感器网络综合了传感技术、嵌入式计算技术、现代网络及无线通信技术和分布式信息处理技术等,能够通过各类集成化的微型传感器协作地实时监测、感知和采集各种环境或监测对象的信息,通过嵌入式系统对信息进行处理,并通过随机自组织无线通信网络以多跳中继方式将所感知信息传送到用户终端,从而真正实现"无处不在计算"的理念。传感器网络的研究采用系统发展模式,因而必须将现代的先进微电子技术、微细加工技术系统、芯片设计技术、纳米材料技术、现代信息通信技术、计算机网络技术等融合,以实现其微型化、集成化、多功能化及系统化、网络化,特别是实现传感器网络特有的超低功耗系统设计。

一个典型的传感器网络结构通常由传感器节点、接收发送器(或称 Sink)、Internet 或通信卫星和任务管理节点等部分构成。传感器节点散布在指定的感知区域内,实时感知、采集和处理网络覆盖区域中的信息,并通过"多跳"网络把数据传送到 Sink,Sink 也可以用同样的方式将信息发送给各节点。Sink 直接与 Internet 或通信卫星相连,通过 Internet 或通信卫星实现任务管理节点与传感器之间的通信。在出现节点损坏失效等问题的情况下,系统能够自动调整,从而确保整个系统的通信正常。

3)通信网络传输

传感器的网络通信技术为物联网数据提供传送通道,而如何在现有网络上进行增强,适应物联网业务需求(低数据率、低移动性等),是现在物联网研究的重点。

传感器的网络通信技术分为两类:近距离通信技术和广域网络通信技术。在近距离通信方面,以 IEEE802.15.4 为代表的通信技术是目前的主流技术,802.15.4 规范是 IEEE 制定的用于低速近距离通信的物理层和媒体接入控制层规范,工作在工业、科学和医疗(Industrial Scientific Medical,ISM)频段,免许可证的 2.4 GHz ISM 频段全世界都可通用。在广域网络通信方面,IP 互联网、2G/3G 移动通信、卫星通信技术等实现了信息的远程传输,特别是以 IPv6 为核心的下一代互联网的发展,将为每个传感器分配 IP 地址创造可能,也为传感网的发展创造了良好的基础网条件。传感网络相关通信技术,常见的有蓝牙、IrDA,WiFi,ZigBee,RFID、UWB、NFC 和 WirelessHart 等。

物联网的基本特征可概括为全面感知、可靠传送和智能处理。

✧全面感知:利用射频识别、二维码、传感器等感知、捕获、测量技术随时随地对物体进行信息采集和获取;

✧可靠传送:通过将物体接入信息网络,依托各种通信网络,随时随地进行可靠的信息交互和共享;

✧智能处理:利用各种智能计算技术,对海量的感知数据和信息进行分析并处理,实现智能化的决策和控制。

4.物联网中的无线通信网络

1)无线通信网络的组成

无线网络包含了一系列无线通信协议,如 WiFi,WiMAX 和 3G 协议等。无线通信网络的基本组成元素有无线网络用户、无线连接、基站。

(1)无线网络用户

无线网络用户是指具备无线通信能力,并可将无线通信信号转换为有效信息的终端设备。例如,装有 WiFi 无线模块的台式机、笔记本电脑或 PDA,装有 3G 通信模块的手机和装有 CC2420 无线通信模块的传感器。

(2)无线连接

无线连接是指无线网络用户与基站或者无线网络用户之间用以传输数据的通路。相对于有线网络中的电缆、光缆、同轴双股线等物理实体连接介质,无线连接主要通过无线电波、光波作为传输载体。不同的无线连接技术提供了不同的数据传输速率和传输距离。

(3)基站

基站的职责是将一些无线网络用户连接到更大的网络中(校园网、互联网或者电话网)。无线网络用户通过基站接收和发送数据包,基站将用户的数据包转发给它所属的上层网络,并将上层网络的数据包转发给指定的无线网络用户。根据不同的无线连接协议,相应基站的名称和覆盖范围是不同的。例如,WiFi 的基站被称为接入点(Access Point,AP),它的覆盖范围为几十米;蜂窝电话网的基站被称为蜂窝塔(Cell Tower),在城市中它的覆盖范围为几千米,而在空旷的平地中其覆盖范围可达到几十千米。只有在基站的覆盖范围内,用户才可能通过它进行数据交互。除了用户通过基站与上层网络交互的无线网络组织模式,无线网络用户还可以通过自组织的方式形成自组网(Ad-Hoc Networks)。自组网的特点是无须基站和上层网络支持,用户自身具备网络地址指派、路由选择以及类似域名解析等功能。例如,无线传感器网络就是一种典型的自组网。在无线传感器网络中,每个传感器都有一个独一无二的标识符(ID),且每个传感器既是数据的产生者,也是其他节点数据传输的中继。

2)无线通信网络的分类

基于采用不同技术和协议的无线连接的传输范围,可以将无线通信网络分为 4 类,如图 1.37 所示。

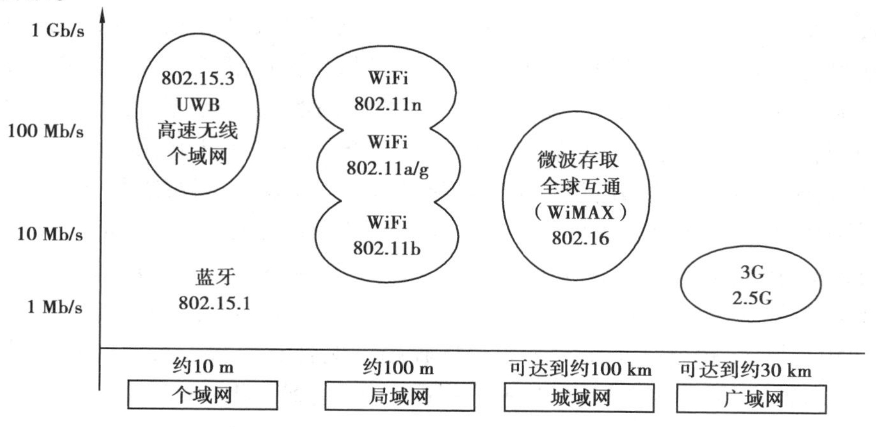

图 1.37 无线网络协议分类

（1）无线广域网

无线广域网（Wireless Wide Area Networks，WWAN）连接信号可以覆盖整个城市甚至国家，其信号传播途径主要有两种：一种是信号通过相邻的地面基站接力传播，另一种是信号可通过通信卫星系统传播。当前主要的广域网包括 2G、2.5G、3G 和 4G 系统。2G 系统的贡献是使用数字信号取代了 1G 中的模拟信号进行语音传输，它的核心技术包括 GSM 和 CDMA 技术，2G 系统的带宽约为 10 kbit/s；2.5G 系统基于 2G 的基本构架，新增对文字、文件及图片等多媒体数据传输的支持，它的核心技术包括 GPRS 和增强型数据速率 GSM 演进技术（Enhanced Data Rates for GSM Evolution，EDGE），2.5G 系统的带宽为 100~400 kbit/s；3G 系统使用独立于 2G 系统的基本框架（例如，传统的支持 2G 系统的手机不一定可以接入 3G 系统），其核心技术包括 WCDMA、CDMA2000 和 TD-SCDMA，相比 2G 系统在数据传输速率上有较大提升，其最大传输速率约为 2 Mbit/s。随着 HSDPA/HSUPA 以及 CDMA2000 1xEV 等 3G 增强型技术的引入，数据传输速率得到了进一步提升；4G 是集 3G 与 WLAN 于一体，并能够快速传输数据、音频、视频和图像等。4G 能够以 100 Mbit 以上的速度下载，比目前的家用宽带 ADSL（4 兆）快 25 倍，并能够满足几乎所有用户对于无线服务的要求。此外，4G 可以在 DSL 和有线电视调制解调器没有覆盖的地方部署，然后再扩展到整个地区。很明显，4G 有着不可比拟的优越性。

（2）无线城域网

顾名思义，无线城域网（Wireless Metropolitan Area Networks，WMAN）基站的信号可以覆盖整个城市区域，在服务区域内的用户可通过基站访问互联网等上层网络。WiMAX 是实现无线城域网的主要技术，IEEE 802.16 的一系列协议对 WiMAX 进行了规范。WiMAX 基站的视线（Line of Sight，LoS）覆盖范围可达 112.6 km。所谓“LoS”，是指无线电波在相对空旷的区域以直线传播，但在建筑相对密集的城市中，无线电波会以非视线（None Line of Sight，NLoS）方式传递，802.16a 协议支持的基站的非视线覆盖范围为 40 km，WiMAX 基站的传输速率可达到 75 Mbit/s。

（3）无线局域网

无线局域网（Wireless Local Area Networks，WLAN）在一个局部的区域（如教学楼、机场候机大厅等）内为用户提供可访问互联网等上层网络的无线连接。无线局域网是已有有线局域网的拓展和延伸，使得用户可以在一个区域内随时随地访问互联网。无线局域网有两种工作模式，第一种是基于基站（无线局域网内的接入点）模式，无线设备（手机、上网本、笔记本电脑等）通过接入点访问上层网络；第二种是基于自组织模式，例如，在一个会议室内，所有与会者的移动设备可以不借助接入点组成一个网络，用于相互之间的文件、视频数据的交换。IEEE802.11 的一系列协议是针对无线局域网制定的规范，大多数 802.11 协议的接入点的覆盖范围为几十米，802.11b 带宽可达到 11 Mbit/s，802.11a 和 802.11g的速率可达到 54 Mbit/s，802.11n 利用多天线多输入多输出（Multiple Input Multiple Output，MIMO）技术，也就是说在发送端和接收端可能各有两根天线，它们可以同时接收和发送数据包，这样可将 802.11a/g 的速率提高一倍，达到 100 Mbit/s 左右。

(4)无线个域网

无线个域网(Wireless Personal Area Networks,WPAN)在更小的范围内(约为10 m)以自组织模式在用户之间建立用于相互之间通信的无线链路。蓝牙传输技术和红外线传输技术是无线个域网中的两个重要技术。蓝牙传输技术利用无线电波作为载波,覆盖范围约为30 m,速率为1 Mbit/s左右;红外线传输技术利用红外线作为载波,覆盖范围在几米之内,速率通常为100 kbit/s左右。IEEE802.15的一系列协议是针对无线个域网行为的规范。IEEE802.15.1是蓝牙传输技术协议;IEEE802.15.3是针对UWB个域网物理层和MAC层制定的标准,其速率约为100 Mbit/s;IEEE802.15.4是针对低速个域网(传感器网络等)物理层和MAC层制定的标准。

上述4种类型的网络各有千秋。例如,无线广域网有相对较大的覆盖范围,支持高移动性无线设备,但数据传输速率较低,限制了传输数据的大小,其大部分用户为手机、PDA和上网本;无线局域网有相对较高的数据传输速率,但每个接入点的覆盖范围有限且不支持高速移动的设备。为了对物联网中物体的泛联提供有力的支持,无线通信网络协议依然面临很多挑战:如何充分利用信道提高带宽,如何解决高速移动用户和漫游造成的寻址问题,如何将更多更广的物体作为无线用户接入到网络中等。

3)有基础设施的无线网络

无线通信系统有两种网络结构:有基础设施(Infrastructure)的网络和无基础设施(No Infrastructure)的网络。有基础设施的网络结构通常是对有线通信网的一种扩展。如图1.38所示,有线网被用作骨干网,连接到特殊的有线/无线转接节点,即基站(Base Station,BS)或接入点(AP),为方便起见统称为BS。BS负责协调覆盖区内的移动节点,通过一个或多个传输信道接入网络。传输信道可以是FDMA中的某个频道,也可以是TDMA中的某个时隙,或者是CDMA中的某个码道。BS与有线骨干网相连并且覆盖一个区域,它必须被预先规划、设计和布设,因此,这种网络结构被称为有基础设施的网络结构。有基础设施网包含很多种类,比较典型的有蜂窝移动通信系统、集群移动通信系统、无线局域网等。

4)无基础设施的无线网络

无基础设施的网络结构一般也称为自组织网络(简称自组网),是由多个移动节点组成的多跳无线网络。这些移动节点处在一个局部区域内,每个节点都具备路由器的功能,可以通过存储转发技术帮助其他节点构成通信链路。图1.39给出了一个自组网的例子,它与有基础设施网最大的区别是不需要预设的基础设施(基站和AP),网络的组织是临时的、按需的、自动的。由于自组网无基础设施,导致无控制中心,因此必须采用分布式的控制方式。自组网特别适用于要求临时、快速组网的情况,所以经常用于军事领域、灾难救援、会议等场合。

现有属于自组网的通信系统主要集中于军事通信领域。在民用方面,无线局域网IEEE802.11中的Ad hoc模式以及蓝牙技术都属于自组网。

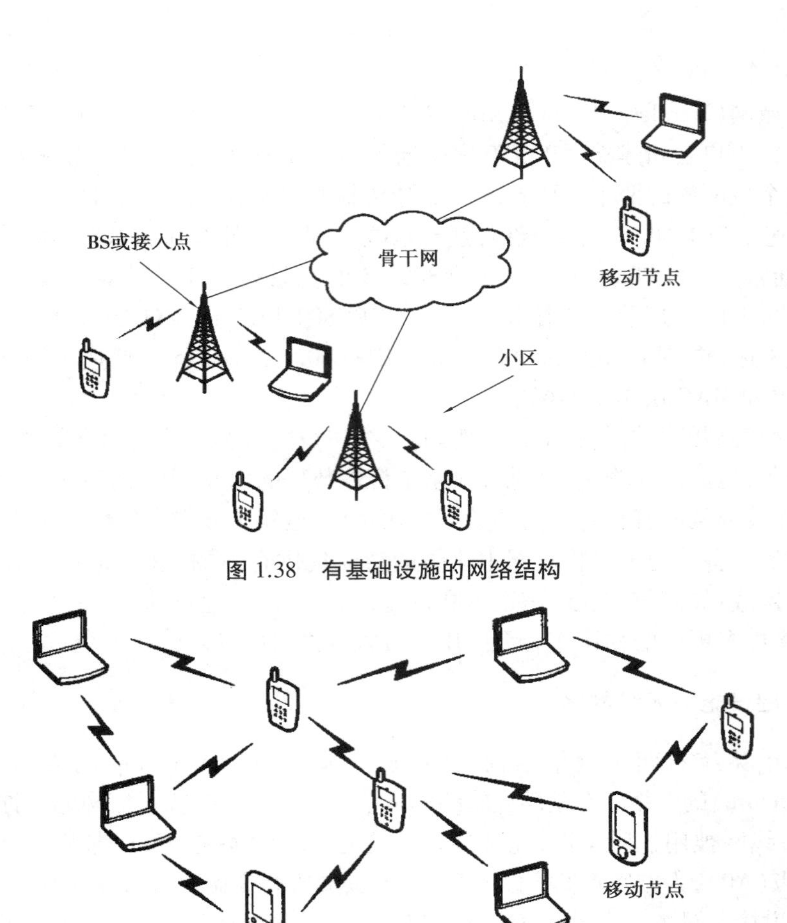

图 1.38　有基础设施的网络结构

图 1.39　无基础设施网络结构

5.物联网技术应用

◇零售行业:沃尔玛首先在零售领域运用物联网,通过使用 RFID 标签技术,零售商可实现对商品从生产、存储、货架、结账到离开商场的全程监管,货物短缺或货架上产品脱销的概率得到了很大降低,商品失窃也得到遏制。RFID 标签未来也将允许消费者自己进行结算,而不再需要等待流水结账。

◇物流行业:如图 1.40 所示为 RFID 技术在物流各环节的使用。仓库将实现完全的自动化,包括商品的自动化进出,以及将订单自动传输给供应商;物联网将大大提高运输的管理效率,商品从生产到消费,将有望实现全程无人管理;对于生产商来说,将能够获取市场需求的直接反馈。

◇医药行业:如图 1.41 所示为 RFID 技术在医药供应链上的应用。物联网在医药领域的应用已体现在生产、零售与物流等环节。除此之外,在打击制造假药和提高药物的使

用效果上,未来 RFID 芯片在医药领域的全面应用将能够减少因服用假药、过量服药或者服用相克药物而失去生命的病例。

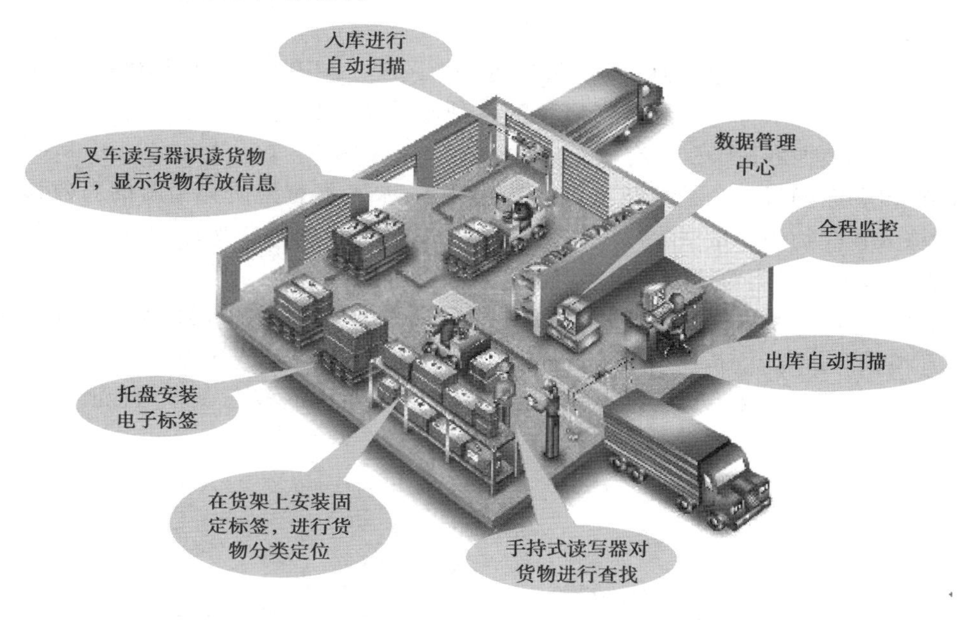

图 1.40　RFID 在物流各环节的使用

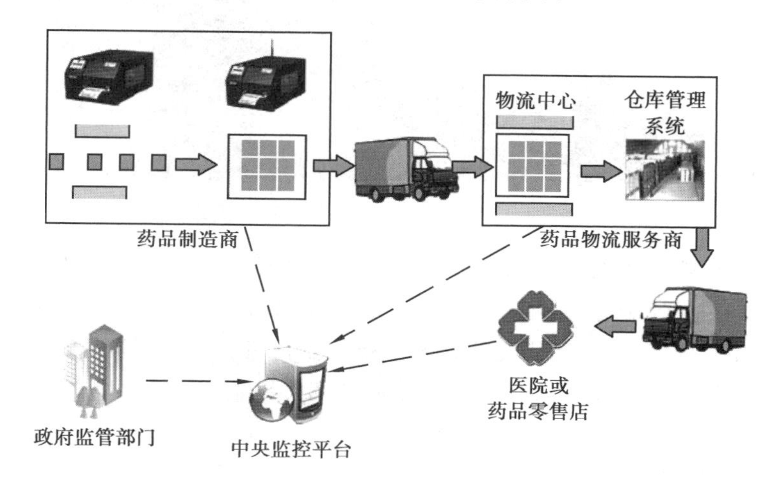

图 1.41　RFID 在医药供应链上的应用

✧食品行业:RFID 标签的应用,将使消费者能够跟踪食品的生产源头。

✧智能建筑:新加坡规定智能大厦须具备 3 个条件:一是具有保安、消防与环境控制等先进的自动化控制系统,以及自动调节大厦内的温度、湿度、灯光等参数的各种设施,以创造舒适安全的环境;二是具有良好的通信网络设施,使数据能在大厦内进行流通;三是能提供足够的对外通信设施与能力。

✧智能电网:按照美国能源部的定义,智能电网是指一个完全自动化的电力传输网络，能够监视和控制每个用户和电网节点，保证从电厂到终端用户整个输配电过程中所有节点之间的信息和电能的双向流动，其构成包括数据采集、数据传输、信息集成、分析优化和信息展现五个方面。

✧智能家居：其可以定义为一个过程或者一个系统。利用先进的计算机技术、网络通信技术、综合布线技术将与家居生活有关的各种子系统有机地结合在一起，通过统筹管理，让家居生活更加舒适、安全、有效。

✧智能医疗：通过结合纳米技术以及芯片技术，未来将有望研究出新的高效诊疗手段，通过嵌入在药物中的微型治疗设备，将能够有效监测预防某些疾病的发生，并且将能够实现在人体内对患病部位的精确定位治疗。

✧智能交通：在物联网时代，轿车中的电子元器件数量将继续增加，使得轿车能够自动收集环境信息，不断重新规划路线，提醒驾驶者与前车保持合适的距离，甚至可以拒绝酒后驾车等危险行为，在高速公路上完全自动驾驶，自动分析车况，甚至可以自动决定更新问题部件等。

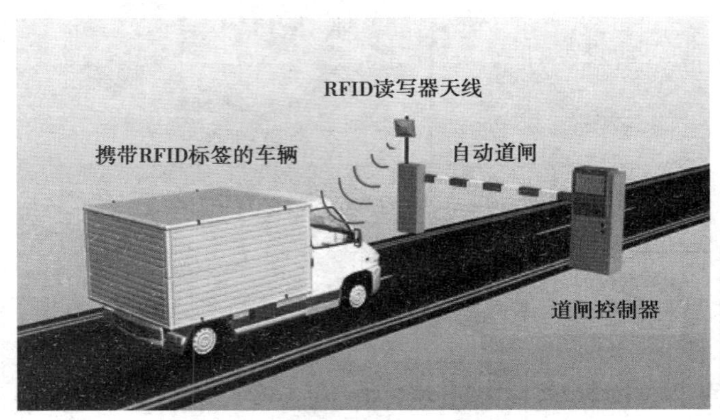

图 1.42　RFID 在车辆管理中的应用

✧车辆管理：利用无线射频识别技术智能采集数据，无须人工干预，更加智能地对车辆进行管理，如图 1.42 所示。通过给每辆车贴上 RFID 标签，分配不同的唯一 ID。以车辆为节点，进行数据采集，同时利用无线技术进行数据传输，在统一的软件平台实现通信、寻址、控制等一系列的操作，使得管理工作更加的自由、智能。

6.物联网中主要用到的无线通信技术

随着电子技术的发展和各种便携式个人通信设备及家用电器等消费类电子产品的增加，人们对于各种消费类电子产品之间及其与其他设备之间的信息交互有了强烈的需求，对于使用便携式设备并需要经常流动工作的人们，希望通过一个小型的、短距离的无线网络为移动的商业用户提供各种服务，实现在任何时候、任何地点、与任何人进行通信并获取信息的个人通信要求，从而促使以蓝牙、WiFi 为代表的短距离的无线通信技术应运而生。这些短距离无线通信技术主要应用于家庭、办公室、机场、商场等室内场所，在提高人们生活和工作质量的同时,也对现有的蜂窝移动通信技术和卫星移动通信技术等相对长距离的无线通信技术提供了有益的补充。因此,低价位、低功耗、可替代电缆的无线数据和语音链路的短距离无线通信(SDR)技术正在成为被关注的焦点。

近年来,计算机等相关技术快速进步,高性能、高集成度的CMOS和GaAs半导体技术和超大规模集成电路技术得到发展,低功耗、低成本消费类电子产品对数据通信有强烈的需求,都使得短距离无线通信技术得到了快速提高,无线局域网(WLAN)、蓝牙技术、ZigBee技术及移动自组织网络技术、无线网格网络(WMN)技术取得了巨大进展,各种无线网络技术的相互融合也进入了研究者的视野,未来包括蜂窝移动通信网络、卫星网络、公共交换网络(PSTN)、WLAN/WPAN、蓝牙技术及ZigBee技术,均将融合集成到因特网的骨干网中。

根据物联网的体系结构可知,物联网所运用到的无线通信技术有短距离无线通信技术和移动通信技术。

1)短距离无线通信技术

(1)短距离无线通信技术的定义

什么是短距离无线通信技术?到目前为止学术界和工程界对此并没有一个严格的定义。一般来讲,短距离无线通信技术的主要特点为通信距离短,覆盖距离一般在10~200 m;另外,无线发射器的发射功率较低,发射功率一般小于100 mW,工作频率多为免付费、免申请的全球通用的工业、科学、医学(Industrial、Scientific and Medical,ISM)频段。它是一种线缆代替技术,在当前很多领域都得到了广泛的应用。它的出现解决了因环境和条件限制而不利于有线布线的问题。

(2)短距离无线通信技术的特征

低成本、低功耗和对等通信,是短距离无线通信技术的三个重要特征和优势。

首先,低成本是短距离无线通信的客观要求。因为各种通信终端的产销量都很大,要提供终端间的直通能力,没有足够低的成本是很难推广的。

其次,低功耗是相对于其他无线通信技术而言的一个特点。这与其通信距离短的特点密切相关。由于传播距离近,遇到障碍物的概率也小,发射功率普遍都很低,通常在1 mW量级。由于其功耗低,会有更大的应用范围。许多无线设备采用电池供电,因此电池使用寿命是一个关键指标。

最后,对等通信是短距离无线通信的重要特征,有别于基于网络基础设施的无线通信技术。终端之间对等通信,无须网络设备进行中转,因此空中接口设计和高层协议都相对比较简单,无线资源的管理通常采用竞争的方式(如载波侦听)。

(3)短距离无线通信技术的分类

按数据传输速率划分:

✧高速短距离无线通信技术:其最高数据传输速率高于100 Mbit/s,通信距离小于10 m,典型技术有高速UWB,目前主要应用于连接下一代便携式消费电器和通信设备。它支持各种高速率的多媒体应用、高质量声像配送、多兆字节音乐和图像文档传送等。

✧低速短距离无线通信技术:其最低数据传输速率低于1 Mbit/s,通信距离小于

100 m，典型技术有 ZigBee、低速 UWB、蓝牙，主要用于家庭、工厂与仓库的自动化控制、安全监视、保健监视、环境监视、军事行动、消防队员操作指挥、货单自动更新、库存实时跟踪以及游戏和互动式玩具等。

从物联网的体系结构上划分：

✧感知层的短距离无线通信技术有：RFID。

✧网络层的短距离无线通信技术有：ZigBee、WLAN。

按频率划分：

✧ 27 MHz 频段：常用于遥控领域，如汽车遥控门锁和玩具遥控。

✧ 315 MHz、433 MHz 和 868 MMz（902～928 MHz）等频段：在这些频段上，数据的通信速率一般在 1.2～20 kB/s 之间。这些频段的无线芯片主要用于无线数据的收发，如许多 WSN 无线传感器网。

在 868 MHz（902～928 MHz）频段上，有一个比较有名的技术是 Z-Wave。对于智能家居来说，Z-Wave 技术是一个较新的选择，它工作于 900 MHz 频段附近，用于自动开/关灯、调节光线或设置温度。它或许不像 ZigBee 那样灵活，但是它可以让家庭自动化变得简单且成本更低。

✧ 2.4 GHz 频段：使用这个频段的技术特别多，应用也十分丰富。随着通信的发展和人们需求的提高，包括 UWB、802.11、蓝牙和 ZigBee 等在内的短距离无线通信技术正日益走向成熟，应用步伐不断加快。

2）移动通信技术

（1）移动通信系统的组成及应用

移动通信系统一般由移动终端、传输网络和网络管理维护等部分组成，因此移动通信在物联网的应用主要包括以下几个方面：

✧移动通信终端在物联网中的应用。移动通信系统的移动终端作为信息接入的终端设备，可以随网络信息节点移动，并实现信息节点和网络之间随时、随地通信。对比移动通信终端和物联网节点信息感知终端的功能和工作方式可知，移动通信终端完全可以作为物联网信息节点终端的通信部件使用。

✧移动通信传输网络在物联网中的应用。移动通信系统的传输网络主要实现各移动节点的相互连接和信息的远程传输，而物联网中的信息传输网络也是完成类似的功能，因此，完全可以将现有的移动通信系统的信息传输网络作为物联网的信息传输网络使用，也即可以将物联网承载在现有的移动通信网络之上。

✧移动通信网络管理平台在物联网中的应用。移动通信网络的网络管理维护平台主要用来实现对网络设备、性能、用户及业务的管理和维护，以保证网络系统的可靠运行。为了保证信息的安全、可靠传输，物联网同样需要相应的管理维护平台以完成物联网相关的管理维护功能。因此，完全可以将移动通信网络管理维护的相关思想、架构应用到物联网的网络管理和维护。

（2）常用的移动通信技术

常用的移动通信技术有：2G 移动通信技术、3G 移动通信技术、4G 移动通信技术。移动通信技术的通信距离高于短距离无线通信,即大于 100 m。

✧ 2G 移动通信技术:2G 是第二代移动通信技术规格的简称,它替代第一代移动通信系统完成了模拟技术向数字技术的转变,主要特性是为移动用户提供数字化的语音业务以及低速数据业务,一般定义为无法直接传送如电子邮件、软件等信息;只具有通话和一些如时间日期等传送的手机通信技术规格。第二代移动通信系统主要有欧洲的 GSM 和北美的 DAMPS 和 CDMA 技术,目前我国广泛应用的是 GSM 系统。

✧ 3G 移动通信技术:3G(3rd-generation)是第三代移动通信技术的简称,是指支持高速数据传输的蜂窝移动通信技术。3G 服务能够同时传送声音(通话)及数据信息(电子邮件、即时通信等)。速度更快、选择更个性化、网络覆盖更宽广、业务更丰富是 3G 的特点。国际电信联盟(ITU)在 2000 年 5 月确定了 WCDMA、CDMA2000、TD-SCDMA 和 WIMAX 4 大主流无线接口标准。

✧ 4G 移动通信技术:4G 是第四代移动通信及其技术的简称,是集 3G 与 WLAN 于一体并能够传输高质量视频图像以及图像传输质量与高清晰度电视不相上下的技术产品。2012.1.20 ITU(国际电信联盟)正式审议通过的 4G(IMT-Advanced)标准:LTE-Advanced:LTE(Long Term Evolution,长期演进)的后续研究标准,Wireless MAN-Advanced(802.16m):WiMAX 的后续研究标准,而 TD-LTE 作为 LTE-Advanced 标准分支之一入选,这是由我国主要提出的。

4G 系统能够以 100 Mbit/s 的速度下载,比拨号上网快 2 000 倍,上传的速度也能达到 20 Mbit/s,并能够满足几乎所有用户对于无线服务的要求。移动通信会向数据化、高速化、宽带化、频段更高化方向发展,移动数据、移动 IP 预计会成为未来移动网的主流业务。

任务 3 认识分贝和信号强度

在任何传输系统中一个重要的参数是信号强度。当信号沿着传输媒体传播时,其强度会有损耗或衰减。为了补偿这些损耗,可以在不同的地点加入一些放大器,以使信号强度获得一个增益。

我们习惯用分贝(Decibel)来表示增益、损耗及相对值,原因如下:

✧信号强度通常以指数形式下降,因此,用分贝很容易表示损耗,分贝是一个对数单位。

✧在一个串联的传输通道上,净增益或损耗可以用简单的加减计算。

分贝是对两个信号电平之间的比值的一种度量,分贝增益可用式(1.9)计算。

$$G_{\mathrm{dB}} = 10\log_{10}\frac{P_{\mathrm{out}}}{P_{\mathrm{in}}} \tag{1.9}$$

式中 G_{dB}——增益的分贝数;

P_{in}——输入功率值;

P_{out}——输出功率值;

$\log_{10}$——以 10 为底的对数(简单地,用 lg 表示 $\log_{10}$)。

表 1.4 显示了分贝值和 10 的乘方之间的关系。

表 1.4　分贝值

功率比	分贝值/dB	功率比	分贝值/dB
10^1	10	10^{-1}	-10
10^2	20	10^{-2}	-20
10^3	30	10^{-3}	-30
10^4	40	10^{-4}	-40
10^5	50	10^{-5}	-50
10^6	60	10^{-6}	-60

在文献中术语增益(Gain)和损耗(Loss)在使用上有些不一致。如果 G_{dB} 的值为正,则表示功率上的一个实际的增益。例如,3 dB 的增益意味着功率增加一倍。如果 G_{dB} 的值为负,则表示功率上的一个实际的损耗。例如,-3 dB 的增益意味着功率减半。通常,这种情况下就说存在 3 dB 的损耗。然而一些文献会说这是一个-3 dB 的损耗。将负增益对应成正损失更有意义。因而,我们用式(1.10)定义一个分贝损耗。

$$L_{dB} = -10 \lg \frac{P_{out}}{P_{in}} = 10 \lg \frac{P_{in}}{P_{out}} \tag{1.10}$$

例 1.2　如果在传输线上加入一个功率值为 10 mW 的信号,并且在一定距离之外测得其功率为 5 mW,那么它的损耗就可以表示为:

$$L_{dB} = 10 \lg \frac{10}{5} = 10 \times 0.3 = 3 \text{ dB}$$

注意,分贝是一个相对值的度量,而不是绝对差值的度量。从 1 000 mW 到 500 mW 的损耗也是 3 dB。

分贝也可用于度量电压方面的差值,考虑到功率与电压的二次方成正比,如式(1.11)所示。

$$P = \frac{U^2}{R} \tag{1.11}$$

式中　P——在电阻 R 上损耗的功率;

U——电阻 R 两端之间的电压。

因此,有式(1.12)。

$$L_{dB} = 10 \lg \frac{P_{in}}{P_{out}} = 10 \lg \frac{\frac{U_{in}^2}{R}}{\frac{U_{out}^2}{R}} = 20 \lg \frac{U_{in}}{U_{out}} \tag{1.12}$$

例 1.3　分贝可用于确定经过一系列传输单元后的增益或损耗。考虑输入功率值为

4 mW 的一个序列，其第一个单元是具有 12 dB 损耗（即-12 dB 的增益）的传输线，第二个单元是具有 35 dB 增益的放大器，第三个单元是具有 10 dB 损耗的传输线，则净增益为（-12+35-10）= 13 dB。计算输出功率 P_{out} 有：

$$G_{dB} = 13 = 10\ \lg\left(\frac{P_{out}}{4\ mW}\right)$$

$$P_{out} = 4 \times 10^{13}\ mW = 79.8\ mW$$

分贝值指的是相对量值或量值的变化，而不是绝对值。能用分贝表示功率或电压的绝对值是很方便的，这样相对于初始信号值的增益及损耗就可以很容易计算。dBW（分贝-瓦）在微波应用中使用得非常广泛。我们选择 1 W 作为参考值，并定义其为 0 dBW。用 dBW 单位定义功率的绝对分贝值就是式（1.13）。

$$\text{Power}_{dBW} = 10\ \lg \frac{\text{Power}_{W}}{1\ W} \tag{1.13}$$

例 1.4 1 000 W 的功率是 30 dBW，1 mW 的功率是-30 dBW。

另一个常用的单位是 dBm（分贝-毫瓦），它用 1 mW 作为参考值。这样 0 dBm = 1 mW，公式为式（1.14）。

$$\text{Power}_{dBm} = 10\ \lg \frac{\text{Power}_{mW}}{1\ mW} \tag{1.14}$$

注意下列关系：

$$+30\ dBm = 0\ dBW$$

$$0\ dBm = -30\ dBW$$

项目小结

本项目主要介绍了无线通信的基本概念，包括无线通信的定义，无线通信系统的组成，无线通信系统的工作方式——单工/半双工/全双工传输；在数据传输方式中，主要针对传统无线通信中的基带/频带传输、并行/串行传输、同步/异步传输进行了详细介绍；还对无线电波的几种传播方式：直射、反射、折射、绕射和散射进行了大致介绍。

物联网中的无线通信部分，包括物联网的定义、原理、体系结构、架构以及关键技术、物联网中的无线通信网络等问题。物联网中的无线通信网络包括有基础设施的无线网络和无基础设施的无线网络。文中先对现有的无线通信网络及其特性进行了介绍，包括无线广域网、无线局域网、无线个域网和无线城域网。有基础设施的无线网络比较典型的有：蜂窝移动通信系统、集群移动通信系统、无线局域网等。无基础设施的无线网络主要包括 Ad hoc 网络以及蓝牙技术等。

物联网所用到的主要无线通信技术有短距离无线通信技术和移动通信技术。其中短距离无线通信技术包括：ZigBee、WLAN、蓝牙、红外技术和超宽带技术。移动通信技术包括 2G、3G 和 4G 移动通信技术。

1.问答题

(1)什么是无线通信?

(2)无线通信具有哪些特点?

(3)无线通信由哪5部分组成?

(4)无线通信系统按照通信方式分类,主要有哪几种方式?

(5)举例说明模拟数据和数字数据。

(6)物联网由哪几部分组成?各部分的功能是什么?

(7)简要介绍物联网的应用领域,并举例说明。

(8)物联网无线通信中都用到了无线通信中的哪些技术?

(9)物联网中包含哪些数据传输方式?分别介绍各个传输方式的工作模式及特点。

(10)简述无线通信网络的功能。

(11)基于采用不同技术和协议的无线连接的传输范围,可以将无线通信网络分为哪几类?

(12)有基础设施的无线网络包含哪些?简述其应用领域。

(13)无基础设施的无线网络包含哪些?简述其应用领域。

(14)简要介绍物联网的应用领域,并举例说明。

2.思考题

(1)模拟信号和数字电磁信号之间的区别是什么?

(2)周期性信号的三个重要特性是什么?

(3)在一个360°的完整圆中有多少弧度?

(4)正弦波的波长和频率之间的关系是怎样的?

(5)信号的频谱和其带宽之间的关系是怎样的?

(6)什么是衰减?

(7)信道容量的定义是什么?

(8)影响信道容量的关键因素是什么?

(9)如何通过使用频分多路复用避免干扰?

(10)同步时分多路复用(TDM)是如何工作的?

项目2 RFID技术

学习目标

- 掌握RFID技术使用的频段；
- 掌握RFID系统构成；
- 掌握RFID系统的工作流程；
- 了解RFID技术的应用。

重点、难点

- RFID技术使用的频段；
- RFID系统的电子标签、读写器和系统高层三部分；
- RFID系统的工作流程。

任务1　认识RFID技术

1.自动识别技术概述

1)自动识别技术的概念

自动识别技术(Auto Identification and Data Capture,AIDC)是一种高度自动化的信息或数据采集技术,对字符、影像、条码、声音、信号等记录数据的载体进行机器自动识别,自动地获取被识别物品的相关信息,并提供给后台的计算机处理系统来完成相关后续处理。

完整的自动识别计算机管理系统包括自动识别系统、应用程序接口(中间件)和应用系统。自动识别系统获取的信息通过中间件(一种软件)提供给应用系统,该信息经过应用系统的处理,就可以提取出有用的信息。自动识别得到的信息,在“互联网”的基础上,将用户端延伸和扩展到任何物品,并在人与物品之间进行信息交换和通信,就构成了物联网体系。

2)自动识别技术的分类

自动识别技术的分类方法有很多种,按照国际自动识别技术的分类标准,自动识别技术可以分为数据采集技术和特征提取技术两大类。数据采集技术分为光识别技术、磁识别技术、电识别技术和无线识别技术等;特征提取技术分为静态特征识别技术、动态特征识别技术和属性特征识别技术等。

按照应用领域和具体特征的分类标准,自动识别技术可以分为条码识别技术、生物识别技术、图像识别技术、磁卡识别技术、IC卡识别技术、光学字符识别技术和射频识别(Radio Frequency Identification,RFID)技术等。

3)典型的自动识别技术

下面介绍几种典型的自动识别技术,它们分别采用了不同的数据采集技术,其中条码识别采用光识别技术,磁卡识别采用磁识别技术,IC卡识别采用电识别技术,射频识别采用无线识别技术。

(1)条码识别技术

条码由一组条、空和数字符号组成,按一定编码规则排列,用以表示一定的字符、数字及符号等信息。

最早的条码标识设计方案非常简单,即一个“条”表示数字“1”,两个“条”表示数字“2”,以此类推。目前条码的种类很多,大体可以分为一维条码和二维条码。

- 一维条码

一维条码有许多种码制,包括Code25码、Code39码、Code93码、Code128码、EAN-8

码、EAN-13 码、ITF25 码、Matrix 码、库德巴码、UPC-A 码和 UPC-E 码等。图 2.1 所示为几种常用的一维条码样图。

图 2.1 几种常用的一维条码样图

不论哪一种码制,一维条码都是由以下几部分构成的。

✧左右空白区:作为扫描器的识读准备。

✧起始符:扫描器开始识读。

✧数据区:承载数据的部分。

✧校验符(位):用于判别识读的信息是否正确。

✧终止符:条码扫描的结束标志。

✧供人识读字符:机器不能扫描时手工输入用。

✧有些条码还有中间分隔符,如商品条码里的 EAN-13,UPC-A 条码等。

目前最流行的一维条码是 EAN-13 条码,图 2.2 为 EAN-13 条码的构成。

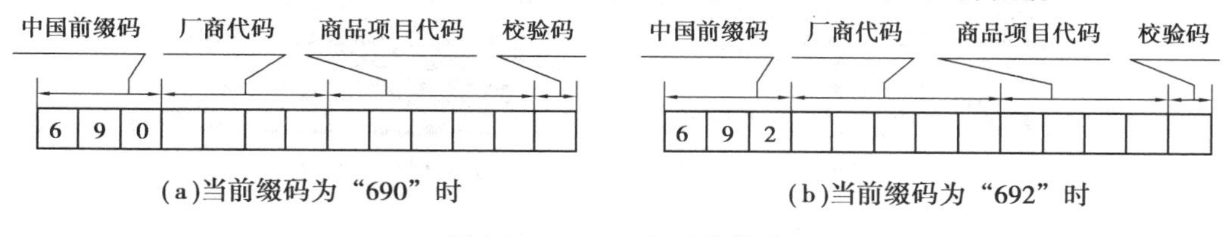

图 2.2 EAN-13 条码的构成

● 二维条码

二维条码技术是在一维条码无法满足实际应用需求的前提下产生的。由于受信息容量的限制,一维条码通常是对物品的标识,而不是对物品的描述。二维条码能够在横向和纵向两个方位同时表达信息,因此能在很小的面积内表达大量的信息。

二维条码是用某种特定的几何图形,按一定规律在平面(二维方向)上分布的黑白相间的图形,在代码编制上巧妙地利用计算机内部逻辑基础的"0""1"比特概念,使用若干个与二进制相对应的几何形体来表示文字数值信息,通过图像输入设备或光电扫描设备自动识读以实现信息自动处理。目前有几十种二维条码,常用的码制有 Data matrix 码、QR Code 码、Maxicode 码、PDF417 码、Code 49 码、Code 16K 码和 Code one 码等。图 2.3 所示为几种常用的二维条码样图。

二维条码技术自 20 世纪 70 年代初问世以来，发展十分迅速，它已广泛应用于商业流通、仓储、医疗卫生、图书情报、邮政、铁路、交通运输、生产自动化管理等领域。

(a)Data matrix码　(b)QR Code码　(c)Maxicode码

(d)PDF417码　(e)Code 49码　(f)Code 16K码

图 2.3　几种常用的二维条码样图

(2)磁卡识别技术

磁卡是一种磁记录介质卡片，它由高强度、耐高温的塑料或纸质涂覆塑料制成，能防潮、耐磨且有一定的柔韧性，携带方便，使用较为稳定可靠。磁卡技术能够在小范围内存储较大数量的信息，在磁条上的信息可以被重写或更改。

(a)银行卡正面

(b)银行卡背面及其磁条

图 2.4　银行磁卡

磁条有两种形式，一种是普通信用卡式磁条，一种是强磁式磁条。强磁式磁条由于降低了信息被涂抹或损坏的机会而提高了可靠性，大多数卡片和系统的供应商同时支持这两种类型的磁条。图 2.4 所示为一种银行卡，该银行卡通过背面的磁条可以读写数据磁卡数据存储的时间长短受磁性粒子极性耐久性的限制。另外磁卡存储数据的安全性一般较低，如磁卡不小心接触磁性物质就可能造成数据的丢失或混乱。

(3)IC 卡识别技术

IC 卡，英文名称为 Integrated Circuit，有些国家和地区称之为灵巧卡(Smart Card)、芯片卡(Chip Card)或智能卡(Intelligent Card)。IC 卡是一种电子式数据自动识别卡，IC 卡分接触式 IC 卡和非接触式 IC 卡，这里介绍的是接触式 IC 卡。

接触式IC卡是集成电路卡，通过卡里的集成电路存储信息，它将一个微电子芯片嵌入到卡基中，做成卡片形式，通过卡片表面8个金属触点与读卡器进行物理连接，来完成通信和数据交换。IC卡包含了微电子技术和计算机技术，作为一种成熟的高技术产品，是继磁卡之后出现的又一种新型信息工具。图2.5所示为几种IC卡。

(a)中国电信IC卡

(b)灵巧卡

(c)购物IC卡

(d)银行IC卡

图2.5 IC卡

IC卡的外形与磁卡相似，它与磁卡的区别在于数据存储的媒体不同。磁卡是通过卡上磁条的磁场变化来存储信息，而IC卡是通过嵌入卡中的电擦除式可编程只读存储器集成电路芯片(EEPROM)来存储数据信息。

(4)射频识别技术

射频(Radio Frequency，RF)是一种高频交流变化电磁波，频率范围为100 kHz～30 GHz。在电子学理论中，电流流过导体，导体周围会形成磁场；交变电流通过导体，导体周围会形成交变的电磁场，称为电磁波。在电磁波频率低于100 kHz时，电磁波会被地表吸收，不能形成有效的传输，但电磁波频率高于100 kHz时，电磁波可以在空气中传播，并经大气层外缘的电离层反射，形成远距离传输能力，我们把具有远距离传输能力的高频电磁波称为射频。射频技术在无线通信领域中被广泛使用。

将电信号(模拟或数字的)用高频电流进行调制(调幅或调频)，形成射频信号，经过天线发射到空中；远距离将射频信号接收后进行解调，还原成电信息源，这一过程称为无线传输。

在电子通信领域，信号采用的传输方式和信号的传输特性是由工作频率决定的。对于电磁频谱，按照频率从低到高(波长从长到短)的次序，可以划分为不同的频段。不同频段电磁波的传播方式和特点各不相同，它们的用途也不相同，因此射频通信采用了不同的工作频率，以满足多种应用的需要。

射频识别技术是通过无线电波进行数据传递的自动识别技术。与条码识别技术、磁卡识别技术和IC卡识别技术等相比,它以特有的无接触、抗干扰能力强、可同时识别多个物体等优点,逐渐成为自动识别领域中最优秀和应用最广泛的技术之一,是目前最重要的自动识别技术。

2.RFID 频率划分

1)IEEE 的频率划分

因为电磁波是在全球存在的,所以需要由国际协议来分配频谱。频谱的分配,是指将频率根据不同的业务加以分配,以避免频率使用方面的混乱。现在进行频率分配的世界组织有国际电信联盟(ITU)、国际无线电咨询委员会(CCIR)和国际频率登记局(IFRB)等,我国进行频率分配的组织是工业和信息化部无线电管理局。

由于应用领域的众多,对频谱的划分有多种方式,而今较为通用的频谱分段法是IEEE建立的。

依照无线信道中传输的电波频率或波长不同,可分为极低频,超低频,特低频,……,高频,光波频段等,对应的波长为极长波,超长波,特长波,……,丝米波,光波等如表2.1所示。

表2.1 IEEE的频率分段法

频 段	频 率	波 长
ELF(极低频)	30~300 Hz	10 000~1 000 km
VF(音频)	300~3 000 Hz	1 000~100 km
VLF(甚低频)	3~30 kHz	100~10 km
LF(低频)	30~300 kHz	10~1 km
MF(中频)	300~3 000 kHz	1~0.1 km
HF(高频)	3~30 MHz	100~10 m
VHF(甚高频)	30~300 MHz	10~1 m
UHF(超高频)	300~3 000 MHz	100~10 cm
SHF(特高频)	3~30 GHz	10~1 cm
EHF(极高段)	30~300 GHz	1~0.1 cm
亚毫米波	300~3 000 GHz	1~0.1 mm
P 波段	0.23~1 GHz	130~30 cm
L 波段	1~2 GHz	30~15 cm
S 波段	2~4 GHz	15~7.5 cm
C 波段	4~8 GHz	7.5~3.75 cm
X 波段	8~12.5 GHz	3.75~2.4 cm
Ku 波段	12.5~18 GHz	2.4~1.67 cm
K 波段	18~26.5 GHz	1.67~1.13 cm
Ka 波段	26.5~40 GHz	1.13~0.75 cm

2)微波

微波也是经常使用的波段,是指频率 300 MHz~3 000 GHz 的电磁波,对应的波长为 1 m~0.01 mm,分为分米波、厘米波、毫米波和亚毫米波 4 个波段。

3)ISM 频段范围

ISM 频段属于无许可(Free License)频段,使用者无须许可证,没有使用授权的限制。ISM 频段主要是开放给工业(Industry)、科学(Science)和医用(Medical)3 个主要机构使用的频段。由于它们的功率有时很大,为了防止它们对其他通信的干扰,划出一定的频率给它们使用。ISM 频段允许任何人随意地传输数据,但是对所有的功率进行限制,使得发射与接收之间只能是很短的距离,因而不同使用者之间不会相互干扰。

ISM 频段的主要频率范围有:6.78 MHz、13.56 MHz、27.125 MHz、40.680 MHz、433.920 MHz、869.0 MHz、915.0 MHz、2.45 GHz、5.8 GHz、24.125 GHz 等。

目前,许多国家的无线电设备(尤其是家用设备)都使用了 ISM 频段,如车库门控制器、无绳电话、无线鼠标、蓝牙耳机以及无线局域网等。

4)RFID 技术使用的频段

RFID 频率是 RFID 系统的一个重要参数指标,它决定了工作原理、通信距离、设备成本、天线形状和应用领域等各种因素。按照工作频率的不同,RFID 系统集中在低频、高频和超高频 3 个区域。

(1)低频

低频范围为 30~300 kHz,RFID 典型低频工作频率有 125 kHz 和 133 kHz 两个,该频段的波长大约为 2 500 m。低频标签一般都为无源标签,其工作能量通过电感耦合的方式从阅读器耦合线圈的辐射场中获得,通信距离一般小于 1 m。

(2)高频

高频范围为 3~30 MHz,RFID 典型工作频率为 13.56 MHz,该频率的波长大概为 22 m,通信距离一般也小于 1 m。该频率的标签不再需要线圈绕制,可以通过腐蚀活字印刷的方式制作标签内的天线,采用电感耦合的方式从阅读器辐射场获取能量。

(3)超高频

超高频范围为 300 MHz~3 GHz,3 GHz 以上为微波范围。采用超高频和微波的 RFID 系统一般统称为超高颇 RFID 系统,典型的工作频率为 433 MHz、860~960 MHz、2.45 GHz、5.8 GHz,频率波长在 30 cm 左右。

从严格意义上讲,2.45 GHz 和 5.8 GHz 属于微波范围。超高频标签可以是有源的,也可以是无源的,通过电磁耦合方式与阅读器通信。通信距离一般大于 1 m,典型情况为4~6 m,最大可超过 10 m。表 2.2 列出了 RFID 各个频段的优缺点。

表 2.2 RFID 各个频段的优缺点

工作频段	优　点	缺　点
小于 150 kHz	标准的 CMOS 工艺； 技术简单可靠成熟； 无频率限制	通信速度低； 工作距离短(<10 cm)； 天线尺寸大
13.56 MHz	与标准 CMOS 工艺兼容； 和 125 kHz 频段比有较高的通信速度和较长的工作距离； 此频段在非接触卡应用广泛	和更高的频段比，距离不够远(最大 75 cm 左右)； 天线尺寸大； 受金属材料等的影响较大
UHF 860~960 MHz	工作距离长(大于 1 m)； 天线尺寸小； 可绕开障碍物，无须保持视线接触； 可定向识别	各国有不同的频段管制； 发射功率受限制； 受某些材料影响较大
2.45 GHz 或 5.8 GHz	除 UHF 特点外； 更高的带宽和通信速率； 更长的工作距离； 更小的天线尺寸	除 UHF 缺点外； 此频段产品拥挤，易受干扰； 技术相对复杂； 因共享频段，标准仍在制定中

超高频频段的电波不能通过许多材料，特别是水、灰尘、雾等悬浮颗粒物质。超高频阅读器有很高的数据传输速率，在很短的时间内可以读取大量的电子标签。阅读器一般安装有定向天线，只有在阅读器天线定向波束范围内的标签才可被读写。

标签内的天线一般是长条和标签状，天线有线性和圆极化两种设计，满足不同应用的需求。从技术及应用角度来说，标签并不适合作为大量数据的载体，其主要功能还是在于标识物品并完成非接触识别过程。

3.RFID 技术的优点

表 2.3 为条码识别技术与 RFID 识别技术的比较。

表 2.3 条码识别技术与 RFID 识别技术的比较

类别参数	射频识别	条码识别	类别参数	射频识别	条码识别
信息量	大	小	方向位置	没影响	有一定影响
标签成本	高	低	识别速度	很高	低
读写性能	读/写	只读	通信速度	很快	低

续表

类别参数	射频识别	条码识别	类别参数	射频识别	条码识别
人工识读性	可以兼印条码的智能标签	可以	读取距离	远	近
保密性	好	无	使用寿命	很长	一次性
智能化	有	无	多标签识别	能	不能
光避盖	没影响	全部失效	国际标准	刚刚起步,有待完善	已经成熟
环境适应性	很好	不好	推广应用	刚刚起步,有待推广	已经普及

1) RFID 标签抗污损能力强

传统的条码载体是纸张,它附在塑料袋或外包装箱上,特别容易受到折损。条码采用的是光识别技术,如果条码的载体受到污染或折拐,将会影响物体信息的正确识别。RFID 采用电子芯片存储信息,可以免受外部环境污损。

2) RFID 标签安全性高

条码是由平行排列的宽窄不同的线条和间隔组成,条码制作容易,操作简单,但同时有仿造容易、信息保密性差等缺点。RFID 标签采用的是电子芯片存储信息,其数据可以通过编码实现密码保护,其内容不易被伪造和更改。

3) RFID 标签容量大

一维条码的容量有限,二维条码的容量虽然比一维条码大很多,但最大容量也只可存储 3 000 个字符。RFID 标签的容量可以是二维条码容量的几十倍,随着记忆载体的发展,数据的容量会越来越大,可实现真正的“一物一码”,满足信息流不断增大和信息处理速度不断提高的需要。

4) RFID 可远距离同时识别多个标签

条码识别一次只能扫描一个条码,而且要求条码与读写器的距离比较近。射频识别采用的是无线电波进行数据交换,RFID 读写器能够远距离同时识别多个 RFID 标签,并可以通过计算机网络处理和传送信息。

5) RFID 是物联网的基石

条码印刷上去就无法更改,RFID 是采用电子芯片存储信息,可以随时记录物品在任何时候的任何信息，并可以很方便地新增、更改和删除信息。RFID 通过计算机网络可以使制造企业与销售企业互联，随时了解物品在生产、运输和销售过程中的实时信息，实现对物品的透明化管理，实现真正意义上的“物联网”。

4.RFID 的标准

随着物联网全球化的迅速发展和国际射频识别竞争的日趋激烈，物联网 RFID 标准体系已经成为企业和国家参与国际竞争的重要手段。如果说一个专利影响的仅仅是一个企业，那么一个技术标准则会影响一个产业，一个标准体系甚至会影响一个国家的竞争力。物联网 RFID 标准体系的应用和推广，将成为世界贸易发展和经济全球化的重要推动力量。

目前还没有全球统一的 RFID 标准体系，各个厂家的 RFID 产品互不兼容，物联网 RFID 处于多个标准体系共存的阶段。现在全球主要存在 ISO/IEC、EPC 和 UID 3 个 RFID 标准体系，多个标准体系之间的竞争十分激烈，同时多个标准体系共存也促进了技术和产业的快速发展。我国拥有庞大的市场和良好的技术积累，应加快制定 RFID 标准体系，以推动我国 RFID 产业的全面发展。

RFID 的标准化涉及标识编码规范、操作协议及应用系统接口规范等多个部分。

1) ISO/IEC 标准化体系

国际标准化组织（International Organization for Standardization，ISO）和国际电工委员会（International Electrotechnical Commission，IEC）有密切的联系。ISO 和 IEC 作为一个整体，担负着制定全球国际标准的任务，是世界上历史最长、涉及领域最多的国际标准制定组织。

ISO/IEC 也负责制定 RFID 标准，是制定 RFID 标准最早的组织，大部分 RFID 标准都是由 ISO/IEC 制定的。ISO/IEC 早期制定的 RFID 标准，只是在行业或企业内部使用，并没有构筑物联网的背景。随着物联网概念的提出，两个后起之秀 EPCglobal 和 UID 相继提出了物联网 RFID 标准，于是 ISO/IEC 又制定了新的 RFID 标准。

ISO/IEC 的 RFID 标准体系架构可以分为技术标准、数据结构标准、性能标准和应用标准 4 个方面。

2) EPCglobal RFID 标准体系

EPCglobal 是以美国和欧洲为首，由美国统一编码委员会和国际物品编码协会 UCC/EAN 联合发起的非盈利机构，它属于联盟性的标准化组织。该组织除了发布工业标准外，还负责 EPC 系统的号码注册管理。EPC 码可以涵盖全球有形和无形产品，并伴随产品流通的全过程。全球最大的零售商沃尔玛集团、英国最大的零售商 Tesco 集团以及其他 100 多家欧美流通巨头都是 EPCglobal 的成员，美国 IBM 公司、微软公司和 Auto-ID 实验室为 EPCglobal 提供技术支持。EPCglobal 在 RFID 标准体系制定的速度、深度和广度

方面都非常出色,已经受到全球的关注。

EPC 系统的体系框架包括标准体系框架和用户体系框架。EPCglobal 的目标是形成物联网完整的标准体系,同时将全球用户纳入到这个体系中来。

在 EPCglobal 标准组织中,体系框架委员会(ARC)的职能是制定 RFID 标准体系框架协调各个 RFID 标准之间的关系,使它们符合 RFID 标准体系框架的要求。体系架构委员会对于制定复杂的信息技术标准是非常重要的,EPCglobal 标准体系框架主要包含 EPC 物理对象交换标准、EPC 基础设施标准和 EPC 数据交换标准 3 种内容,如图 2.6 所示。

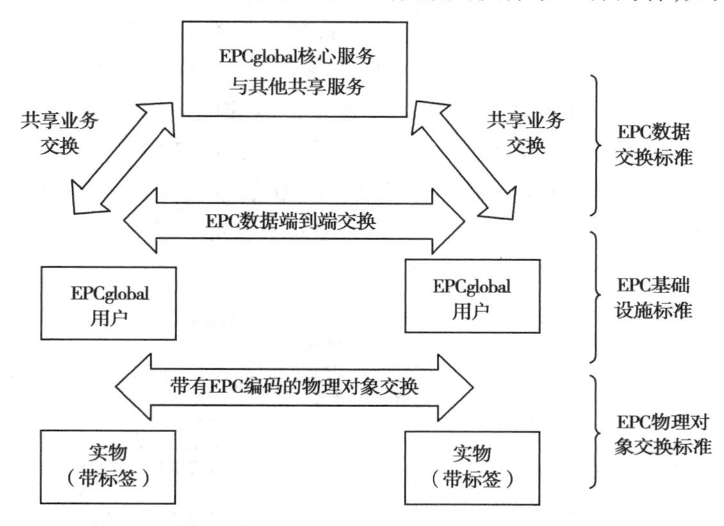

图 2.6　EPC 系统的标准体系框架

3)Ubiquitous ID 体系

UID 的核心是赋予现实世界中任何物理对象唯一的泛在识别号(Ucode)。它具备了 128 位(128 bit)的充裕容量,提供了 340×1 036 编码空间,更可以用 128 位为单元进一步扩展至 256 位、384 位或 512 位。

Ucode 的最大优势是能包容现有编码体系的元编码设计,可以兼容多种编码,包括 JAN、UPC、ISBN、IPv6 地址,甚至电话号码。

Ucode 标签具有多种形式,包括条码、射频标签、智能卡、有源芯片等。泛在识别中心把标签进行分类,并设立多个不同的认证标准。

4)中国的 RFID 标准体系框架

(1)RFID 标准化情况

在技术标准方面,依据 ISO/IEC 15693 系列标准已经完成国家标准的起草工作,参照 ISO/IEC 18000 系列标准制定国家标准的工作正在进行中。此外,中国 RFID 标准体系框架的研究工作也已基本完成。

根据信产部《800/900 MHz 频段射频识别(RFID)技术应用规定(试行)》的规定,中国

800/900 MHz RFID 技术的试用频率为 840~845 MHz 和 920~925 MHz，发射功率为 2 W。

制定 RFID 标准框架的指导思想是以完善的基础设施和技术装备为基础，并考虑相关的技术法规和行业规章制度，利用信息技术整合资源，形成相关的标准体系。

(2) RFID 标准体系

RFID 标准体系由各种实体单元组成，各种实体单元由接口连接起来，对接口制定接口标准，对实体定义产品标准。我国 RFID 系统标准体系可分为基础技术标准体系和应用技术标准体系，基础技术标准分为基础类标准、管理类标准、技术类标准和信息安全类标准 4 个部分。其中，基础类标准包括术语标准；管理类标准包含编码注册管理标准和无线电管理标准；技术类标准包括编码标准、RFID 标准（包括 RFID 标签、空中接口协议、读写器、读写器通信协议等）、中间件标准、公共服务体系标准（包括物品信息服务、编码解析、检索服务、跟踪服务、数据格式）以及相应的测试标准；信息安全类标准不仅涉及标签与读写器之间，也涉及整个信息网络的每一个环节，RFID 信息安全类标准可分为安全基础标准、安全管理标准、安全技术标准和安全测评标准 4 个方面。我国 RFID 标准体系如图 2.7 所示。

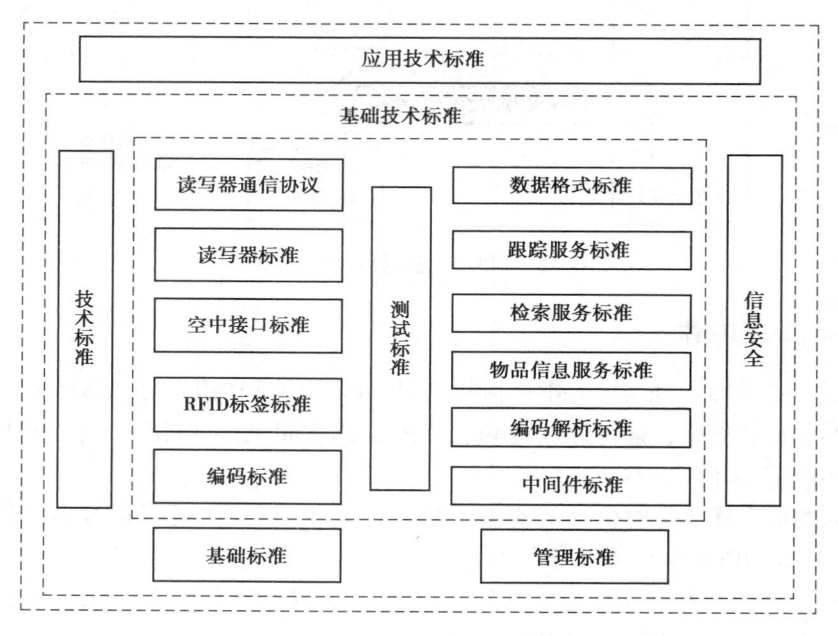

图 2.7　我国 RFID 标准体系

任务 2　认识 RFID 的系统构成

RFID 系统由电子标签、读写器和计算机网络构成。RFID 系统是一种非接触式的自动识别系统，它通过射频无线信号自动识别目标对象，并获取相关数据。

1.RFID 系统概述

射频识别系统以电子标签来标识物体，电子标签通过无线电波与读写器进行数据交换，读写器可将主机的读写命令传送到电子标签，再把电子标签返回的数据传送到主机，主机的数据交换与管理系统负责完成电子标签数据信息的存储、管理和控制。

1) RFID 系统的基本组成

RFID 系统因应用不同其组成会有所不同，但基本都是由电子标签、读写器和系统高层这三大部分组成。RFID 系统的基本组成如图 2.8 所示。

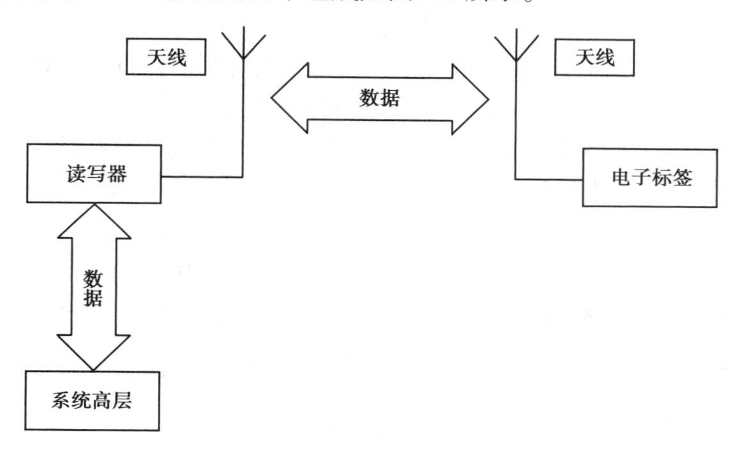

图 2.8 RFID 系统的基本组成

(1)电子标签

电子标签由芯片及天线组成，附着在物体上标识目标对象。每个电子标签具有唯一的电子编码，存储着被识别物体的相关信息。

(2)读写器

读写器是利用射频技术读写电子标签信息的设备。RFID 系统工作时，一般首先由读写器发射一个特定的询问信号：当电子标签接收到这个信号后，就会给出应答信号，应答信号中含有电子标签携带的数据信息；读写器接收这个应答信号，并对其进行处理，然后将处理后的应答信号传输给外部主机，进行相应操作。

(3)系统高层

最简单的 RFID 系统只有一个读写器，它一次只对一个电子标签进行操作，如公交车上的票务系统。

复杂的 RFID 系统会有多个读写器，每个读写器要同时对多个电子标签进行操作，并要实时处理数据信息，这需要系统高层处理问题。系统高层是计算机网络系统，数据交换与管理由计算机网络完成，读写器可以通过标准接口与计算机网络连接，计算机网络完成数据处理、传输和通信的功能。

2) RFID 系统的工作流程

RFID 系统有基本的工作流程,由工作流程可以看出 RFID 系统利用无线射频方式在读写器和电子标签之间进行非接触双向数据传输,以达到目标识别、数据传输和控制的目的。RFID 系统的一般工作流程如下:

①读写器通过发射天线发送一定频率的射频信号。

②当电子标签进入读写器天线的工作区时,电子标签天线产生足够的感应电流,电子标签获得能量被激活。

③电子标签将自身信息通过内置天线发送出去。

④读写器天线接收到从电子标签发送来的载波信号。

⑤读写器天线将载波信号传送到读写器。

⑥读写器对接收信号进行解调和解码,然后送到系统高层进行相关处理。

⑦系统高层根据逻辑运算判断该电子标签的合法性。

⑧系统高层针对不同的设定做出相应处理,发出指令信号,控制执行机构动作。

典型的 RFID 系统基本结构如图 2.9 所示。

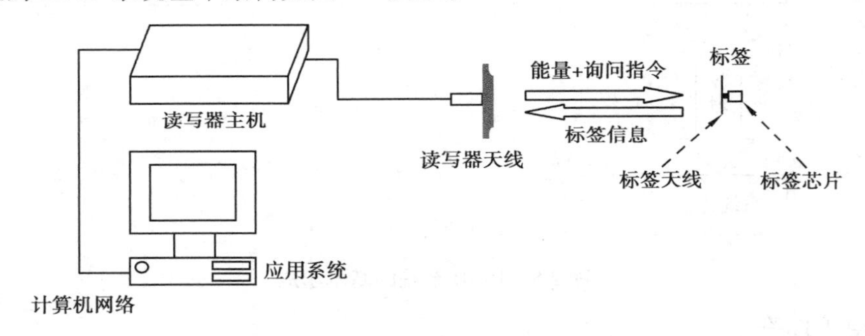

图 2.9 典型的 RFID 系统基本结构

3) RFID 系统的分类

RFID 系统的分类方法有很多种,常用的分类方法有按照频率分类、按照供电方式分类、按照耦合方式分类、按照技术方式分类、按照信息存储方式分类、按照系统档次分类和按照工作方式分类等。

(1)按照频率分类

RFID 系统工作频率的选择要顾及其他无线电服务,不能对其他服务造成干扰和影响。通常情况下,读写器发送的频率称为系统的工作频率或载波频率,根据工作频率的不同,射频识别系统通常可以分为低频、高频和微波系统。

✧低频系统的工作频率范围为 30~300 kHz,RFID 常见的低频工作频率有 125 kHz 和 134.2 kHz。

✧高频系统的工作频率范围为 3~30 MHz,RFID 常见的高频工作频率是 6.75 MHz、13.56 MHz和 27.125 MHz。

◇微波系统的工作频率大于 300 MHz，常见的微波工作颇率是 433 MHz、860/960 MHz、2.45 GHz 和 5.8 GHz 等，微波 RFID 系统是目前射频识别系统研发的核心，是物联网的关键技术。

RFID 系统频率越低，电子标签内保存的数据量就越少。

（2）按照供电方式分类

电子标签按供电方式分为无源电子标签、有源电子标签和半有源电子标签 3 种，对应的 RFID 系统称为无源供电系统、有源供电系统和半有源供电系统。

◇无源供电系统的电子标签内没有电池，电子标签利用读写器发出的波束供电，电子标签将接收到的部分射频能量转化成直流电，为标签内电路供电。无源电子标签作用距离相对较短，但寿命长且对工作环境要求不高，在不同的无线电规则限制下，可以满足大部分实际应用系统的需要。无源供电系统读写器要发射较大的射频功率，识别距离相对较近，电子标签所在物体的运动速度不能太高。

◇有源供电系统是指电子标签内有电池，电池可以为电子标签提供全部能量。有源电子标签电能充足，工作可靠性高，信号传送的距离较远，读写器需要的射频功率较小。但有源电子标签寿命有限，寿命只有 3~10 年。随着标签内电池电力的消耗，数据传输的距离会越来越小，影响系统的正常工作。有源电子标签的缺点是体积较大、成本较高，且不适合在恶劣环境下工作。

◇半有源供电系统的电子标签内有电池，但电池仅对维持数据的电路及维持芯片工作电压的电路提供支持。电子标签未进入工作状态前，一直处于休眠状态，相当于无源标签，标签内部电池能量消耗很少，因而电池可以维持几年，甚至可以长达 10 年。电子标签进入读写器的工作区域后，受到读写器发出射频信号的激励，标签进入工作状态，电子标签的能量最主要来源于读写器的射频能量，标签内部电池主要用于弥补标签所处位置射频场强的不足。

（3）按照耦合方式分类

根据读写器与电子标签耦合方式、工作频率和作用距离的不同，无线信号传输分电感耦合方式和电磁反向散射方式两种。

◇在电感耦合方式中，读写器与电子标签之间的射频信号传递为变压器模型，电磁能量通过空间高频交变磁场实现耦合，该系统依据的是法拉第电磁感应定律。

◇在电磁反向散射方式中，读写器与电子标签之间的射频信号传递为雷达模型。读写器发射出去的电磁波碰到电子标签，电磁波被反射，同时携带回电子标签的信息，该系统依据的是电磁波空间辐射原理。电磁反向散射方式适用于微波系统，典型的工作频率为 433 MHz、860/960 MHz、2.45 GHz 和 5.8 GHz，典型的作用距离从 1~10 m，甚至更远。

◇在电磁反向散射系统中，电子标签处于读写器的远区，电子标签接收读写器天线辐射的能量，该能量可以用于电子标签与读写器之间的信号传输，但该能量一般不足以使电子标签芯片工作。如果电子标签使用芯片工作，就需对电子标签提供足够的能量，这时一般需要在电子标签中添加辅助电池，这个辅助电池为芯片读写数据提供能量。

(4)按照技术方式分类

按照读写器读取电子标签数据的技术实现方式，射频识别系统可以分为主动广播式、被动倍频式和被动反射调制式3种。

◇主动广播式是指电子标签主动向外发射信息，读写器相当于只收不发的接收机。

◇被动倍频式是指电子标签返回读写器的频率是读写器发射频率的2倍，读写器发射和接收载波占用2个频点。

◇被动反射调制式依旧是读写器反射查询信号，电子标签被动接收，但此时电子标签返回读写器的频率与读写器发射频率相同。

(5)按照保存信息方式分类

电子标签保存信息的方式有只读式和读写式两种，具体分为如下4种形式：

◇只读电子标签是一种最简单的电子标签，电子标签内部只有只读存储器(Read Only Memory，ROM)。在集成电路生产时，电子标签内的信息即以只读内存工艺模式注入，此后信息不能更改。

◇一次写入只读电子标签内部只有ROM和随机存储器(Random Access Memory，RAM)，ROM用于存储发射操作系统程序和安全性要求较高的数据，它与内部的处理器或逻辑处理单元完成操作控制功能。这种电子标签与只读电子标签相比，可以写入一次数据，标签的标识信息可以在标签制造过程中由制造商写入，也可以由用户自己写入，但是一旦写入，就不能更改。

◇现场有线可改写式电子标签应用比较灵活，用户可以通过访问电子标签的存储器进行读写操作，电子标签一般将需要保存的信息写入内部存储区，改写时需要采用编程器或写入器，改写过程中必须为电子标签供电。

◇现场无线可改写式电子标签类似于一个小的发射接收系统，电子标签内保存的信息也位于其内部存储区，电子标签一般为有源类型，通过特定的改写指令用无线方式改写信息。

(6)按照系统档次分类

按照存储能力、读取速度、读取距离、供电方式和密码功能等的不同，射频识别系统分为低档系统、中档系统和高档系统。

◇低档系统电子标签的数据存储容量较小，电子标签内的信息只能读取、不能更改。

◇中档系统电子标签的数据存储容量较大，数据可以读取也可以写入，是带有可写数据存储器的射频识别系统。

◇高档系统一般带有密码功能，电子标签带有微处理器，微处理器可以实现密码的复杂验证，而且密码验证可以在合理的时间内完成。

(7)按照工作方式分类

射频识别系统的基本工作方式有3种，分别为全双工工作方式、半双工工作方式以及时序工作方式。全双工表示电子标签与读写器之间可以在任一时刻互相传送信息；半双工表示电子标签与读写器之间可以双向传送信息，但在同一时刻只能向一个方向传送信息。而在日常工作方式中，读写器辐射出的电磁场短时间周期性地断开，这些间隔被电子标签识别出来，并被用于从电子标签到读写器的数据传输。

2.电子标签

电子标签（Tag）又称为射频标签、应答器或射频卡，电子标签附着在待识别的物品上，每个电子标签具有唯一的电子编码是射频识别系统真正的数据载体。从技术角度来说，射频识别的核心是电子标签，读写器是根据电子标签的性能而设计的。在射频识别系统中，电子标签的价格远比读写器低，但电子标签的数量很大，应用场合多样，组成、外形和特点各不相同。射频识别技术以电子标签代替条码，对物品进行非接触自动识别，可以实现自动收集物品信息的功能。

1）电子标签的基本组成

一般情况下，电子标签由标签专用芯片和标签天线组成，可以维持被识别物品信息的完整性，并随时可以将信息传输给读写器。电子标签具有确定的使用年限，使用期内不需要维修。

根据电子标签类型和应用需求的不同。电子标签能够携带的数据信息量有很大差异，范围从几比特到几兆比特。电子标签与读写器间通过电磁波进行通信，电子标签可以看成一个特殊的收发信机。

电子标签的芯片很小，厚度一般不超过 0.35 mm，它具有一定的存储容量，可以存储被识别物体的相关信息。芯片对标签接收的信号进行解调、解码等各种处理，并把标签需要返回的信号进行编码、调制等各种处理。

电子标签天线用于收集读写器发射到空间的电磁波，并把标签本身的数据信号以电磁波的形式发射出去。

2）电子标签的结构形式

为了满足不同的应用需求，电子标签的结构形式多种多样，有卡片形、环形、纽扣形、条形、盘形、钥匙扣形和手表形等。电子标签可能会是独立的标签形式，也可能会和诸如汽车点火钥匙集成在一起进行制造。电子标签的外形会受到天线形式的影响。电子标签可以封装成各种不同的形式，基本原则是电子标签越大识别距离越远。各种形式的电子标签如图 2.10 所示。

（1）卡片形电子标签

如果将电子标签的芯片和天线封装成卡片形，就构成卡片形电子标签，这类电子标签也常称为射频卡。

我国第二代身份证内含有 RFID 芯片。第二代身份证电子标签的工作频率为13.56 MHz。

城市一卡通用于覆盖一个城市的公共消费领域，在公共平台上实现消费领域的电子化收费。

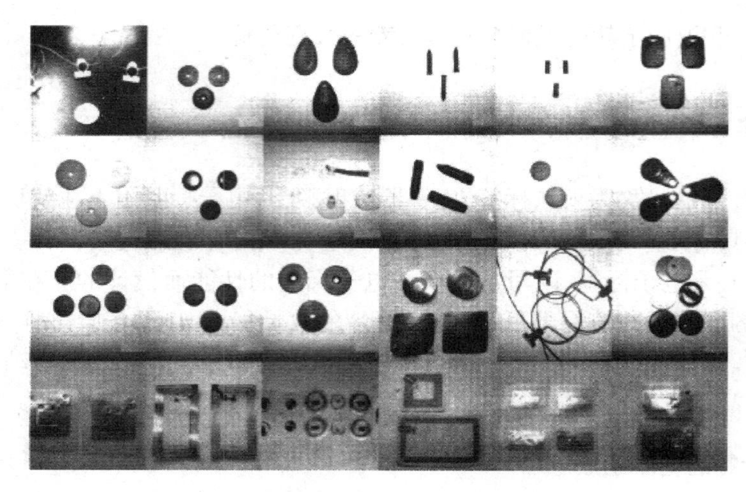

图 2.10 各种形式的电子标签

门禁卡是近距离卡片控制的门禁系统，是 RFID 最早的商业应用之一。读写器经常安装在靠近大门的位置，读写器获取持卡人的信息，然后与后台数据库进行通信，以决定该持卡人是否具有进入该区域的权限。

银行卡可以采用射频识别卡。2005 年年末，美国出现一种新的商业信用卡系统“即付即走”(PayPass)，这种信用卡内置有 RFID 芯片，只需将信用卡靠近 POS 机附近的 RFID 读写器，即可以进行消费结算，结算过程在几秒之内即可完成。

卡片形电子标签如图 2.11 所示。

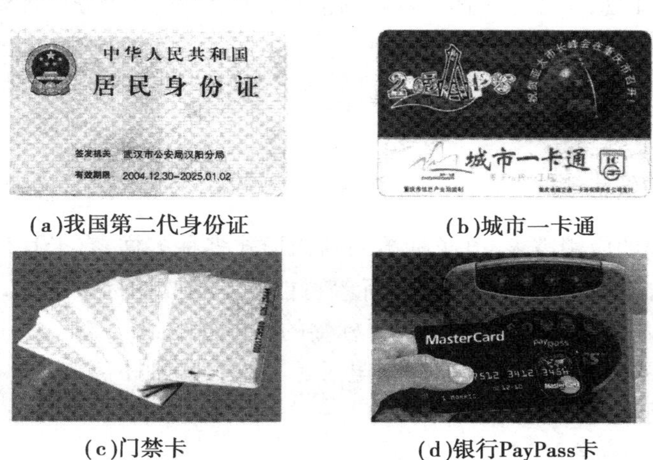

(a)我国第二代身份证　(b)城市一卡通

(c)门禁卡　(d)银行PayPass卡

图 2.11 卡片形电子标签

(2)标签类电子标签

标签类电子标签的形状多样，有条形、盘形、钥匙扣形和手表形等，可以用于物品识别和电子计费等。标签类电子标签如图 2.12 所示。

(3)植入式电子标签

和其他电子标签相比较，植入式电子标签的尺寸特别小，例如将电子标签做成动物跟

(a)粘贴式

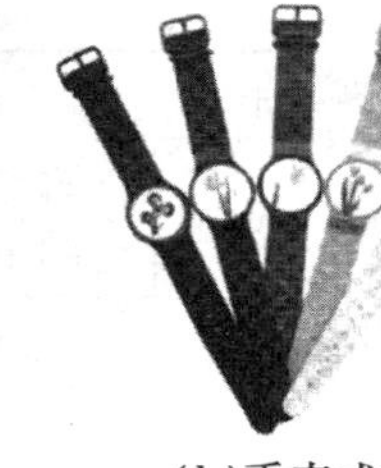
(b)手表式

(c)易通卡EZpass

图 2.12　标签类电子标签

踪标签，其直径比铅笔芯还小，可以嵌入动物的皮肤下。将 RFID 电子标签植入动物皮下，称为“芯片植入”，这种方式近年来得到了很大的发展。这种电子标签用注射的方式植入猫或狗两肩之间的皮下，用来替代传统的猫牌和狗牌进行信息管理。

3）电子标签的技术参数

电子标签的技术参数主要有激活的能量要求、信息的读写速度、信息的传输速率、信息的容量、封装尺寸、读写距离、可靠性、工作频率和价格等。

电子标签芯片电路的复杂度与标签所具有的功能相关，一般包括电源电路、时钟电路、解调器、编解码器、控制器、存储器和负载调制电路等功能模块，如图 2.13 所示。

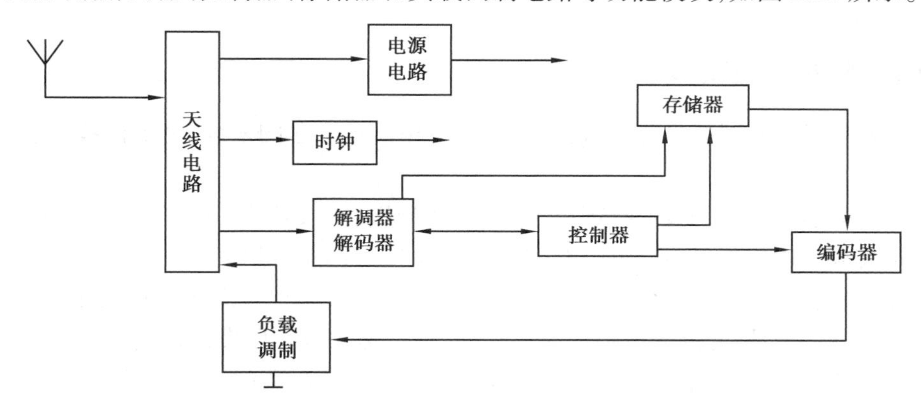

图 2.13　电子标签的基本功能模块

表 2.4 列举了 RFID 所用的各种工作频段的优缺点。

表 2.4　各种频率的相关标准和应用领域

参　数	低频率	高频率			超高频率	微　波
频率	125～135 kHz	13.56 MHz	13.56 MHz	PJM(*) 13.56 MHz	868～915 MHz	2.45～5.8 GHz
市场份额	74%	17%			6%	3%
读取距离	达 1.2 m	0.7～1.2 m	达 1.2 m	达 1.2 m	达 4 m (***)	达 15 m (****)

续表

参　数	低频率	高频率			超高频率	微　波
速度	不快	少于 5 s (5 kB 为 5 s)	中(0.5 m/s)	非常快 (4 m/s)	快	非常快
潮湿环境	没有影响	没有影响			严重影响	严重影响
发送器与阅读器的方向要求	没有	没有			部分必要	总是必要
全球接受的频率	是	是			部分的 (欧洲/美国)	部分的 (除欧洲外)
已有的 ISO 标准	I1784/85 和 14223	14443 A+B+C	18000-3.1/ 15693	18000-3.2	18000-6 和 EPC C0/Cl/CIG2	18000-4
主要的应用	门禁、锁车架、加油站、洗衣店	智能卡电子 ID 服务	针对大型活动货物和物流	机场验票、商店、药店	货盘记录、卡车登记、拖车跟踪	公路收费、集装箱跟踪

注:(*)相位抖动;(**)全球 RFID 收发器出货量(套);(***)在美国;(****)带电池的有源收发器

4)电子标签的发展趋势

电子标签有多种发展趋势,以适应不同的应用需求。总的来说,电子标签具有以下发展趋势:

①体积更小(现在带有内置天线的最小射频识别芯片,其芯片厚度仅有 0.1 mm 左右,可以嵌入纸币),成本更低,作用距离更远,无源可读写性能更加完善。

②适合高速移动物体的识别。针对高速移动的物体,如火车和高速公路上行驶的汽车,电子标签与读写器之间的通信速度会提高,使高速物体可以准确快速的识别。

③多标签的读/写功能。在物流领域中实现快速、多标签的读/写功能。电磁场下自我保护功能更完善。智能性更强、加密特性更完善。

④带有其他附属功能的标签。在某些应用领域中需要同时具备蜂鸣器或指示灯的附属功能。当给特定的标签发送指令时,电子标签便会发出声光指示,这样就可以在大量的目标中寻找特定的标签。

⑤具有杀死功能的标签。为了保护隐私,在标签的设计寿命到期或者需要终止标签的使用时,读写器发出杀死命令或者标签自行销毁。

⑥新的生产工艺。为了降低标签天线的生产成本,人们开始研究新的天线印制技术,可以将 RFID 天线以接近于零的成本印制到产品包装上。通过导电墨水在产品的包装盒上印制 RFID 天线,比传统的金属天线成本低,印制速度快,节省空间,并更加环保。

⑦带有传感器功能。将电子标签与传感器相连,将大大扩展电子标签的功能和应用

领域。物联网的基本特征之一是全面感知,全面感知不仅要求标识物体,而且要求感知物体。

3.读写器

读写器(Reader and Writer)又称为阅读器(Reader)或询问器,是读取和写入电子标签内存信息的设备。读写器又可以与计算机网络进行连接,计算机网络可以完成数据信息的存储、管理和控制。读写器是一种数据采集设备,其基本作用就是作为数据交换的一环,将前端电子标签所包含的信息,传递给后端的计算机网络。

1)读写器的基本组成

读写器基本由射频模块、控制处理模块和天线3部分组成。读写器通过天线与电子标签进行无线通信,读写器可以看成一个特殊的收发信机;同时,读写器也是电子标签与计算机网络的连接通道。

✧读写器天线可以是一个独立的部分,也可以内置到读写器中。读写器天线将电磁波发射到空间,并收集电子标签的无线数据信号。

✧射频模块用于将射频信号转换为基带信号。

✧控制模块是读写器的核心,对发射信号进行编码、调制等各种处理,对接收信号进行解调、解码等处理,执行防碰撞算法,并实现与后端应用程序的接口规范。

2)读写器的结构形式

读写器没有一个固定的模式,根据数据管理系统的功能和设备制造商的生产习惯,读写器具有各种各样的结构和外观形式。

根据读写器天线与读写器模块是否分离,读写器可以分为集成式读写器和分离式读写器。

根据读写器外形和应用场合,读写器可以分为固定式读写器、OEM模块式读写器、手持式读写器、工业读写器和读卡器等。

✧固定式读写器:一般是指天线、读写器与主控机分离,读写器和天线可以分别安装在不同位置,一个读写器可以有多个天线接口和多种I/O接口。固定式读写器将射频模块和控制处理模块封装在一个固定的外壳里,完成射频识别的功能。固定式读写器可以采用图2.14所示的形式。

✧ OEM模块式读写器:在很多应用中,读写器并不需要封装外壳,只需要将读写器模块组装成产品,这就构成了OEM模块式读写器。OEM模块式读写器的典型技术参数与固定式读写器相同。

✧手持便携式读写器:为了减小设备尺寸,降低设备制造成本,提高设备灵活性,也可以将天线与射频模块、控制处理模块封装在一个外壳中,这样就构成了一体化读写器。手持便携式读写器是指天线、读写器与主控机集成在一起,适合用户手持使用的电子标签读

图 2.14　两种固定式读写器

写设备,其工作原理与固定式读写器基本相同。一手持便携式读写器一般带有液晶显示屏,并配有输入数据的键盘,常用在付款扫描、巡查、动物识别和测试等场合。手持便携式读写器将读写器模块、天线和掌上电脑集成在一起,执行电子标签识别的功能。手持便携式读写器一般采用充电电池供电,并可以通过通信接口与服务器进行通信,可以工作在不同的环境,并可以采用 Windows CE 或其他操作系统。与固定式读写器不同的是,手持便携式读写器可能会对系统本身的数据存储量有要求,并要求防水和防尘等。手持便携式读写器可以采用图 2.15 所示的形式。

(a)表面接触式身份证读写器

(b)插入式银行卡读写器

图 2.15　手持式读写器

✧工业读写器:是指应用于矿井、自动化生产或畜牧等领域的读写器,工业读写器一般有现场总线接口,很容易集成到现有设备中。工业读写器一般需要与传感设备组合在一起,例如矿井读写器应具有防爆装置。与传感设备集成在一起的工业读写器,有可能成为应用最广的射频识别形式。

✧读卡器:也称为发卡器,主要用于电子标签对具体内容的操作,包括建立档案、消费纠错、挂失、补卡和信息修正等。读卡器可以与计算机放在一起,与读卡管理软件结合起来应用。读卡器实际上是小型电子标签读写装置,具有发射功率小、读写距离近等特点。

3)读写器的技术参数

根据使用环境和应用场合的要求,不同读写器需要不同的技术参数。常用的读写器技术参数如下:工作频率、输出功率、输出接口、读写器形式(包括固定式读写器、手持式读写器、工业读写器和 OEM 读写器等,选择时还需要考虑天线与读写器模块分离与否)、工作方式(全双工、半双工和时序)、读写器优先与电子标签优先(读写器优先是指读写器首先向电子标签发射射频能量和命令,电子标签只有在被激活且接收到读写器的命令后,才

对读写器的命令做出反应；电子标签优先是指对于无源电子标签，读写器只发送等幅度、不带信息的射频能量，电子标签被激活后，反向散射电子标签数据信息）。

4）读写器的功能模块

读写器的功能模块包括射频模块、控制处理模块和天线 3 个部分，其中控制处理模块包括基带信号处理模块和智能模块。读写器的功能模块如图 2.16 所示。

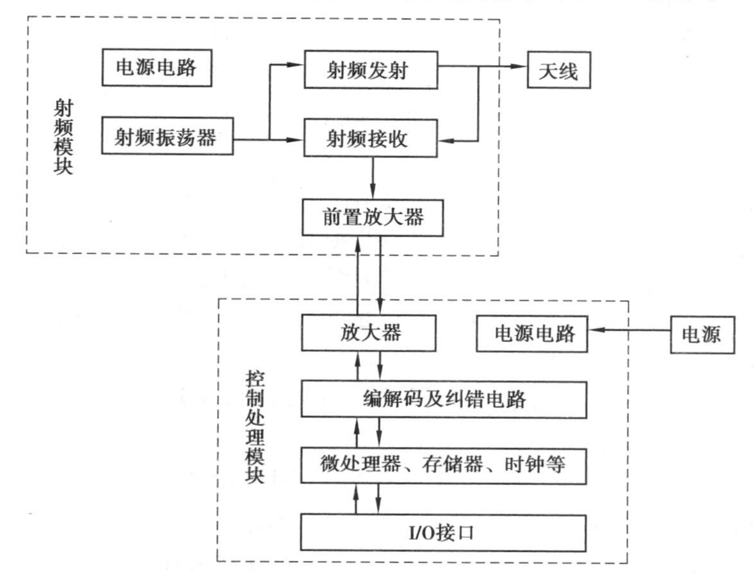

图 2.16　读写器的功能模块

（1）射频模块

射频模块可以分为发射通道和接收通道两部分，射频模块的主要作用是对射频信号进行处理。射频模块可以完成如下功能：

✧由射频振荡器产生射频能量，射频能量的一部分用于读写器，另一部分通过天线发送给电子标签，激活无源电子标签并为其提供能量。

✧将发往电子标签的信号调制到读写器载频信号上，形成已调制的发射信号，经读写器天线发射出去。

✧将电子标签返回到读写器的回波信号解调，提取出电子标签发送的信号，并将电子标签信号放大。

（2）基带信号处理模块

✧将读写器智能单元发出的命令进行编码，使编码便于调制到射频载波上。

✧完成对经过射频模块处理的标签回送信号，进行解码等处理，处理后的结果送到读写器智能模块。

（3）智能模块

智能模块是读写器的控制核心，智能模块通常采用嵌入式微处理器，并通过编程实现以下多种功能：

◇对读写器和电子标签的身份进行验证。

◇控制读写器与电子标签之间的通信过程。

◇对读写器与电子标签之间传送的数据进行加密和解密。

◇实现与后端应用程序之间的接口（Application Program Interface，API）规范。

◇执行防碰撞算法，实现多标签同时识别。

随着微电子技术的发展，用数字信号处理器（DSP）设计读写器的思想逐步成熟。这种思想将控制处理模块以 DSP 为核心，辅以必要的附属电路，将基带信号处理和控制处理软件化。随着 DSP 版本的升级，读写器可以实现对不同协议电子标签的兼容。

（4）天线

天线处于读写器的最前端，是读写器的重要组成部分。读写器天线发射的电磁场强度和方向性，决定了电子标签的作用距离和感应强度，读写器天线的阻抗和带宽等参数，会影响读写器与天线的匹配程度，因此读写器天线对射频识别系统有重要影响。

◇天线的类型：天线的类型取决于读写器的工作频率和天线的电参数。与电子标签的天线不同，读写器天线一般没有尺寸要求，可以选择的种类较多。其主要类型有对称阵子天线、微带贴片天线、线圈天线、阵列天线、螺旋天线和八木天线等，有些天线尺寸较大，需要在读写器之外独立安装。

◇天线的参数：天线的参数主要是方向系数、方向图、半功率波瓣宽度、增益、极化、带宽和输入阻抗等。天线的方向性根据设计可强可弱，增益一般为几到十几分贝，极化采用线极化或圆极化方式，带宽覆盖整个工作频段，输入阻抗常选择 50 Ω 或 75 Ω，尺寸为几厘米到几米。

5）读写器的发展趋势

随着射频识别应用的日益普及，读写器的结构和性能不断更新，价格也不断降低。从技术角度来说，读写器的发展趋势体现在以下几个方面：

（1）兼容性

现在射频识别的应用频段较多，采用的技术标准也不一致，因此希望读写器可以多频段兼容、多制式兼容，实现读写器对不同标准、不同频段的电子标签兼容读写。

（2）接口多样化

读写器要与计算机通信网络连接，因此希望读写器的接口多样化。读写器可以具有 RS232、USB、WiFi、GSM 和 3G 等多种接口。

（3）采用新技术

◇采用智能天线。采用多个天线构成的阵列天线，形成相位控制的智能天线，实现多输入多输出（Multiple-Input Multiple-Output，MIMO）的天线技术。

◇防碰撞技术是读写器的关键技术，采用新的防碰撞算法，使防碰撞的能力更强，多标签读写更有效、快捷。

◇采用读写器管理技术。随着射频识别技术的广泛使用，由多个读写器组成的读写

器网络越来越多,这些读写器的处理能力、通信协议、网络接口及数据接口均可能不同,读写器从传统的单一读写器模式发展为多读写器模式。所谓读写器管理技术,是指读写器配置、控制、认证和协调的技术。

(4)模块化和标准化

随着读写器射频模块和基带信号处理模块的标准化和模块化日益完善,读写器的品种将日益丰富,读写器的设计将更简单,功能将更完善。

4.系统高层

对于某些简单的应用,一个读写器可以独立完成应用的需要。但对于多数应用来说,射频识别系统是由许多读写器构成的信息系统,系统高层是必不可少的。系统高层可以将许多读写器获取的数据有效地整合起来,完成查询、管理与数据交换等功能。

在RFID系统中,存在如何将读写器与计算机系统相连的问题。例如,企业通常会提问"我的系统如何与读写器设备相连"这就需要中间件。中间件是介于RFID读写器与后端应用程序之间的独立软件,中间件可以与多个读写器和多个后端应用程序相连,应用程序通过中间件就能连接到读写器,读取电子标签的数据。中间件的好处在于:当电子标签的数据库软件、后端应用程序软件改变或读写器的种类增加时,应用端不需要修改也能工作,降低了设计与维护的复杂性。

伴着着经济全球化的进程,RFID的应用与日俱增,加之计算机技术、RFID技术、互联网技术与无线通信技术的飞速发展,对全球每个单个物品进行识别、跟踪与管理将成为可能。RFID必将通过网络整合起来,计算机网络将成为RFID系统高层。借助于RFID技术,物品信息将传送到计算机网络的信息控制中心,构成一个全球统一的物品信息系统以及覆盖全球的物联网体系,实现全球信息资源共享和协同工作的目标。

任务3　RFID的项目实施及应用

RFID技术已经在物流管理、生产线工位识别、绿色畜牧业养殖个体记录跟踪、汽车安全控制、身份证、公交等领域大量成功应用。

1.RFID技术在机场管理系统中的应用

RFID技术在各个国家机场中都已经开始试验或者尝试使用,RFID技术在机场管理系统的应用提高了机场的管理效率,提升了机场的服务水平。目前,RFID技术正逐步应用到机场管理的各个环节,这对提升机场工作效率、安全管理等各个方面都有很大的帮助

1)电子机票

电子机票利用RFID智能卡技术,不仅能为旅客累计里程点数,还可预定出租车和酒

店、提供电话和金融服务。使用电子机票,旅客只需要凭有效身份证和认证号,就能领取机牌。从印刷到结算,一张纸质机票的票面成本是四五十元,而电子机票不到 5 元。对航空公司来说,除了使销售成本降低 80%以外,电子机票还能节省时间,保证资金回笼的及时与完整,保证旅客信息的正确与安全,并有助于对市场的需求作出精确分析。

电子机票是空中旅行效率的源头。2000 年 3 月 28 日,我国南方航空公司在国内率先针对散客推出电子机票,节省了不少费用;2007 年,全国电子机票比例已经达到 50%以上。

2) RFID 技术为机场“导航”

机场服务最高境界应该是利用一切技术手段,主动为旅客提供最需要的信息。通过使用 RFID 技术可以在机场为旅客提供“导航”服务。在机场入口为每个旅客发一个 RFID 信息卡,将旅客的基本信息输入 RFID 信息卡,该信息卡可以通过语言提醒旅客航班是否正点、在何处登机等信息。丹麦 Kolding 设计学院探索的概念更前卫,利用 RFID 的个人定位和电子地图技术,不管机场有多复杂,只要按个人信息显示的箭头,就能准确地达到登机口。RFID 技术导航服务如图 2.17 所示。

(a)繁忙的机场

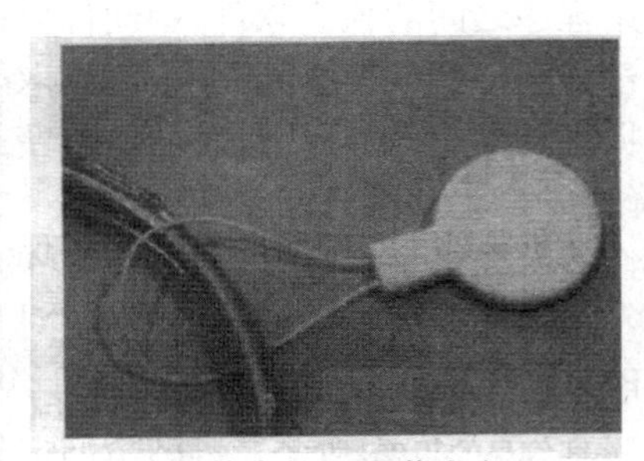

(b)旅客的RFID信息卡

图 2.17　RFID 技术导航服务

3) 旅客的追踪

使用无线射频标签(RFID 标签),可随时追踪旅客在机场内的行踪。实施方式是在每位旅客向航空公司柜台登记时,发给一张 RFID 标签,再配合 RFID 读写器和摄像机,即可监视旅客在机场内的一举一动。主持这项名为“Optap”的计划已经在匈牙利机场测试,该计划由欧盟出资,并有欧洲企业和伦敦大学组成的财团负责研究开发。

若匈牙利机场的测试成功并吸引顾客,该技术可能部署欧洲各地机场。Optap 的作用是让机场人员有能力追踪可疑旅客的行踪,阻止他们进入限制区域,提升机场的安全。Optap 识别范围可达 10~20 m,识别标签定位的误差也缩小到 1 m 以内。Optap 个人定位的功能在疏散人员、寻找走失儿童和登机迟到的乘客等状况下非常有用。但使用 Optap 技术尚有实地执行的障碍有待解决,如在机场环境中找出适当操作标签的方式,开发一种确保旅客会接受的标签,并消除可能会侵犯旅客人身自由权的顾虑。研究人员强调,该设备不会刻意监视谁在做什么事,但为了安全需要,仍会锁定某些特定人士。RFID 技术追踪可疑旅客的行踪,阻止他们进入限制区域,如图 2.18 所示。

2.RFID 技术在物流领域中的应用

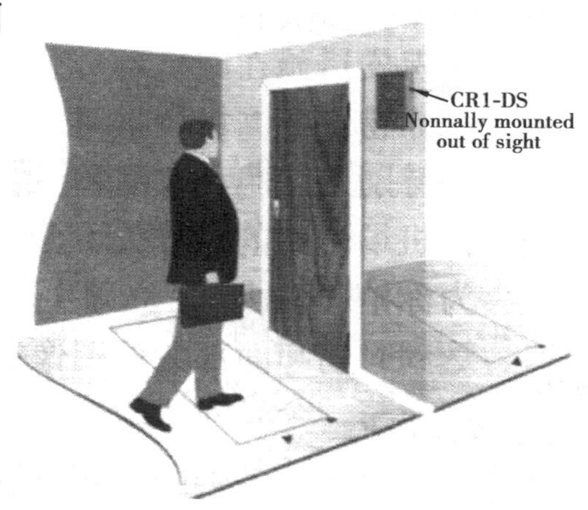

图 2.18 RFID 技术阻止旅客进入限制区域

在物流领域的供应链环节,企业必须实时、精确地掌握整个供应链上的商流、物流、信息流和资金流的流向和变化,各个环节、各个流程都要协调一致、相互配合,采购、存储、生产制造、包装、装卸、运输、流通加工、配送、销售和服务必须环环相扣,才能发挥最大的经济效益和社会效益。然而,由于实际物体的移动过程处于运动和松散的状态,信息和方向常常随实际活动在空间和时间上发生变化,影响了信息的可获性和共享性。RFID 可以有效解决供应链上各项业务运作数据的输入和输出,控制与跟踪业务过程,是减少物流出错率的一种新技术。以下就是 RFID 技术在物流领域的 3 个环节的应用。

1)入库和检验

当贴有 RFID 标签的货物运抵仓库时,入口处的读写器将自动识别标签,同时将采集的信息自动传送到后台管理系统,管理系统会自动更新存货清单,企业根据订单的需要,将相应的货品发往正确的地点。在上述过程中,采用 RFID 技术的现代入库和检验手段,将传统的货物验收程序大大简化,省去了烦琐的检验、记录和清点等大量需要人力的工作。

2)整理和补充货物

装有读写器的运送车可自动对贴有 RFID 标签的货物进行识别,根据管理系统的指令自动将货物运送到正确的位置。运送车完成管理系统的指令后,读写器再次对 RFID 标签进行识别,将新的货物存放信息发送给管理系统,管理系统将货物存放清单更新,并存储新的货物位置信息。管理系统的数据库会按企业的生产要求设置一个各种货物的最低存储量,当某种货物达不到最低存储量时,管理系统会向相关部门发送补货指令。

在整理和补充货物时,通过读写器采集的数据与管理系统存储的数据相比较,很容易发现摆放错误的货物。如果读写器识别到摆放错误的货物,读写器会向管理系统发出警报,管理系统会向运送车读写器发送一个正确摆放货物的指令,运送车则根据接收到的指令将货物重新摆放到正确的位置。

3)货物出库运输

应用 RFID 系统后,货物运输将实现高度自动化。当货物运送出仓库时,在仓库门口的读写器会自动记录出库货物的种类、批次、数量和出库时间等信息,并将出库货物的信息实时发送给管理系统,管理系统立即根据订单确定出库货物的信息正确与否。在上述过程中,整个流程无须人工干预,可实现全自动操作,大大提高了出库的准确率和出库的速度。

项目小结

RFID 系统中射频卡(应答器)与读写器组成的一个完整射频系统,无须物理接触即可完成识别。作为一种非接触式的自动识别技术,RFID 通过射频信号自动识别目标对象并获取相关数据,识别工作无须人工干预。RFID 技术可识别高速运动物体并可同时识别多个标签,操作快捷方便。

本项目首先介绍了 RFID 技术,包括 RFID 技术的概念、RFID 的系统构成、RFID 的标准;其中 RFID 的系统由电子标签、读写器和系统高层构成,而 RFID 的标准有以下体系的标准:ISO/IEC 标准化体系、EPCglobal RFID 标准体系、Ubiquitous ID 体系。

然后介绍了 RFID 技术的应用,主要介绍了 RFID 技术在机场管理系统主要环节中的应用和在物流领域中的应用。

问答题

(1)射频的频率范围是多少?
(2)射频识别系统的基本组成是什么? 一般工作流程是什么?
(3)简述射频识别系统的分类方法。
(4)电子标签的基本组成是什么? 电子标签有哪些常用的结构形式?
(5)简述电子标签的工作特点和技术参数。
(6)简述电子标签的功能模块和封装方法。
(7)电子标签的发展趋势是什么?
(8)读写器的基本组成是什么? 读写器有哪些常用的结构形式?
(9)简述读写器的工作特点、技术参数和功能模块。
(10)读写器的发展趋势是什么?
(11)RFID 为什么需要系统高层? 在物联网中 RFID 的系统高层是什么?
(12)RFID 的标准有哪些标准体系?
(13)实施 RFID 项目需要考虑哪几个问题?

项目3 ZigBee网络

学习目标

- 了解ZigBee技术的概念；
- 掌握ZigBee技术的特点；
- 掌握ZigBee技术的体系结构和网络结构；
- 了解ZigBee技术的协议栈；
- 了解ZigBee技术的具体应用；
- 了解ZigBee点对点数据传输实验的步骤。

重点、难点

- ZigBee技术的特点、网络结构、ZigBee技术的应用。

任务1 认识ZigBee技术

1.什么是ZigBee技术

对于多数的无线网络来说,无线通信技术应用的目的在于提高传输数据的速率和距离。而在诸如工业控制、环境监测、商业监控、汽车电子、家庭数字控制网络等应用中,系统所传输的数据量小、传输速率低,系统所使用的终端设备通常为采用电池供电的嵌入式,如无线传感器网络,因此,这些系统要求传输设备具有成本低、功耗小的特点。针对这些特点和需求,由英国Invensys公司、日本三菱电气公司、美国摩托罗拉公司以及荷兰飞利浦等公司在2001年共同宣布组成ZigBee技术联盟,共同研究开发ZigBee技术。目前,该技术联盟已发展和壮大为由150多家芯片制造商、软件开发商、系统集成商等公司和标准化组织组成的技术组织,而且,这个技术联盟还在不断地发展壮大。

ZigBee是IEEE 802.15.4协议的代名词。ZigBee技术是一种近距离、低复杂度、低功耗、低速率、低成本的双向无线通信技术,主要用于距离短、功耗低且传输速率不高的各种电子设备之间进行数据传输以及典型的有周期性数据、间歇性数据和低反应时间数据的传输。

ZigBee技术的命名主要来自于人们对蜜蜂采蜜过程的观察,蜜蜂在采蜜过程中,跳着优美的舞蹈,其舞蹈轨迹像字母“Z”的形状,蜜蜂自身体积小,所需要的能量小,又能传送所采集的花粉,人们用ZigBee技术来代表具有成本低、体积小、能量消耗小和传输速率低的无线通信技术,中文译名通常称为“紫蜂”技术。

ZigBee技术是一种具有统一技术标准的短距离无线通信技术,其PHY层和MAC层协议为IEEE 802.15.4协议标准,网络层由ZigBee技术联盟制定,应用层的开发应用根据用户自己的应用需要,对其进行开发利用,因此该技术能够为用户提供机动、灵活的组网方式。

简单地说,ZigBee是一种高可靠的无线数传网络,类似于CDMA和GSM网络。ZigBee数传模块类似于移动网络基站,通信距离从标准的75 m到几百米、几千米,并且支持无限扩展。

与移动通信的CDMA网或GSM网不同的是,ZigBee网络主要是为工业现场自动化控制数据传输而建立,因而,它必须具有简单、使用方便、工作可靠、价格低的特点。而移动通信网主要是为语音通信而建立,每个基站的价值一般都在100万元以上,而每个ZigBee“基站”却不到1 000元。每个ZigBee网络节点不仅本身可以作为监控对象,例如其所连接的传感器直接进行数据采集和监控,还可以自动中转别的网络节点传过来的数据资料。除此之外,每一个ZigBee网络节点(FFD)还可在自己信号覆盖的范围内,和多个不承担网络信息中转任务的孤立的子节点(RFD)无线连接。

2.ZigBee 技术的发展历程

电气与电子工程师协会 IEEE 于 2000 年 12 月成立了 802.15.4 工作组，这个工作组负责制定 ZigBee 的物理层和 MAC 层协议，2001 年 8 月成立了开放性组织——ZigBee 联盟。

2003 年 11 月，IEEE 正式发布了该项技术物理层和 MAC 层所采用的标准协议，即 IEEE 802.15.4 协议标准，该协议标准作为 ZigBee 技术的物理层和媒体接入层的标准协议。

2004 年 12 月，ZigBee 1.0（又称为 ZigBee 2004）诞生，它是 ZigBee 规范的第一个版本，于 2005 年 9 月公布并提供下载。该标准的正式发布，进一步推进和加速了 ZigBee 技术的实际应用，许多公司和生产商陆续推出了自己的芯片产品和开发系统，如飞思卡尔的 MC13192，Chipcon 公司的 CC2420、CC2430，Atmel 公司的 AT86RF210 等，该技术发展速度之快，远远超出了人们当初的想象。

2006 年 12 月，又对 ZigBee 1.0 做了若干修改，推出 ZigBee 1.1（又称为 ZigBee 2006），其标准已比较完善。

然而 ZigBee 1.1 依然无法达到最初的理想，此标准又于 2007 年 10 月完成再次修订（称为 ZigBee 2007/PRO 或者 ZigBee 2007 或 ZigBee PRO）。

2009 年 3 月，ZigBee RF4CE 推出，具备更强的灵活性和远程控制能力。

随着半导体技术、微系统技术、通信技术和计算机技术的飞速发展，无线传感器网络的研究和应用正在世界各地蓬勃展开，具有成本低、体积小、功耗低的 ZigBee 技术无疑成为目前无线传感器网络中，作为无线通信应用的首选技术之一。因此，无论是自动控制领域、计算机领域、无线通信领域对 ZigBee 技术的发展、研究和应用都寄予了极大的关注和重视。

3.ZigBee 的技术特点

1）低功耗

由于 ZigBee 的传输速率低，发射功率仅为 1 mW，而且采用了休眠模式，功耗更低，因此 ZigBee 设备非常省电。据估算，ZigBee 设备仅靠两节 5 号电池就可以维持长达 6 个月到 2 年左右的使用时间。

相比较，使用同样的电池，蓝牙能工作数周、WiFi 可工作数小时。现在，TI 公司和德国的 Micropelt 公司共同推出新能源的 ZigBee 节点，该节点采用 Micropelt 公司的热电发电机给 TI 公司的 ZigBee 提供电源。

关于低功耗的问题需要说明：

ZigBee 网络中的设备主要分为 3 种：

✧协调节点(Coordinator),主要负责无线网络的建立和维护;

✧路由节点(Router),主要负责无线网络数据的路由;

✧终端设备(End Device),主要负责无线网络数据的采集。

低功耗仅仅是对终端设备而言,因为路由节点和协调节点需要一直处于供电状态,只有终端设备可以定时休眠。例如,一般情况下,市面上每节 5 号电池的电量为1 500 mA · h,对于两节 5 号电池供电的终端设备而言,总电量为 3 000 mA · h,即电池以 1 mA 电流放电,可以连续放电3 000 h(理论值);如果放电电流为 100 mA,则可以连续放电 30 h。

2)低成本

由于 ZigBee 模块的复杂度不高,ZigBee 协议免专利费,再加之使用的频段无需付费,所以它的成本较低。通过大幅简化协议(不到蓝牙的 1/10),降低了对通信控制器的要求,按预测分析,以 8051 的 8 位微控制器测算,全功能的主节点需要 32 kB 代码,子功能节点少于 4 kB 代码,而且 ZigBee 免协议专利费。

市面上的 ZigBee 学习开发板价格为 500~700 元,包含 3 个模块。如果带功放功能,传输距离稍远,需要 LCD 显示器,价格会在 2 000 元左右(三四个节点)。如果自己焊制、生产一个 ZigBee 节点,其成本远远低于以上的价格,批量生产的话应该可以控制在 50 元左右。

ZigBee 技术可以应用于 8-bit MCU,目前 TI 公司推出的兼容 ZigBee 2007 协议的 SoC 芯片 CC2530,每片的价格在 20~35 元,外接几个阻容器件构成的滤波电路和 PCB 天线即可实现网络节点的构建。

3)数据传输速率低

根据 IEEE 802.15.4 标准协议,ZigBee 的工作频段分为 3 个,这 3 个工作频段相距较大,而且在各频段上的信道数目不同。因而,在该项技术标准中,各频段上的调制方式和传输速率不同,它们分别为 868 MHz、915 MHz 和 2.4 GHz。该频段为全球通用的工业、科学、医学(Industrial Scientific and Medical,ISM)频段,该频段为免付费、免申请的无线电频段。由于此 3 个频段物理层并不相同,其各自信道带宽也不同,分别为 0.6 MHz、2 MHz 和 5 MHz,分别有 1 个、10 个和 16 个信道。ZigBee 频带和频带传输率如表 3.1 所示,所以 ZigBee 可归为低速率的短距离无线通信技术。

表 3.1 ZigBee 频带和频带传输率

频带	使用范围	数据传输率	信道数
2.4 GHz(ISM)	全世界	250 bit/s	16
868 MHz	欧洲	20 bit/s	1
915 MHz(ISM)	美国	40 bit/s	10

4）时延短

通信时延和从休眠状态激活的时延都非常短，典型的搜索设备时延 30 ms，休眠激活的时延是 15 ms，活动设备信道接入的时延为 15 ms。相比较，蓝牙需要 3～10 s，WiFi 需要 3 s。

这种毫秒级的时延，在实时性要求不太高的网络中是非常高效的，在有一定时延要求的网络中也是佼佼者。

5）网络容量大

ZigBee 可采用星状、片状和网状网络结构，一个星型结构的 ZigBee 网络最多可以容纳 254 个从设备和一个主设备，一个区域内可以同时存在最多 100 个 ZigBee 网络，而且网络组成灵活。由一个主节点管理若干子节点，最多一个主节点可管理 254 个子节点；同时主节点还可由上一层网络节点管理，最多可组成 65 000 个节点的大网。而每个蓝牙网络最多有 8 个节点。

6）可靠

采取了碰撞避免策略，同时为需要固定带宽的通信业务预留了专用时隙，避开了发送数据的竞争和冲突。MAC 层采用了完全确认的数据传输模式，每个发送的数据包都必须等待接收方的确认信息。如果传输过程中出现问题可进行重发。

7）安全

ZigBee 提供了基于循环冗余校验（CRC）的数据包完整性检查功能，支持鉴权和认证，以及采用高级加密标准（AES 128）的对称密码，以灵活确定其安全属性。

ZigBee 提供了三级安全模式，包括无安全设定、使用接入控制清单（ACL）、防止非法获取数据。

8）传输距离灵活

传输范围一般为 10～100 m，在增加 RF 发射功率后，亦可增加到 1～3 km。这是指相邻节点间的距离。如果通过路由和节点间通信的接力，传输距离可以更远。

4.ZigBee 技术的组网

1）ZigBee 网络的拓扑结构

利用 ZigBee 技术组成的无线个人区域网（WPAN）是一种低速率的无线个人区域网（LR-WPAN），这种低速率无线个人区域网的网络结构简单、成本低廉、具有灵活的吞吐量。在一个 LR-WPAN 网络中，可同时存在两种不同类型的设备，一种是具有简化功能的设备（RFD），另一种是具有有限的功率和完整功能的设备（FFD）。

在网络中,FFD 通常有 3 种工作状态:一是作为一个主协调器;二是作为一个路由节点;三是作为一个终端设备。一个 FFD 可以同时和多个 RFD 或多个其他设备作为一个协调器;FFD 通信,而一个 RFD 只能和一个 FFD 进行通信。RFD 的应用非常简单且容易实现,就好像一个电灯的开关或者一个红外线传感器。由于 RFD 不需要发送大量的数据,并且一次只能同一个 FFD 连接通信,因此,RFD 仅需要较小的资源和存储空间,这样可非常容易地组建一个低成本和低功耗的无线通信网络。

在 ZigBee 网络拓扑结构中,最基本的组成单元是设备,这个设备可以是一个 RFD 也可以是一个 FFD;在同一个物理信道的 POS(个人工作范围)通信范围内,两个或者两个以上的设备就可构成一个 WPAN。但是,在一个 ZigBee 网络中至少要求有一个 FFD 作为 PAN 主协调器。

IEEE 802.15.4/ZigBee 协议支持 3 种网络拓扑结构,即星形结构(Star)、网状结构(Mesh)和丛树结构(Cluster Tree),如图 3.1 所示。其中,Star 网络是一种常用且适用于长期运行操作的网络;Mesh 网络是一种高可靠性监测网络,它通过无线网络连接可提供多个数据通信通道,即它是一个高级别的冗余性网络,一旦设备数据通信发生故障,则存在另一个路径可供数据通信;Cluster Tree 网络是 Star/Mesh 的混合型拓扑结构,结合了上述两种拓扑结构的优点。

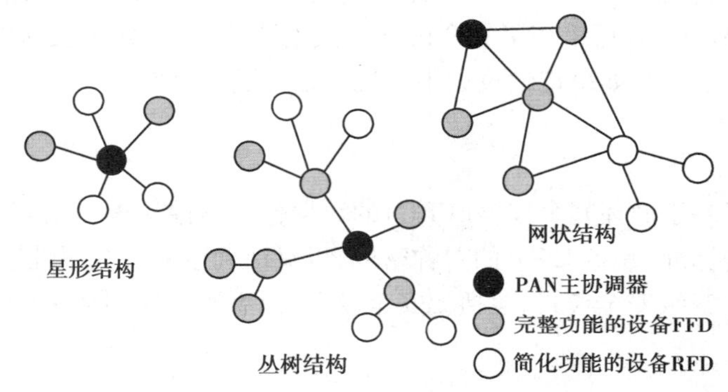

图 3.1　ZigBee 技术的 3 种网络拓扑结构

①星形结构

星形网络拓扑结构由一个称为 PAN 主协调器的中央控制器和多个从设备组成,主协调器必须是一个具有 FFD 完整功能的设备,从设备既可是 FFD 完整功能设备,也可是 RFD 简化功能设备。在实际应用中,应根据具体应用情况,采用不同功能的设备,合理地构造通信网络。在网络通信中,通常将这些设备分为起始设备或者终端设备,PAN 主协调器既可作为起始设备、终端设备,也可作为路由器,它是 PAN 网络的主要控制器。在任何一个拓扑网络上,所有设备都有唯一的 64 位长地址码,该地址码可以在 PAN 中用于直接通信,或者当设备之间已经存在连接时,可以将其转变为 16 位的短地址码分配给 PAN 设备。因此,在设备发起连接时,应采用 64 位的长地址码,只有在连接成功,系统分配了 PAN 的标识符后,才能采用 16 位的短地址码进行连接。因而,短地址码是一个相对地址码,长地址码是一个绝对地址码。在 ZigBee 技术应用中,PAN 主协调器是主要的耗能设备,而其他从设备均采用电池供电,星形结构通常在家庭自动化、PC 外围设备、玩具、游戏以及个人健康检查等方面得到应用。

②网状结构

在对等的网状拓扑结构中,同样也存在一个 PAN 主设备,但该网络不同于星形结构,在该网络中的任何一个设备只要是在它的通信范围之内,就可以和其他设备进行通信。对等网状结构能够构成较为复杂的网络结构,例如,网孔拓扑网络结构,这种对等拓扑网络结构在工业监测和控制、无线传感器网络、供应物资跟踪、农业智能化,以及安全监控等方面都有广泛的应用。一个对等网络的路由协议可以是基于 Ad hoc 技术的,也可以是自组织式的,并且,在网络中各个设备之间发送消息时,可通过多个中间设备中继的传输方式进行传输,即通常称为多跳的传输方式,以增大网络的覆盖范围。其中,组网的路由协议,在 ZigBee 网络层中没有给出,这样为用户的使用提供了更为灵活的组网方式。

无论是星形结构,还是对等网状结构,每个独立的 PAN 都有一个唯一的标识符,利用该 PAN 标识符,可采用 16 位的短地址码进行网络设备间的通信,并且可激活 PAN 网络设备之间的通信。

③丛树结构

丛树结构是对等网状结构的一种应用形式,在对等网络中的设备可以是完整功能设备,也可以是简化功能设备。而在丛树中的大部分设备为 FFD,RFD 只能作为树枝末尾处的叶节点,这主要是由于 RFD 一次只能连接一个 FFD。任何一个 FFD 都可以作为主协调器,并为其他从设备或主设备提供同步服务。在整个 PAN 中,只要该设备相对于 PAN 中的其他设备具有更多计算资源,如具有更快的计算能力,更大的存储空间以及更多的供电能力等,就可以成为该 PAN 的主协调器,通常称该设备为 PAN 主协调器。在建立一个 PAN 时,首先,PAN 主协调器将其自身设置成一个簇标识符(CID)为 0 的簇头(CLH),然后,选择一个没有使用的 PAN 标识符,并向邻近的其他设备以广播的方式发送信标帧,从而形成第一簇网络。接收到信标帧的候选设备可以在簇头中请求加入该网络,如果 PAN 主协调器允许该设备加入,那么主协调器会将该设备作为子节点加到它的邻近表中,同时,请求加入的设备将 PAN 主协调器作为它的父节点加到邻近表中,成为该网络的一个从设备;同样,其他的所有候选设备都按照同样的方式,可请求加入到该网络中,作为网络的从设备。如果原始的候选设备不能加入到该网络中,那么它将寻找其他的父节点。在丛树网络中,最简单的网络结构是只有一个簇的网络,但是多数网络结构由多个相邻的网络构成。一旦第一簇网络满足预定的应用或网络需求时,PAN 主协调器将会指定一个从设备为另一簇新网络的簇头,使得该从设备成为另一个 PAN 的主协调器,随后其他的从设备将逐个加入,并形成一个多簇网络。如图 3.2 所示,图中的直线表示设备间的父子关系,而不是通信流。多簇网络结构的优点在于可以增加网络的覆盖范围,而随之产生的缺点是会增加传输信息的延迟时间。

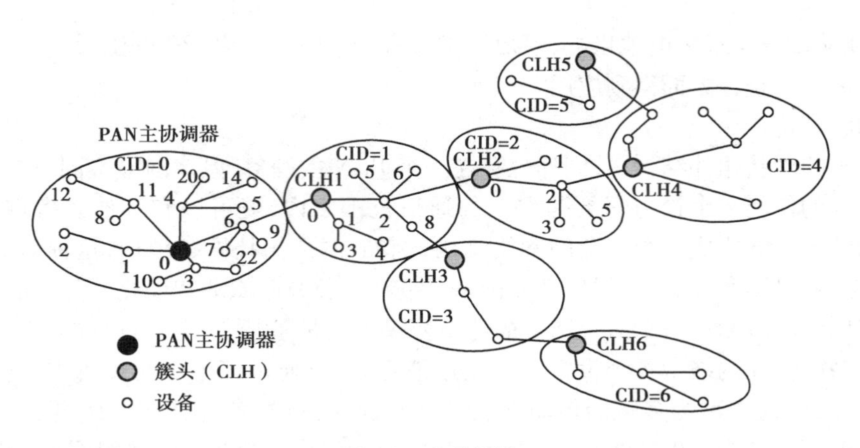

图 3.2　多簇网络

2) ZigBee 技术的体系结构

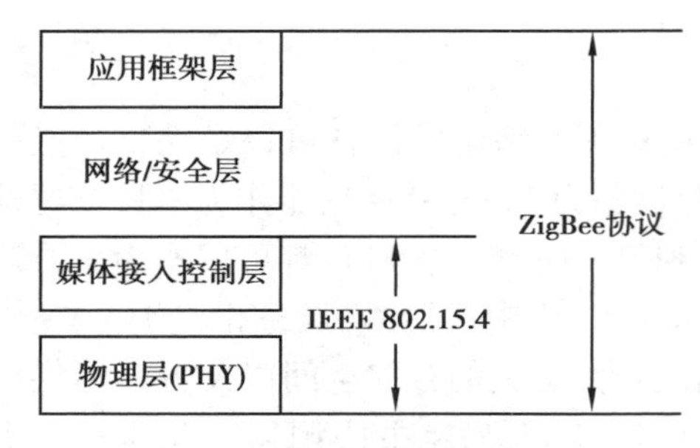

图 3.3　ZigBee 技术协议组成

在 ZigBee 技术中，其体系结构通常由层来量化它的各个简化标准。每一层负责完成所规定的任务，并且向上层提供服务。各层之间的接口通过所定义的逻辑链路来提供服务。ZigBee 技术的体系结构主要由物理（PYH）层、媒体接入控制（MAC）层、网络/安全层以及应用框架层组成，各层之间的分布如图 3.3 所示。

从图 3.3 不难看出，ZigBee 技术的协议层结构简单，不像诸如蓝牙和其他网络结构分为 7 层，ZigBee 技术仅为 4 层。在 ZigBee 技术中，物理层和媒体接入控制层采用 IEEE 802.15.4 协议标准。

(1) ZigBee 物理层

物理层提供了两种类型的服务，即通过物理层管理实体接口（PLME）对物理层数据和物理层管理提供服务。物理层数据服务可以通过无线物理信道发送和接收物理层协议数据单元（PPDU）来实现。

物理层的特征是启动和关闭无线收发器，能量检测，链路质量，信道选择，清除信道评估（CCA），以及通过物理媒体对数据包进行发送和接收。

• ZigBee 工作频率的范围

对于不同的国家和地区，ZigBee 技术为其提供的工作频率范围不同，为提高数据传输速率，IEEE 802.15.4 规范标准对于不同的频率范围，规定了不同的调制方式，具体调制和传输速率如表 3.2 所示。

表 3.2 ZigBee 频段和数据传输率

频段/ MHz	扩展参数		数据参数				
	码片速率 /kcp · s^{-1}	调制	使用范围	比特速率 /kbit · s^{-1}	符号速率 /kB · s^{-1}	符号	信道数
868~868.6	300	BPSK	欧洲	20	20	二进制	1
902~928	600	BPSK	美国	40	40	二进制	10
2 400~2 483.5	2 000	O-QPSK	全世界	250	62.5	16 相正交	16

- 信道分配和信道编码

ZigBee 使用的每一频段宽度不同,其分配信道的个数也不相同,在 IEEE 802.15.4 规范标准定义了 27 个物理信道,信道编号从 0 到 26,不同的频段其带宽不同。其中,2 450 MHz频段定义了 16 个信道,915 MHz 频段定义了 10 个信道,868 MHz 频段定义了 1 个信道。这些信道的中心频率定义如下:

$$
\begin{aligned}
f_c &= 868.3\ \text{MHz} & k &= 0\ \text{时} \\
f_c &= [906 + 2(k-1)]\text{MHz} & k &= 1,2,\cdots,10\ \text{时} \\
f_c &= [2\ 405 + 5(k-11)]\text{MHz} & k &= 11,12,\cdots,26\ \text{时}
\end{aligned}
\tag{3.1}
$$

其中,k 是信道编号,其频率和信道分布状况如图 3.4 所示。

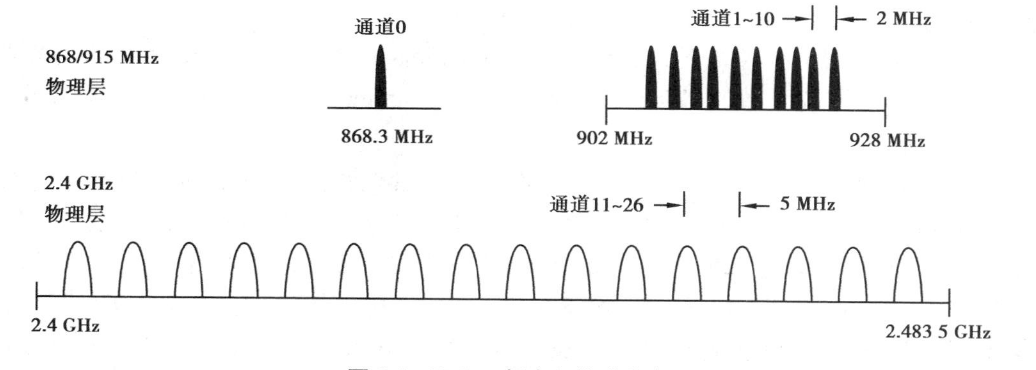

图 3.4 ZigBee 频率和信道分布

通常 ZigBee 不能同时兼容这 3 个工作频段,在选择 ZigBee 设备时,应根据当地无线管理委员会的规定,购买符合当地所允许使用频段条件的设备,我国规定 ZigBee 的使用频段为 2.4 GHz。

- 发射功率和接收灵敏度

ZigBee 技术的发射功率也有严格的限制,其最大发射功率应该遵守不同国家所制定的规范。通常,ZigBee 的发射功率范围为 0~+10 dBm,通信距离范围通常为 10 m,可扩大到约 300 m,其发射功率可根据需要,利用设置相应的服务原语进行控制。

接收灵敏度是在给定接收误码率的条件下,接收设备的最低接收门限值,通常用 dBm 表示。ZigBee 的接收灵敏度的测量条件为:在无干扰条件下,传送长度为 20 个字节的物理层数据包,其误码率小于1%的条件下,在接收天线端所测量的接收功率为ZigBee的接收灵敏度,通常要求为-85 dBm。

(2)ZigBee媒体接入控制层

媒体接入控制层也提供了两种类型的服务:通过媒体接入控制层管理实体服务接入点(MLME SAP)向媒体接入控制层数据和媒体接入控制层管理提供服务。媒体接入控制层数据服务可以通过物理层数据服务发送和接收媒体接入控制层协议数据单元(MPDU)。

媒体接入控制层的特征是信标管理,信道接入,时隙管理,发送确认帧,发送连接及断开连接请求。除此之外,媒体接入控制层为应用合适的安全机制提供一些方法。

(3)ZigBee网络层

ZigBee技术的网络层/安全层主要用于ZigBee的LR WPAN网的组网连接、数据管理以及网络安全等;应用框架层主要为ZigBee技术的实际应用提供一些应用框架模型等,以便对ZigBee技术进行开发应用,在不同的应用场合,其开发应用框架不同,从目前来看,不同的厂商提供的应用框架是有差异的,应根据具体应用情况和所选择的产品来综合考虑应用框架的结构。

ZigBee网络层主要功能包括设备连接和断开网络时所采用的机制,以及在帧信息传输过程中所采用的安全性机制。此外,还包括设备之间的路由发现、维护和转交。并且,网络层完成对一跳one hop;邻居设备的发现和相关结点信息的存储;一个ZigBee协调器创建一个新的网络,为新加入的设备分配短地址等。

在ZigBee网络中存在3种逻辑设备类型:Coordinator(协调节点)、Router(路由节点)和End-Device(终端设备)。ZigBee网络由一个Coordinator、多个Router和多个End_Device组成。

◇协调节点:负责启动整个ZigBee网络,并负责管理和维护网络,包括路由、安全性、节点的附着与离开等,它是网络的第一个设备。协调节点启动后选择一个信道和一个网络ID(也称为PAN ID,即Personal Area Network ID),随后启动整个网络及下级节点分配网络地址。ZigBee技术定义ZigBee设备在2.4 GHz频段工作时,把2.4 GHz频带带宽分为16个信道,每个信道带宽2 MHz,中心频率相隔5 MHz,协调节点启动选择一个初始通信信道。配置一个网络ID,该网络ID以区别在该区域存在的其他ZigBee网络。一旦这些都完成后,协调节点的工作就像一个路由节点。由于ZigBee网络本身的分布特性,因此接下来整个网络的操作就不再依赖协调节点是否存在。协调节点必须是FFD。

◇路由节点:主要功能是允许其他ZigBee设备加入网络,多跳路由,配置下级节点网络地址和协助自己的由电池供电的终端子设备的通信。

◇终端设备:没有特定的维持网络结构的责任,只能选择已有的网络加入及与它的父节点进行通信,没有路由功能。它可以睡眠或者唤醒,因此它可以是一个电池供电设备。通常,终端设备对存储空间(特别是RAM的需要)的要求比较小。终端节点可以是RFD,也可以是FFD。RFD的价格要比FFD便宜得多,其占用的系统资源约为4 kB,网络的整体成本比较低。因此,ZigBee非常适合有大量终端设备的网络,如传感网络、楼宇自动化等。

可见，ZigBee 网络为主从结构，一个网络由一个网络协调者和最多可达 65 535 个从属设备组成。

(4) ZigBee 应用层

ZigBee 应用层由应用支持子层（APS）、ZigBee 设备对象（ZDO）和制造商所定义的应用对象组成。应用支持层的功能包括：维持绑定表，在绑定的设备之间传送消息。所谓绑定，就是基于两台设备的服务和需求将它们匹配地连接起来。ZigBee 设备对象的功能包括：定义设备在网络中的角色（ZigBee 协调器和终端设备），发起和（或者）响应绑定请求，在网络设备之间建立安全机制。ZigBee 设备对象还负责发现网络中的设备，并且决定向他们提供何种应用服务。

3) ZigBee 网络的功能分析

(1) 超帧结构

在无线个域网网络标准中，允许有选择性地使用超帧结构。由网络中的主协调器来定义超帧的格式。超帧由网络信标来限定，并由主协调器发送，如图 3.5 所示，它分为 16 个大小相等的时隙。其中，第一个时隙为 PAN 的信标帧。如果主设备不使用超帧结构，那么，它将关掉信标的传输。信标主要用于使各从设备与主协调器同步、识别 PAN 以及描述超帧的结构。任何从设备如果想在两个信标之间的竞争接入期间（CAP）进行通信，则需要使用具有时隙和免冲突载波检测多路接入（CSMA/CA）机制同其他设备进行竞争通信。需要处理的所有事务将在下一个网络信标时隙前完成。

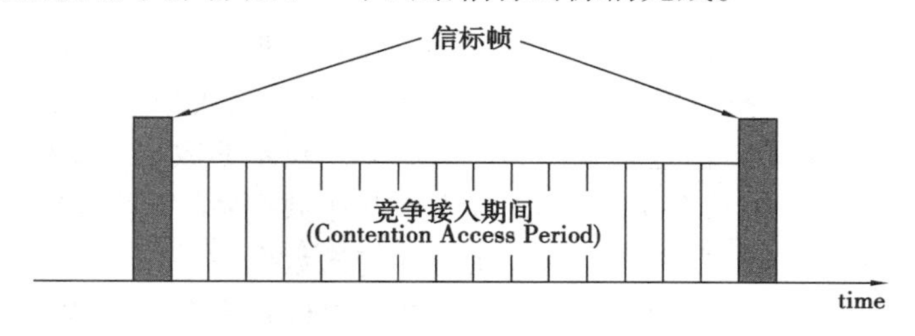

图 3.5　超帧结构

为减小设备的功耗，将超帧分为两个部分，即活动部分和静止部分。在静止部分时，主协调器与 PAN 的设备不发生任何联系，进入一个低功率模式，以达到减小设备功耗的目的。

在网络通信中，在一些特殊（如通信延迟小、数据传输率高）情况下，可采用 PAN 主协调器的活动超帧中的一部分来完成这些特殊要求。该部分通常称为保护时隙（GTS）。多个保护时隙构成一个免竞争时期（CFP），通常，在活动超帧中，在竞争接入时期（CAP）的时隙结束处后面紧接着 CFP，如图 3.6 所示。PAN 主协调器最多可分配 7 个 GTS，每个 GTS 至少占用一个时隙。在活动超帧中，必须有足够的 CAP 空间，以保证为其他网络设备和其他希望加入网络的新设备提供竞争接入的机会，但是所有基于竞争的事务必须在 CFP 之前执行完成。在一个 GTS 中，每个设备的信息传输必须保证在下一个 GTS 时隙或 CFP 结束之前完成，在以后的章节中将详细地介绍超帧的结构。

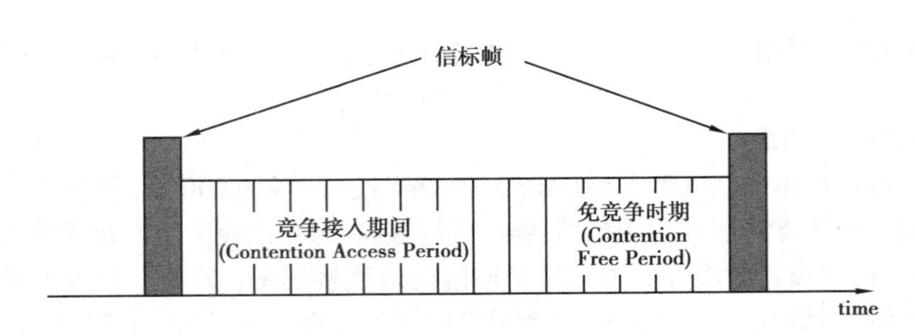

图 3.6　有 GTS 的超帧结构

(2)数据传输模式

ZigBee 网络中传输的数据可分为 3 类:周期性数据,例如传感器网中传输的数据,这一类数据的传输速率根据不同的应用而确定;间歇性数据,例如电灯开关传输的数据,这一类数据的传输速率根据应用或者外部激励而确定;反复性的、反应时间低的数据,例如无线鼠标传输的数据,这一类数据的传输速率是根据时隙分配而确定的。

为了降低 ZigBee 节点的平均功耗,ZigBee 节点有激活和睡眠两种状态,只有当两个节点都处于激活状态才能完成数据的传输。在有信标的网络中,ZigBee 协调点通过定期地广播信标为网络中的节点提供同步;在无信标的网络中,终端设备定期睡眠,定期醒来,除终端设备以外的节点要保证始终处于激活状态,终端设备醒来后会主动询问它的协调点是否有数据要发送给它。在 ZigBee 网络中,协调点负责缓存要发送给正在睡眠的节点的数据包。

在 ZigBee 网络中,各个设备之间要进行不同的数据传输,有不同的方式,由于在 ZigBee 网络中设备分为 3 种,所以不同的设备之间的传输模式是不一样的,并且在信标网络和非信标网络中数据的传输也会有所不同。ZigBee 技术的数据传输模式分为 3 种数据传输事务类型:第 1 种是从设备向主要协调节点发送数据;第 2 种是主协调节点发送数据,从设备接收数据;第 3 种是在两个从设备之间传送数据。

对于星形拓扑结构的网络来说,由于该网络结构只允许在主协调节点和从设备之间交换数据,因此,只有两种数据传输事务类型。

而在对等网状结构中,允许网络中任何两个从设备之间进行交换数据,因此,在该结构中,可能包含这 3 种数据传输事务类型。

每种数据的传输机制还取决于该网络是否支持信标的传输。通常,在低延迟设备之间通信时,应采用支持信标的传输网络,如 PC 的外围设备。如果在网络不存在低延迟设备时,在数据传输中,可选择不使用信标方式传输。值得注意的是,在这种情况下,虽然数据传输不采用信标,但在网络连接时,仍需要信标,才能完成网络连接。

在对等网状结构中,每一个设备都可以与在无线通信范围内的其他任何设备进行通信。任何一个设备都可以定义为 PAN 主协调节点。

• 数据传送到主协调节点

这种数据传输事务类型实行的是由从设备向主协调节点传送数据的机制。

当从设备希望在信标网络中发送数据给主设备时,首先,从设备要监听网络的信标,

当监听到信标后，从设备需要与超帧结构进行同步，在适当的时候，从设备将使用有时隙的 CSMA-CA 向主协调节点发送数据帧，当主协调节点接收到该数据帧后，将返回一个表明数据已经成功接收的确认帧，以此表明已经执行完成该数据传输事务，如图 3.7 所示。

当某个从设备在非信标网络发送数据时，仅需要使用非时隙 CSMA-CA 向主协调节点发送数据帧，主协调节点接收到数据帧后，返回一个表明数据已成功接收的确认帧，如图 3.8 所示。

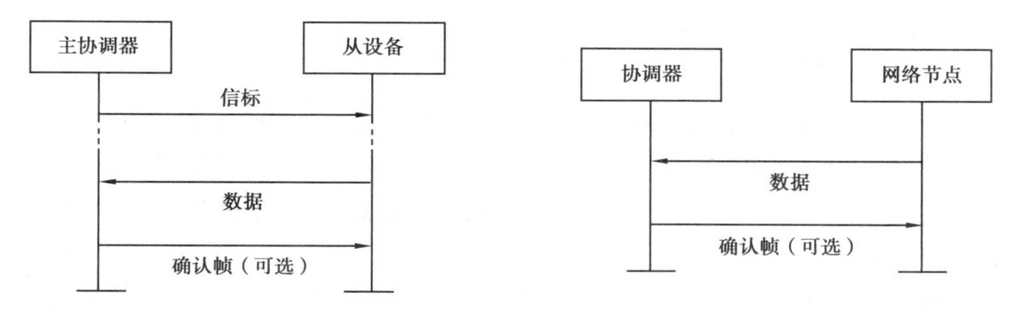

图 3.7 在信标网络中数据到主协调器的通信顺序 图 3.8 在无信标网络中数据到主协调器的通信顺序

- 主协调节点发送数据

这种数据传输事务类型实行的是由主协调节点向从设备传送数据的机制。

当主协调节点需要在信标网络中发送数据给从设备时，它会在网络信标中表明存在有要传输的数据信息。此时，从设备处于周期地监听网络信标状态，当从设备发现存在有主协调节点要发送给它的数据信息时，将采用有时隙的 CSMA-CA 机制，通过 MAC 层指令发送一个数据请求命令，主协调节点收到数据请求命令后，返回一个确认帧，并采用有时隙的 CSMA-CA 机制，发送要传输的数据信息帧，从设备收到该数据帧后，将返回一个确认帧，表示该数据传输事务已处理完成，主协调节点收到确认帧后，将数据信息从主协调节点的信标未处理信息列表中删除，如图 3.9 所示。

当主协调节点需要在非信标网络中传输数据给从设备时，主协调节点存储着要传输的数据，将通过与从设备建立数据连接，由从设备先发送请求数据传输命令后，才能进行数据传输，其具体传输过程如图 3.10 所示。

首先，采用非时隙 CSMA-CA 方式的从设备，以所定义的传输速率向主协调节点发送一个请求发送数据的 MAC 层命令，从而，在主-从设备之间建立起连接；主协调节点收到请求数据发送命令后，返回一个确认帧。如果在主协调节点中存在有要传送给该从设备的数据时，主协调节点将采用非时隙 CSMA-CA 机制，向从设备发送数据帧；如果在主协调节点中不存在有要传送给该从设备的数据，则主协调节点将发送一个净荷长度为 0 的数据帧，以表明不存在有要传输给该从设备的数据。从设备收到数据后，返回一个确认帧，以表示该数据传输事务已处理完成。

- 对等网络中在两个从设备之间的数据传输

在对等网络中，每一个设备都可以与在其无线通信范围内的任何设备进行通信。由于设备之间的通信随时都可能发生，因此，在对等网络中，各通信设备之间必须处于随时

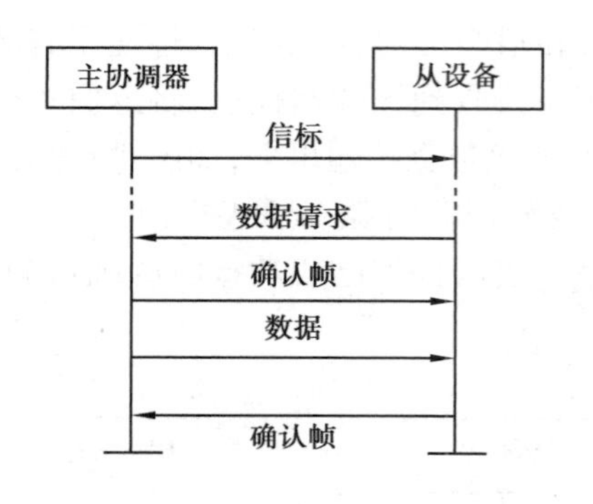

图 3.9 在信标网络中主协调节点设备传输数据的通信顺序

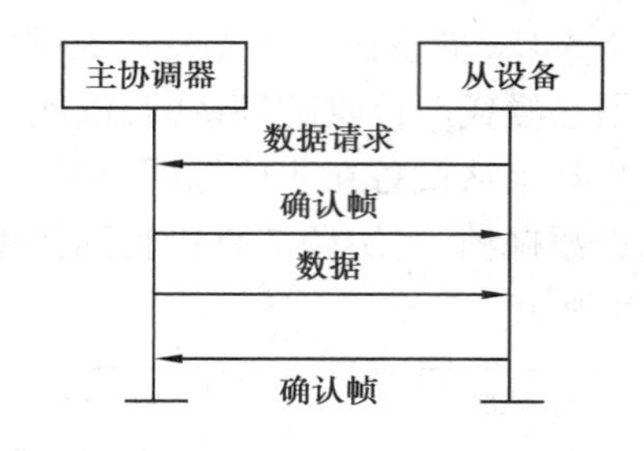

图 3.10 在非信标网络中主协调节点传输的通信顺序

可通信的状态,需要设备处于以下两种工作状态中的任意一种:①设备始终处于接收状态;②设备间保持相互同步。

在第 1 种状态下,设备采用非时隙的 CSMA-CA 机制来传输简单的数据信息;在第 2 种情况下,需要采取一些其他的措施,以确保通信设备之间相互同步。

(3)帧结构

在通信理论中,一种好的帧结构能够在保证其结构复杂性最小的同时,在噪声信道中具有很强的抗干扰能力。在 ZigBee 技术中,每一个协议层都增加了各自的帧头和帧尾,在 PAN 网络结构中定义了以下 4 种帧结构:

✧信标帧:主协调器用来发送信标的帧。

✧数据帧:用于所有数据传输的帧。

✧确认帧:用于确认成功接收的帧。

✧媒体接入控制层命令帧:用于处理所有媒体接入控制层对等实体间的控制传输。

(4)鲁棒性

在 LR-WPAN 中,为保证数据传输的可靠性,采用了不同的机制,如 CSMA-CA 机制、帧确认以及数据校验等。

• CSMA-CA 机制

ZigBee 网络分为信标网络和非信标网络,对不同的网络工作方式将采用不同的信道接入机制。在非信标网络工作方式下,采用非时隙 CSMA-CA 信道接入机制。采用该机制的设备,在每次发送数据帧或媒体接入控制层命令时,要等待一个任意长的周期,在这个任意的退避时间之后,如果设备发现信道空闲,就会发送数据帧和媒体接入控制层命令:反之,如果设备发现信道正忙,将等待任意长的周期后,再次尝试接入信道。而对于确认帧,在发送时,不采用 CSMA-CA 机制,即在接收到数据帧后,接收设备直接发送确认帧,而不管当前信道是否存在冲突,发送设备根据是否接收到正确的确认帧来判断数据是否发送成功。

在信标网络工作方式下,采用有时隙的 CSMA-CA,在该网络中,退避时隙恰好与信标传输的起始时间对准。在 CAP 期间发送数据帧时,首先,设备要锁定下一个退避时隙的边界位置。然后,在等待任意个退避时隙后,如果检测到信道忙,则设备还要再等待任意个退避时隙,才能尝试再次接入信道;如果信道空闲,设备将在下一个空闲的退避时隙边界发送数据。对于确认帧和信标帧的发送,则不需要采用CSMN-CA机制。

- 确认帧

在ZigBee通信网络中,在接收设备成功地接收和验证一个数据帧和媒体接入控制层命令帧后,应根据发送设备是否需要返回确认帧的要求,向发送设备返回确认帧,或者不返回确认帧。但如果接收设备在接收到数据帧后,无论任何原因造成对接收数据信息不能进一步处理时,都不返回确认帧。

在有应答的发送信息方式中,发送设备在发出物理层数据包后,要等待一段时间来接收确认帧,如没有收到确认帧信息,则认为发送信息失败,并且重新发送这个数据包。在经过几次重新发送该数据包后,如仍没有收到确认帧,发送设备将向应用层返回发送数据包的状态,由应用层决定发送终止或者重新再发送该数据包。在非应答的发送信息方式中,不论结果如何,发送设备都认为数据包已发送成功。

- 数据核验

为了发现数据包在传输过程中产生的比特错误,在数据包形成的过程中,均加入了FCS机制。在ZigBee技术中,采用16 bit ITU-T的循环冗余检验码来保护每一个帧信息。

(5)功耗

ZigBee技术在同其他通信技术比较时,一个主要的技术特点就是功耗低,可用于便携式嵌入式设备中。在嵌入式设备中,大部分设备均采用电池供电的方式,频繁地更换电池或给电池充电是不实际的。因此,功耗就成为了一个非常重要的因素。

显然,为减小设备的功耗,必须尽量减少设备的工作时间,增加设备的休眠时间,即使设备在较高的占空比(Duty Cycling)条件下运行。但是,为保证设备之间的通信能够正常工作,每个设备要周期性地监听其无线信道,判断是否有需要自己处理的数据消息,这一机制使得我们在实际应用中,必须在电池消耗和信息等待时间之间进行综合考虑,以获得它们之间的相对平衡。

(6)安全性

在无线通信网络中,设备与设备之间通信数据的安全保密性是十分重要的,ZigBee技术,在媒体接入控制层采取了一些重要的安全措施,以保证通信最基本的安全性。通过这些安全措施,为所有设备之间的通信提供最基本的安全服务,这些最基本的安全措施用来对设备接入控制列表(ACL)进行维护,并采用相应的密钥对发送数据进行加/解密处理,以保护数据信息的安全传输。

虽然媒体接入控制层提供了安全保护措施,但实际上,媒体接入控制层是否采用安全性措施由上层来决定,并由上层为媒体接入控制层提供该安全措施所必须的关键资料信息。此外,对密钥的管理、设备的鉴别以及对数据的保护、更新等都必须由上层来执行。在本小节中将简要介绍一些ZigBee技术安全方面的知识。

- 安全性模式书

在ZigBee技术中,可以根据实际的应用情况,即根据设备的工作模式以及是否选择安全措施等情况，由媒体接入控制层为设备提供不同的安全服务。

◇非安全模式：在 ZigBee 技术中，可以根据应用的实际需要来决定对传输的数据是否采取安全保护措施。显然，如果选择设备工作模式为非安全模式，则设备不能提供安全性服务，对传输的数据无安全保护。

◇ ACL 模式：在这种模式下，设备能够为同其他设备之间的通信提供有限的安全服务。在这种模式下，通过媒体接入控制层判断所接收到的帧是否来自于所指定的设备，如不是来自于指定的设备，上层都将拒绝所接收到的帧。此时，媒体接入控制层对数据信息不提供密码保护，需要上层执行其他机制来确定发送设备的身份。在 ACL 模式中，所提供的安全服务即为前面所介绍的接入控制。

◇安全模式：在这种模式下，设备能够提供前面所述的任何一种安全服务。具体的安全服务取决于所使用的一组安全措施，并且，这些服务由该组安全措施来指定。在安全模式下，可提供如下安全服务：接入控制、数据加密、帧的完整性、有序刷新。

• 安全服务

在 ZigBee 技术中，采用对称密钥（Symmetric-Key）的安全机制，密钥由网络层和应用层根据实际应用的需要生成，并对其进行管理、存储、输送和更新等。密钥主要提供以下几种安全服务：

◇接入控制：是为一个设备提供选择同其他设备进行通信的能力。在网络设备中，如采用接入控制服务，则每一个设备将建立一个接入控制列表，并对该列表进行维护，列表中的设备为该设备希望通信连接的设备。

◇数据加密：在通信网络中，对数据进行加密处理，以安全地保护所传输的数据。ZigBee 技术采用对称密钥的方法来保护数据，显然，没有密钥的设备不能正确地解密数据，从而达到了保护数据安全的目的。数据加密可能是一组设备共用一个密钥（通常作为默认密钥存储）或者两个对等设备共用一个密钥（一般存储在每个设备的 ACL 实体中）。数据加密通常是对信标载荷、命令载荷或数据载荷进行加密处理，以确保传输数据的安全性。

◇帧的完整性：在 ZigBee 技术中，采用了一种称为帧的完整性安全服务。所谓帧的完整性，就是利用一个信息完整代码（MIC）来保护数据，该代码用来保护数据免于没有密钥的设备对传输数据信息的修改，从而进一步保证了数据的安全性。帧的完整性由数据帧、信标帧和命令帧的信息组成。保证帧完整性的关键在于一组设备共用保护密钥（一般默认密钥存储状态）或者两个对等设备共用保护密钥（一般存储在每个设备的 ACL 实体中）。

◇有序刷新：采用一种规定的接收帧顺序对帧进行处理。当接收到一个帧信息后，得到一个新的刷新值，将该值与前一个刷新值进行比较，如果新的刷新值更新，则检验正确，并将前一个刷新值刷新成该值；如果新的刷新值比前一个刷新值更旧，则检验失败。这种服务能够保证设备接收的数据信息是新的数据信息，但是没有规定一个严格的判断时间，即对接收数据多长时间进行刷新，需要根据在实际应用中的情况来进行选择。

4）ZigBee 网络的建立及配置

ZigBee 网络最初是由协调节点发动并且建立。协调节点首先进行信道扫描（Scan），采用一个其他网络没有使用的空闲信道，同时规定 Cluster-Tree 的拓扑参数，如最大的子节点数（Cm）、最大层数（Lm）、路由算法、路由表生存期等。

协调节点启动后，其他普通节点加入网络时，只要将自己的信道设置成与现有的协调节点使用的信道相同，并提供正确的认证信息，即可请求加入（Join）网络。一个节点加入网络后，可以从其父节点得到自己的短 MAC 地址、ZigBee 网络地址以及协调节点规定的拓扑参数。同理，一个节点要离开（Leave）网络，只需向其父节点提出请求即可。一个节点若成功地接收一个子节点，或者其子节点成功脱离网络，都必须向协调节点汇报。因此，协调节点可以即时掌握网络的所有节点信息，维护网络信息库（PAN Information Base，PIB）。

5.ZigBee 技术的标准

1）IEEE 802.15.4 标准的提出

为了满足低功率、低价格无线网络的需要，IEEE 新的标准委员会在 2000 年成立了一个新的任务组（任务四组），开始制定低速率无线个域网（LR-WPAN）标准，称为 802.15.4。任务四组的目标是：在廉价的、固定或便携的、移动的装置中，提出一个具有超低复杂度、超低价格、超低功耗、超低数据传输速率的无线接入标准。该组的工组任务是制定物理层和媒体介入控制层的规范。

LR-WPAN 网络最明显的特征是数据吞吐率从 1 天几位到 1 秒钟几千位。许多低端应用不会产生大量的数据，所以只需要有限的带宽，而且通常不需要实时数据传输或连续更新。低数据传输速率使 LR-WPAN 所消耗的功率非常低，所以有许多应用适合采用 LR-WPAN 系统，如对电池使用寿命要求较高的工业设备监视与控制等。设计 LR-WPAN 系统需要考虑的关键问题是降低功率消耗，延长电池使用寿命。2003 年初推出了正式的 LR-WPAN 标准。IEEE 标准委员会在 2006 年对 802.15.4 作出了特别的改进和修正，并将与 IEEE 802.15.4-2003 兼容。新规范明确了一些模糊的概念，减少了不必要的复杂性，增加了安全密钥使用的灵活性，并将一些新的频率分配考虑在内。

2）ZigBee 与 IEEE 802.15.4 的联系与区别

ZigBee 是一种新兴的短距离、低功耗、低数据传输速率的无线网络技术，它是一种介于无线标记技术和蓝牙之间的技术方案。ZigBee 是建立在 IEEE 802.15.4 标准之上，它确定了可以在不同制造商之间共享的应用纲要。

ZigBee 不仅仅只是 802.15.4 的名字，IEEE 802.15.4 仅处理低级媒体接入控制层和物理层协议，ZigBee 联盟对其网络层协议和 API 进行了标准化，还开发了安全层，以保证这种便携设备不会意外泄漏其标识。经过 ZigBee 联盟对 IEEE 802.15.4 的改进，这才真正形成了 ZigBee 协议栈。

6.ZigBee 网络中的消息传输方式

ZigBee 网络中的消息传输方式有 3 种:广播、组播和单播。

1)广播

广播是 ZigBee 网络中的一种数据传输方式,它是由网络中的一个节点向其他节点发送消息的过程。在 ZigBee 网络中,协调器、路由器和媒体接入控制 RxOnWhenIdle 域值为 TRUE 的终端设备可以参与广播转发,其余节点不参与。能够接受广播帧的目的节点由广播帧中的目的地址来确定,不同的广播地址及其对应接收节点类型如表 3.3 所示。

在所有参与广播的节点中都需要维护一个包含若干条广播事务记录(Broadcast Transaction Record,BTR)的广播事务表(Broadcast Transaction Table,BTT),该表用来记录哪些节点已经成功转发了广播帧。

表 3.3 ZigBee 的广播地址及其对应接收节点类型

广播地址	目的组
0xffff	PAN 中所有节点
0xfffe	预留
0xfffd	媒体接入控制 RxOnWhenIdle 值为 TRUE 的设备
0xfffc	所有的路由器和协调器
0xfffb	低功耗路由器
0xfffa-0xfff8	预留

ZigBee 中的广播主要用于路由的发现。广播过程如图 3.11 所示。

2)组播

组播就是针对 ZigBee 网络的某个固定群组进行消息传送。在 ZigBee 网络中将多个节点在同一个 Group ID 下注册,从而使其逻辑上形成一个群组。当针对该组传送数据帧,只有组内的所有节点能够接收该帧。只有数据帧可以使用组播方式进行传送,命令帧不能。组播消息可以由终端节点发起,但是不能被发送到属性媒体接入控制 RxOnWhenIdle 为 FALSE 的节点。

参与组播的每个节点中都需要维护一个 nwkGroupIDTable 记录,其中标示是哪个节点及其所属的组。

组播消息分为“成员模式”组播和“非成员模式”组播。前者是指组播消息由组内成员发起;后者指组播消息由非组内成员发起。

当消息由组内成员发起时,设备就使用广播方式将消息发出,其他接收到的节点也会以广播的方式将接收到的帧进行转发。

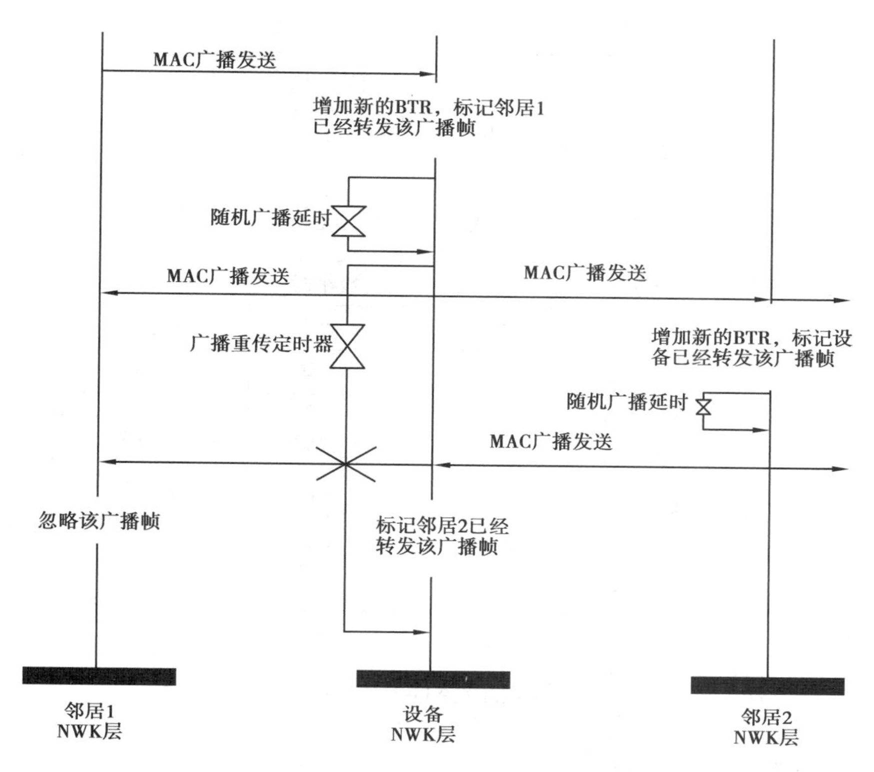

图 3.11 ZigBee 广播消息示意图

如果消息由非组内成员发起，则要将该消息传送到目的组之前，首先要找到从发起节点到目的组中某个节点的路径。如果有这样的一条路径，节点就使用该路由将消息传送到该节点，然后组内节点再使用“成员模式”组播方式传送消息。如果没有找到相关路由，则设备发起路由发现（该过程及将消息从源节点发送到某个组内节点的过程参考相关章节）。当组内成员收到帧后，将会把帧中的模式位置设为成员模式，然后以上面所述的成员模式将帧发送出去。

3）单播

单播是以单个节点的短地址或长地址作为目标发送消息的，这样就只有一个端点会接收到。单播有两种方式，一种是将两个设备绑定，其中一个发送信息，只有与之绑定的那个设备可以接收到信息，而其他节点不能接收到；另一种是直接指定目标地址，在这种方式中某节点针对另一特定节点进行帧传输，则可将其发送帧的目标地址直接设置为想要其接受信息的目标设备的短地址或长地址。

7.ZigBee 与其他无线通信技术的区别

表 3.4 列出了 ZigBee 与其他无线通信技术的区别。

表 3.4　ZigBee 与 WiFi、蓝牙等的区别

种　类	ZigBee	蓝牙	802.11b (WiFi)	移动通信	传统数传电台
单点覆盖距离	50~300 m	10 m	50 m	可达几千米	可达 16 千米
网络扩展性	自动扩展	无	无	依赖现有网络覆盖	无
电池寿命	数年	数天	数小时	数天	数小时-数天
复杂性	简单	复杂	非常复杂	复杂	复杂
传输速率	250 kbps	1 Mbps	1~11 Mbps	38.4 kbps	一般 19.2 kbps
频段	868 MHz~2.4 GHz	2.4 GHz	2.4 GHz	0.8~1 GHz	400 MHz~2.4 GHz
网络节点数	超过 65 000	8	50	无	无
联网所需时间	仅 30 ms	高达 10 s	3 s	数秒	无
终端设备费用	低	低	高	较高	高
有无网络使用费	无	无	无	有	无
安全性	128 bit AES	64 bit/128 bit	SSID	—	—
集成度和可靠性	高	高	一般	一般	低
使用成本	低	低	一般	高	高
安装使用难易	非常简单	一般	难	一般	难

任务 2　ZigBee 技术的应用

1.ZigBee 的应用前景

ZigBee 并不是用来与其他已经存在的标准竞争,它的目标定位于现存的系统还不能满足其需求的特定市场,它有着广阔的应用前景。ZigBee 联盟预言在未来的 4~5 年,每个家庭将拥有 50 个 ZigBee 器件,以后将达到每个家庭拥有 150 个 ZigBee 器件。

ZigBee 的出发点是希望能发展一种容易布建的低成本无线网络,同时其低耗电性将使产品的电池能维持 6 个月到数年的时间。在产品发展的初期,将以工业或企业市场的感应式网络为主,提供感应辨识、灯光与安全控制等功能,再逐渐将市场拓展至家庭中的应用。

ZigBee 技术弥补了低成本、低功耗、低速率无线通信市场的空缺,其成功的关键在于

丰富而便捷的应用,而不是技术本身。随着正式版本协议的公布,更多的注意力和研发力量将转到应用的设计和实现、互联互通测试和市场推广等方面。我们有理由相信,在不远的将来,将有越来越多的内置 ZigBee 功能的设备进入人们的生活,并将极大地改善人们的生活方式。

1)ZigBee 技术的应用条件

通常,符合以下条件之一的应用就可以考虑采用 ZigBee 技术:

✧需要数据采集或监控的网点较多;

✧要求传输的数据量不大,但要求设备成本低;

✧要求数据传输可靠性高,安全性高;

✧无线传感器网络;

✧设备体积很小,不便放置较大的充电电池或者电源模块;

✧电池供电;

✧地形复杂,监测点多,需要较大的网络覆盖;

✧现有移动网络的覆盖盲区;

✧使用现存移动网络进行低数据量传输的遥测、遥控系统;

✧使用 GPS 效果差或成本太高的局部区域移动目标的定位应用。

2)ZigBee 技术的应用领域

根据 ZigBee 联盟的观点,一般可将 ZigBee 应用于以下领域:工业领域、汽车领域、农业领域、医学领域、建筑智能化领域、消费电子领域和智能家居领域。

✧工业领域:利用传感器和 ZigBee 网络,使得数据的自动采集、分析和处理变得更加容易,可以作为决策辅助系统的重要组成部分。ZigBee 技术不仅能用来控制照明灯的开关,还可用来检查高速路上照明灯的工作情况。以前,工程师要开车到高速路上去检查哪些照明灯已经坏了需要维修,因为车速较快,不能记下所有要检修灯的编号,但通过 ZigBee 网络,工程师只需坐在计算机前,就能很清楚地监测到整个高速路上照明灯的工作情况。此外,通过 ZigBee 网络的路由器功能,它可以用来实时监控煤矿内各点的安全状况,防止事故的发生。另外,有一些加油站不希望在站内布线,他们正在考虑采用 ZigBee 无线技术来传输相关数据。

✧汽车领域:主要应用于传递信息的通用传感器。由于很多传感器只能内置在飞转的车轮或者发动机中,如轮胎压力监测系统,这就要求内置的无线通信设备使用的电池有较长的寿命(长于或等于轮胎本身的寿命),同时应能克服嘈杂的环境和金属结构对电磁波的屏蔽效应。

✧农业领域:传统农业主要使用孤立的、没有通信能力的机械设备,主要依靠人力监测作物的生长状况,而采用了传感器和 ZigBee 网络后,农业将可以逐渐地转向以信息和软件为中心的生产模式,使用更多的自动化、网络化、智能化和远程控制的设备来耕种。

✧医学领域:将借助于各种传感器和 ZigBee 网络,准确而实时地监测病人的血压、体温和心跳速度等信息,从而减轻医生查房的工作负担,有助于医生作出快速的反应,特别是对重病和病危患者的监护和治疗。

✧建筑智能化领域:各种灯光的控制、气体的感应与监测,如煤气泄漏的感应和报警都可以应用 ZigBee 技术。再如,三表(电表、气表和水表)上采用 ZigBee 技术,相关管理部门不但可以实现自动抄表功能,还可以监控仪表(如电表)的状态,防止偷电事件的发生制造,为公用事业机构节省数以百万元的成本,把 ZigBee 技术融合至商业照明,可为酒店及办公室节省电费。

✧消费电子领域:ZigBee 技术可以代替现在的红外遥控,其有两个优势:一是消费者可以不用站在家电前边就能进行遥控操作;二是消费者每一个操作都会有反馈信息,告诉他们是否实现了相关的操作。再如,ZigBee 可以用于家庭保安,消费者在家中的门和窗上都安装了 ZigBee 网络,当有人闯入时,ZigBee 可以控制开启室内摄像装置,这些数据再通过 Internet 或 WLAN 网络反馈给主人,从而实现报警。

✧智能家居领域:用户可以通过手机或互联网监察及控制家居设施,如灯光、烟雾侦测器、入侵侦测器、温度调节、燃气阀门及电子门锁等,如图 3.12 所示。

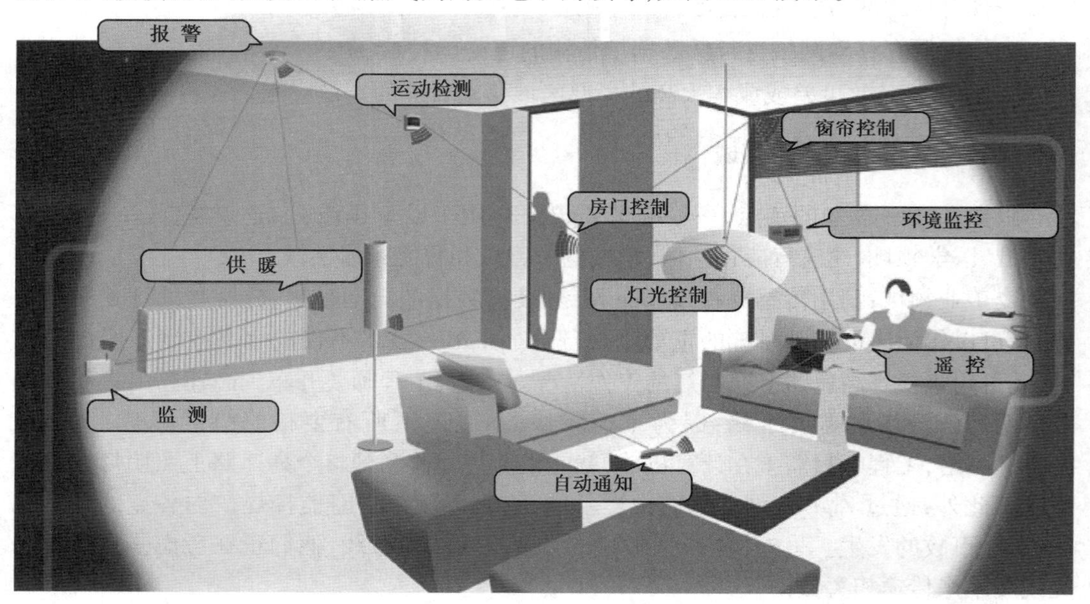

图 3.12 基于 ZigBee 技术的智能家居

2.采用 ZigBee 技术组建家居无线网络

近十几年来,智能家居概念越来越为人们所熟知,各种智能家居方案也不断地被提出和完善,其中智能家居系统中的家居对象控制技术与家居组网技术是人们关注的热点。ZigBee 技术作为最近几年兴起的短距离通信技术,以其低功耗、低成本,不断改进与完善的网络通信技术赢得了人们越来越多的青睐。

1) ZigBee 网络节点的结构

ZigBee 网络节点的结构如图 3.13 所示。

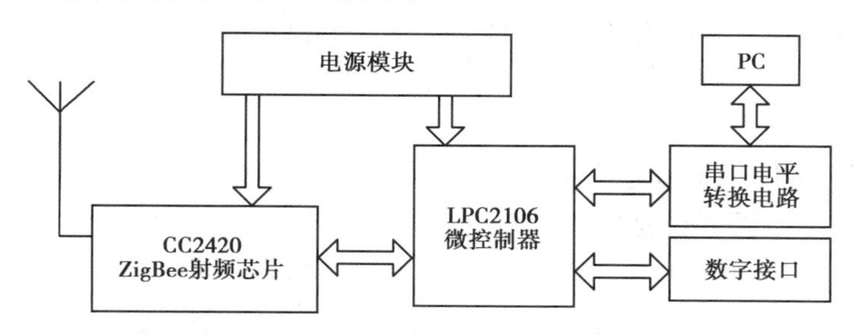

图 3.13 网络节点的结构

在图 3.13 中,LPC2106 是飞利浦公司开发的基于 32 位 ARM7TDMI-S 内核的低功耗 ARM 处理器,实现了对外围电路的控制。CC2420 是 Chipcon 公司开发的兼容 2.4 GHz IEEE 802.15.4 的无线收发芯片,包含了物理层及媒体接入控制层,具备 65 000 个节点通道并可随时扩充。该芯片具有低功耗、250 kbit/s 传输速率、快速唤醒时间(<30 ms)、CSMA/CA 通道状态侦测等特性。LPC2106 通过 SPI 接口实现对 CC2420 ZigBee 芯片的数据传输和控制。串口电平转换用 MAX3232 来实现,此节点可以作为全功能设备 FFD 和简化功能设备 RFD。初始化的时候可以进行设计。

2) 家居无线网络结构选择

- 星形网络

星形网络是简单的点对多点通信网络,周边节点只能与中心节点通信,当家居控制网络的半径大于周边节点到中心节点的通信距离时,网络中心节点将与周边失去连接。星形网络只适合小面积控制网络,在家居复杂的通信环境中,与家居设备相连的 CC2420 通信模块与控制中心模块可能由于距离过远或家居障碍物的影响无法直接通信,因此该家居控制网络不考虑星形网络结构,在具有多跳通信功能的树状网络或网状网络中选择。

- 树状网络

树状网络是一种由协调节点展开构建的网络,在构建网络时,最多路由节点、最多子节点、最长深度等参数与整个系统网络拓扑有密切的关系,这些参数需要事先设定,设定后网络的大体框架会定型,因此树状网络结构适合于节点静止或者移动较少的场合,应用静态路由。

树状网络的优点:树形路由对传输数据帧的响应很短,因为树形路由不用在存储空间建立路由表,没有路由发现功能,传输数据帧时无需进行路由查找与路由发现,对目标网络地址进行简单判别便可传输。树形路由适用于爆发型的数据传输。

树状网络的缺点:树形路由所选择的路由不一定是网络中最佳的路由,而且树形网络中路由节点只能与其子节点与父节点通信,一旦发生问题,将导致其父节点与其子节点失去连接,网络稳定性不好。

● 网状网络

网状网络在树状网络的基础上添加 Z-AODV 路由算法,Z-AOVD 路由算法能为信息帧传递发现路由成本最佳的路由,并把路由信息保存到路由表中,Z-AODV 适用于连续的数据传输。弥补了树状网络无法选择最佳路由,网络稳定性不好的缺点,路由节点间可以相互通信,为信息帧传递提供多条路由选择,一个路由节点出现问题不影响整个网络的运行。

在网状拓扑结构中,同样也存在一个 PAN 主设备,但该网络不同于星形网络结构,在该网络中的任何一个设备只要是在它的通信范围之内,就可以和其他设备进行通信。

ZigBee 中,只有 PAN 协调点可以建立一个新的 ZigBee 网络。当 ZigBee PAN 协调点要建立一个新网络时,首先扫描信道,寻找网络中的一个空闲信道来建立新的网络。如果找到了合适的信道,ZigBee 协调点会为新网络选择一个 PAN 标识符(PAN 标识符是用来标识整个网络的,因此所选的 PAN 标识符必须在信道中是唯一的)。一旦选定了 PAN 标识符,就说明已经建立了网络。此后,如果另一个 ZigBee 协调点扫描该信道,这个网络的协调点就会响应并声明它的存在。另外,这个 ZigBee 协调点还会为自己选择一个 16 bit 网络地址。ZigBee 网络中的所有节点都有一个 64 bit IEEE 扩展地址和一个 16 bit 网络地址,其中 16 bit 的网络地址在整个网络中是唯一的,也就是 802.15.4 中的媒体接入控制短地址。

ZigBee 协调点选定了网络地址后,就开始接受新的节点加入其网络。当一个节点要加入该网络时,它首先会通过信道扫描来搜索它周围存在的网络,如果找到了一个网络,它就会进行关联过程加入网络,只有具备路由功能的节点可以允许别的节点通过它关联网络。如果网络中的一个节点与网络失去联系后想要重新加入网络,它可以进行孤立通知过程重新加入网络。网络中每个具备路由节点功能的节点都维护一个路由表和一个路由发现表,它可以参与数据包的转发、路由发现和路由维护,以及关联其他节点来扩展网络。

构建家居无线网络需求网络稳定可靠,有些数据需要连续稳定的传输,如家居环境中的传感器采集的家居环境信息,而且有些数据属于爆发性数据,要求响应时间短,如家居电器控制命令。所以,可采用网状结构来构建家居控制网络。

3) ZigBee 网的组网步骤

通过编写硬件驱动、物理层和媒体接入控制层代码,完成对系统底层的操作,随后编写网络层和上层应用软件,进行了组网的设计。组网步骤如下:

首先,通过串口对硬件进行初始化,随后再进行媒体接入控制层的初始化,如图 3.14 和图 3.15 所示。

任何一个 FFD 设备都有成为网络协调节点的可能,一个网络如何确定自己的网络协调节点由上层协议决定,一种简单的策略是:一个 FFD 设备在第一次被激活后,首先广播查询网络协调器的请求,如果接收到回应,说明网络中已经存在网络协调节点,再通过一系列认证过程,设备就成为了这个网络中的普通设备。如果没有收到回应,或者认证不成功,这个 FFD 设备就可以建立自己的网络,并且成为这个网络的网络协调节点。网络协

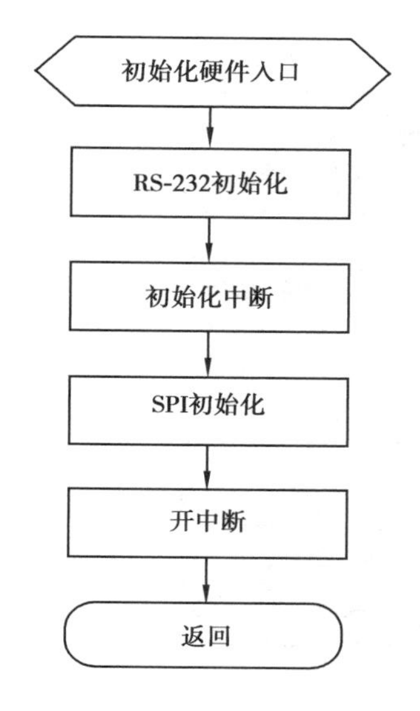

图 3.14 硬件初始化流程图

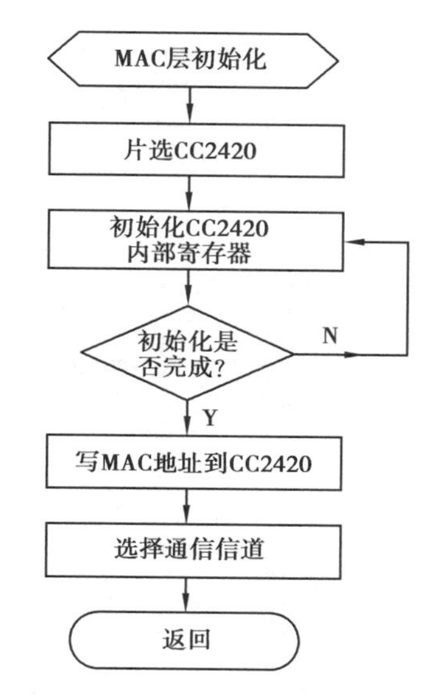

图 3.15 媒体接入控制层初始化

调节点要为网络选择一个唯一的标识符,所有该星形网络中的设备都是用这个标识符来规定自己的主从关系的。

当建立一个新的网络时,必须告知协调节点如何创建源端点和目标端点之间的链路。ZigBee 协议定义了一个称为端点绑定的特殊过程。作为绑定过程的一部分,一个远程网络或一个类似于设备管理器的节点会请求协调节点修改其绑定。一个协调节点上包含两个或多个端点之间的逻辑链路的绑定表。每个链路根据其源端点和群集 ID 来唯一定义。

收到设备请求接入网络命令,网络协调节点判断是否允许其加入自己的网络。若同意,为设备分配一个网络地址,可以是该网络中独一无二的 16 位短地址,也可以是设备本身的 64 位长地址。

4)家居无线网络的结构框图

构建所需的网状结构是通过设定好的 ZigBee 设备在家居中进行合理的位置分布实现的。在家居无线网络中,要首先进行 ZigBee 设备设定:传感器向 CC2420 协调节点(控制中心)传送数据时,设置数据帧控制域的发现路由子域的值等于 0x01,调用路由表发现路由,选择最佳连续性的路由发送数据。CC2420 协调节点(控制中心)传达上位机(手机短信,WEB 用户界面)的指令时,设置数据帧控制域的发现路由子域的值等于 0x00,抑制路由发现,使用树状路由的功能,达到快速传达数据帧的目的,使家居设备快速响应。其次把设定好的 ZigBee 设备根据家居中设备的位置进行分布。最终设计的家居网络结构如图 3.16 所示,CC2420 协调节点安置在家的中心附近,CC2420 路由节点在协调节点周围 30 m 左右进行分布式安装,两跳的通信距离(60 m 通信半径,3 600 m^2 通信半径)满足大部分家居的控制面积需求,30 ms 的通信延迟也满足家居设备实时控制的需求。

当一个新设备加入现有家居控制网络时,必须通过路由节点或者协调节点设备,这两

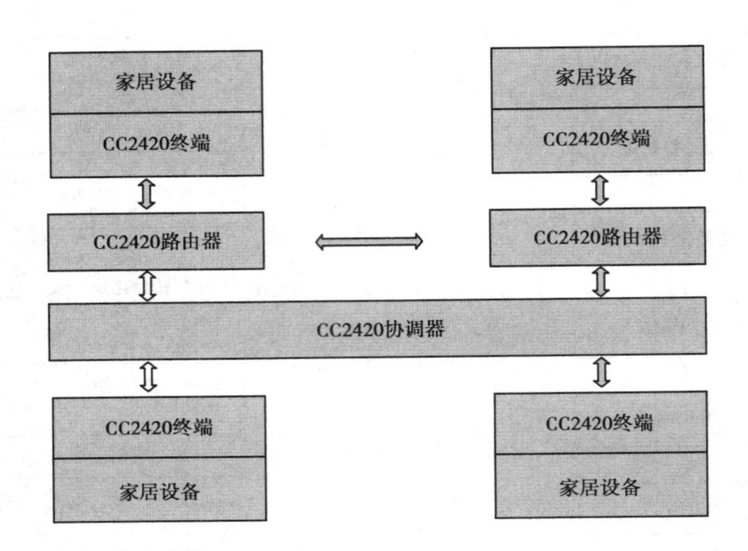

图 3.16 家居 ZigBee 无线网络框图

个设备就构成了父子关系。新加入的设备是子设备,而把它加入网络的设备是父设备。一个新设备可以通过下面两种方式加入网络:通过媒体接入控制层关联过程加入网络或由父设备指定直接加入网络。这样便可实现现有家居无线网络容量的扩展与控制面积的延伸。

3.基于 ZigBee 的老年身体状态监测设备

1)设备的功能

以 ZigBee 为载体,运用飞思卡尔 MMA 7260Q 三轴加速度传感器实现老人运动状态的实时监测,通过基于 2.4 GHz 频带的 CC2430 将残疾人坐、卧、站、走、摔等常规状态以及人身或财产受到损坏时的紧急情况发送到数字家庭的信息处理终端,进行数据的备份及智能处理。同时,信息终端具有实时提醒残疾人进行恰当日常运动以及健康保健的功能,在监测器端配有语音及振动等方式提醒残疾人进行相关活动。ZigBee 网络环境设计结构如图 3.17 所示。

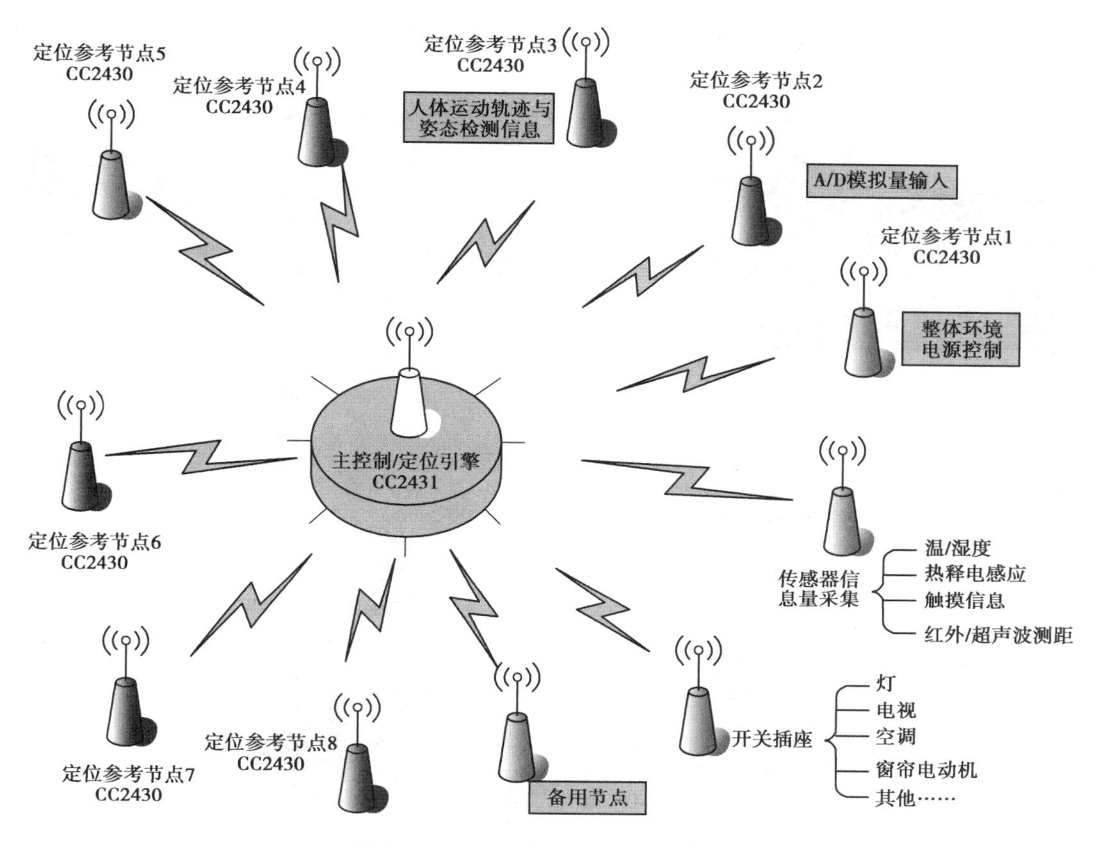

图 3.17 ZigBee 网络环境设计结构图

2)设备的电路框图和实物

基于 ZigBee 的老人身体状态监测设备的电路框图如图 3.18 所示。

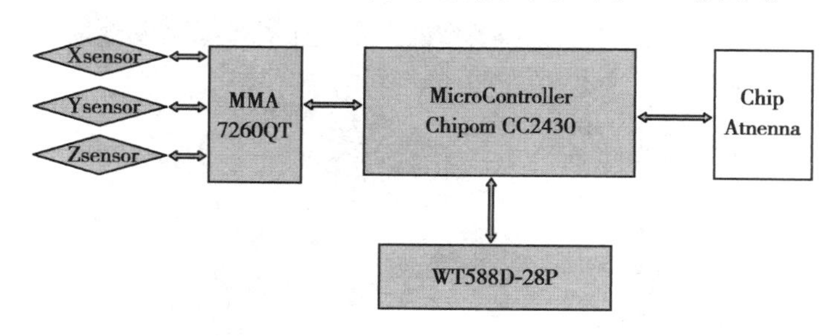

图 3.18 Hardware device

将协调器以串口的方式连接到 PC 上,通过 ZigBee 网络向终端设备传递老人的生命状态信息和提示信息,协调器实物如图 3.19 所示。

将终端状态检测器佩戴于老人身上,以实时监测老人的身体状态和传递提示消息,终端状态检测器实物如图 3.20 所示。

图 3.19　协调器

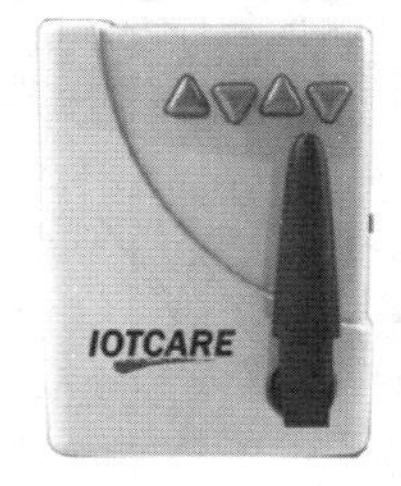

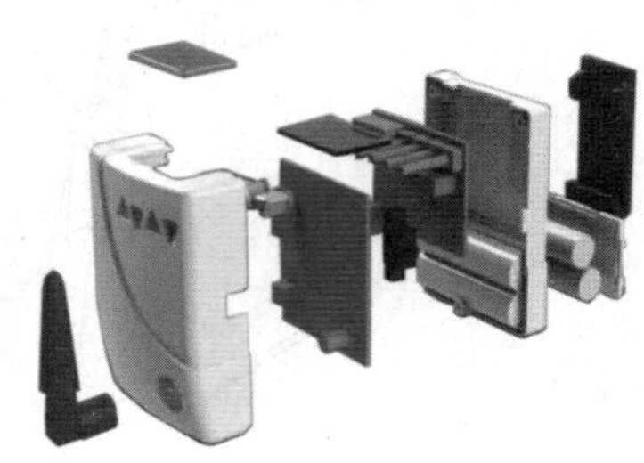

图 3.20　终端状态检测器

PC 端的家电智能管理系统软件可以进行通信设置、查询记录和查看软件信息，具体界面如图 3.21 所示。

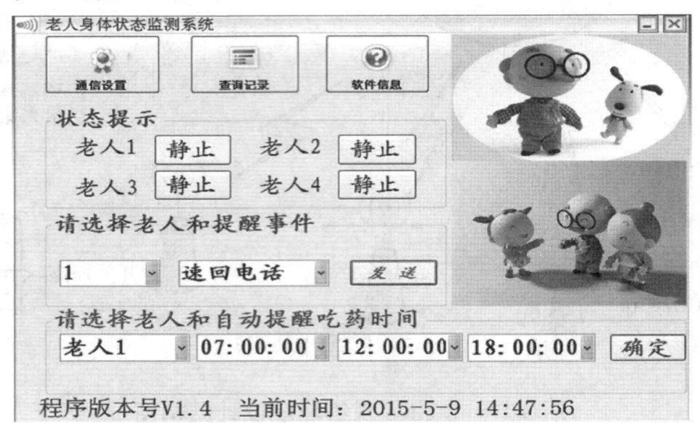

图 3.21　PC 端的家电智能管理系统软件界面

通信设置界面如图 3.22 所示，既要对协调器选择串口号，还要对连接到 GSM 模块的串口号进行设置。在这里，需要输入接收报警短信的手机号码。

图 3.22　通信设置界面

状态记录界面如图 3.23 所示，选择老人，点击查询记录，可以查看该老人的身体状态情况。

图 3.23　状态记录界面

软件信息界面如图 3.24 所示。由软件信息界面可知,加速度传感器采用的是 MMA7260QT,采用的 ZigBee 模块为 CC2430,语音模块为 WTW-28P,ZigBee 的编译平台为 IAR Embedded Workbench for MCS-51,上位机采用的软件为 Visualstudio 2010。

图 3.24　软件信息界面

3)应用情景

(1)活动状态的记录与查询

老人佩戴设备已经有一段时间了,他的儿子因为工作繁忙最近没有去老人的住所看望老人,又想了解老人最近的状态。

于是他打开通过无线传输并保存在数据库中的老人的活动状态数据,任意地查询每天的某一段时间的老人活动情况,什么时段在走路,什么时间在休息,一切情况都一目了然。

(2)ZigBee 网络定位功能

某天,老人吃完晚饭外出散步,远方的儿子给老人打电话,打了数个电话都没有人接听,非常着急。

他通过计算机与 ZigBee 网络连接,通过老人携带设备中的 ZigBee 模块定位到老人的位置,原来在小区楼下的花园,这才放心。

(3)语音提示

老人独自在家休息，远方的孙子(孙女)通过计算机发送祝福消息给老人，老人通过设备上的语音合成芯片可以听到远方的孙子(孙女)送来的祝福语。

老人刚吃完饭，不一会老人通过设备收到一条语音提示：现在是××点××分，该吃药了。

(4)突发情况的应急状况

当老人在户外活动时，突然感觉身体不舒服或者突然摔倒，他按下设备上的按钮，设备就发出报警信息给计算机，通过计算机的网站给远方的家人发出信息。

家人得到消息及时回去照顾老人或拨打120急救电话使老人得到相应的照顾。

实验：ZigBee点对点数据传输实验

1.任务要求

在ZigBee网络中，点对点的数据传输是最基本的一种传输方式。使用两块ZigBee节点实验电路板，组成一个最简单的ZigBee无线网路，进行点对点通信。

点对点数据传输实验原理如图3.25所示。ZigBee节点2发送“LED”3个字符，ZigBee节点1收到数据后，对接收到的数据进行判断，如果收到的数据是“LED”，则使开发板上的LED灯闪烁。

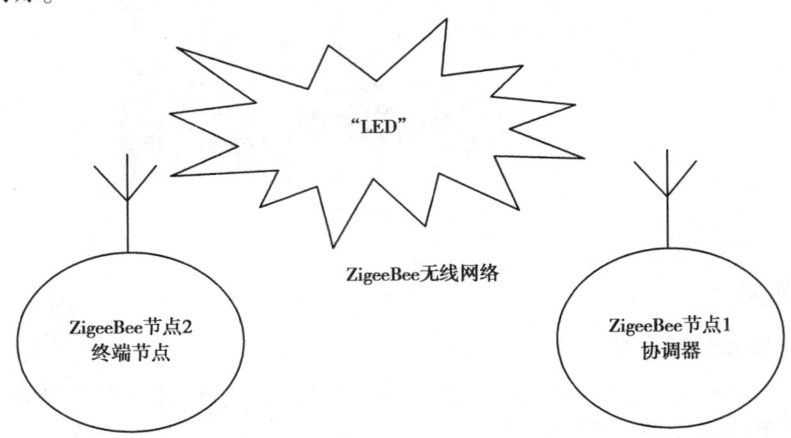

图3.25　ZigBee点对点数据传输实验原理图

2.实验步骤

(1)建立协调节点和终端设备，并编译代码为HEX文件

在ZigBee无线传感器网络中有3种设备类型：协调节点、路由节点和终端设备，设备类型是由ZigBee协议栈不同的编译选项来选择的。

协调节点主要负责网络组建、维护、控制终端设备的加入等；路由节点主要负责数据包的路由选择；终端设备负责数据的采集，不具备路由功能。

在本实验中，ZigBee节点1配置为一个协调节点，负责ZigBee网络的组建；ZigBee节点

两配置为一个终端设备，上电后加入 ZigBee 节点 1 建立的网络，然后发送“LED”给节点 1。

将两个节点的代码通过 IAR EW8051 编译器和集成开发软件固化、编译并调试正确，得到 HEX 文件。

(2)固化程序代码

将两个节点已经编译正确的代码通过 smart RF flash programmer 软件固化到 ZigBee 芯片中。

(3)实例测试和数据分析

打开协调节点电源开关，然后打开终端设备电源开关，几秒钟后，会发现协调节点的 LED 灯已经闪烁起来，这说明协调节点已经收到了终端设备发送的数据。以上就是点对点的无线数据传输。

对应地，可用 smart RF packet sniffer 软件观察相应的实验数据，并对数据进行分析。

在进行 ZigBee 开发时，可以使用一个下载器和模块组成嗅探器(sniffer)，相关信号的读取和显示使用 Ti 的 Packet Sniffer 软件完成，从 Ti 的网站上下载 swrc045j.zip，解压后安装。Packet Sniffer 监控的不仅是 ZigBee 的数据包，监控的是所有 IEEE 802.15.4 的无线数据包。具体安装 Packet Sniffer 软件的过程如下：

可以在网上下载最新版本的 Packet Sniffer 安装文件。双击 Texas Instruments Packet Sniffer 的安装文件，按照操作界面即可正常安装。

知识连接

协议分析工具 smart RF Packet sniffer

- smart RF Packet sniffer 简介

软件包监听器 smart RF Packet sniffer 是一款用于 ZigBee 网络中对射频数据包进行分析的软件，它是 PC 软件应用程序，用于显示和存储使用监听射频器捕获的射频软件包。该射频器件通过 USB 与 PC 相连，支持各种射频协议。软件包监听器可以对软件包进行过滤和解码，并以简便的方式显示它们，同时提供用于过滤和存储为二进制文件格式的选项。

- 特性

✧适用于 ZigBee 和 IEEE 802.15.4 网络的软件包监听器；

✧适用于 Bluetooth ®低耗能网络的软件包监听器；

✧适用于 RF4CE 网络的软件包监听器；

✧适用于 SimpliciTI™网络的软件包监听器；

✧适用于通用协议的软件包监听器(原始分组数据)；

✧保存/打开具有捕获的软件包的文件；

✧选择要显示和隐藏的字段；

✧过滤要显示的软件包；

✧通过显示由无线电设备接收的原始数据来显示软件包详细信息；

✧收到的软件包有准确的时间戳；

✧具有网络中所有已知节点列表的地址簿；

✧按照接收顺序显示所有软件包的简单时间线；

✧可以将捕获的数据转发至 UDP socket，用于通过自定义工具来实时监控数据包。

• 安装建议

✧将 ZIP 文件下载到硬盘；

✧将文件解压缩；

✧阅读 readme.txt 文件以获取版本信息；

✧卸载该工具的先前版本；

✧运行设置文件并按照指示操作。

为了对 ZigBee 网络的数据流进行分析，可以使用 ZigBee 无线网络分析仪进行抓包，然后分析捕获的数据包，进而更形象地理解数据的传输过程。

项目小结

本项目首先介绍了 ZigBee 技术的相关基础知识；其次介绍了利用 ZigBee 技术来组建智能家居无线，以及基于 ZigBee 技术的老人身体状况监测设备；最后以 ZigBee 点对点数据传输实验作为扩展知识。

习　题

问答题

(1)什么是 ZigBee?

(2)简述 ZigBee 的发展概况。

(3)ZigBee 具有什么特点?

(4)简述 ZigBee 网络中的 3 种设备。

(5)如何理解 ZigBee 网络的低功耗特点?

(6)ZigBee 的应用目标是什么?

(7)ZigBee 的标准是什么?

(8)ZigBee 网络中的消息传输方式有哪些?

(9)ZigBee 网络的拓扑结构有哪些?

(10)简述 ZigBee 点对点数据传输实验的具体步骤。

项目4 无线局域网(WLAN)

教学目标

- 了解无线局域网的概念；
- 掌握无线局域网的特点；
- 了解无线局域网的典型应用；
- 了解无线局域网的网络组件选择策略与安装；
- 掌握无线局域网的网络模式；
- 掌握搭建简单无线局域网的方法。

重点、难点

- 无线局域网的标准、网络组件、网络模式。

任务1　认识无线局域网

1.无线局域网概述

1)无线局域网的概念

所谓无线网络,是指不需要布线即可实现计算机互联的网络。无线网络的适用范围非常广泛,可以说,凡是可以通过布线而建立网络的环境,无线网络也同样能够搭建,而通过传统布线无法解决的环境或行业,却正是无线网络大显身手的地方。

无线局域网(Wireless Local Area Network,WLAN)是无线网络的一种形式,其与传统以太网最大的区别是对周围环境没有特殊要求,总之,只要电磁波能辐射到的地方就可搭建无线局域网,因此也就产生了多种多样的无线局域网组建方案。但是在实施过程中应根据实际需求和硬件条件选择一种性价比最高的设计方案,以免造成不必要的浪费。注意,WiFi只是WLAN中的一个标准。

WLAN是指以无线信道作传输媒介的计算机局域网。它是无线通信、计算机网络技术相结合的产物,是有线连网方式的重要补充和延伸,并逐渐成为计算机网络中一个至关重要的组成部分。WLAN产生于20世纪90年代,当它出现时,就有人预言完全取消电缆和线路连接方式的时代即将来临。目前,随着无线网络技术的日趋完善,无线网络产品价格的持续下调,WLAN的应用范围也迅速扩展。过去,WLAN仅限于工厂和仓库使用,现在已进入办公室、家庭,乃至其他公共场所,如图4.1和图4.2所示。

图4.1　校园一角

图4.2　移动办公

2)无线局域网的技术特点

无线局域网利用电磁波在空气中发送和接收数据,而不需要线缆介质。无线局域网的数据传输速率现在已经能够达到108 Mbit/s,甚至300 Mbit/s,并可使传输距离达到20 km以上。

通常计算机有线局域网组网的传输介质主要依赖铜缆或光缆,但有线网络在许多场合会受到布线的限制,无论是组建还是改造的工程造价都很大。而且有线局域网还存在着线路容易损坏、网络节点不可移动等缺陷。特别是连接相距较远的节点时,铺设专用通信线路的施工难度大、费用高、耗时长。这些问题都对正在迅速扩大的联网需求形成了严重的瓶颈阻塞,限制了有线局域网的发展。

(1)无线局域网的优点

✧安装便捷。一般在网络建设中,施工周期最长、对周边环境影响最大的就是网络布线施工工程。在施工过程中,往往需要破墙掘地、穿线架管。WLAN 最大的优势就是免去或减少了网络布线的工作量,一般只要安装一个或多个接入点(Access Point,AP)设备,就可建立覆盖整个建筑或地区的局域网络。

✧使用灵活。在有线网络中,网络设备的安放位置受网络信息点位置的限制。而 WLAN 一旦建成后,在无线网的信号覆盖区域内任何一个位置都可以接入网络。

✧经济节约。由于有线网络缺少灵活性,这就要求网络规划者尽可能地考虑未来发展的需要,这就往往导致预设大量利用率较低的信息点。而一旦网络的发展超出了设计规划,又要花费较多费用进行网络改造。而 WLAN 可以避免或减少以上情况的发生。

✧易于扩展。WLAN 有多种配置方式,能够根据需要灵活选择。这样,WLAN 就能胜任从只有几个用户的小型局域网到上千用户的大型网络,并且能够提供"漫游(Roaming)"等有线网络无法提供的功能。

✧安全性高。在安全性方面,无线扩频通信本身就起源于军事上的防窃听(Anti-Jamming)技术,而有线链路沿线均可能遭搭线窃听。

(2)无线局域网的传输方式

传输方式涉及无线局域网采用的传输媒体、选择的频段及调制方式。

目前,无线局域网采用的传输媒体主要有两种,即微波与红外线。采用微波作为传输媒体的无线局域网按调制方式不同,又可分为扩展频谱方式与窄带调制方式。

✧扩展频谱方式:在扩展频谱方式中,数据基带信号的频谱被扩展至几倍甚至几十倍再被搬移至射频发射出去。这一做法虽然牺牲了频带带宽,却提高了通信系统的抗干扰能力和安全性。由于单位频带内的功率降低,对其他电子设备的干扰也减小了。采用扩展频谱方式的无线局域网一般选择所谓的 ISM 频段,这里 ISM 分别取自 Industrial、Scientific 及 Medical 的第一个字母。许多工业、科研和医疗设备辐射的能量集中于该频段。欧、美、日等国家的无线管理机构分别设置了各自的 ISM 频段。例如,美国的 ISM 频段由 902~928 MHz、2.4~2.484 GHz 和 5.725~5.850 GHz 3 个频段组成。如果发射功率及带外辐射满足美国联邦通信委员会(FCC)的要求,则无需向 FCC 提出专门的申请即可使用这些 ISM 频段。

✧窄带调制方式:在窄带调制方式中,数据基带信号的频谱不做任何扩展即被直接搬移到射频发射出去。与扩展频谱方式相比,窄带调制方式占用频带少,频带利用率高。采用窄带调制方式的无线局域网一般选用专用频段,需要经过国家无线电管理部门的许可方可使用。当然,也可选用 ISM 频段,这样可免去向无线电管理委员会申请。但带来的问题是，当邻近的仪器设备或通信设备也在使用这一频段时，会严重影响通信质量，通信的可靠性无法得到保障。

✧红外线方式：基于红外线的传输技术最近几年有了很大发展，目前广泛使用的家电遥控器几乎都是采用红外线传输技术。作为无线局域网的传输方式，红外线方式的最大优点是这种传输方式不受无线电干扰，且红外线的使用不受国家无线管理委员会的限制。然而，红外线对非透明物体的透过性极差，这导致传输距离受到限制。

(3)无线局域网的局限性

与有线局域网相比，无线局域网也具有一定的局限性，也正是因为如此，目前无线局域网只能作为有线局域网的补充，而不能完全替代有线局域网。

✧设备价格昂贵。相对而言，无线局域网设备(尤其是专业级设备)的价格往往较高。当然，这里所谓的昂贵只是相对于有线网络产品而言。无线设备费用投入的增加，无形中增加了组建网络总成本的投入。

✧覆盖范围小。一个无线接入点的覆盖半径往往只有几米或几十米，安装有专用无线天线的无线网络也只有几百米。

✧网络速度慢。与当前桌面接入达到 100~1 000 Mbit/s。无线网络 54~300 Mbit/s 传输速率显然要慢得多。同时，无线网络的带宽是共享机制，也就是说，是由若干无线接入用户共享这个连接带宽。当然，这样的传输速率用于普通办公和日常应用也绰绰有余了。

3)无线局域网的应用

与有线局域网相比，无线局域网的应用范围更加广泛，而且开发运营成本低、时间短，投资回报快，易扩展，受自然环境、地形及灾害影响小，组网灵活快捷。无线局域网主要应用在以下几个方面。

(1)固定网络间的无线连接

使用无线网络，无论建筑物是只隔一条街道还是距离十几千米甚至几十千米，都可以在几个小时之内以非常低廉的成本实现 54 Mbit/s 的网络连接，而且除了设备投资外，不需要再支付任何其他额外的费用。

(2)移动用户接入固定网络

在局域网络中，有些人的位置其实并不是固定的。例如，市内公共汽车上，利用车上的终端设备，乘务人员实现与调度人员之间进行行车路线和发车时间等信息的交换。利用无线网络，可以很好地将这些移动用户连接到固定的局域网络，从而实现无线与有线的无缝集成。

(3)难于布线的环境

凡是难以布线的地方，都可以采用无线网络。

(4)特殊项目或行业专用网

在众多的网络当中，有许多网络是专用网络，如银行数据备份网、政府财政专网、航空公司网、军队网、公安网等。目前，这些网络一般都采用传统的通信手段，效率低、安全性差、费用高昂。如果采用无线网络,不仅可以节约每月可观的线路租赁费,而且通信速率、交互性、抗风险能力、安全性、稳定性也会得到提高。

(5)连接较远分支机构

目前已存在着的分支机构就不少,如政府下属机关、税务总局及下属分局、银行及下属支行等。如何连接这些分支机构呢? 自己架设专线或租用专线的方式费用都太高,即使是以 Internet 接入实现 VPN 的方式花费也不会太少。因此,如果中心与分支机构之间的距离不是太远时,可以考虑采用无线网络,既节约了月租费用,又节约了线路铺设费用,还提高了网络的安全性和稳定性。

(6)科学技术监控

利用无线网络可灵活移动的特点,还可以将其用于仪器监控、城市环境监控、交通信号控制、高速公路收费站、自动数据采集和调度监控系统,随时将现场的数据信息及时反馈至控制中心和数据采集中心进行处理。

2.无线局域网的构成

搭建无线局域网所需的硬件设备主要包括无线网卡、无线 AP、无线路由器和无线天线。无线网卡是必需的设备,而其他的组件则可以根据不同的网络环境选择使用。例如:

无线网与局域网连接时需要用无线 AP;

无线局域网接入 Internet 时需要用无线路由器;

接收远距离传输的无线信号或者需要扩展网络覆盖范围时,需要用无线天线。

1)基础网络设备

由于单个无线接入点(可以理解为最简单的无线网络)的覆盖范围非常有限,因此,若欲扩大无线网络的覆盖范围,就必须将多个无线接入点连接在一起,实现无线网络的无缝覆盖,甚至是无线网络漫游。换句话说,必须依托于现有的骨干有线网络,才能实现无线网络设备之间的连接、通信和管理。

(1)接入交换机

接入交换机主要用于为无线接入点、无线网桥提供局域网接入和有线网络的连接。对于不便提供电源连接的无线 AP,应当选择支持 PoE 能实现无线网络与在线供电(Power on Line)的交换机;否则,可以直接选择普通接入交换机。

其实,支持 PoE 技术的交换机价格较高,如果只是为少量无线接入点提供远程供电并不划算。

(2)汇聚交换机

汇聚交换机主要用于连接接入交换机,即将各接入交换机连接在一起,并实现与核心交换机的连接。汇聚交换机一般采用三层交换机,以实现 VLAN 之间的路由,并设置各种安全访问列表。通常情况下,汇聚交换机不直接连接无线接入设备。当然,如果用于实现与其他局域子网络的连接,由于网络通信量较大,汇聚交换机也可以用于连接无线网桥。

(3)核心交换机

核心交换机用于连接汇聚交换机,在小型网络中也可用于直接连接接入交换机,从而实现全网络的互联互通。核心交换机往往拥有较高的性能,可处理大量的并发数据交换任务,并实现复杂的路由策略。

核心交换机、汇聚交换机与接入交换机之间的连接方式如图 4.3 所示。

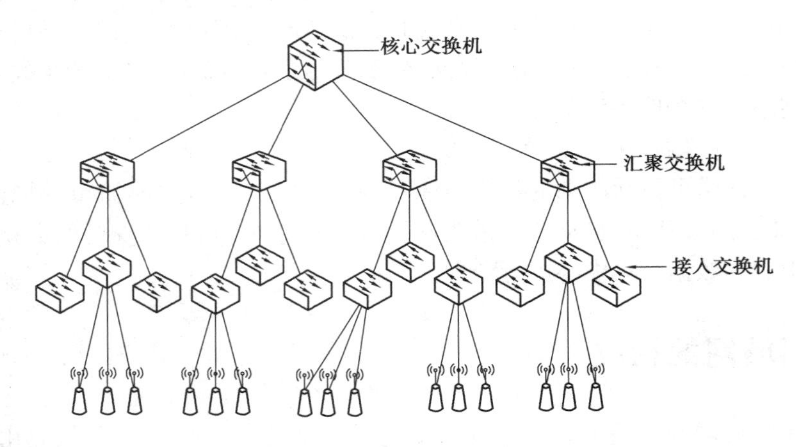

图 4.3　交换机之间的连线方式

2)无线集线设备

与有线局域网相同,在无线局域网中同样需要集线设备,但与有线局域网不同的是,在无线局域网中使用到的集线设备主要是无线路由器和无线 AP。其中,无线路由器主要应用于小型无线网络,而无线 AP 则可应用于大中型无线局域网中。

(1)无线路由器

事实上,无线路由器是无线 AP 与宽带路由器的结合,如图 4.4 所示。借助于无线路由器,可实现家庭或小型网络的无线互联和 Internet 连接共享。

除可用于无线网络连接外,无线路由器还拥有 4 个以太网接口,用于直接连接传统的台式计算机或便携式计算机。当然,如果网络规模较大,也可以用于连接交换机,为更多的计算机提供 Internet 连接共享。

(2)无线接入点

在典型的 WLAN 环境,需要有发送数据和接收数据的设备,这样的设备称为接入点/热点/网络桥接器,也称为无线接入点(Wireless Access Point,AP)。AP 所起的作用就是给无线网卡提供网络信号。

通常一个 AP 能够在几十至上百米内的范围内连接多个无线用户,在同时具有有线与无线网络的情况下,AP 可以通过标准的 Ethernet 电缆与传统的有线网络连接,作为无线和有线网络之间连接的桥梁。而这也是目前的主要应用方式,如计算机通过无线网卡与 AP 连接,再通过 AP 与 ADSL 等宽带网络连接入互联网。除此之外,AP 本身具有网管的功能,能够针对无线网卡作出一定的监控。为了保证每个工作站都有足够的带宽,一般建议一台 AP 支持 20~30 个工作站。如图 4.5 所示为 Linksys 无线 AP。

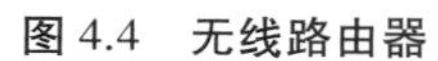
图 4.4　无线路由器

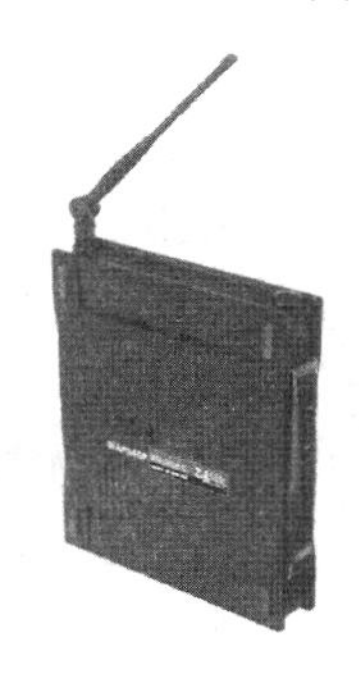

图 4.5　无线 AP

图 4.6　Cisco Aironet 1400

(3)无线网桥

要实现点对点或点对多点连接时，应当选择使用无线网桥。由于无线网桥往往用于实现网络之间的互联，并且检修和维护非常困难，因此，对产品性能、传输速率和稳定性都要求较高。

为了便于实现对网络设备的统一部署和管理，无线网桥建议选择与其他网络设备(特别是交换机等)同一厂商的产品。当然，相互联接的无线网桥更是必须选用同一厂商、同一型号的产品。

无线网桥可以在建筑物之间建立起高速的远程户外连接，并且能够适应恶劣的环境。其特性如下：

✧坚固耐用的外壳，适合恶劣的室外环境，操作温度的跨度大；

✧同时支持点到点和点到多点配置；

✧传输距离长(几千米至几十千米)，吞吐率高，数据速率可达 54 Mbit/s；

✧支持多种天线。为实现部署的灵活性，提供集成式或任选式外部天线；

✧遵守 802.11 标准，采用增强的安全机制；

✧简便的安装，增强的性能；

✧可升级的固件，提供投资保护。

若欲实现超长距离传输，必须选择具有相应功能的产品。以 Cisco Aironet 1400 系列为例(如图 4.6 所示)，距离为 21 km 时，传输速率仍然能保持 54 Mbit/s(需要安装专用无线天线)。即使距离远至 37 km，传输速率依然可以达到 9 Mbit/s。Cisco Aironet BR350 的有效传输距离甚至可以达到 40.2 km。

其实，在现有的技术条件下，通常高标准的传输速率要比低标准的快。例如，802.11n 标准具有最高 300 Mbit/s 的速率，可提供支持对带宽最为敏感的应用所需的速率、范围和可靠性。802.11n 结合了多种技术，其中包括 Spatial Multiplexing MIMO，20 MHz 和 40 MHz 信道及双频带。因此，在进行点对点、点对多点或多点对多点传输时，如果条件允许建议选择 802.11g 或 802.11n 产品。

3)无线接入设备

无线接入设备并不单单指某一两种无线设备,从广义上说凡是具有无线网络功能的设备均可视为无线接入设备,如安装有无线网卡的计算机、具有无线功能的手机、无线摄像头等,都可视为无线接入设备。

(1)计算机

计算机需要借助于无线网卡才可以接入到无线网络。对于笔记本电脑而言,目前多数已经集成无线网卡,可以直接接入无线网络。而对于台式机而言,则基本上都没有集成无线网卡,需要用户另行购买。如图 4.7 所示为 USB 接口无线网卡。

(2)WiFi 手机

智能手机具有独立的操作系统,像个人计算机一样支持用户自行安装软件、游戏等第三方服务商提供的程序,并通过此类程序不断对手机的功能进行扩充,同时可通过移动通信网络来实现无线网络接入。

(3)无线摄像头

在很多地方是必须使用摄像头进行监视,如企业仓库、超市等。但在某些地方因为位置等原因,使用传统的有线网络布线比较困难,且通常投资较大。如果使用无线摄像头则可以轻松解决这些问题,因为无线摄像头不需要网络布线,只需将摄像头安装到位,并提供电源支持即可,并且在资金投入方面要比使用有线网络节省得多,如图 4.8 所示。

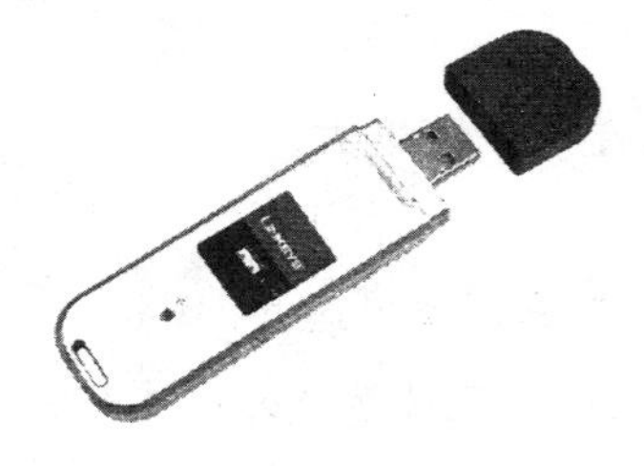

图 4.7　USB 接口无线网卡

图 4.8　无线摄像头

(4)手持无线终端

在某些特定行业中,需要用到特殊的终端设备。例如,在餐饮业的点餐系统中,需要使用无线点餐终端;超市理货员需要使用无线终端对货物进行汇总,或检查商品的价格是否正确等。如图 4.9 所示是富士通无线点餐终端。

(5)其他无线接入设备

除以上介绍的无线接入设备外,在实际应用中还包括其他无线终端设备,如无线打印共享器等,如图 4.10 所示。

图 4.9　富士通无线点餐终端

图 4.10　无线打印共享器

4) 无线管理与控制设备

无线局域网控制器(如图 4.11 所示)适用于企业无线局域网部署,并提供了系统级无线局域网功能,如安全策略、入侵防御、RF 管理、服务质量(Quality of Service,QoS)和移动性。从语音和数据服务到地点跟踪,无线局域网控制器提供了必要的控制能力、可扩展性和可靠性,以便网络管理员构建从分支机构到主园区的安全企业级无线网络。

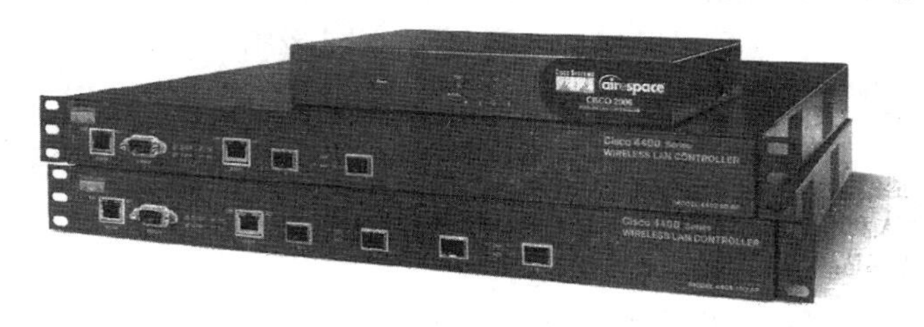

图 4.11　无线局域网控制器

3.无线局域网的技术标准

虽然无线局域网使用的传输介质是不可见电磁波,但仍需要像有线网络一样,在通信的无线设备的两端使用相同的协议标准。随着技术的发展,无线网络协议标准也在不断发展和更新。从某种意义来说,技术越先进无线局域网的传输速率越快,如 802.11g 的速率可以达到 54 Mbit/s,而 802.11n 的速率则可以达到 108 Mbit/s。

1) 无线传输标准

IEEE 802.11 标准是 IEEE(Institute of Electrical and Electronics Engineers,电气与电子工程师协会)制定的无线局域网标准,主要是对网络的物理层和媒质访问控制层进行了规定。目前,已经产品化的无线网络标准主要有 4 种,即 802.11b,802.11g,802.11a 和 802.11n。

(1) IEEE 802.11 标准

802.11 最初定义的 3 个物理层包括了两个扩散频谱技术和一个红外传播规范,无线传输的频道定义在 2.4 GHz 的 ISM 波段内。802.11 无线标准定义的传输速率是 1 Mbit/s

和 2 Mbit/s，可以使用 FHSS（Frequency Hopping Spread Spectrum，跳频技术）和 DSSS（Direct Sequence Spread Spectrum，直接序列扩频）技术。FHSS 和 DHSS 技术在运行机制上是完全不同的，所以采用这两种技术的设备没有互操作性。

（2）IEEE 802.11b 标准

IEEE 802.11b 工作于 2.4 GHz，支持最高 11 Mbit/s 的传输速率。传输速率可因环境干扰或传输距离而变化，而且在 2 Mbit/s、1 Mbit/s 速率时与 IEEE 802.11 兼容。802.11b 最大的贡献在于增加了两个新的速度，5.5 Mbit/s 和 11 Mbit/s。为了实现这个目标，DSSS 被选作该标准的唯一的物理层传输技术。

IEEE 802.11b+是一个非正式的标准，称为增强型 802.11b，与 IEEE 802.11b 完全兼容，只是采用了特殊的数据调制技术，所以，能够实现高达 22 Mbit/s 的通信速率，比 IEEE 802.11b 标准快一倍。

（3）IEEE 802.11a 标准

IEEE 802.11a 是 802.11 原始标准的一个修订标准，于 1999 年获得批准。802.11a 标准采用与原始标准相同的核心协议，工作频率为 5 GHz，使用 52 个正交频分多路复用载波，最大原始数据传输率为 54 Mbit/s，达到了现实网络中等吞吐量（20 Mbit/s）的要求。随着传输距离的延长或背景噪声的增加，数据传输速率可降为 48 Mbit/s、36 Mbit/s、24 Mbit/s、18 Mbit/s、12 Mbit/s、9 Mbit/s 或者 6 Mbit/s。802.11a 不能与 802.11b 进行互操作，除非使用了采用两种标准的设备。

（4）IEEE 802.11g 标准

IEEE 组织于 2004 年 6 月 12 日正式批准了 802.11g。802.11g 具有两个最为主要的特征，即高速率和兼容 802.11b。802.11g 采用 OFDM 调制技术，从而可以得到高达54 Mbit/s 的数据通信速率。另外，802.11g 工作在 2.4 GHz 频率，并保留了 802.11b 所采用的 CCK 技术，采用了一个“保护”机制，因此，可与 802.11b 产品保持兼容，实现与 IEEE 802.11b 产品的通信。目前，主流无线产品均执行 IEEE 802.11g 标准。IEEE 802.11b 与 IEEE 802.11g必须借助于无线 AP 才能进行通信，如果只是单纯地将 IEEE 802.11g 和 IEEE 802.11b混合在一起，彼此之间将无法联络。

（5）IEEE 802.11n 标准

IEEE 802.11n 标准要求 802.11n 产品能够在包含 802.11g 和 802.11b 的混合模式下运行，且具有向下兼容性。在一个 802.11n 无线网络中，接入用户包括有 802.11b、802.11g 和 802.11n 的用户，而且所有用户都采用自己的标准同时与无线接入点进行通信。也就是说，在连接过程中，所有类型的传输可以实现共存，从而能够更好地保障用户的投资。由此可见，IEEE 802.11n 拥有比 IEEE 802.11g 更高的兼容性。

2）无线安全标准

由于无线网络借助无线电磁波进行数据传输，因此，网络的接入和数据的传输都将变得非常不安全。所以必须采用相应的安全措施，禁止非授权用户访问网络，并保障数据在传输时的安全。

(1)WEP

在 IEEE 的 802.11b 标准成为主流的时代,WiFi 在安全方面所依赖的主要是有线等效保密(WEP)加密,然而这种保护措施已被证明是十分脆弱的。WEP 加密技术本身存在着一些脆弱点,使得攻击者可以轻松破解 WEP 密钥。WEP 是一种在传输节点之间以 RC4 形式对分组进行加密的技术,使用的加密密钥包括事先确定的 40 位通用密钥,发送方为每个分组所分配的 24 位密钥。这个 24 位的密钥被称为初始化向量(IV),该向量未经加密就被包含在分组当中进行传输。对于 WiFi 这样较小范围内有较多连接数的无线技术来说,IV 通常会在较短的时间内被分配殆尽,也就是说,在网络中会出现重复的 IV。如果攻击者能够通过嗅探获得足够的通过同一 IV 加密的数据包,就可以对密钥进行破解。

(2)EAP

EAP(可扩展验证协议)用于在请求者(无线工作站)和验证服务器(Microsoft IAS 或其他)之间传输验证信息。实际验证有 EAP 类型定义和处理。作为验证者的接入点只是一个允许请求者和验证服务器之间进行通信的代理。

(3)WPA

WPA 是推荐的 802.11i 标准的安全特性的一个子集。WiFi 联盟推出了过渡性的无线安全标准 WPA(WiFi Protected Access,WiFi 保护访问),致力于替代旧的 WEP 安全模式,为 WiFi 系统提供更高阶的安全保护。由于 WPA 是一种基于软件层的实现,所以,可以应用于所有的无线标准。

(4)WPA2

为了提供更好的安全特性,也为了使 WPA 在市场上获得更广的普及,WiFi 联盟又在 802.11i 标准正式发布之后推出了 WPA2。WPA2 与 WPA 最大的不同在于 WPA2 支持 AES 加密算法,AES 能够为信息提供 128 位加密能力。目前大部分设备的处理能力都无法进行 128 位的加密和解密操作,所以,必须进行升级才能支持 WPA2 标准。WPA2 的全面应用已经不仅仅需要上游的厂商升级设备,更重要的是大量使用旧设备的消费者同样需要升级他们的无线网卡。

(5)WAPI

WAPI(WLAN Authentication and Privacy Infrastructure,无线局域网鉴别和保密基础结构)是中国的无线局域网安全标准,由 ISO/IEC 授权的 IEEE Registration Authority 审查获得认可,与 IEEE 的 WEP 安全协议类似。

3)无线产品兼容性

(1)WiFi 与 WiMAX

WLAN 是局域无线网,WiMAX 是城域无线网,而 WiFi 只是 WLAN 中的一个标准。

- WiFi

WiFi(如图 4.12 所示)联盟是一个非盈利的国际贸易组织,主要工作是测试基于 IEEE 802.11(包括 IEEE 802.11b、IEEE 802.11a、802.11g 和 802.11n)标准的无线设备,以确保 WiFi 产品的互操作性。WiFi 认证的意义在于:只要是经过 WiFi 认证的产品,就能够在家、办公室、公司、校园网,或者在机场、旅馆、咖啡店及其他公众场所里随处连接上网。WiFi 认证商标作为唯一的保障,说明该产品符合严谨互操作性的测试,并保证能和不同厂的产品互相操作。也就是说,只要购买的无线设备有 WiFi 认证商标,就可以保证能够融入其他无线网络,也可以保证其他无线设备能够融入本地的无线网络,实现彼此之间的互联互通。换言之,WiFi 认证=无线互联保证。

- WiMAX

WiMAX(如图 4.13 所示)相当于无线 LAN IEEE 802.11 的 WiFi 联盟,其目标是促进 IEEE.16 的应用,工作包括产品认证和相互联接的确保等。

图 4.12　WiFi 认证

图 4.13　WiMAX 认证

(2)802.11b 与 802.11g 的兼容性

随着无线产品价格的不断降低,无线产品不仅被广泛应用于家庭和小型网络,而且还被作为大中型网络的有效补充,实现移动用户的灵活接入。然而,在无线产品选购和使用时,许多读者对 IEEE 802.11g 与 IEEE 802.11b 无线产品的兼容性存在着重大误解。

事实上,IEEE 802.11g 与 IEEE 802.11b 的兼容性不仅不是无条件的,而且还存在许多的问题,绝对不像想象的那样可以将两者无缝集成在一起。两者无法搭建对等无线网络,而且 IEEE 802.11b 将导致 IEEE 802.11g 传输速率的下降。

尽管 IEEE 802.11b 与 IEEE 802.11g 可以在网络中共存,也可以实现彼此之间的通信,但却是以牺牲性能和带宽为代价的。

(3)802.11n 与 802.11b/g/a 的兼容性

802.11n 技术与 802.11b 和 802.11g 技术所谈到的兼容不同,其优势主要体现在混合模式下的运行和向下兼容性。802.11n 要求 802.11n 产品能够在包含 802.11g 和 802.11b 的混合模式下运行,且具有向下兼容性。所谓混合模式下的运行,是指 802.11n 网络在和以前的产品一起运行时必须保持最适当的速度。向下兼容性保证在使用 802.11n 的条件下,基于现有标准的无线产品的运行能够达到各自的最佳状态。

在 802.11n 无线网络中,接入用户可以包括 802.11b、802.11g 和 802.11n。802.11b 用户与无线接入点的连接采用 802.11b 标准,802.11g 用户采用 802.11g 标准,802.11n 用户则采用 802.11n 标准。连接过程中所有类型的传输可以实现共存,从而可以更好地保障用户对于 802.11n 的投资。

4.WLAN 与其他技术的比较

1) WLAN 与 Bluetooth、4G

WLAN 与 Bluetooth、4G 3 种技术存在着某些关联,但差异也是相当明显的。表 4.1 给出了 3 种技术之间的关系。

可以看到这 3 种技术在本质上是互补的,尽管它们可能在边缘上是竞争的。例如,用于 WiFi 的 IP 语音终端已经进入市场,这对蜂窝移动通信有一定的替代作用。同时,随着移动通信技术的发展,热点地区的 WiFi 公共应用也可能被蜂窝移动通信系统部分取代。但是总的来说,它们是共存的关系。

表 4.1 WLAN 与 Bluetooth、4G 的对比

	4G	WLAN	Bluetooth
频带(费用)	需要许可	无须许可,但功率 10 mw 以上需要报备	无须许可
适用范围	国家级	50~150 m	5~10 m
带宽	最高达 100 Mbit/s	11~54 Mbit/s	1~2 Mbit/s
业务能力	语音/数据	主要为数据	语音/数据,机器到机器
系统费用	较贵	较低	较低
渠道	直接向运营商销售	OEM	OEM
产品价格	基于使用,统一费率	ISP 统一费率	产品一次性价格
移动性/便携性	移动	便携	便携
频率技术	OFDMA	FH 跳频/DSSS 直序扩频	FH 跳频
设备	以电信运营为中心	以数据/PC 为中心	中性

总之,由于 4G、WLAN 和 Bluetooth 在技术属性上不同,因此在它们所支持的功能和应用上也不同。

(1)4G 支持移动性,WLAN 支持便携性

RG 网络是建立在蜂窝架构上的,最适于支持移动环境中的数据服务。蜂窝架构支持不同蜂窝之间的信号切换,从而向用户提供了全网络覆盖的移动性,这种移动性常常通过不同网络运营商之间的漫游协议进行扩展。当然,可供移动用户使用的带宽是有限的。

WLAN 无线局域网提供了大量的带宽,但是它的覆盖区域有限(室内最多 100 m),它所支持的应用经常通过像笔记本电脑这类便携式以数据为中心的设备访问,而非通过以电话为中心的设备进行访问。PDA 和类似的小型设备也开始配置具有 WLAN 连接性的功能。

Bluetooth 网络只适于距离非常短的应用,在很多情况下它们仅被用作线缆的替代物。

(2)4G 支持语音和数据,WLAN 主要支持数据

语音和数据信号在许多重要的方面不同:语音信号可以错误但不能容忍时延;数据信号能够允许时延但不能容忍错误。因此,为数据而优化的网络不适合于传送语音信号。反之,为语音而优化的网络也不适于传输数据信号。WLAN 主要用于支持数据信号,与此形成对比的是,4G 网络被设计用于同时支持语音和数据信号。

2) WLAN 与无线 Mesh 网络

WLAN 技术的发展和大规模应用在给人们生活带来便利的同时,也存在一些问题。如 WLAN 并不是真正意义上的“无线”(节点必须通过 AP 进行无线连接),可靠性低,覆盖能力有限,多数 WLAN 网络在其有效距离内还存在“盲区”等。而无线 Mesh 网络技术的出现,则很好地解决了上述问题。它彻底摆脱了线缆的束缚,能够实现非视距传输,可靠性高,结构灵活,鲁棒性强,因而越来越受到人们的重视,对无线 Mesh 网络的研究也逐渐增多。

无线 Mesh 网络(无线网状网络)也称为多跳(Multi-hop)网络,它是一种与传统无线网络完全不同的新型无线网络技术。在传统的无线局域网(WLAN)中,每个客户端均通过一条与 AP 相连的无线链路来访问网络,用户如果要进行相互通信的话,必须首先访问一个固定的接入点(AP),这种网络结构被称为单跳网络。而在无线 Mesh 网络中,任何无线设备节点都可以同时作为 AP 和路由器,网络中的每个节点都可以发送和接收信号,每个节点都可以与一个或者多个对等节点进行直接通信。

这种结构的最大好处在于:如果最近的 AP 由于流量过大而导致拥塞的话,那么数据可以自动重新路由到一个通信流量较小的邻近节点进行传输。依此类推,数据包还可以根据网络的情况,继续路由到与之最近的下一个节点进行传输,直到到达最终目的地为止。这样的访问方式就是多跳访问。其实人们熟知的 Internet 就是一个 Mesh 网络的典型例子。

与传统的交换式网络相比,无线 Mesh 网络去掉了节点之间的布线需求,但仍具有分布式网络所提供的冗余机制和重新路由功能。在无线 Mesh 网络里,如果要添加新的设备,只需要简单地接上电源就可以了,它可以自动进行自我配置,并确定最佳的多跳传输路径。添加或移动设备时,网络能够自动发现拓扑变化,并自动调整通信路由,以获取最有效的传输路径。这样,与传统的 WLAN 相比,无线 Mesh 网络具有的优势包括:快速部署和易于安装、非视距传输(NLOS)、更好的健壮性、结构灵活、高带宽等。

当然,尽管无线 Mesh 网络技术有着广泛的应用前景,但也存在一些影响 Mesh 网络广泛部署的问题,如互操作性、通信延迟、安全性等问题。

作为 WLAN 与无线 Mesh 网络技术的结合,WiFi Mesh 提供了一种新型公共无线局域网和城域网解决方案。传统基于 IEEE 802.11a/b/g 的 WiFi 典型覆盖范围为室外 300 m,室内 30 m。受到覆盖范围的限制,传统 WiFi 很难在城市范围内满足笔记本和 PDA 用户随时随地宽带上网的需求。如果将 WiFi 热点“编织”起来,结成互相连接的渔网一样的网状网络(Mesh)或称为“热区”,那么就可以利用 WiFi Mesh 覆盖校园、街区甚至整个城市。

相比于传统 WiFi、WiFi Mesh 技术在组网方式、传输距离以及移动性上都有很大的改进。

目前,包括摩托罗拉和 Nortel 在内的众多厂商已经开发出各种 WiFi Mesh 产品并获得大规模应用,非标准化的产品已经成为现实。为了解决各厂商 WiFi Mesh 产品之间的互操作性,IEEE 已经启动了 Mesh 标准化工作。IEEE 新成立了一个 IEEE 802.11s 子工作组,制定标准化的扩展服务集(ESS),即 IEEE 802.11s 专门为 WMN 定义了 MAC 和 PHY 层协议。在这样的网络中,WLAN 接入点可以像路由器那样转发消息。

在 IEEE 802.11s 工作组中,Mesh 网络可以是两种基本结构:基础设施的网络结构和终端设备的网络结构。IEEE802.11s 工作组为支持这两种结构制定了新的规范。在基础设施的网络结构中,IEEE 802.11s 工作组定义了一个基于 IEEE 802.11MAC 层的结构和协议,来建立一个同时支持在 MAC 层广播/多播和单播的 IEEE 802.11 无线分布式系统(WDS);而在终端设备的网络结构中,所有设备工作在点对点模式下的同一平面结构上,使用 IP 路由协议。客户端之间形成无线的点到点的网络,而不需任何网络基础设施来支持。

由于 WiFi 技术的普及,WiFi Mesh 网络的应用场景和应用范围相当广泛,可以实现家庭网络、企业网络以及“热区”网络在内的多层次、多范围的无线应用。以下是几种典型的应用场景。

(1)宽带家庭网络互联

现在,宽带家庭网络互联大多采用 WiFi 来实现,但部分场景下,单个 AP 仍不免有覆盖不到的盲区。为了消除盲区,可在家庭互联网络中采用无线 Mesh 网技术,放置多个小型 Mesh 路由器,以多跳 Mesh 网络互联家庭内部数字设备,可以有效地消除盲区,同时还可以大大提高网络容错性,减少由于迂回访问造成的网络拥塞。

(2)企业网络互联

目前,WiFi 已经在企业办公室、写字楼中得到了广泛的应用,但这些 WiFi 设备或者没有互联,或者采用不太经济的有线以太网方式相联。而采用无线 Mesh 网络技术,通过 Mesh 路由器将这些设备互联,一方面可以解决 WLAN 之间的连通性问题,另一方面更加节约成本,灵活更部署,同时提高了网络的容错性和健壮性。

(3)“热区”网络互联

采用无线 Mesh 技术,可以将城市“热点地区”的网络互联,形成一个“热区”无线多跳网络。有了这个“热区”无线互联网络,即可实现在“热区”内用户之间共享若干个互联网接入设备,而不必要求每个用户均具备互联网接入设备。而且,“热区”内用户无需通过远端服务提供商网络,就可以在本“热区”内进行本地相互访问,共享内部网络资源。

任务 2 无线局域网组件的选择与安装

在选择无线设备时,为了保持最大程度的普遍性,以及网络管理的整体性与统一性,应当尽量选择同一厂商、同一系列和同一标准的产品。当然,如果资金和条件允许,还应当选择与以太网设备同一厂商的产品。

1.无线网卡

无论是有线网络还是无线网络,网卡都是接入网络所必需的,所不同的是在有线网络中使用的是以太网网卡,而在无线网络中使用的是无线网卡。

1)无线网卡的分类

(1)根据接口类型分类

无线网卡根据接口类型的不同,主要分为 4 种,即 PCMCIA 无线网卡、PCI 无线网卡、USB 无线网卡和无线网络适配器。

✧ PCMCIA 无线网卡(如图 4.14 所示)仅适用于笔记本电脑,支持热插拔,可以非常方便地实现移动式无线接入。

✧ PCI 无线网卡(如图 4.15 所示)适合普通的台式计算机使用。其实 PCI 接口的无线网卡往往是在 PCI 转接卡上插入一块普通的 PC 卡。

✧ USB 无线网卡(如图 4.16 所示)适用于笔记本电脑和台式机,支持热插拔。不过,由于 USB 网卡对笔记本而言是个累赘,因此,USB 网卡通常被用于台式机。

另外,便捷式计算机接入无线网络,可以直接使用计算机自身所带的无线网卡实现,但前提是便捷式计算机需要集成有无线网卡。目前几乎所有的便携式计算机都集成有无线网络接口(当然也集成有传统的以太网接口),因此对于便捷式计算机而言,接入无线网络更加简单。

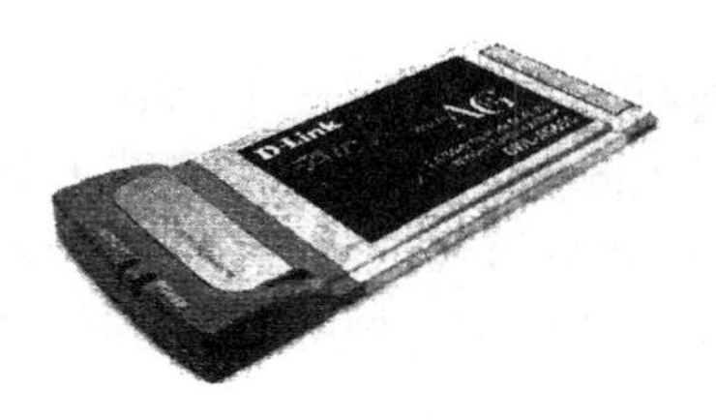

图 4.14 PCMCIA 无线网卡

图 4.15 PCI 无线网卡

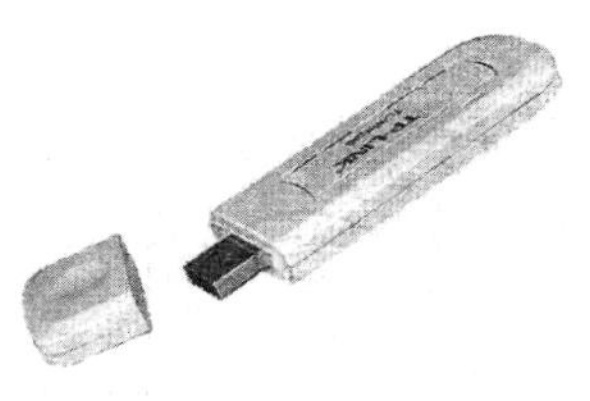

图 4.16 USB 接口无线网卡

图 4.17 TP-LINK 11n 无线网卡

(2)根据无线传输标准分类

从无线网卡可执行的传输标准分类:

第一类,同时支持 802.11b、802.11g 和 802.11a、802.11n。

第二类,同时支持 802.11b、802.11g 和 802.11a。

第三类,同时支持 802.11b、802.11g 和 802.11n。

第四类,同时支持 802.11b、802.11g。

支持越多的无线标准,意味着拥有更大的接入灵活性。当然,支持的标准越多,产品价格也就越高。

802.11n 工作于 2.4 GHz 的频带,支持最高 300 Mbit/s 的传输带宽。802.11n 可向下兼容,即可兼容 802.11g 和 802.11b。如图 4.17 所示为 TP-LINK 11n 无线网卡。

当 802.11n 工作于 802.11g 或 802.11b 的兼容模式时,将会自动降低传输速度,实现与低标准的速度同步。

802.11g 也工作于 2.4 GHz 的频带,最高传输带宽也高达 54 Mbit/s,并与 802.11b 相互兼容,可以有效地保护用户原有投资。同时,借助"速展"和"域展"等特殊技术,802.11g 的传输速率高达 108 Mbit/s,有效传输距离也大幅增加。因此,建议作为家庭搭建无线网络的首选设备。

802.11b 与 802.11g 必须借助于无线 AP 或无线路由才能进行通信,如果只是单纯地将 802.11g 和 802.11b 混合在一起,彼此之间将无法联络。因此,搭建对等无线网络时,必须选择执行相同标准的无线网卡。

802.11b 工作于 2.4 GHz 的频带,支持最高 11 Mbit/s 的传输带宽。传输速率可因环境干扰或传输距离而变化,在 11 Mbit/s、5.5 Mbit/s、2 Mbit/s、1 Mbit/s 之间切换。室内通信距离约为 3 050 m。由于 802.11b 的传输速率远远低于 802.11g/a 和 802.11n,已经被彻底淘汰。

802.11a 工作于 5 GHz 的频带,最高传输带宽可高达 54 Mbit/s。虽然基本满足了现行局域网绝大多数应用的速度要求,并采用了更为严密的算法,但由于 802.11b/g 与 802.11a 工作的频带不同,因此彼此之间无法兼容,也已经逐渐淡出市场。

2)无线网卡的选择策略

面对品牌众多,不同类型的网卡,如何选择最适合自己的网卡才是最重要的。另外,不同的使用环境所选择的网卡也是不同的,具体可根据如下方法进行选择。

对于家庭用户而言,应尽量选用同一标准、同一品牌的无线网卡,这是因为同一品牌的产品之间的兼容性,要比不同品牌之间的兼容性好。由于家庭用户通常使用 ADSL 作为接入 Internet 的方式,而 ADSL 的连接速度多为 2 Mbit/s 或 4 Mbit/s,因此,选择支持 802.11g标准的普通无线网卡即可。不过,考虑到未来无线网络发展的需要,建议家庭用户在选购时,也可选用速度更快的 802.11n 产品。

对于企事业单位而言,因为用户所使用的接入设备的标准通常并不相同,因此,无线 AP 设备通常会支持多种无线标准。而对于接入用户而言,所选择的无线网卡,一定要支持无线 AP 所采用的无线标准。另外,由于企业用户对稳定性要求较高,因此,建议选择专业级别的无线网卡。

无论是家庭用户还是企业用户,在选择无线网卡的接口时,都应根据自己的实际需要进行选择。例如,对于移动性很强的便携式计算机,可以选购 PCMCIA 接口或 USB 接口,而对于位置比较固定的计算机,则可以选购 PCI 接口和 USB 接口的无线网卡。

注意,便携式计算机已经内置了对无线网绛的支持,因此,通赏情况下不需要再另行购置无线网卡。台式计算机若欲接入无线网络;才需要购置合适的无线网卡。有些一体机(如苹果一体机)也内置了无线网卡。

3)无线网卡的安装

不同的网卡安装方法也是不同的,PCI 网卡需要拆开机箱,将其安装到主板的 PCI 插槽中,PCMCIA 网卡和 USB 网卡直接插入计算机相应的插槽中即可。

(1)PCI 网卡的安装

关闭计算机并断开电源后,打开机箱。用螺丝刀将 PCI 插槽后面机箱上对应的挡板去掉。空闲的 PCI 插槽是用来安装各种扩展板卡,如网卡、显卡、声卡、电视卡等。将网卡小心插入机箱中对应的 PCI 插槽。需要注意的是,两手的用力要均匀,以保证网卡引脚与插槽之间的正常接触;按压网卡的时候,不可用力过猛,但最好要保证网卡的金属引脚与 PCI 插槽充分接触,如图 4.18 所示。用螺钉将网卡固定好,然后盖好机箱,上好机箱螺丝即可。

(2)PCMCIA 网卡的安装

PCMCIA 网卡的安装是比较简单的,在笔记本电脑的一侧找到相应的 PCMCIA 插槽,将有两排长长的孔的一端向前,有图案的一侧向上,轻轻插入到 PCMCIA 插槽内。持续缓慢用力,直至无法再行插入为止,如图 4.19 所示。

由于 PCMCIA 网卡支持热插拔,所以,无论计算机是处于何种状态(关机或运行),都可以执行该操作。笔记本电脑通常都拥有两个 PCMICA 插槽,需要注意对准相应的插槽。

(3)无线网卡驱动程序的安装

以 AVAYA Wireless 产品为例,介绍无线网卡驱动程序的安装。AVAYA 无线网卡的驱动程序可以到 AVAYA 技术支持网站(http://support.avaya.com)下载,然后再解压缩得到 ZIP 文件。PCMCIA、PCI 和 USB 接口网卡在 Windows 7 下的安装过程非常类似,下载解压驱动程序后直接安装即可。

图 4.18　安装 PCMCIA 网卡

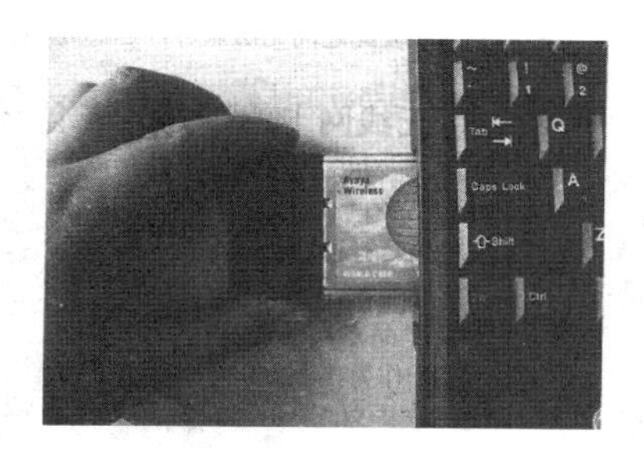

图 4.19　安装 PCI 网卡

2.无线 AP

为了实现网络统一管理和无线无缝漫游，无线 AP 必须选择同一厂商、同一标准、同一型号的产品。当然，不同区域的无线漫游网络，可以选择不同的标准和型号。但是，同一漫游网络中的无线 AP 必须完全相同。

1）无线 AP 的分类

Cisco 无线 AP 从适用环境上看，大致可以分为 3 类，如表 4.2 所示。

表 4.2　Cisco 无线 AP 的分类

适用环境	无线 AP 类型
室内接入点	Aironet 1130AG Aironet 1000
室内坚固型接入点	Aironet 1240AG Aironet 1230AG
室外接入点/网桥	Aironet 1500 Aironet 1400 Aironet 1300

Cisco 无线 AP 从管理方式上，可以分为“胖”AP（如图 4.20 所示）和“瘦”AP 两种。

✧“胖”AP 又称为自治型无线接入点，拥有自己的操作系统和配置管理系统，需要独立配置和管理，如图 4.21 所示为 Cisco 1310G 无线 AP。每个无线接入点都是一个独立的管理与工作单元，可以自主完成包括无线接入、安全加密、设备配置等在内的多项任务，不需要其他设备的协助，立即安装、立即开通。“胖”AP 对于快速部署中、小型无线局域网非常有效而且节省投资。但是因为需要对每台 AP 都要单独进行配置，费时、费力，当运营商部署大规模的 WLAN 网络时，部署和维护成本高。

✧“瘦”AP 又称轻型无线 AP，必须借助无线网络控制器进行配置和管理。而采用无线网络控制器加“瘦”AP 的架构，可以将密集型的无线网络和安全处理功能从无线 AP 转移到集中的无线控制器中统一实现，无线 AP 只作为无线数据的收发设备，大大简化了 AP 的管理和配置功能，甚至可以做到“零”配置。如图 4.22 所示为 Cisco 1242 无线 AP。

2）无线 AP 的选择策略

在选择无线 AP 时，主要根据无线 AP 所使用的环境（室内或室外）选择合适的设备，这里以 Cisco 无线 AP 为例进行介绍，具体的要求如下：

图 4.20 **Aironet 1310G**

图 4.21 **Cisco 1310G 无线 AP**

图 4.22 **Cisco 1242 无线 AP**

(1)传输速率

54 Mbit/s 的 802.11g 已经成为主流产品,同时,无线网络又是共享式网络,所以,更需要无线 AP 提供较高的传输速率。由于迅驰笔记本电脑内置了对 802.11b/g 的支持,并且 802.11g 无线 AP 能够很好地兼容 802.11b 无线客户端设备,所以,802.11g 产品就成为不二选择。

(2)性能优良

当局域网用户数量较多,多媒体应用较为丰富时,希望无线 AP 不会导致无线网络接入拥塞。性能较的好无线 AP 的时延可以近似忽略,不会影响并发用户访问。

(3)运行稳定

无线 AP 与其他网络设备类似,往往是 7×24 h 不间断运行。所以,对无线 AP 的稳定性要求非常高。同时,不是所有的场所都能提供恒温、恒湿的环境,因此,要求无线 AP 能够在各种恶劣的环境中正常工作。最后,无线 AP 一旦完成安装和配置,后续的维护工作将比较困难,因此,要求产品质量非常可靠。

(4)可管理性

对于拥有大量无线 AP 的网络而言,为了实现统一管理和监控,要求无线 AP 必须支持 SNMP 协议和 MIB,能够被第三方网管工具软件发现和管理,可以借助 TELNET、TFTP 或其他方式进行快速配置、远程管理与维护,并能够升级固件以满足安全和功能的新需求。

(5)功能丰富

支持多无线 AP 的负载均衡,能够将用户连接分布到多个可用接入点上,提高总吞吐量为智能网络服务提供端到端解决方案支持,并支持无线漫游和 QoS 服务质量。

(6)接入安全

能预防主动和被动安全攻击,支持 WEP、WPA 和 WAPI,借助用户访问列表实现 IEEE802.1x 和 EAP(Extensible Authentication Protocol,扩展认证协议)认证,以及 MAC 地址过滤。支持 RADIUS(Remote Authentication Dial In User Service,远程用户拨号认证系统)服务器认证,支持用户登录注册。

(7)便于安装

无线 AP 应当能够方便地固定到天花板、墙壁或其他位置,以适应各种场所中无线 AP 的安装,并且能够根据需求的变化,在工作区内随意移动。如图 4.23 所示为安装于屋顶的无线 AP。

(8)远程供电

在某些无线应用场合,如果直接向无线 AP 提供市电,一是不安全,二是不方便,此时,能否支持 PoE 供电就显得尤其重要。当然,不是所有的无线 AP 都需要采用 PoE 供电方式,作为一种昂贵的供电方式(必须借助远程供电模块或 PoE 交换机才能实现),远程供电只被少量应用于一些特殊的场所。如图 4.24 所示为 Cisco Aironet 1230AG 无线路由器。

图 4.23　安装于屋顶的无线 AP

图 4.24　Cisco Aironet 1230AG 无线路由器

3.无线路由器

无线路由器事实上就是无线 AP 与宽带路由器的结合。借助于无线路由器,可实现无线网络中的 Internet 连接共享,实现 ADSL、Cable Modem 和小区宽带的无线共享接入。如果不购置无线路由,就必须在无线网络中设置一台代理服务器才可以实现 Internet 连接共享。

1) 无线路由器的分类

无线路由器(如图 4.25 所示)除拥有无线网络接口外,还通常拥有 4 个以太网接口,用于直接连接传统的台式计算机。由于无线路由器的性能往往较差,因此,通常只被应用于组建 SOHO 或小型无线网络。

无线路由器主要以所支持的协议类型进行分类,但就目前的无线路由器市场而言,多数无线路由器均支持 802.11g 标准。这主要是因为支持 802.11g 标准的无线设备,可以很好地向下兼容,即兼容 802.11b 标准。由于 802.11n 设备可以很好地兼容 802.11b/g 标准,使其 802.11n 设备的市场占有率也在慢慢地升高,对于具有一定条件的用户,则可购买支持 802.11n 标准的设备,使其能够获得更好的网络速率。

另外,随着 3G 网络的普及,具有 3G 功能的无线路由器也在慢慢地进入市场。使用具有 3G 功能的无线路由器,只需要插入一个 3G 网络的 USB 网卡,即可快速连入高速互联网。如图 4.26 所示为 D-Link DIR-512 无线路由器。

图 4.25　无线路由器

图 4.26　D-Link DIR-512 无线路由器

2) 无线路由器的选择策略

在选择无线路由器时,可按照性能优先、品质保证和功能满足的要求进行选择,具体应该注意以下几个方面的问题。

(1)数据传输率

与有线网络类似,无线网络的传输速率是指在一定的网络标准之下接收和发送数据的能力。但有所不同的是,在无线网络中,数据传输率和网络环境有很大的关系。因为在无线网络中,数据的传输是通过天线信号讲行的,而周围的环境或多或少都会对传输信号造成一定的干扰。

(2)信号覆盖范围

所谓的覆盖范围为无线路由器的有效工作距离,只有在无线路由器的信号覆盖范围内,无线接入设备才能进行无线连接。通常情况下,在室内 20 m 范围内有较好的无线信号,在室外的有效工作距离为 50 m 左右。

(3)网络接口

常见的无线路由器一般都有 RJ-45 类型的 4 个 LAN 接口和一个 WAN 接口,其中

LAN 用于连接普通局域网接入设备,而 WAN 接口则是无线路由器连接到外部网络的接口。

(4)增益天线

在无线网络中,天线可以达到增强信号的目的,可以把它理解为无线信号的放大器。具体内容请参见后面无线天线的相关内容,这里就不再赘述。

(5)测试设备

在选购无线路由器时,如果条件允许,最好测试一下机器的性能,如测试设备电源、开关、路由器指示灯等基本硬件以及信号覆盖范围和传输速率等。具体地讲,无线传输速率的测的试方法是:利用文件的传输时间来测试速率。通常情况下,54 MB 的无线路由器传输一个 100 MB 大小的文件,大约需要 1 min 左右,而 300 MB 的无线路由器传输一个 100 MB大小的文件,大约需要 30 s。

4.无线天线

天线是无线通信系统的关键组成部分之一。选择劣质的天线可能影响甚至使系统无法运行。反之,正确的选择可以使整个系统达到最佳运行状态。

1)无线天线的分类

无线天线有多种类型,按照使用的环境可以分为室内无线天线和室外无线天线;按照信号发射的方向,可以分为定向天线和全向天线,如图 4.27所示。

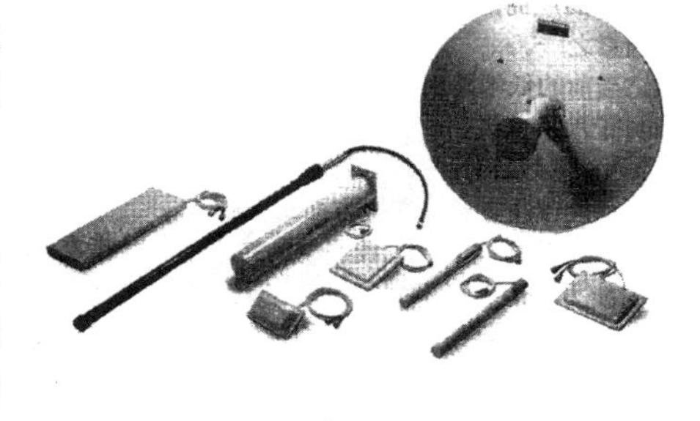

图 4.27　无线天线

(1)室内天线和室外天线

室外天线由于防水性和坚固性较好,适合室外安装,用于实现室外的无线覆盖,以及点对点或点对多点的无线传输。室外天线的优点是信号增益大,传输距离远。如图 4.28 所示为室外全向天线,如图 4.29 所示为室外定向天线。

图 4.28　室外全向天线

图 4.29　室外定向天线

室内天线外型小巧精致,主要用于室内无线 AP 和无线网卡的无线信号增益,缺点是增益小，传输距离短。如图 4.30 所示为安装在笔记本电脑上的室内全向天线，如图 4.31 所示为室内定向天线。

图 4.30 室内全向天线

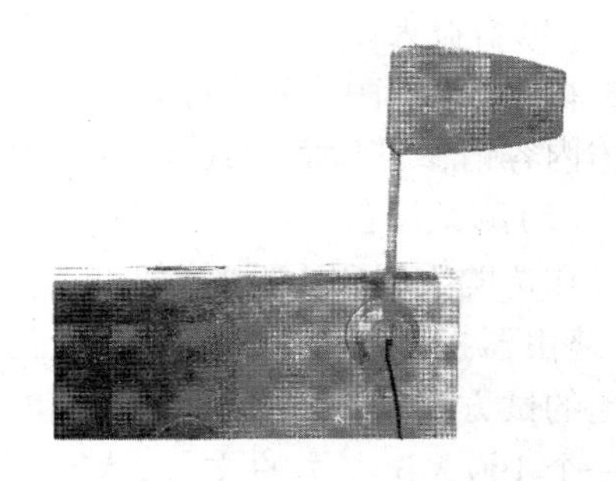

图 4.31 室内定向天线

(2)定向天线和全向天线

定向天线的方向性很强，可以将信号集中发送至一个方向或从一个方向接收。定向天线是一种将发射功率集中于一个方向的天线，以损失覆盖角度为代价，提高了覆盖距离。

定向天线的种类包括平板天线和抛物面型天线。平板天线是一种平面天线，覆盖区域呈半球形。抛物面型天线是一种凹面或者碟形物体，通常指的是一种碟形天线。抛物面型天线可以提供最大的增益和最小的束宽，因而特别适用于长距离的点对点传输。如图 4.32 所示为室内平板定向天线，如图 4.33 所示为室外抛物面型定向天线。

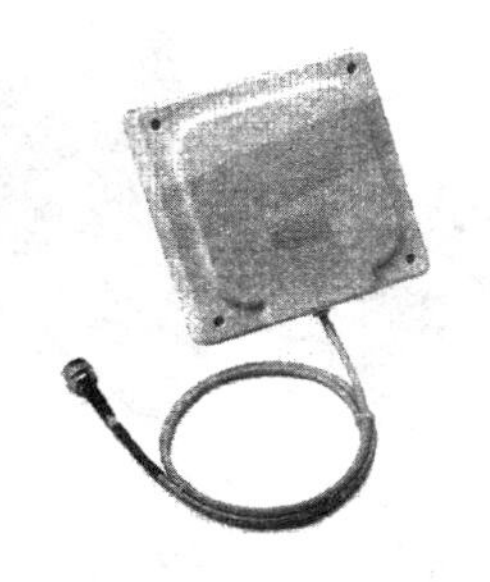

图 4.32 室内平板定向天线

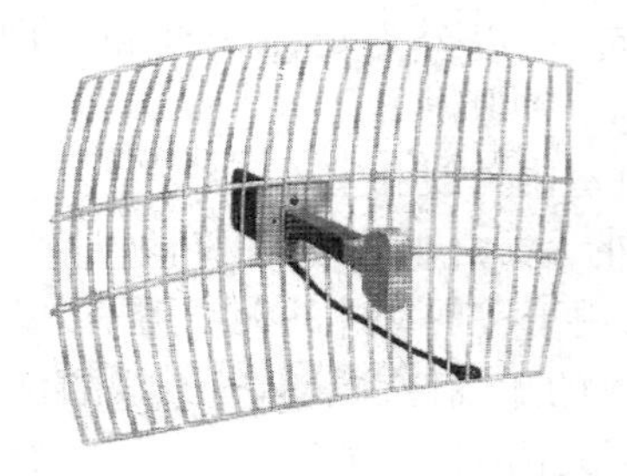

图 4.33 室外抛物面型定向天线

全向天线是一种可以提供 360°传输的天线。尽管全向天线可以覆盖所有区域，但是每个方向的信号都比较弱。所以，通常情况下，无线 AP 和无线路由应当选择全向天线，而无线网卡则采用定向天线。如图 4.34 所示为室外全向天线，适用于无线网桥。

2)无线天线的选择策略

无论是无线网卡、无线 AP、无线网桥还是无线路由，都内置有无线天线。因此，当传输距离较近时，不需要安装外置的无线天线。然而，当在室内传输距离超出 20~30 m 范围，室外超出 50~100 m 范围时，就必须考虑为无线 AP 或无线网卡安装外置天线，以增强无线信号的强度，延伸无线网络的覆盖范围。

天线的品种比较多,可以分别适应不同频率、不同用途、不同场合、不同要求的情况,因此,在选购天线时,应当注意以下几个因素:

(1)无线标准

目前,可用的无线网络的标准主要有 4 个,即 802.11b、802.11g、802.11a 和 802.11n。执行不同标准的无线设备,应当选择与其标准相适应的无线天线。如图 4.35 所示为 802.11a标准室内全向天线,只能支持 5.0 GHz 频率的增益。

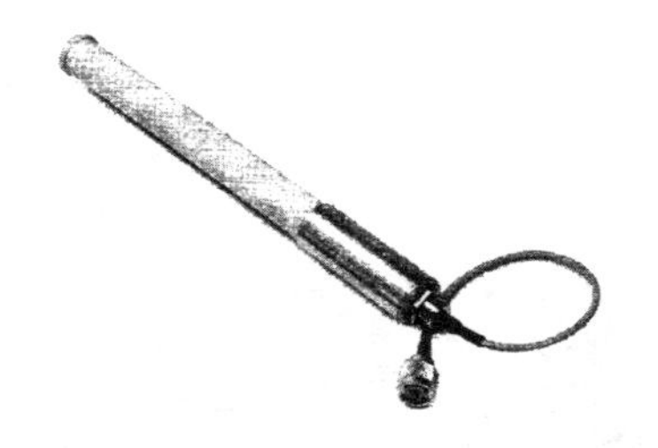

图 4.34　室外全向天线

图 4.35　5.0 GHz 室内全向天线

(2)应用环境

当需要远距离通信时,无线 AP 和无线路由的天线通常位于室内(用于室外覆盖的无线 AP 的天线也位于室外),而无线网桥的天线则位于室外,因此,应当根据需要选择适用于不同环境的室内天线或室外天线。图 4.36 为室内全向天线。

注意:室内天线没有做过防水盒防雷击处理,因此,绝对不可以用于室外。

(3)传输方向

如果无线信号发送和接收的方向性非常强,为了提高网络传输距离和信噪比,应当采用定向天线;如果无线信号需要覆盖的范围非常大,则应当采用全向天线。

(4)网络类型

对于对等网络而言,所有无线网卡都应当采用全向天线。如果无线网络中只有两块,应当全部采用定向天线。

对于接入点网络而言,由于无线 AP 或无线路由需要为无线网络内所有的无线网卡提供无线连接,应当选择全向天线。而作为移动的无线客户端而言,由于其位置往往不断变化,因此,通常也选择全向天线。个别距离无线 AP 较远的无线客户端,也可采用定向天线接入无线网络。

为了扩大无线信号的覆盖范围,通常情况下,无线漫游网络应当全部采用全向天线。

点对点传输模式的方向性非常强,因此,全部采用定向天线。

点对多点传输模式,除中心点采用全向天线外,其他点则采用定向天线。对于基于 802.11n 标准构建的点对多点无线网络,中心点和其他点也可全部采用定向天线。

(5)兼容性能

802.11n 采用了一种软件无线电技术,是一个完全可编程的硬件平台,使得不同系统的基站和终端都可以通过这一平台的不同软件实现互联和兼容,使得 WLAN 的兼容性得到极大改善。然而,802.11n 若欲同时实现与 802.11b/g 和 802.11a 的兼容,必须同时连接 2.4 GHz 和 50 GHz 天线。

(6)覆盖范围

当需要远距离传输时,应当选择高增益的天线,而对于传输距离较近的无线网络而言,可以选择低增益天线。通常情况下,高增益天线适合远距离传输,而低增益天线则适合做网络漫游等需要大覆盖范围的应用。增益的大小使用 dBi 表示,室内天线大多为 2~5 dBi,室外天线大多为 9~14 dBi。如图 4.36 所示为室内 2.2 dBi 旋转全向天线,适用于传输距离较近的无线路由、无线 AP 和无线网卡。

(7)安装位置

尽管有些室内天线既可以安装于桌面,也可以安装于墙壁,但也有些产品只适合置于桌面。因此,应当根据无线 AP 或无线路由的安装位置,来确定采用适当类型的室内天线。如图 4.37 所示为安装于楼顶的天线。

图 4.36　室内 2.2 dBi 旋转全向天线

图 4.37　安装于楼顶的天线

(8)产品品牌

尽管无线产品都执行同一国际标准,但不同产品往往拥有不同的接口,使用不同的电缆。不同品牌的无线天线往往不能通用,应当选择与无线产品同一品牌的无线天线。

3)无线 AP 和天线的安装位置的选择

无线 AP 是无线网和有线网之间沟通的桥梁。由于无线 AP 的覆盖范围是一个向外扩散的圆形区域,因此,应当尽量把无线 AP 放置在无线网络的中心位置。从无线网络覆盖范围来说,一个符合 802.11b 标准的无线宽带路由器的室内覆盖范围虽然只有 30 m 左右,但足以覆盖整个房屋,不过钢筋混凝土结构的承重墙对无线信号的阻碍极强,基本上可以说是 100%的阻隔,而且各无线客户端与无线 AP 的直线距离最好不要超过 30 m,以避免因通信信号衰减过多而导致通信失败。为了获得更大的信号覆盖范围,建议在条件允许的情况下把 AP 和路由器尽量安置在房间比较高的位置,如图 4.38 所示。

图 4.38　墙上安装的无线接入点

如果是复式结构住宅或者别墅考虑布置无线网络,每层最好都配置专门 AP。无线宽带路由器可能需要摆在高处或空旷的地方,以使四周可以获得更强的信号。另外,因为无线信号是以球形来发射的,信号覆盖主要以球形半径为测量和评价标准,因此将无线设备放置到房间的中部区域能够最有效果的发挥信号覆盖效果,否则在我们的房间内很可能会出现盲点。

要部署封闭的无线访问点,第一步就是合理放置访问点的天线,以便能够限制信号在覆盖区以外的传输距离。对于室内天线建议别将天线放在窗户附近,因为玻璃无法阻挡信号。最好将天线放在需要覆盖的区域的中心,尽量减少信号泄露到墙外。对于室外天线应该选择安装在无线网络的中心区域的电线杆高处或高层建筑楼顶或高塔之上,如图4.39和图4.40所示。

图4.39　线杆高处架设无线天线

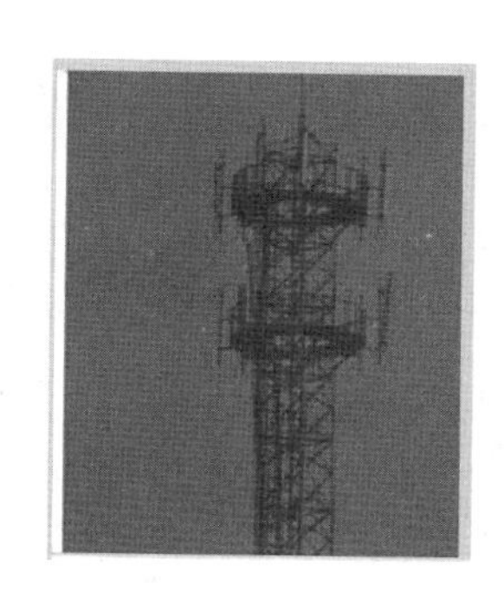

图4.40　高塔架设无线天线

任务3　认识无线局域网模式

无线局域网与传统以太网最大的区别就是对周围环境没有特殊要求,只要电磁波能辐射到的地方就可搭建无线局域网,因此,也就产生了多种多样的无线局域网组建方案。当然,应当根据实际环境和网络需求来选择采用何种无线网络组建方案。

1.对等无线网络

所谓对等无线网络方案,是指两台或多台计算机使用无线网卡搭建对等无线网络,实现计算机之间的无线通信,并借助代理服务器实现Internet连接共享。

1)对等无线网络的组成与拓扑

在这种网络中,台式计算机和笔记本电脑均使用无线网卡,没有任何其他无线接入设备,是名副其实的对等无线网络,如图4.41所示。如果每台计算机都拥有无线网卡,而支持迅驰技术的笔记本电脑都提供了对无线网络的支持,只需将所有计算机简单设置为无线对等连接,即可实现彼此之间的无线通信。

若欲将其中一台计算机设置为代理服务器,则需要在该计算机上同时安装无线网卡和以太网卡(或3G上网卡),分别连接至ADSL Modem(或3G网络)和无线网络,即可实

图 4.41　对等无线网

现对等无线网络的 Internet 连接共享，如图 4.42 所示。

对等无线网络中的所有客户端都必须设置唯一的网络名标识（Service Set Identifier，SSID），用于区分与之相邻的无线网络。唯有如此，相关的无线客户端才能加入至同一无线网络，实现彼此之间的通信。由于对等无线网络接入的客户端数量相对较少，且大多为临时使用，因此，SSID 字符串可以由无线客户端用户临时协商，并设置一致。

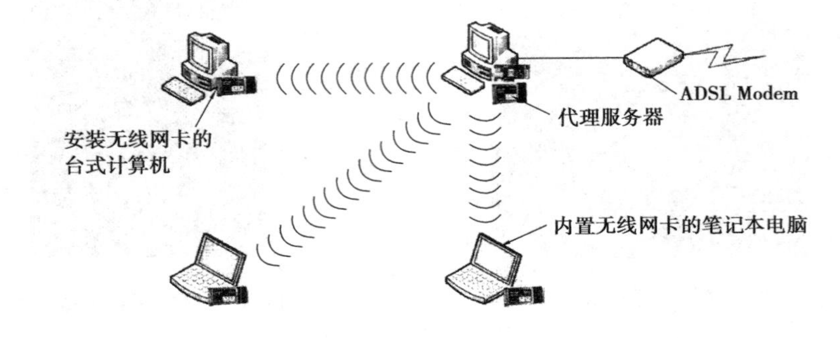

图 4.42　对等无线网的 Internet 连接共享

2）对等无线网络的特点与适用情况

（1）对等无线网络的优点

◇费用低廉。不需要购置昂贵的无线宽带路由器或无线 AP，只需为每台计算机购置一块无线网卡，即可实现彼此之间的无线连接。对于已经内置有无线网卡，提供了对无线网络支持的笔记本电脑而言，甚至不需要任何额外的购置费用。

◇宽带适中。IEEE 802.11g 标准所提供的传输速率为 54 Mbit/s，而 IEEE 802.11n 所提供的传输速率则为 150 Mbit/s。当然，该传输带宽是由入网的几台计算机所共享，因此，无线对等网络中的计算机数量不宜太多。

◇连接灵活。采用无线方式实现计算机之间的连接，既不需要使用有线通信线缆，更不需要考虑网络布线的问题，加入无线网络的计算机只要在适当的距离之内，就可以非常灵活地进行连接。

（2）对等无线网络的适用情况

◇临时网络应用。一同出游的朋友之间、野外作业的同事之间、列车上相识的旅客之间、外出采风的影友之间都可以借助对等无线网络互传文件、对战游戏、共享资源，甚至在移动的车辆上都可以始终保持网络连接的畅通。不过，无线信号在封闭空间的有效传输距离为 20～30 m。

◇家庭无线网络。对于二人世界的 Mini 家庭而言，甚至不需要无线路由器，就可以实现简单的文件资源共享和 Internet 连接共享。

✧简单网络互联。对于需要实现简单文件资源的两台或多台计算机,也可以采用无线网络实现互联。但是,要求所有接入网络的无线网卡都采用统一的无线标准。

2.独立无线网络

所谓独立无线网络,是指无线网络内的计算机之间构成一个独立的网络,无法实现与其他无线网络和以太网络的连接,独立无线网络由一个无线访问点和若干无线客户端组成。

1)独立无线网络的组成与拓扑

独立无线网络方案与对等无线网络方案非常相似,所有计算机都必须安装无线网卡,或者内置无线网络适配器。所不同的是,独立无线网络方案中加入了一个无线访问点,如图 4.43 所示。无线访问点类似于传统以太网中的集线器,可以对无线信号进行放大处理。一个无线工作站到另外一个无线工作站的信号都经由该无线 AP 放大并进行中继。因此,拥有 AP 的独立无线网络的网络直径将是对等无线网络有效传输距离的 1 倍,室内通常可以达到 50~60 m,室外通常可以达到 100~200 m。

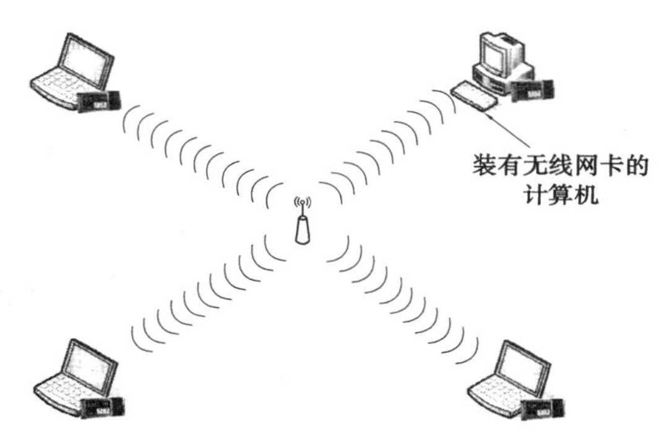

图 4.43　独立无线网络

独立无线网络也必须设置唯一的 SSID,即需要连接至此网络并配备所需硬件的所有无线设备(包括无线计算机、打印机和摄像头等)均必须使用相同的网络名进行配置。SSID 通常被指定为公司名称或其他易于识别的字符串,用于区分与之相邻的无线网络。

借助 SSID 技术,可以将一个无线局域网分为几个需要不同身份验证的子网络。每个子网络都需要独立的身份验证,只有通过身份验证的用户才可以进入相应的子网络,防止未被授权的用户进入本网络。

无线客户端只要在无线 AP 信号覆盖的范围内,即可与无线 AP 以及其他无线客户端进行通信。换言之,独立无线网络中的无线客户端,既可以与无线 AP 通信,也可以与其他无线客户端通信,二者并行不悖。

2)独立无线网络的特点与适用情况

(1)独立无线网络的优点

✧覆盖范围较大。由于无线客户端之间的无线通信都经由无线 AP 中继,因此,无线信号的覆盖直径至少为原来直径的 2 倍,覆盖范围自然大幅增加。

✧接入客户端数量较多。由于一台无线 AP 最多可以支持 30 个无线客户端,因此,每个独立无线网络中的计算机数量可以达到30台左右。当然,由于无线网络是共享宽带,考虑到传输效率和速率的问题,每个无线接入点推荐接入10~15个无线客户端。

✧兼容多种无线标准。802.11g无线AP可以同时支持802.11b/g两个无线标准,而802.11n则可以同时支持802.11b/g/n 3个无线标准,从而实现多个无线标准的无线客户端彼此之间的通信。

(2)独立无线网络的适用情况

✧临时网络应用。由于独立无线网络的安装比较简单,只要一台无线AP就可以搭建一个小型无线网络,不需要进行网络布线,因此,特别适合于一些需要临时组建网络的应用场合。

✧小型办公网络。由于每个无线接入点能够容纳的计算机数量有限,因此,独立无线网络只适用于组建规模不大的小型无线网络,容纳的计算机数量最多不超过30台,以10~15台为宜。

3.接入无线网络

当无线网络用户足够多,或者确有无线接入需求时,可以在传统的局域网中接入一个或多个无线接入点,从而将无线网络连接至有线网络主干。无线AP在无线工作站和有线网络主干之间起网桥的作用,实现了无线与有线的无缝集成,既允许无线工作站访问网络资源,同时又为有线网络增加了可用资源。

1)接入无线网络的组成与拓扑

由于无线AP都拥有一个以太网接口,因此,可以借助安装无线AP的方式,实现无线局域网与有线局域网的融合,实现无线客户端与有线客户端和服务器的通信,不仅可以实现局域网资源的共享,而且增加了传统局域网接入方式的灵活性。如图4.44所示为接入无线局域网拓扑图。

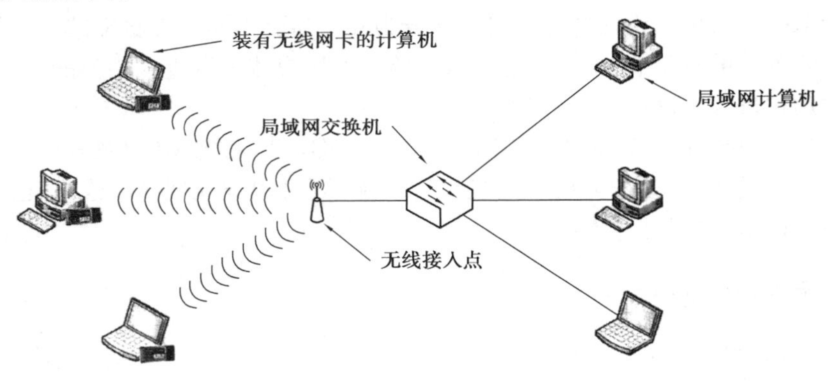

图4.44　接入无线局域网拓扑图

2）接入无线网络的特点与适用情况

接入无线网络用于将大量的移动用户连接至有线网络，从而以低廉的价格实现网络直径的迅速扩展，或为移动用户提供更灵活的接入方式。无线 AP 使用双绞线连接至局域网交换机或宽带路由器，实现网络扩展和 Internet 连接共享。

（1）接入无线网络的优点

✧灵活接入。在无线信号的覆盖范围内，笔记本电脑用户即可接入无线网络（传统台式机则只需安装一块无线网卡），实现与其他用户和局域网的连接，共享网络资源和 Internet 连接。

✧扩充简单。由于不需要重新布线，也不需要使用跳线和信息插座，因此，可以随时容纳新加入的用户，网络扩展变得十分简单。

✧兼容有线。与无线 AP 相连的交换机，除了可用于连接无线 AP 外，还可直接连接计算机或交换机，从而实现无线网络与有线网络的兼容与通信。

✧无线覆盖有限。无线网络在室内的覆盖半径只有 20~30 m，所以该方案的无线覆盖范围非常有限。因此，无线接入应当只被应用于最需要移动接入的地方。

（2）接入无线网络的适用情况

✧频繁接入和离开网络的用户。网络通信量不是很大，而且绝大多数用户都对移动办公有较高的要求（如笔记本电脑用户），或者需要频繁接入或离开网络（如公司售前和售后人员）。

✧临时接入局域网。对于一些需要临时接入局域网的场合，比如会议室、接待室等，也可以采用无线接入方式，为移动办公用户提供灵活方便的网络接入。

✧不方便布线的场合。对于一些跨度较大、用户数量不多、不方便布线的场合，若欲实现网络资源共享、办公自动化或电子商务，也可采用无线接入方式。

✧局域网的补充。由于无线 AP 可以提供灵活的、可扩展的网络接入，因此，被广泛应用于各种类型的局域网络，作为局域网络传统接入方式的有效补充。

4.无线漫游网络

在无线漫游网络中，无线访问点借助网络分布系统（网络中枢）连接在一起。当无线网络用户从一个位置移动到另一个位置时，或者一个无线访问点的信号变弱或访问点由于通信量太大而拥塞时，可以连接到另外一个新的访问点，而不中断与网络的连接。无线漫游网络与蜂窝移动电话非常相似，将多个 AP 各自形成的无线信号覆盖区域进行交叉覆盖，实现各覆盖区域之间的无缝连接。

1）无线漫游网络的组成与拓扑

欲实现无线网络漫游，必须在漫游区域内实现无线信号的无缝覆盖。由于每个无线 AP 的信号范围有限，因此，无线漫游的区域越大，则需要的无线 AP 数量越多。通常情况下,都是借助已有的传统局域网,将所有的无线 AP 逻辑地连接在一起,并借助专门的无线局域网控制设备实现对无线 AP 的自动化配置和管理。

无线漫游网络用户在无线信号覆盖区域内的移动过程中,根本感觉不到无线 AP 间进行的切换,能够持续地保持与无线网络的连接,并进行正常的网络通信。如图 4.45 所示为某办公大厅内的无线漫游拓扑图。

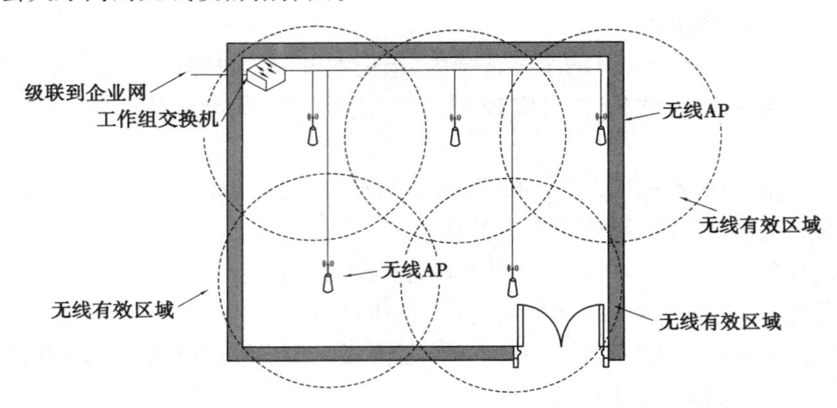

图 4.45 某办公大厅无线漫游拓扑图

注意:所有无线 AP 不必连接至同一交换机,甚至不必划分至同一 VLAN。只要所有无线 AP 逻辑地连接在一起,并能够实现与无线局域网控制设备的通信,即可实现无线漫游。

当需要在室外实现无线漫游时,则必须实现室外的无线覆盖,即应当在建筑内安装若干无线 AP,并连接至网络主干,如图 4.46 所示,实现无线局域网控制设备的通信。

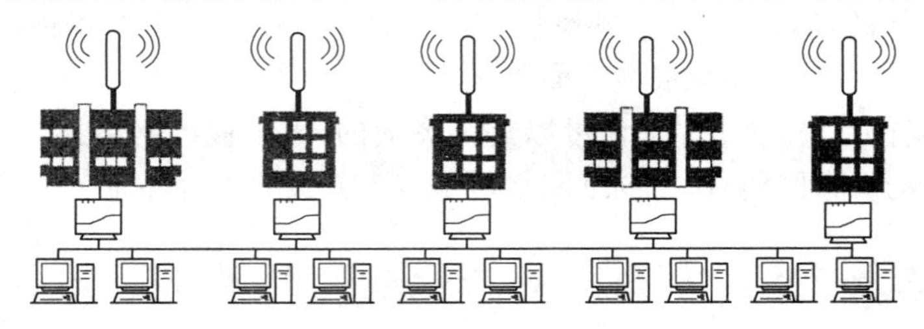

图 4.46 室外无线漫游网络

2) 无线漫游网络的特点与适用情况

所有无线 AP 通过双绞线与有线骨干网络相连,形成以固定有线网络为基础,无线覆盖为延伸的大面积服务区域。所有无线终端通过就近的、信号最强的、通信量最小的无线 AP 接入网络,进而访问整个网络资源。蜂窝覆盖大大扩展了单个无线 AP 的覆盖范围,从而突破了无线网络覆盖半径的限制,用户可以在无线 AP 群覆盖的范围内漫游,而不会和网络失去联系,通信不会中断。

(1)无线漫游网络的优点

无线漫游网络具有如下优点：

✧增加覆盖范围,实现全场覆盖；

✧实现众多终端用户的负载平衡；

✧可以动态扩展,系统可伸缩性大；

✧对用户完全透明,保证覆盖场内服务无间断。

由于多个AP信号覆盖区域相互交叉重叠,因此,各个AP覆盖区域所占频道之间必须遵守一定的规范,邻近的相同频道之间不能相互覆盖,否则会造成AP在信号传输时的相互干扰,从而降低AP的工作效率。对于802.11b/g而言,在所有可用的11个频道中,仅有3个频道是完全不覆盖的,分别是频道1、频道6和频道11,利用这些频道作为多蜂窝覆盖是最合适的,如图4.47所示。对于802.11a而言,则拥有高达12个互不干扰的频道,因此,当能够获得客户端支持时,更适合用于实现无线漫游网络。

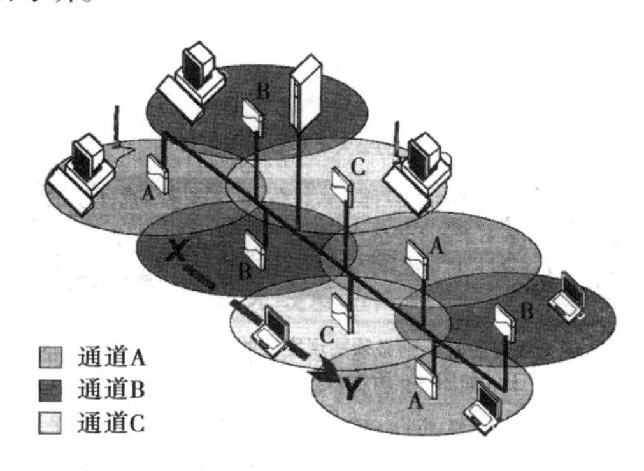

图4.47 无线漫游网络

(2)无线漫游网络的适用情况

✧不便布线的场所。由于无线蜂窝覆盖技术的漫游特性,使其成为应用最广泛的无线覆盖方案,适合在仓库、机场、医院、图书馆、报告厅、会议大厅、办公大厅、会展中心等不便于布线的环境中使用,快速简便地建立起区域内的无线网络,用户可以在区域内的任何地点进行网络漫游,从而解决了有线网络无法解决的问题,为用户带来了最大的便利。

✧需要提供灵活接入的场所。适合学校、智能大厦、办公大楼等移动办公需求较多,需要提供灵活网络接入的场所。

5.点对点无线网络

点对点无线网络,是指使用两个无线网桥,采用点对点连接的方式,将两个相对独立的网络连接在一起。点对点通信使用独享的"信道",不受其他人的干扰。当建筑物之间、网络子网之间相距较远时,可使用高增益室外天线的无线网桥以提高其覆盖范围,实现彼此之间的连接。

1)点对点无线网络的组成与拓扑

在点对点无线网络中,必须将其中一个无线网桥设置为"Root"(根),另一个无线网桥设置为"Non-root"(非根),一个"根"和一个"非根"才能实现彼此之间的通信。通常情况下,离网络核心交换机较近的一端设置为"根网桥",另一端设置为"非根网桥",如图

4.48所示。另外，为了增大无线信号的增益，延长有效传输距离，点对点无线网络应当采用室外定向天线。

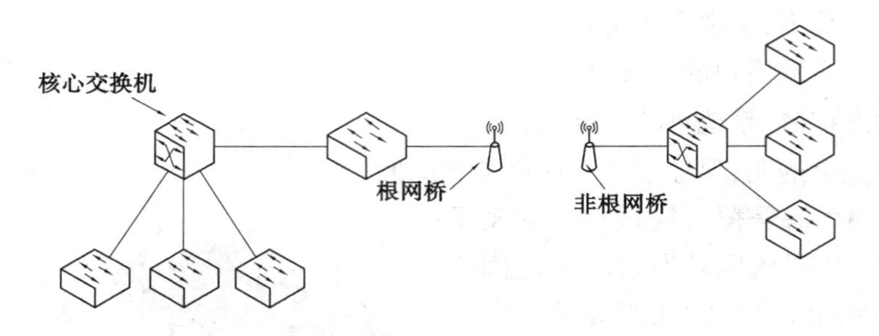

图 4.48 点对点无线网线

2）点对点无线网络的特点与适用情况

点对点无线网络，通常使用于两个建筑物、两个园区、总部与分支机构之间的连接。当建筑物之间、园区和单位内部采用光纤或双绞线等有线方式难以连接时（如中间间隔有道路、河流等，或者因相距较远敷设光纤费用太高），可采用点对点的无线连接方式。可以将每栋建筑或独立区域视为一个局域网络，只需在每个网段中都安装一个无线网桥，即可实现网段之间点对点的连接，如图 4.49 所示。

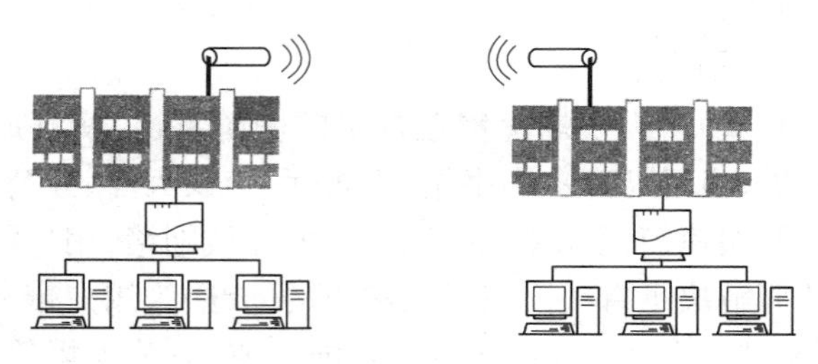

图 4.49 点对点无线网络

由于无线网桥均同时拥有无线接口和以太网接口，因此，只需将无线网桥与汇聚交换机连接在一起，即可实现两个局域网络之间的远程无线互联。

6.点对多点无线网络

点对多点无线网络，是指使用多个无线网桥，以其中一个无线网桥为根，其他非根无线网桥分布在其周围，并且只能与位于中心的无线网桥通信，从而将多个相对独立的网络连接在一起，实现彼此之间的数据交换。

1）点对多点无线网络的组成与拓扑

每个需要连接到网络的子网都连接一台无线网桥，由于无线网桥之间可以相互通信，

因此，连接至网桥的局域网之间也就可以进行通信了。在点对多点的无线网络拓扑中，位于中心的无线网桥因为要与位于周围不同位置的无线 AP 进行通信，因此，需要使用全向天线。而其他无线网桥，因为其只与中心网桥通信，为了能够达到最好的通信质量，则需要选用定向天线。如图 4.50 所示为点对多点无线网络拓扑结构。

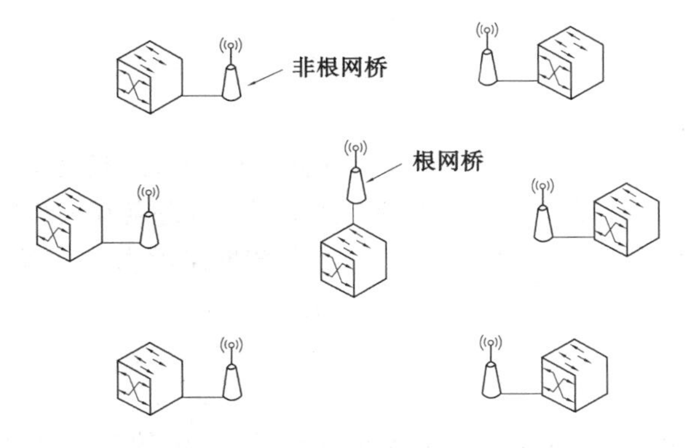

图 4.50　点对多点无线网络拓扑结构

2）点对多点无线网络的特点与适用情况

点对多点无线网络适用于 3 个或 3 个以上的建筑物之间、园区之间，或者总部与分支机构之间的连接。当采用光纤或双绞线等有线方式难以连接，或者连接费用太高时，可以采用点对多点的无线连接方式。可以将单位的各个部分分别看作一个局域网，只需在每个网段中都安装一个无线网桥，即可实现网段之间点对多点的连接。

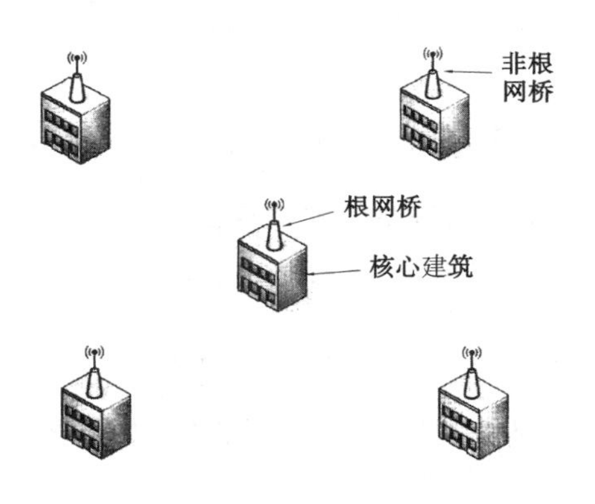

图 4.51　点对多点的应用

点对多点无线网络，一般用于建筑群之间的各个局域网之间的连接，在建筑群的中心建筑顶上安装一个全向无线 AP，在其他建筑上安装指向中心建筑的定向无线 AP，即可实现与其覆盖范围内的其他建筑的局域网互联，如图 4.51 所示。

由于公司和高等院校的不断整合，大量公司往往划分为总部和分支机构，而高等院校也往往划分为若干个校区。如果使用传统的有线网络，由于经费开支、市政规划等各种原因，根本不可能实现网络布线。无论是租用电信企业的光纤还是租用电力企业的电杆，都因为费用太高而成为不可能实现的方案。此时，采用点对多点无线网络无疑是最经济、也最可行的方案。只要建筑物之间并没有太大的障碍物，不会对无线信号的传输造成影响，此时，则可以通过建立无线网络的方式实现网络的互联。

任务 4　构建小型办公（SOHO）无线局域网

1.方案选择

在小型办公网络中，无论是共享 Internet 连接、共享打印，还是共享资源，都是必不可少的网络应用。如果采用传统的方式，无论走到哪儿，都要拖着长长的“尾巴”，不仅显得非常累赘，而且往往受到网络接口的限制。采用无线网络就大不同了，在任何覆盖无线信号的范围内，都可以随心所欲地共享计算机的资源。

1）对等无线网络方案

对等无线网络方案，是无线网络的基本应用形式，其中的各台计算机不需要额外的设备投入，每台计算机只需安装必要的无线网卡，即可实现计算机间的通信。另外，使用无线网络同样可以实现共享 Internet 的目的。

无线对等网络方案的具体内容，请参见“认识无线网络模式”的相关内容，这里就不再赘述。

2）无线路由器方案

所谓无线路由器方案，是指采用无线路由器作为集线设备，实现计算机之间的无线连接，并共享 Internet 接入。

（1）方案分析

无线路由器不但可以提供无线客户端的接入，还可以实现无线网络中的 Internet 连接共享，实现 ADSL、Cable Modem 和小区宽带的无线共享接入。如果不购置无线路由器，就必须在无线网络中设置一台代理服务器才可以实现 Internet 连接共享。

无线路由器除可实现无线接入外，通常还拥有 1～4 个以太网端口，允许计算机直接使用跳线连接至以太网接口。无线路由器方案的拓扑结构如图 4.52 所示。

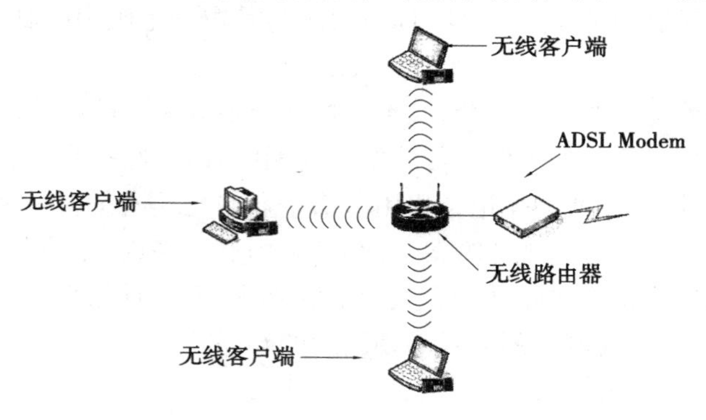

图 4.52　无线路由器方案

该方案适用于以下情况:

✧ ADSL 接入:ADSL Modem 必须采用 RJ-45 接口,并且不具有路由功能或者采用了桥接方式。

✧住宅小区 LAN 方式接入。

(2)方案特点

✧移动灵活。每台计算机只需安装一块无线网卡,无论在卧室、客厅、阳台还是其他地方,均可随时随地接入家庭无线网络,实现与其他计算机的通信,并借助无线路由器实现 Internet 连接共享。

✧不需要布线。由于计算机与无线路由器之间采用微波进行通信,因此无线家庭网络不需要实施网络布线,既不会破坏原有的装修风格,又可节约布线投入。

✧兼容有线。无线路由器拥有 LAN 接口,因此除了可以无线连接外,还兼容有线的已处于开机状态的计算机之间的资源和文件共享。经过设置,无线路由器可以在客户机访问时自动创建 Internet 连接,并在经过一段时间的空闲后自动切断,从而节约 Internet 接入费用。

✧全面覆盖。在相对封闭的室内,无线路由器的有效覆盖半径大致为 20~30 m,对于大多数的住宅而言已经足够了,可以在家庭的每个角落都能获得良好的无线信号。

(3)设备选择

无线路由器方案,除了需要一台无线路由器外,无线接入的计算机还应当各安装一块无线网卡。对于家庭用户而言,建议选择国产著名品牌(如 TP-Link)的无线套件。所谓无线套件,通常是一块无线网卡与一台无线路由器的组合。之所以推荐选择套件是因为厂商在销售套件时会采用一种特殊优惠的销售策略,价格会更便宜。

3)“无线 AP+宽带路由器”方案

该方案采用无线 AP 作为无线客户端的接入设备,然后再使用宽带路由器作为传统的集线设备,实现无线 AP 之间的互联和无线用户的漫游,为所有用户提供灵活的无线网络接入和 Internet 连接共享。

该无线方案为纯无线接入方案,根据办公场所的面积和分布情况,安装 2 个或 3 个无线 AP,实现无线信号的全部覆盖,并分别设置不同的频道,实现用户在整个企业的无线网络漫游。所有无线 AP 均使用双绞线连接至宽带路由器,实现无线 AP 之间的相互联接,并实现 Internet 连接共享。打印机既可以安装网络适配器连接至宽带路由器,也可以安装无线网络适配器无线接入 SOHO 网络。该无线方案的拓扑结构如图 4.53 所示。

4)“交换机+无线路由器”方案

该方案为无线与有线混合接入方案,适用于规模较小、对移动办公有一定需求的小型办公网络。

由于无线路由器既可为无线网卡提供 WLAN 接入,又拥有 4 个以太网 LAN 接口,实现与计算机、交换机和集线器的连接,从而实现无线与有线的融合。同时,由于无线路由器具有宽带路由的功能,所以也可为整个办公网络提供 Internet 连接共享。“交换机+无线路由器”方案的拓扑结构如图 4.54 所示。

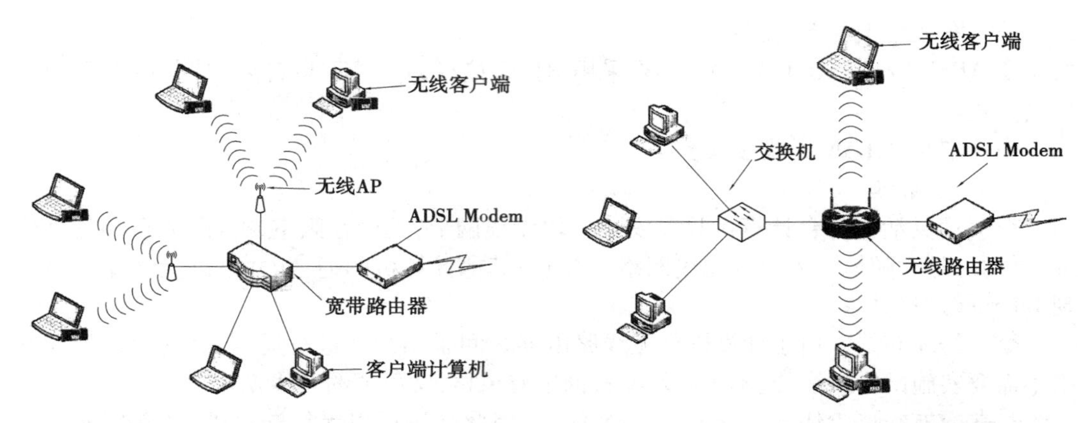

图 4.53 “无线 AP+宽带路由器”方案

图 4.54 “交换机+无线路由器”方案

5)“无线 AP+交换机+宽带路由器”方案

该方案为无线与有线混合接入方案，在许多方面与“无线 AP+宽带路由器”方案非常相似。

“无线 AP+交换机+宽带路由器”方案采用交换机作为中心集线设备，更适合规模较大的办公网络，实现无线网络与有线网络的兼容，既保护了原有以太网投资，又保证了移动办公的需求。其拓扑结构如图 4.55 所示。

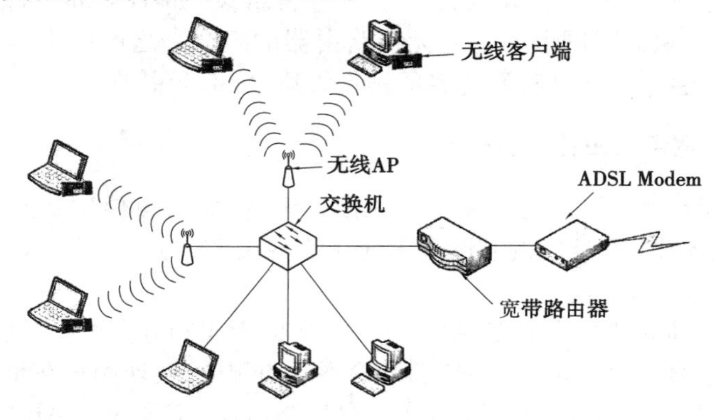

图 4.55 “无线 AP+交换机+宽带路由器”方案

6)“无线 AP+交换机+代理服务器”方案

该方案与“无线 AP+交换机+宽带路由器”方案非常相似，只是将宽带路由器更换为代理服务器。因此，这两种方案无论是网络特点，还是适用情形都基本相同。

与“无线 AP+交换机+宽带路由器”方案相似，网络的上网流畅性在该方案中同样依赖于处于网络出口处的设备，这里为代理服务器，但因为代理服务器的性能要比宽带路由器强很多，所以该方案最大的计算机数量也要比宽带路由器多。

该方案依然以交换机作为核心接入设备，并且以交换机的固定接入为主，无线 AP 的接入为补充，在保证较大规模网络的稳定、高速通信外，还提供了灵活的无线网络接入。

可以通过级联交换机的方式,提供更多的网络接口,适用于更大规模的网络。其拓扑结构如4.56所示。

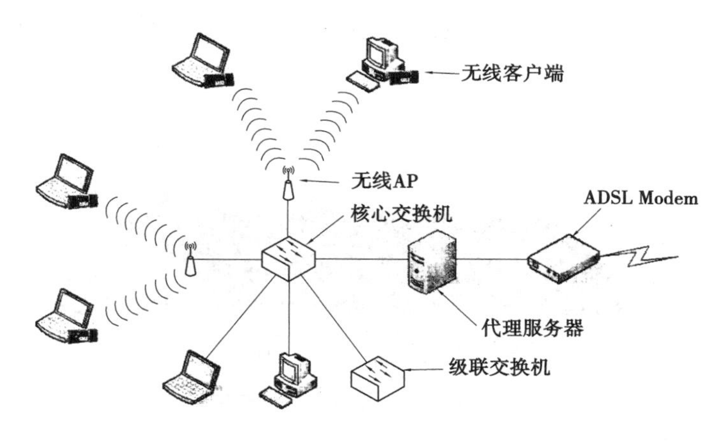

图4.56　"无线AP+交换机+代理服务器"方案

通过对以上几种方案的分析介绍,无线路由器方案对于大多数的家庭而言已经足够了,可以在家庭的每个角落都能获得良好的无线信号。

2.搭建与连接

虽然无线网络的发展前景很好,但因为受困于网络速度的连接,在当前的网络环境中,仍然只能是有线网络的补充。虽然无线网络的速度无法与有线网络相比,但对于普通用户而言,足以满足其网络需求。

目前,市场上的无线路由器接口类型基本相同,一般为4个局域网接口和一个广域网接口,这里以TP-Link TL-WR841N无线路由器为例进行介绍。

TP-Link无线路由器同样面向低端的家庭用户,向来以低价占领市场,精美的外观还可以为家居装修增添一分色彩。TL-WR841N同时提供4个10/100MB以太网口,用户可以通过有线和无线两种方式完成初始化配置。默认情况下,TL-WR841 N的DHCP服务器功能已经开启,并且没有任何加密措施,处于无线宽带路由器信号覆盖范围内的无线客户端,可以通过搜索的方式发现并连接无线网络。

1)熟悉无线路由器后面板

无线路由器后面板如图4.57所示,各接口含义如下:

✧ POWER:电源插孔,用来连接电源,为路由器供电。需要注意的是,为了保证设备正常工作,必须使用额定电源。

✧ RESET:复位按钮。用来使设备恢复到出厂默认设置。

✧ WAN:广域网端口插孔(RJ-45)。该端口用来连接以太网电缆或XDSL Modem/Cable Modem(即"猫")。

✧ LAN:局域网端口插孔(RJ-45)。该端口用来连接局域网中的集线器、交换机或安装了网卡的计算机。

✧ Turbo:TL-WR841N 提供催发路由器性能的 Turbo 穿墙按钮,可一键增强信号穿透能力,消除无线盲点,满足大面积无线覆盖需要。(注:系统默认开启,若无需增强信号,可关闭按键)

✧天线:用于无线数据的收发。

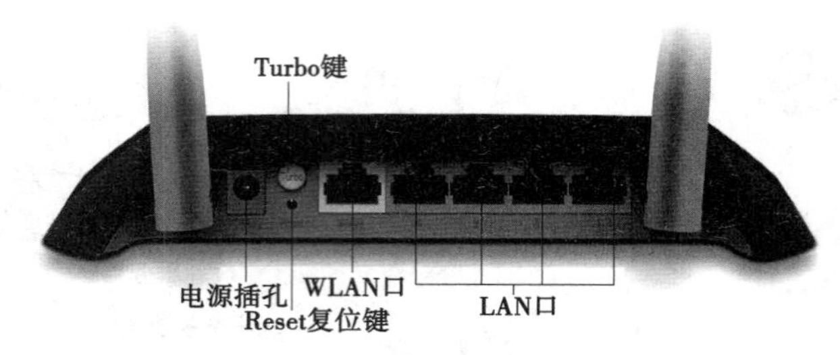

图 4.57 无线路由器后面板

如果要将路由器恢复到出厂默认设置,需要在路由器通电的情况下,按压 RESET 按钮,保持按压的同时观察 SYS 灯,大约等待 5 s 后,当 SYS 灯由缓慢闪烁变为快速闪烁状态时,表示路由器已成功恢复出厂设置,此时松开 RESET 键,路由器将重启并恢复出厂设置。

2)连接无线路由器

无线路由器的功能与普通路由器基本相同,都是为用户提供连接 Internet,其配置方法基本相同。常用的方法是将路由器的 WAN 接口与 ADSL Modem 相连,通过拨号连接 Internet。如图 4.58 所示为无线路由器的连接拓扑。

图 4.58 中的无线路由器为 TP-Link TL-WR941N 无线路由器。TL-WR841N 无线路由器的连接拓扑类似。

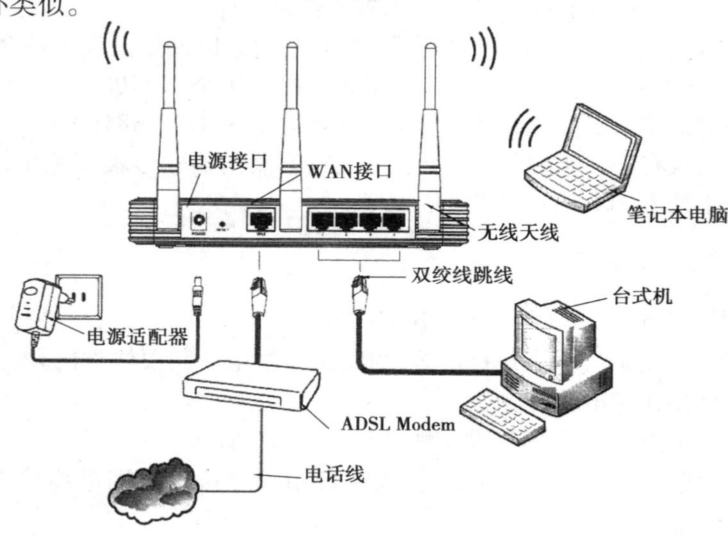

图 4.58 无线路由器的连接

3)设置无线路由器

(1)初始化配置

TL-WR841N 无线路由器使用的是 Web 界面配置方式。TL-WR841N 无线路由默认 IP 地址为 192.168.1.1,子网掩码为 255.255.255.0。默认用户名和密码均为 admin,默认启用 DHCP 服务器功能。客户端计算机不需要配置 IP 地址,或者将地址设置为 192.168.1.x,即可连接无线路由器并进行配置。

①使用将客户端计算机连接到无线路由器的 LAN 端口,打开 IE 浏览器,在地址栏中键入无线路由器的地址 http://192.168.1.1,按回车键,显示如图 4.59 所示的"Windows 安全"对话框,提示需要使用用户名和密码登录。

如果客户端计算机上安装了无线网卡,则不需使用双绞线也可以直接登录无线路由器。

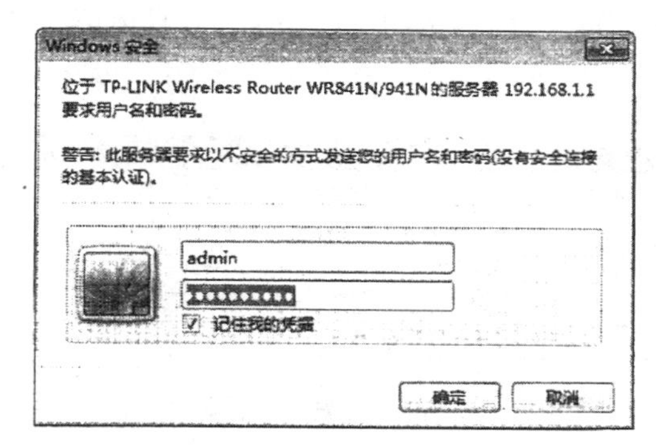

图 4.59　"Windows 安全"对话框

②在"用户名"和"密码"文本框中键入无线路由器的用户名和密码,默认均为"admin"。单击"确定"按钮,即可登录到无线路由器主页。第一次登录时将自动运行"设置向导"页面,以帮助用户快速完成基本配置,如图 4.60 所示。

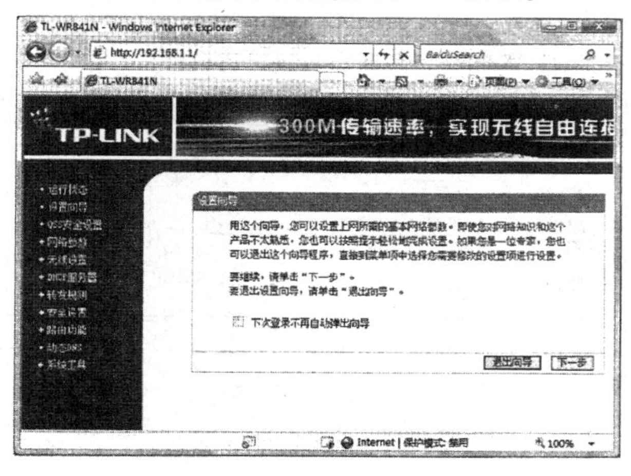

图 4.60　"设置向导"页面

③单击“下一步”按钮，要求选择上网方式，如图 4.61 所示。如果采用局域网接入方式上网，可选择动态 IP 或静态 IP；如果采用 ADSL 拨号方式上网，则可选择 PPPoE，这里以 ADSL 拨号方式上网为例。

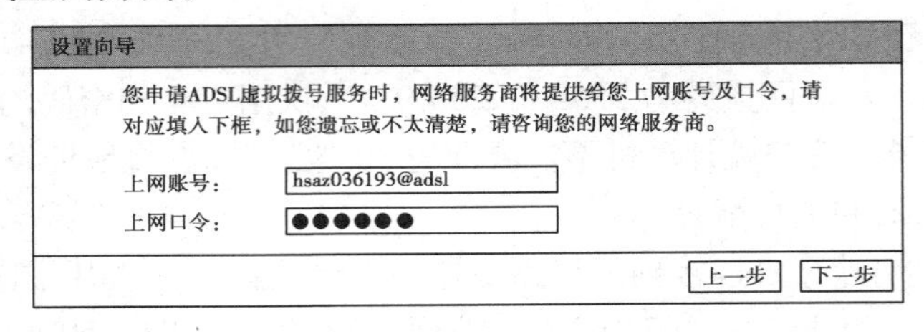

图 4.61　选择上网方式

④单击“下一步”按钮，提示输入“上网账号”和“上网口令”，分别输入向电信运营商申请的 ADSL 账户和密码即可，如图 4.62 所示。

其他上网方式的配置与有线宽带路由器完全相同，具体请参见其他相关内容，这里就不再赘述。

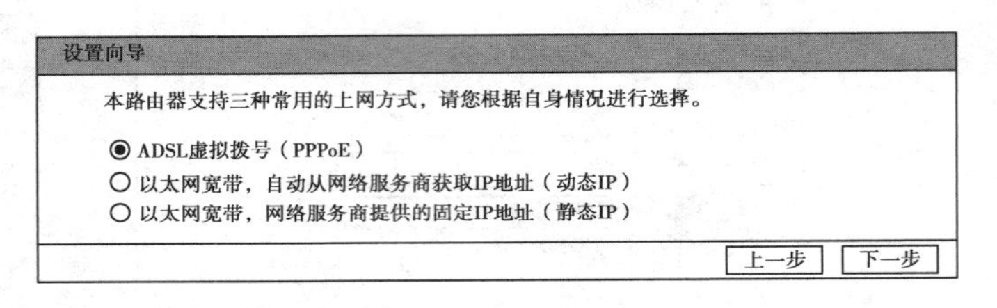

图 4.62　设置 ADSL 账号

⑤单击“下一步”按钮，显示如图 4.63 所示的对话框，可设置路由器无线网络的基本参数。

无线状态：选择“开启”则启用无线功能，选择“关闭”则关闭无线功能。

SSID：设置无线路由器的 SSID，用于客户端的连接。

信道：选择一个信道，共有 13 个信道可供选择。

频段带宽：可以选择 20 MB、40 MB 或者“自动”方式。

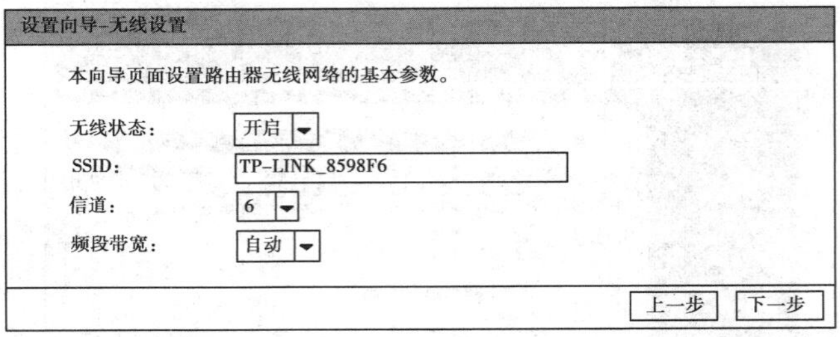

设置向导-无线设置

本向导页面设置路由器无线网络的基本参数。

无线状态：开启

SSID：TP-LINK_8598F6

信道：6

频段带宽：自动

上一步　下一步

图 4.63　无线设置

⑥单击“下一步”按钮，显示如图 4.64 所示的对话框，提示已经完成网络参数的设置，单击“完成”按钮，客户端计算机即可借助无线路由器正常上网。

也可以在 TP-LINK 主页中，单击窗口左侧的“网络参数”将其展开，单击“WAN 口设置”链接，显示如图 4.65 所示的“WAN 口设置”窗口，在“WAN 口连接类型”下拉列表中，即可设置上网方式。

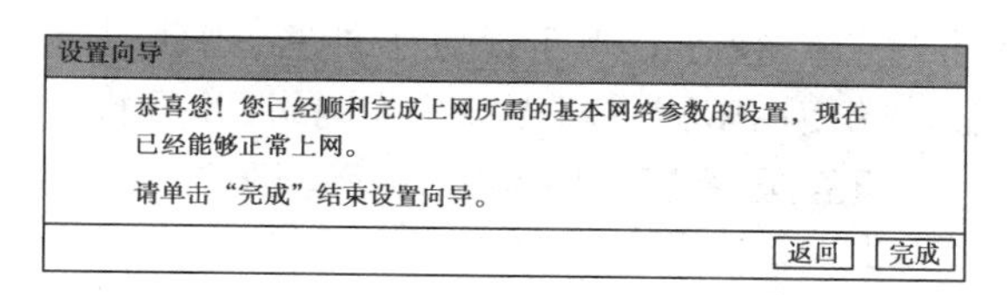

图 4.64 设置完成

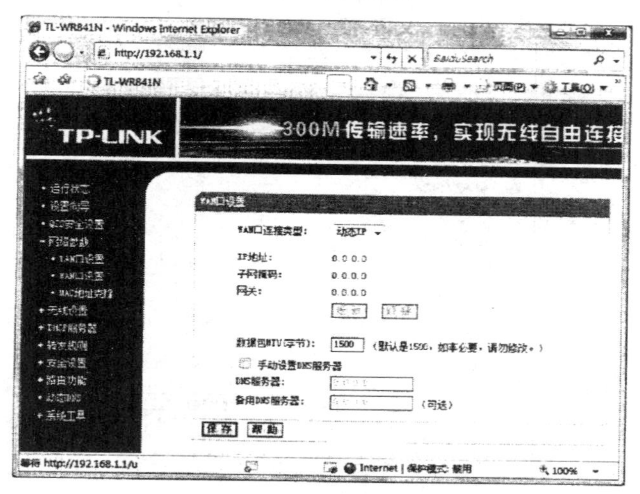

图 4.65 “WAN 口设置”窗口

(2) Internet 安全配置——无线网络安全设置

完成快速配置之后，即可实现基本的共享上网功能，但并未启用任何安全防护措施和高级管理功能，此时的无线网络是非常脆弱的。无线信号覆盖范围内的任何用户都可以进入无线网络，甚至可以浏览和使用共享资源。

默认状态下，无线路由器没有启用无线安全功能，用户不需密码即可接入无线网络。为安全起见，可为无线网络设置加密。

①单击“无线安全设置”超级链接，显示如图 4.66 所示的“无线网络安全设置”对话框，默认选择“关闭无线安全选项”单选按钮，不启用无线安全功能。

②选择一种安全加密方式，如 WEP、WPA/WPA2 或 WPA-PSK/WPA2-PSK，这里以 WPA-PSK/WPA2-PSK 为例，选择自动方式即可，如图 4.67 所示。然后，设置如下安全选项：

认证类型：选择一种认证类型，例如“开放系统”。

WEP 密钥格式：选择一种密钥格式，可以使用 ASCII 码作为密钥，或者使用十六进制字符作为密钥。

密钥:在“密钥类型”下拉列表中选择一种类型,然后在“密钥”文本框中键入密码。其中,64 位密钥要求使用 5 个字符,128 位密钥要求 13 个字符,152 位密钥则要求 16 个字符。

注意:WEP 加密经常用在老款的无线网卡上,新的 802.11n 不支持此加密方式。所以,如果您选择了此加密方式,路由器可能工作在较低的传输速率上。

③设置完成后单击“保存”按钮。由于设置了加密,则此时将会自动断开无线网络,如图 4.68 所示,需要客户端使用密钥重新连接无线网络,并重新登录无线路由器。

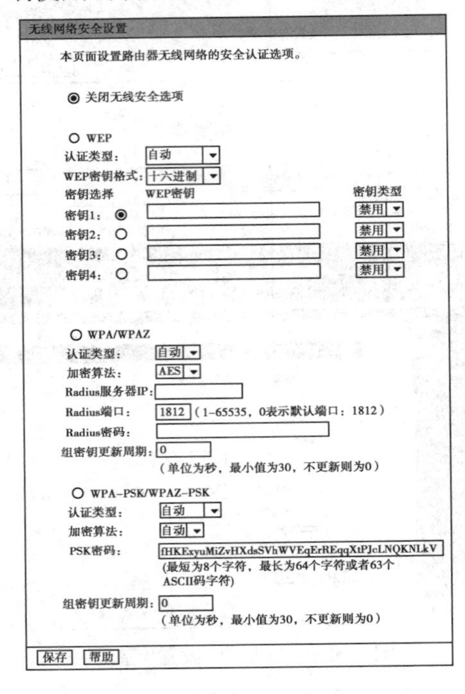

图 4.66 “无线网络安全设置”对话框

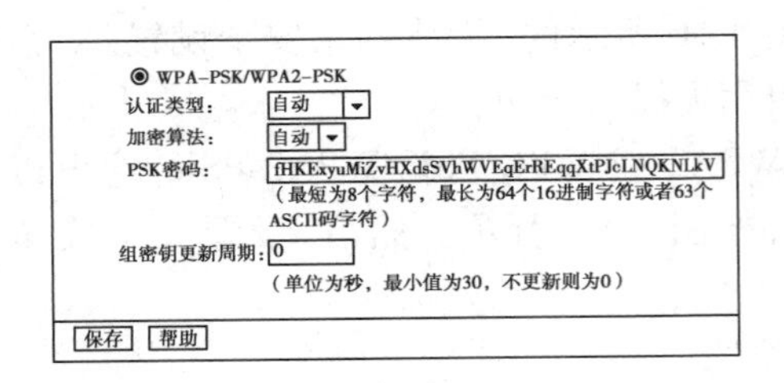

图 4.67 WEP 加密设置

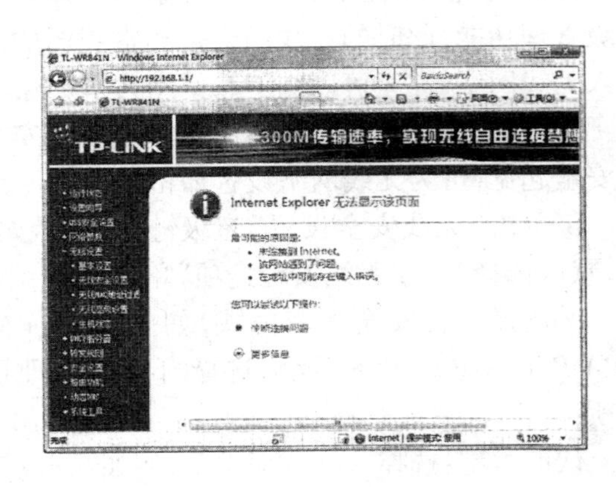

图 4.68 无法连接

Internet 安全设置还可过滤无线 MAC 地址,设置 IP 地址池,设置防火墙,过滤 IP 地址,过滤 MAC 地址,克隆 MAC 地址等,以提高无线上网安全。具体内容,这里就不再赘述。

4)配置客户端无线网卡

在配置无线客户端的无线网卡时,首先必须保证硬件设备已经正确安装,并安装了硬件的驱动程序。

①在 Windows 系统桌面上,右键单击“网上邻居”图标,从随后打开的快捷菜单中,执行“属性”命令,打开“网络连接”界面,如图 4.69 所示。

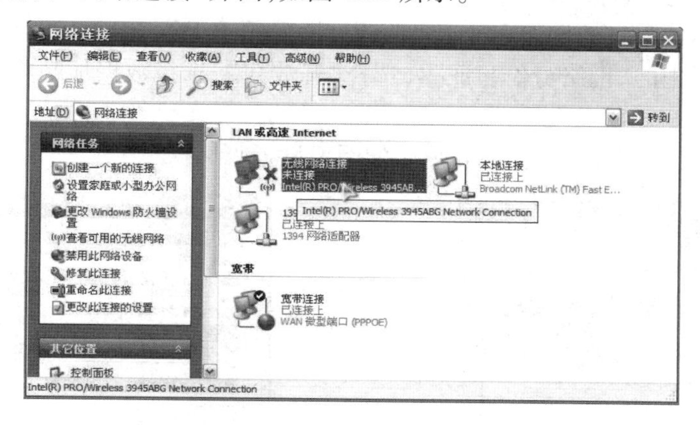

图 4.69　网络连接窗口

②在这个界面中,用鼠标右键单击“无线网络连接”图标,从随后打开的快捷菜单中,执行“属性”命令,这样系统就会自动显示“无线网络连接属性”设置对话框,如图 4.70 所示。

③用鼠标选中“无线网络配置”标签,并在随后弹出的标签页面中,用鼠标选中“用 Windows 来配置我的无线网络配置”复选项,这样就能启用自动无线网络配置功能,如图 4.71 所示。

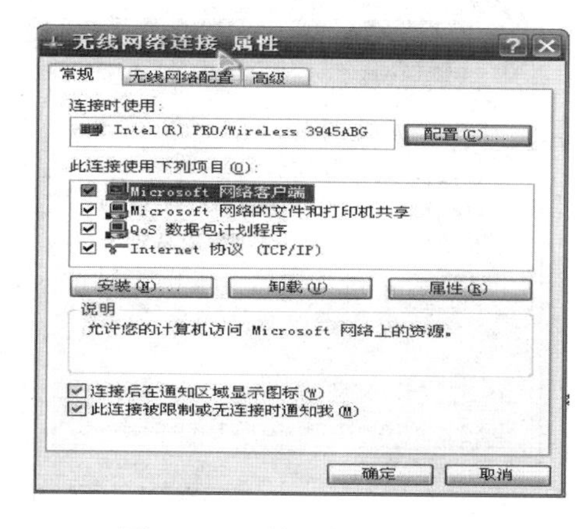

图 4.70　无线网络连接属性

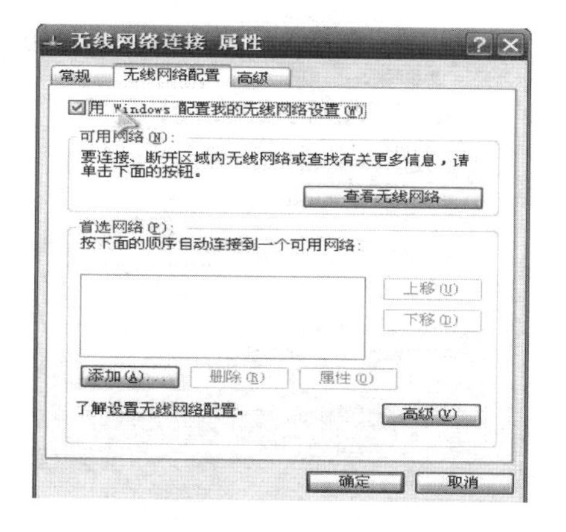

图 4.71　启用自动无线网络配置功能

④接着用鼠标单击这里的"高级"按钮，打开一个"高级"设置对话框，并在这个对话框中选中"任何可用的网络(首选访问点)"或者"仅访问点(结构)网络"选项，如图4.72所示。

⑤完成上面的设置后，再用鼠标单击"关闭"按钮退出设置界面，并单击"确定"按钮完成无线局域网的无线连接设置。把鼠标定位到"常规"标签。找到Internet协议(TCP/IP)后单击"属性"按钮，如图4.73所示。

⑥由于在本例中，系统采用自动分配IP的方案，所以此处选择"自动获取IP地址"选项"和自动获得DNS服务器地址"选项，如图4.74所示。

⑦建立一个无线虚拟AP。在"无线网络配置"标签中单击"添加"按钮。在弹出的窗口中的"关联"标签下，在"网络名SSID"选项处输入的是无线AP的SSID：H3C，在下面的"无线网络密钥"中的"网络身份验证"处选择"开放式"，选择数据加密为"已禁用"，如图4.75所示。

⑧单击"确定"按钮，完成无线客户端的网络设置。

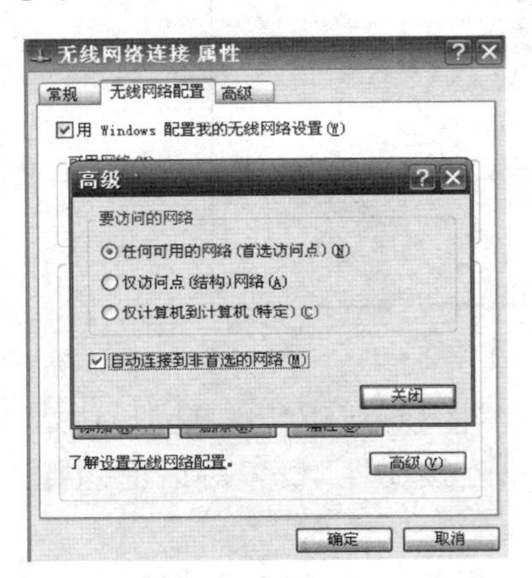

图4.72 设置"仅访问点(结构)网络"

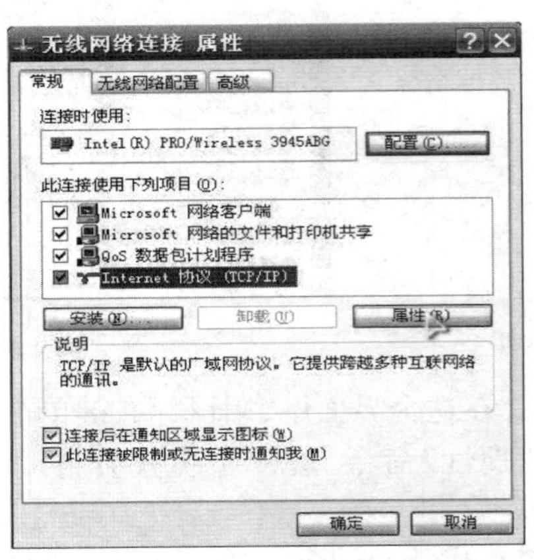

图4.73 设置Internet协议(TCP/IP)

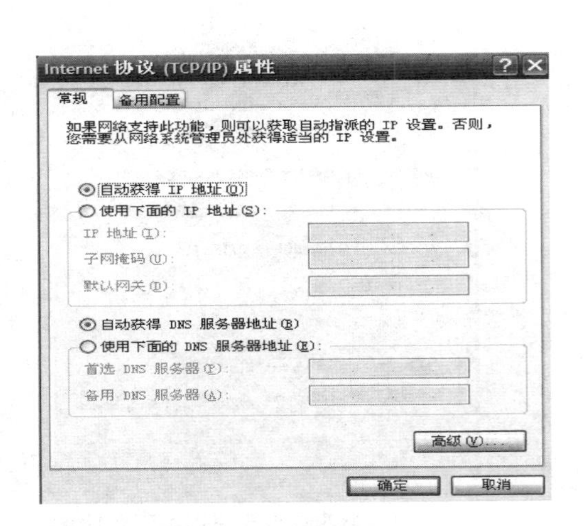

图4.74 设置网卡IP地址

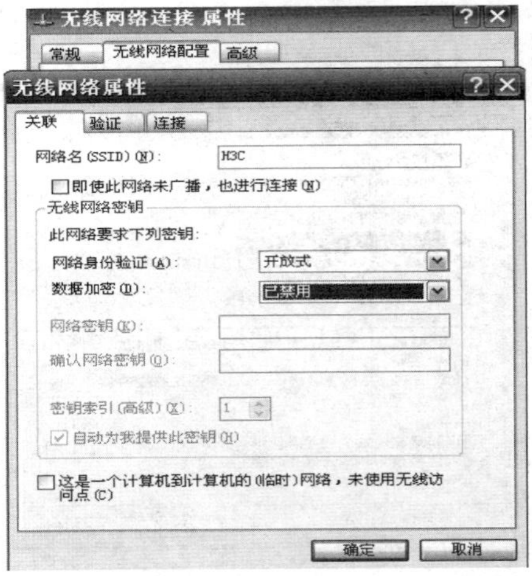

图4.75 无线网络配置

项目小结

无线局域网(WLAN)技术是无线通信技术与计算机网络相结合的产物,主要特点是能够让计算机和其他电子设备不用线路连接就可以发送和接收高速数据,并可以随时随地进行移动或变化。它主要是利用射频技术在空间发送和接收数据,取代了以前的双绞线构建局域网的技术,来提供传统有线局域网的所有功能。目前 WLAN 技术已经成为宽带接入的有效手段之一。

本项目首先介绍了 WLAN 的概念、技术特点以及典型应用,并对 WLAN 的技术标准、WLAN 的网络组件、网络模式进行了逐一的介绍,并将 WLAN 与 Bluetooth、3G 对照介绍,使读者对 WLAN 有更清晰的认识,重点介绍了搭建 SOHO WLAN 的具体步骤。

1.问答题

(1)与有线网络相比,无线局域网具有哪些优点?
(2)无线安全标准有哪些?
(3)WLAN 都有哪些组网模式?
(4)画出对等无线网络方案的网络拓扑图。
(5)WLAN 与 3G、Bluetooth 的关系是怎样的?
(6)无线 Mesh 网络具有哪些优缺点?
(7)画出无线路由器方案的拓扑结构。
(8)如何看待 WiFi Mesh 网络的应用前景?

2.练习题

(1)安装 PCMCIA 和 USB 接口无线网卡。
(2)在某大学成熟的现有有线网络上,为学校新建的图书馆设计无线网络搭建方案。
(3)实地考察企业或院校无线设备的安装位置和无线天线的位置。

项目5 蓝牙技术

教学目标

· 了解蓝牙技术的概念；
· 掌握蓝牙技术的主要特点；
· 了解蓝牙技术的版本；
· 掌握蓝牙技术的网络结构和系统构成；
· 了解蓝牙技术的各种具体应用。

重点、难点

· 蓝牙技术的网络结构和系统构成，蓝牙技术的应用。

任务1 认识蓝牙技术

1.蓝牙技术的概念

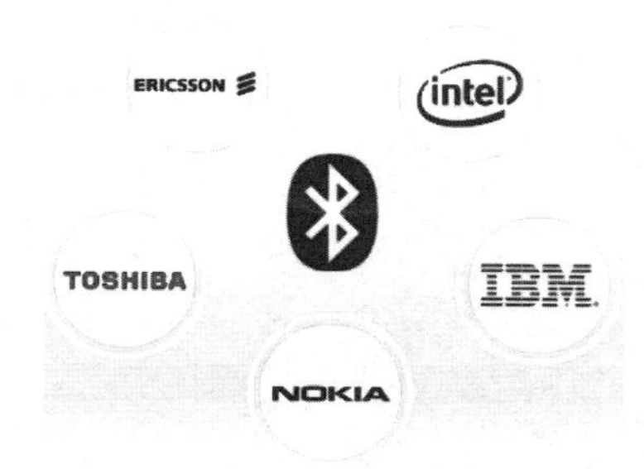

图5.1 蓝牙技术的提出厂商

蓝牙(Bluetooth)是一种短距离无线数据和语音传输的全球性开放式技术规范,也是一种用于各种固定的、移动的数字化硬件设备之间近距离无线通信技术的代称。它可以取代数据电缆,支持电子设备之间的通信。

早在1994年,瑞典的爱立信(Ericsson)公司便已经着手蓝牙技术的研究开发工作,意在通过一种短程无线连接替代已经广泛使用的有线连接。1998年2月,Ericsson、Nokia、Intel、Toshiba和IBM共同组建特别兴趣小组,如图5.1所示。在此之后,3Com、Lucent、Microsoft和Motorola等公司也相继加盟蓝牙计划。它们的共同目标是开发一种全球通用的小范围无线通信技术,即蓝牙技术。它是针对目前近距离的便携式器件之间的红外线链路(Infrared Link,IrDA)而提出的,应用红外线收发器连接虽然能免去电线或电缆的连接,但是使用起来有许多不便,不仅距离只限于1~2 m,而且必须在视线上直接对准,中间不能有任何阻挡,同时只限于在两个设备之间进行连接,不能同时连接更多的设备。

目前,已有2 000多名成员参加了该组织,该技术工作在2.4 GHz的ISM频段上,采用以每秒钟1 600次的扩频调频技术,发射功率为3类,即1 mW、10 mW和100 mW,通信距离为10~100 m,传输速率已从720 kbit/s发展到3 Mbit/s;在传输数据信息的同时,还可传输一路话音信息,这是蓝牙技术的一个重要特点。

在经历了前几年的低潮期后,蓝牙技术已在手机的无线耳机上找到应用市场,推动了它的迅速发展,特别是在蓝牙V1.2协议推出以后,一股新的蓝牙技术热潮又将掀起,目前,蓝牙技术已在许多新的领域找到了应用点,如交互式游戏机,汽车电子的无线接入、控制等。

蓝牙技术在全球范围内具有很好的兼容性,全世界可以通过低成本的无形蓝牙网连成一体。

蓝牙以低成本的近距离无线连接为基础,为固定或移动通信设备之间提供通信链路,使得近距离内各种信息设备能够提供资源共享。尽管蓝牙技术的设计初衷是将智能移动电话与笔记本电脑、掌上电脑以及各种数字信息的外部设备用无线方式连接起来,进而形成一种个人网络,使得在其可达到的范围之内各种信息化的移动便携设备都能无缝地共享资源。但实际上它的应用潜力已经远远大于最初蓝牙技术开发者的想象,其与众不同的优越特性引起了人们越来越多的兴趣，随着蓝牙技术的发展和越来越多的厂商关注蓝牙，蓝牙技术发展的最终目的是要建立一个全球统一的无线连接标准，使得不同厂家生产的数字信息设备在近距离内不用电缆就可以很方便地连接起来，实现相互操作与数据共享，目前基于蓝牙技术的产品正在不断面市，而蓝牙技术本身也在不断地完善。

2.蓝牙技术的主要特点

1）全球范围适用

蓝牙设备的工作频段是在全世界范围内都可以自由使用的 2.4 GHz 的工业、科学、医学（Industrial Scientific Medical，ISM）频段，全球大多数国家 ISM 频段的范围是 2.4～2.483 5 GHz，使用该频段无需向各国的无线电资源管理部门申请许可证。这就消除了“国界”的障碍，而在蜂窝式移动电话领域，这个障碍已经困扰用户多年。

2）可同时传输语音和数据

蓝牙采用电路交换和分组交换技术，支持异步数据信道、三路语音信道以及异步数据与同步语音同时传输的信道。每个语音信道数据速率为 64 kbit/s，语音信号编码采用脉冲编码调制（PCM）或连续可变斜率增量调制（CVSD）方法。当采用非对称信道传输数据时，速率最高为 721 kbit/s，反向为 57.6 kbit/s；当采用对称信道传输数据时，速率最高为 342.6 kbit/s。蓝牙有两种链路类型：异步无连接（Asynchronous Connection-Less，ACL）链路和同步面向连接（Synchronous Connection-Oriented，SCO）链路。

3）可以建立临时性的对等连接（Ad-hoc Connection）

根据蓝牙设备在网络中的角色，可分为主设备（Master）与从设备（Slave）。主设备是组网连接主动发起连接请求的蓝牙设备，几个蓝牙设备连接成一个微微网（Piconet）时，其中只有一个主设备，其余的均为从设备。微微网是蓝牙最基本的一种网络形式，最简单的微微网是一个主设备和一个从设备组成的点对点的通信连接。

通过时分复用技术，一个蓝牙设备便可以同时与几个不同的微微网保持同步。具体来说，就是该设备按照一定的时间顺序参与不同的微微网，即某一时刻参与某一微微网，而下一时刻参与另一个微微网。

4）具有很好的抗干扰能力

ISM 频段是对所有无线电系统都开放的频段，工作在 ISM 频段的无线电设备有很多种，如家用微波炉、无线局域网（Wireless Local Area Network，WLAN）和 HomeRF 等产品，为了很好地抵抗来自这些设备的干扰，蓝牙采用了跳频（Frequency Hopping）方式来扩展频谱（Spread Spectrum），将 2.402～2.483 5 GHz 频段分成 79 个频点，相邻频点间隔1 MHz。蓝牙设备在某个频点发送数据之后，再跳到另一个频点发送。建链时，蓝牙的跳频速率是

3 200 hop/s;传送数据时,对应单时隙分组,蓝牙的跳频速率为 1 600 hop/s;对于多时隙分组,跳频速率有所降低。采用这样高的跳频速率,使得蓝牙系统具有足够高的抗干扰能力,且硬件设备简单、性能优越。

5)蓝牙模块体积很小、便于集成

由于个人移动设备的体积较小,嵌入其内部的蓝牙模块体积就应该更小,如爱立信公司的蓝牙模块 ROK101008 的外形尺寸仅为 32.8 mm×16.8 mm×2.95 mm。

6)低功耗

蓝牙设备在通信连接(Connection)状态下,有 4 种工作模式:激活(Active)模式、呼吸(Sniff)模式、保持(Hold)模式和休眠(Park)模式。Active 模式是正常的工作状态,另外 3 种模式是为了节能所规定的低功耗模式。

7)开放的接口标准

蓝牙是一种开放的技术规范,该规范完全是公开和共享的。为鼓励该项技术的应用推广,蓝牙 SIG 在其建立之初就奠定了真正的完全公开的基本方针,全世界范围内的任何单位和个人都可以进行蓝牙产品的开发。与生俱来的开放性赋予了蓝牙强大的生命力。只要是 SIG 的成员,都有权无偿使用蓝牙的新技术进行蓝牙产品的开发,而蓝牙技术标准制定后,任何厂商都可以无偿地拿来生产产品,只要产品通过 SIG 组织的兼容性测试并符合蓝牙标准,产品即可投入市场。

8)成本低

随着市场需求的扩大,各个供应商纷纷推出自己的蓝牙芯片和模块,蓝牙产品价格飞速下降。

3.蓝牙的版本

目前,蓝牙已累计颁布了 6 个版本:V1.1/1.2/2.0/2.1/3.0/4.0,其标准规格不断得到更新和加强。

早期的蓝牙版本(如 1.1 版以及加入跳频(frequency hopping)功能的 1.2 版本)设计带宽 748~810 kbit/s,支持音频流传输但仅为单工方式。因是早期设计,容易受到同频率产品的干扰而影响通信质量。无论 1.1 版本还是 1.2 版本的蓝牙产品,本身基本可以支持 Stereo 音效的传输要求,但只能够作单工方式工作,加上音带频率响应不够,并不算是最好的 Stereo 传输工具。

2004 年颁布的蓝牙 2.0 版本提升了传输速率,带宽为 1.8~2.1 Mbit/s,且能够支持双工工作方式,即可以同时传输音频流和数据文件。

蓝牙 2.1 版本针对蓝牙设备的配对流程进行了简化,同时加入减速呼吸(Sniff

Subrating)模式,大幅降低了蓝牙芯片的工作负载,增强了节能效果。通过设定在 2 个装置之间互相确认讯号的发送间隔来达到节省功耗的目的。一般来说,当 2 个进行连接的蓝牙装置进入待机状态之后,蓝牙装置之间仍需要透过相互的呼叫来确定彼此是否仍在联机状态,当然,也因为这样,蓝牙芯片必须随时保持在工作状态,即使手机的其他组件都已经进入休眠模式。为了改善这种状况,蓝牙 2.1 版本将装置之间相互确认的讯号发送时间间隔从 0.1 s 延长到 0.5 s 左右,如此可以让蓝牙芯片的工作负载大幅降低,也可让蓝牙有更多的时间彻底休眠。根据官方的报告,采用此技术之后,蓝牙装置在开启蓝牙联机之后的待机时间可以有效延长 5 倍以上。

2009 年 4 月,3.0 版本高速蓝牙标准颁布,引入了一种称为替代射频(Alternate MAC/PHY,AMP)的新型射频技术。AMP 允许蓝牙协议栈通过 802.11 PAL 协议适应层)直接操作 IEEE 802.11 链路层和物理层,从而实现最高 24 Mbit/s 的数据传输速率。高速蓝牙大幅提升了传输带宽,并且兼容已有的蓝牙应用,使程序可以在高速蓝牙和传统蓝牙之间实现切换,高速蓝牙是一个不够成功的蓝牙规范,支持蓝牙 3.0 的设备也不多。

2010 年 6 月,蓝牙技术联盟发布了最新的蓝牙核心规范 4.0 版。该规范实质上由 3 部分组成——传统蓝牙(包括 BR/EDR)、高速蓝牙(HS)以及新的低功耗蓝牙(LE)技术,三者合而为一,统一在蓝牙框架之下。其中,低功耗蓝牙规范定义了全新的物理层和链路层,但重用了传统蓝牙协议栈中的许多模块,从而简化了协议栈的实现。

以通信距离来看,不同的蓝牙版本可再分为 Class A、Class B。

✧ Class A 是用在大功率/远距离的蓝牙产品上,但因成本高和耗电量大,不适合作个人通信产品之用(手机/蓝牙耳机/蓝牙 Dongle 等),故多用在部分商业特殊用途上,通信距离在 80~100 m。

✧ Class B 是最流行的制式,通信距离在 8~30 m,视产品的设计而定,多用于手机/蓝牙耳机/蓝牙 Dongle 等个人通信产品上,耗电量低,体积较小,方便携带。

4.蓝牙技术的工作原理

1)蓝牙通信的主从关系

蓝牙技术规定每一对设备之间进行蓝牙通信时,必须一个为主角色,另一个为从角色。通信时,必须由主端进行查找,发起配对,建链成功后,双方即可收发数据。

理论上,一个蓝牙主端设备,可同时与 7 个蓝牙从端设备进行通信,一个具备蓝牙通信功能的设备,可以在两个角色间切换,平时工作在从模式,等待其他主设备来连接,需要时,转换为主模式,向其他设备发起呼叫。一个蓝牙设备以主模式发起呼叫时,需要知道对方的蓝牙地址、配对密码等信息,配对完成后,可直接发起呼叫。

2)蓝牙的呼叫过程

蓝牙主端设备发起呼叫,首先是查找,找出周围处于可被查找的蓝牙设备,此时从端设备需要处于可被查找状态。

主端设备找到从端蓝牙设备后，与从端蓝牙设备进行配对，此时需要输入从端设备的PIN码，一般蓝牙耳机默认为：1234或0000，立体声蓝牙耳机默认为：8888，也有设备不需要输入PIN码。

配对完成后，从端蓝牙设备会记录主端设备的信任信息，此时主端即可向从端设备发起呼叫，根据应用不同，可能是ACL数据链路呼叫或SCO语音链路呼叫，已配对的设备在下次呼叫时，不再需要重新配对。

已配对的设备，作为从端的蓝牙耳机也可以发起建链请求，但作为数据通信的蓝牙模块一般不发起呼叫。

链路建立成功后，主从两端之间即可进行双向的数据或语音通信。

在通信状态下，主端和从端设备都可以发起断链——断开蓝牙链路。

3）蓝牙一对一的串口数据传输应用

蓝牙数据传输应用中，一对一串口数据通信是最常见的应用之一，蓝牙设备在出厂前即提前设好两个蓝牙设备之间的配对信息，主端预存有从端设备的PIN码、地址等，两端设备加电即自动建链，透明串口传输，无需外围电路干预。

一对一应用中从端设备可以设为两种类型，一是静默状态，即只能与指定的主端通信，不被别的蓝牙设备查找；二是开发状态，既可被指定主端查找，也可以被别的蓝牙设备查找建链。

5.蓝牙网络的基本结构

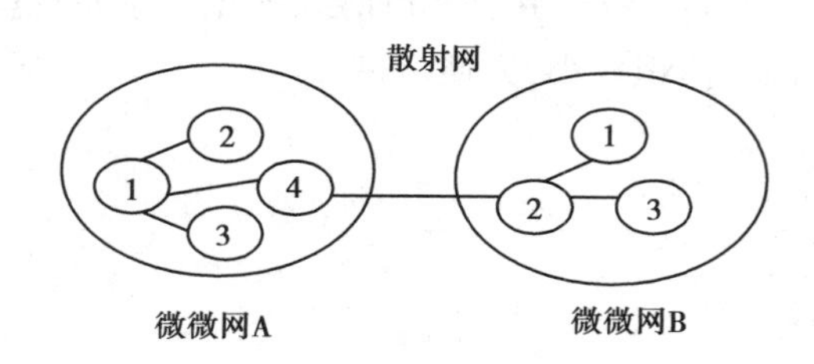

图5.2　蓝牙的网络拓扑结构

蓝牙既可以“点到点”也可以“点到多点”地进行无线连接。这就是说，若干蓝牙设备可以组成网络使用。蓝牙在物理层采用跳频技术，这意味着蓝牙设备必须首先通过同步彼此的跳频模式，发现彼此的存在才能相互通信。蓝牙系统采用一种灵活的无基站的组网方式，蓝牙网络的拓扑结构有两种形式：微微网（Piconet）和散射网（Scatternet），如图5.2所示。

1）蓝牙微微网

蓝牙中的基本联网单元是微微网，它由一台主设备和7台活跃的从设备组成，如图5.3所示。每个蓝牙设备都有自己的设备地址码（BD_ADDR）和活动成员地址（AD_ADDR）。组网过程中首先发起呼叫的蓝牙装置称为主设备（Master），其余的称为从设备（Slave）。在一个微微网中，主设备只能有一个。从设备仅可与主设备通信，并且只可以在主设备授予权限时通信。从设备之间不能直接通信，必须经过主设备才行，具体的连接形式如图 5.4 所示，主设备为笔记本电脑，其他设备——手机、投影仪、打印机、扫描仪和 PDA 为从设备。在同一微微网中，所有用户均用同一跳频序列同步，主设备确定此微微网中的跳频序列和时序。在一个互联的分布式网络中，一个节点设备可同时存在于多个微微网中，但不能在两个微微网中处于激活状态(Active)。

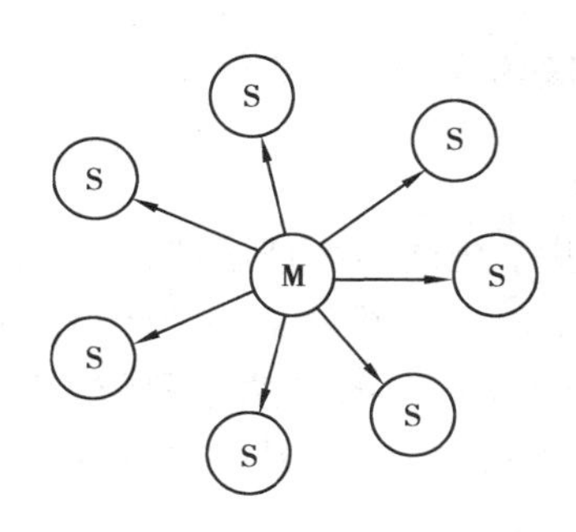

图 5.3 一个主设备和多达 7 个从设备组成的微微网

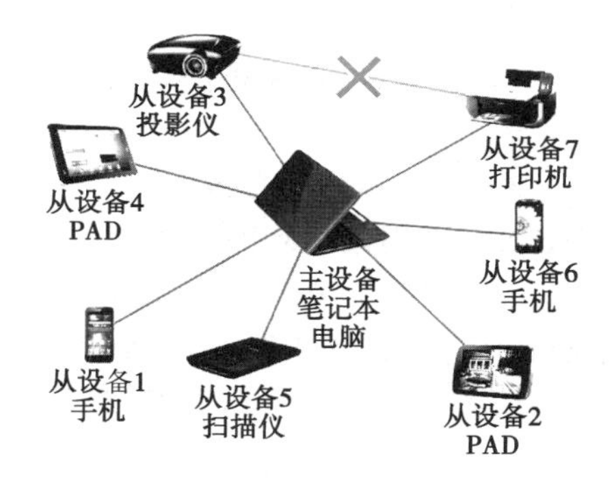

图 5.4 具体的蓝牙微微网

2)蓝牙散射网

一个微微网中的设备也可作为另一个微微网的一部分存在，并在每个微微网中起从设备或主设备功能，如图 5.5 所示。这种形式的重叠被称为散射网。

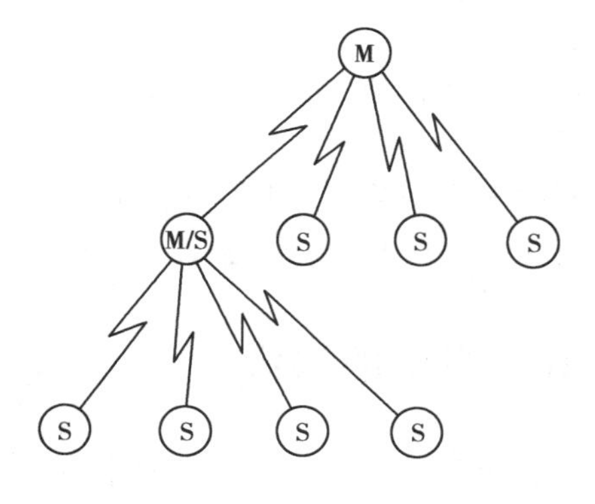

图 5.5 主/从关系

散射网是由多个独立的非同步的微微网组成的，以特定的方式连接在一起，每个微微网有一个不同的主节点，独立地进行跳变。各微微网由不同的跳频序列区分，也就是说，每个微微网的跳频序列互不相同，序列的相位由各自的主节点确定。信道上的分组携带不同的信道接入码，信道接入码是由主节点的设备地址决定的。如果有多个微微网覆盖同一个区域，节点根据使用的时间可以加入到两个甚至多个微微网中，要参与一个微微网，就必须使用相应的主节点的地址和时钟偏移，以获得正确的相位。这些节点参与了两个或两个以上的微微网，这些节点就称为网桥节点。网桥节点可以是这些微微网的从节点，也可以是在一个微微网中担任主节点，而在其他微微网中担任从节点。网桥节点就担负起微微网之间的通信中继任务。

蓝牙散射是自组网的一种特例。其最大特点是可以无基站支持，每个移动终端的地位是平等的，并可独立进行分组转发的决策，其建网灵活性、多跳性、拓扑结构动态变化和分布式控制等特点是构建蓝牙散射网的基础。

图 5.6 将微微网/散布式网络体系结构与其他形式的无线网络进行了对比。

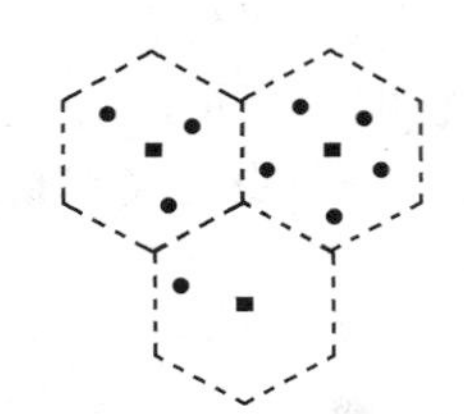

(a)蜂窝系统(方形代表固定基站)

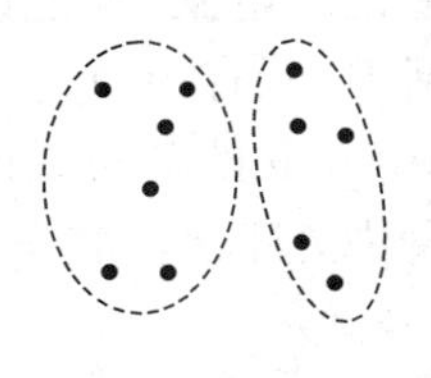

(b)常见的特殊联网系统

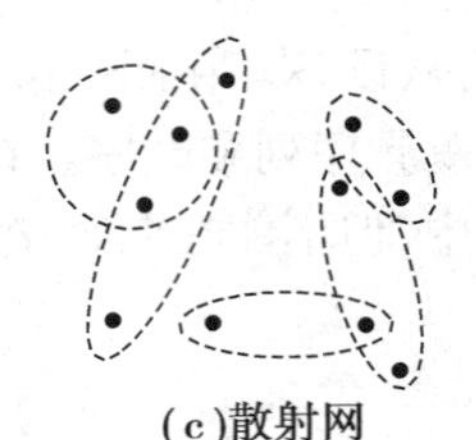

(c)散射网

图 5.6 无线网络的配置

微微网/散射网模式的优点在于:它允许大量设备共享相同的物理区域,并有效地利用带宽。在散射网络中,几个微微网分布在一个区域内,这时,干扰就是一个严重的问题。一个蓝牙信道被定义为跳频序列(79 个载频),每个信道有不同的跳频序列与不同的相位,然而所有的蓝牙网络都采用 79 个载频,而且没有协调机制,一旦不同的微微网某一时隙采用相同的频率,则会发生磁撞,发送信号就会相互干扰。

如果不使用跳频,那么一个单一的信道将对应一个单一的 1 MHz 波段。随着跳频的使用,一个逻辑信道由跳频序列定义。在任意既定的时间内,可用的带宽为 1 MHz,最多可由 8 台设备共享此带宽。不同的逻辑信道(不同的跳频序列)能同时共享同样的 80 MHz带宽。当设备在不同的微微网、不同的逻辑信道,且碰巧在相同时间使用同一个跳跃频率时,将产生冲突。当一个区域内微微网的数量增加时,冲突的数量将会增加,性能就会随之下降。概括地说,散射网共享物理区域和总带宽,微微网共享逻辑信道和数据传递。

由于蓝牙系统采用快速跳频方式,所以磁撞时间短,蓝牙主单元还采用轮询机制来保证服务质量和控制网络流量。

6.蓝牙系统的构成

蓝牙系统由天线单元、链路控制单元、链路管理器、蓝牙软件和协议等部分共同组成。

1)天线单元

蓝牙以无线 LAN 的 IEEE 802.n 标准技术为基础,使用 2.45 GHz ISM 全球通自由波段。蓝牙天线属于微带天线,空中接口是建立在天线电平为 0 dBm 基础上的,遵从 FCC(美国联邦通信委员会)有关 0 dBm 电平的 ISM 频段的标准。当采用扩频技术时,其发射功率可增加到 100 mW。

2)链路控制单元

链路控制单元(即基带)描述了硬件——基带链路控制器的数字信号处理规范。基带链路控制器负责处理基带协议和其他一些低层常规协议。

(1)建立物理链路

微微网内的蓝牙设备之间的连接被建立之前,所有的蓝牙设备都处于待命(Standby)状态。此时,未连接的蓝牙设备每隔 1.28 s 就周期性地“监听”信息。每当一个蓝牙设备被激活,它就将监听划给该单元的 32 个跳频频点。跳频频点的数目因地理区域的不同而异(32 只适用于使用 2.402~2.480 GHz 波段的国家)。作为主蓝牙设备首先初始化连接程序,如果地址已知,则通过寻呼(Page)消息建立连接;如果地址未知,则通过一个后接寻呼消息的查询(inquiry)消息建立连接。在最初的寻呼状态,主单元将在分配给被寻呼单元的 16 个跳频频点上发送一串 16 个相同的寻呼消息。如果没有应答,主单元则按照激活次序在剩余 16 个频点上继续寻呼。从单元收到主单元发来的消息的最大延迟时间为激活周期的 2 倍(2.56 s),平均延迟时间是激活周期的一半(0.6 s)。查询消息主要用来寻找蓝牙设备。查询消息和寻呼消息很相像,但是查询消息需要一个额外的数据串周期来收集所有的响应。

待命状态是蓝牙单元的默认低功耗状态,在这种状态下,只有设备的自身时钟在运行,而且不同任何其他设备之间交互。而在连接状态下,主单元和从单元可以采用信道(主单元)访问码同主单元蓝牙时钟交换数据包。所采用的跳频方式是信道跳频方案。

正常情况下,两台蓝牙设备之间的连接如图 5.7 所示。

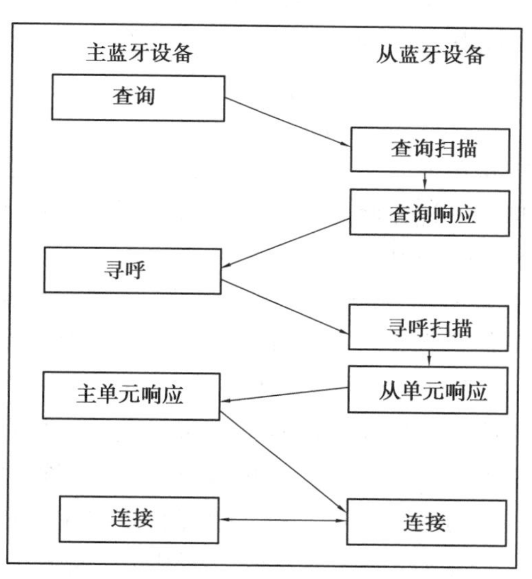

图 5.7　蓝牙设备的连接

首先,主单元使用 GIAC 和 DIAC 查询一定范围内(查询子状态)的蓝牙设备。如果附近的蓝牙设备正在侦听这些查询(查询扫描子状态),它就会通过发送自己的地址和时钟信息(FHS 数据包)给主单元(查询响应子状态)以响应主单元。发送这些信息之后,从单元就开始侦听来自主单元的寻呼消息(寻呼扫描)。主单元在发现范围内的蓝牙设备之后可以寻呼这些设备(寻呼子状态)以建立连接。处于寻呼扫描状态的从单元如果被该主单元寻呼到,则从单元可以立即用自己的设备访问码(DAC)作为响应(从单元响应子状态)。主单元接收到来自从单元的响应之后即可传送主单元的实时时钟、BD_ADDR、BCH 奇偶位以及设备类别(FHS 数据包)作为响应。从单元收到该 FHS 数据包后,主单元和从单元即进入连接状态。

对以上连接过程中的子状态解释如下:

✧查询(Inquiry):查询用于发现相邻蓝牙设备的身份。发现单元收集蓝牙设备地址和所有响应查询消息的单元的时钟。

✧查询扫描(Inquiry scan):在该状态下,蓝牙设备侦听来自其他设备的查询。此时扫描设备可以侦听一般查询访问码(GIAC)或者专用查询访问码(DIAC)。

✧查询响应(Inquiry response):对查询而言,只有从单元才可以响应而主单元则不能。从单元用 FHS 数据包响应,该数据包包含了从单元的设备访问码、内部时钟和某些其他从单元信息。

✧寻呼(Page):该子状态被主单元用来激活和连接从单元。主单元通过在不同的跳频信道内传送从单元的设备访问码(DAC)来发出寻呼消息。

✧寻呼扫描(Page scan):在该子状态下,从单元在一个窗口扫描存活期内侦听自己的设备访问码(DAC)。在该扫描窗口内从单元以单一跳频侦听(源自其寻呼跳频序列)。

✧从单元响应(Slave response):从单元在该子状态下响应其主单元的寻呼消息。如果处于寻呼扫描子状态下的从单元和主单元寻呼消息相关即进入该状态。从单元接收到来自主单元的 FHS 数据包之后即进入连接状态。

✧主单元响应(Master response):主单元在收到从单元对其寻呼消息的响应之后即进到该子状态。如果从单元回复主单元则主单元发送 FHS 数据包给从单元,然后主单元进入连接状态。

连接(Connection)状态开始于主单元发送 POLL 数据包,通过这个数据包主单元即可检查从单元是否已经交换到了主单元的时序和跳频信道。从单元即可以任何类型的数据包响应。连接状态的蓝牙设备可以处于以下 4 种状态之下:活动(Active)、保持(Hold)、呼吸(Sniff)和暂停(Park)。

✧活动(Active):该模式下,主单元和从单元通过侦听、发送或者接收数据包而主动参与信道操作。主单元和从单元相互保持同步。

✧呼吸(Sniff):该模式下,为了获得主单元发送给自己的消息而侦听每个时隙的从单元在指定的时隙上嗅探。结果从单元可以在空时隙睡眠而节约功率。

✧保持(Hold):该模式下,某台设备可以临时不支持 ACL 数据包并进入低功耗睡眠模式,从而为寻呼、扫描等操作提供可用信道。

✧暂停(Park):当某台从单元无需使用微微网信道却又打算维持和信道的同步时,它可以进入暂停模式,这种模式是一种低功耗模式,几乎没有任何活动。设备被赋予一个暂停成员地址(Parking Member Address:PM_ADDR)并失去其活动成员地址(Active Member Address:AM_ADDR)。

(2)差错控制

基带有 3 种纠错方式,1/3 比例前向纠错(1/3FEC)码,用于分组头;2/3 比例前向纠错(2/3FEC)码,用于部分分组;数据的自动请求重发方式(ARQ),用于带有 CRC (循环冗余校验)的数据分组;差错控制用于提高分组传送的安全性和可靠性。

(3)验证和加密

蓝牙基带部分在物理层为用户提供保护和信息加密机制。验证基于"请求—响应"运算法则,采用口令/应答方式,在连接进程中进行,它是蓝牙系统中的重要组成部分。它允许用户为个人的蓝牙设备建立一个信任域,如只允许主人自己的笔记本电脑通过主人自己的移动电话通信。加密采用流密码技术,适用于硬件实现,它被用来保护连接中的个人信息。密钥由程序的高层来管理。网络传送协议和应用程序可以为用户提供一个较强的安全机制。

3)链路管理器

链路管理器(LM)软件模块设计了链路的数据设置、鉴权、链路硬件配置和其他一些协议。链路管理器能够发现其他蓝牙设备的链路管理器,并通过链路管理协议(LMP)建立通信联系。链路管理器提供的服务项目包括:发送和接收数据、设备号请求(LM能够有效地查询和报告名称或者长度最大可达16位的设备ID),链路地址查询、建立连接、验证、协商并建立连接方式、确定分组类型、设置保持方式及休眠方式。

4)蓝牙软件

蓝牙设备应具有互操作性,即任何蓝牙设备之间都应能够实现互通互联,这包括硬件和软件。对于某些设备,从无线电兼容模块和空中接口,直到应用层协议和对象交换格式,都要实现互操作性;而另外一些简单的设备(如耳机)的要求则宽松得多。蓝牙计划的目标就是要确保任何带有蓝牙标记的设备都能进行互换性操作。软件的互操作性始于链路级协议的多路传输、设备和服务的发现,以及分组的分段和重组。蓝牙设备必须能够彼此识别,并通过安装合适的软件识别出彼此支持的高层功能。互操作性要求采用相同的应用层协议栈。不同类型的蓝牙设备对兼容性有不同的要求(如用户不能奢望头戴式设备内含有地址薄)。蓝牙的兼容性是指它具有无线电兼容性,有语音收发能力及发现其他蓝牙设备的能力,更多的功能则要由手机、手持设备及笔记本电脑来完成。为实现这些功能,蓝牙软件构架必须利用现有的规范,而不是再去开发新的规范。设备的兼容性要求能够适应蓝牙规范和现有的协议。软件结构的功能有:配置及故障诊断工具、自动识别其他蓝牙设备、电缆仿真、与外网设备的通信、音频通信与呼叫控制和商用卡的交易与号薄网络协议。蓝牙的软件体系是一个独立的操作系统,不与任何操作系统捆绑。适用于几种不同商用操作系统的蓝牙规范正在完善中。蓝牙规范接口可以直接集成到蜂窝电话、笔记本电脑等设备中,也可以通过PC卡或USB接口附加设备连接。

和许多通信系统一样,蓝牙的通信协议采用层次式结构,其程序写在一个约为5 mm×5 mm的微芯片中。其底层为各类应用所通用,高层则视具体应用而有所不同,大体分为计算机背景和非计算机背景两种方式,前者通过主机控制接口(Host Control Interface,HCI)实现高、低层的连接,后者则不需要HCI。层次结构使其设备具有最大的通用性和灵活性。根据通信协议,各种蓝牙设备在任何地方,都可以通过人工或自动查询来发现其他蓝牙设备,从而构成主从网和分散网,实现系统提供的各种功能,使用起来十分方便。

5)协议体系结构

设计协议和协议栈的主要原则是尽可能地利用现有各种高层协议,保证现有协议与蓝牙技术的融合以及各种应用之间的互通性;充分利用兼容蓝牙技术规范的软硬件系统和蓝牙技术规范的开放性,便于开发新的应用。蓝牙标准包括 Core 和 Profiles 两大部分。Core 是蓝牙的核心,主要定义蓝牙的技术细节;Profiles 部分定义了在蓝牙的各种应用中的协议栈组成,并定义了相应的实现协议栈。这样就为全球兼容性打下了基础。

蓝牙被定义为一个分层协议体系结构,它由核心协议、电缆替代和电话控制协议以及接收协议组成,如图 5.8 所示。

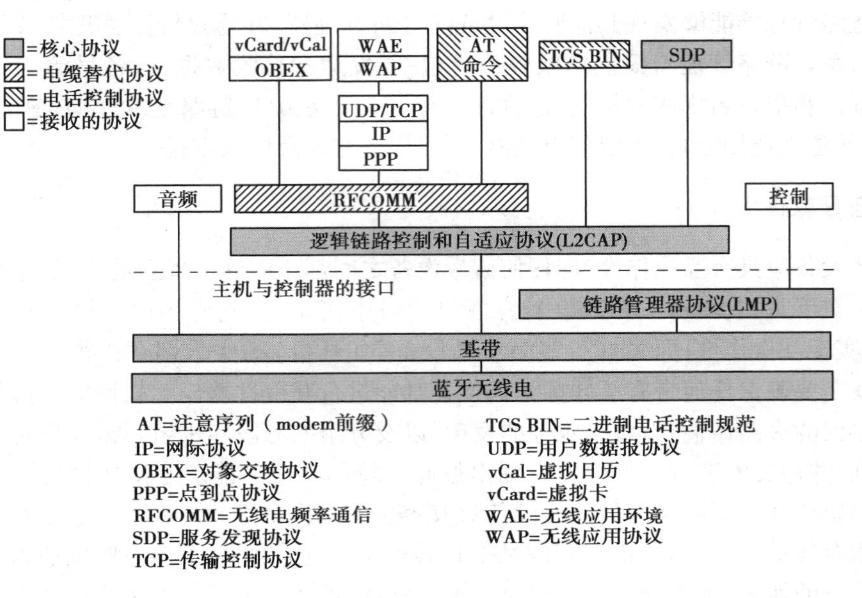

图 5.8 蓝牙技术的协议体系结构

蓝牙标准主要定义的是底层协议,也定义了一些高层协议和相关接口。具体的协议按 SIG 的需要分为 4 层。电缆替代协议、电话控制协议和接收协议在核心协议的基础上构成了面向应用的协议。

因此,可以做如下归纳:

✧核心协议:Baseband,LMP,L2CAP,SDP。

✧电缆替代协议:RFCOMM。

✧电话控制协议:TCS Binary、AT-commands。

✧接收协议:PPP、UDP/TCP/IP、OBEX、WAP、vCard、vCal、IrMC、WAE。

除了上述协议层外,规范还定义了主机控制器接口(HCI),它为基带控制器、连接控制器、硬件状态和控制寄存器等提供命令接口。

(1)核心协议(core protocol)

核心协议形成一个由下列成分组成的 5 层栈。

✧无线电(Radio):确定包括频率、跳频的使用、调制模式和传输功率在内的空中接口细节。

✧基带(Baseband):考虑一个微微网中的连接建立、寻址、分组格式、计时和功率控制。

◇链路管理器协议(Link Manager Protocol,LMP):负责在蓝牙设备和正在运行的链路管理之间建立链路。这包括诸如认证、加密及基带分组大小的控制和协商等安全因素。

◇逻辑链路控制和自适应协议(Logical Link Control and Adaptation Protocol,L2CAP):使高层协议适应基带层。L2CAP 提供无连接和面向连接服务。

◇服务发现协议(Service Discovery Protocol,SDP):询问设备信息、服务与服务特征,使得在两个或多个蓝牙设备间建立连接成为可能。

(2)电缆替代协议(Cable Replacement Protocol)

RFCOMM 是包括在蓝牙规范中的电缆替代协议。RFCOMM 提出一个虚拟的串行端口,该端口的设计使电缆技术的替代变得尽可能透明。串行端口是计算设备和通信设备所用的通信接口中最为普通的类型。因此,RFCOMM 使得最小修改现存设备取代串行端口电缆变为可能。RFCOMM 提供了二进制数据传输,并在蓝牙基带层上仿效 EIA-232 控制信号。EIA-232(以前名为 RS-232)是一个广泛使用的串行端口的接口标准。

(3)电话控制协议(Telephony Control Protocol)

蓝牙规范了一个电话控制协议。TCS-BIN(Telephony Control Specification-binary,二进制的通话控制规范)是一个面向位的协议,它为蓝牙设备间的话音。呼叫和数据呼叫的建立定义呼叫控制信令。另外,它为处理蓝牙各组 TCS 设备定义了移动管理过程。

(4)接收协议(Adopted Protocols)

接收协议是在由其他标准制定组织发布的规范中定义的,并被纳入总体的蓝牙体系结构。蓝牙战略是仅仅发明必需的协议,尽量使用现有的标准。接纳协议包括以下内容:

◇ PPP:点对点协议是一个在点对点链路上传输 IP 数据报的因特网标准协议。

◇ TCP/UDP/IP:这些是 TCP/IP 协议簇(第 4 章中有描述)的基础协议。

◇ OBEX:对象交换协议是一个为了交换对象、由红外数据协会(Infrared Data Association,IrDA)开发的会话层协议。OBEX 提供的功能与 HTTP 相似,但更为简单。它也提供了一个表示物体和操作的模型。OBEX 所做的内容格式转换的例子是 vCard 和 vCalender。它们分别提供了电子业务卡和个人日历记载的条目及进度信息。

◇ WAE/WAP:蓝牙将无线应用环境和无线应用协议包含到它的体系结构中。

7.蓝牙的应用模型

大量应用模型定义在蓝牙的概要规范文档中。本质上,一个应用模型是一套实施特定的基于蓝牙的应用的协议。每个概要文件定义了支持一特定应用模型的协议和协议特性。选自 METT99 中的图 5.9 解释了最高优先级的应用模型,包括的内容如下:

◇文件传递(File Transfer):文件传递应用模型支持目录、文件、文档、图像和流媒体格式的传递。此应用模型也包括了在远程设备中浏览文件夹的功能。

◇桥接因特网(Internet Bridge):使用此应用模型,一台 PC 可以无线连接到一部移动电话或无绳 Modem 上,提供拨号连网和传真的功能。对于拨号连网,AT 命令用于控制移动电话或 Modem,而另一个协议栈(如 RFCOMM 上的 PPP)用于数据传递。对于传真传递,传真软件直接在 RFCOMM 上操作。

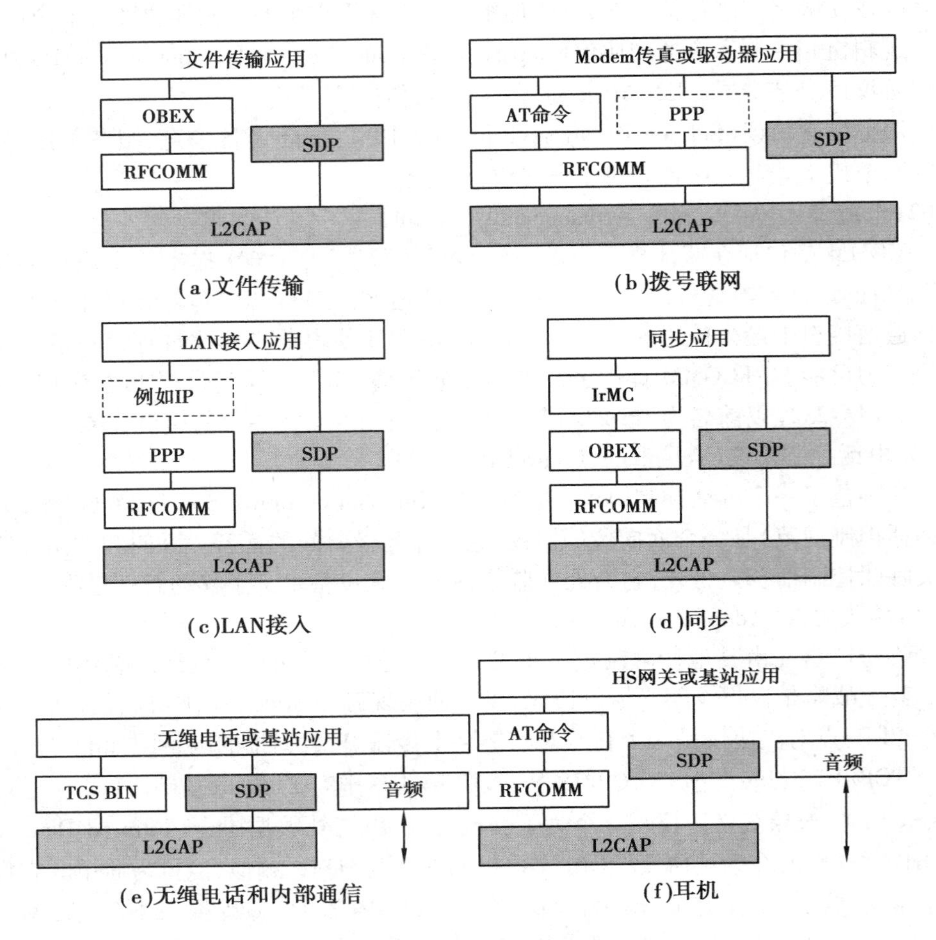

图 5.9　蓝牙的应用模型

✧局域网接入(LAN Access):此应用模式使得一个微微网上的设备可以接入 LAN。一旦接入,设备工作起来如同直接连到了(有线)LAN 上。

✧同步(Synchronization):此模式为诸如电话簿、日历、消息和便笺信息等个人信息管理 PIM(Personal Information Management)信息提供了设备与设备间的同步。红外移动通信 IrMC(Ir Mobile Communications)是一个提供客户/服务器功能的 IrDA 协议,它将更新的 PIM 信息由一台设备转移到另一台。

✧三合一电话(Three-In-One Phone):实现此应用模型的手机可以作为一台连接到话音基站的无绳电话、作为一部与其他电话相连的内部通信设备和作为一部蜂窝电话。

✧耳机(Headset):耳机能作为一个远程设备的音频输入和输出接口。

简单而言,蓝牙相当于一条"看不见"的无线传输线。它可以使所有的设备,例如笔记本电脑、鼠标、打印机、手机、PDA、数码相机、扫描仪、耳机、游戏机、汽车 GPS 和动力系统、电视机、电冰箱、医疗健身、建筑等都通过这一技术,实现语音和数据的交换。例如在手机和电脑、手机和手机之间，只要在 10 m 之内的有效范围内，可以传输原来要通过电线或电缆传输的图片、铃声、电话本等，或者相互通信；蓝牙还能让你随时用手机无线上网，用蓝牙手机当计算机的遥控器等。它最大的好处，就是能够取代各种类型的传输线。

配备了蓝牙技术的设备，一旦搜寻到另一个蓝牙技术设备，马上就可以“配对”，建立起联系，而无须用户进行任何设置，相当于“即连即用”。这样，无线电环境在非常嘈杂的环境下，优势就更加明显。另外，蓝牙还可以通过接入点（如 PSTN、ISDN、LAN、ADSL）与外界相连。

8.蓝牙无线电规范

蓝牙无线电规范对蓝牙设备的无线电传输给出了基本的细节。表 5.1 中总结了一些关键的参数。

蓝牙利用 ISM 波段中的 2.4 GHz 波段。在大多数国家，此带宽足以定义 79 个1 MHz 的物理信道（表 5.2）。功率控制用来避免设备发出任何超出需要的 RF 功率。功率控制算法的实施使用微微网的主、从设备间的链路管理协议。

蓝牙的调制方式是高斯 FSK，即 GFSK。其中二进制 1 由一个正的距中心频率的频率偏差代表，二进制 0 由一个负的距中心频率的频率偏差代表，最小的偏差为 115 kHz。

表 5.1　蓝牙无线电和基带参数

参　数	参数内容
拓　扑	一个逻辑的星形结构中，高达数条并行链路
调　制	GFSK
数据速率的峰值/（$Mbit \cdot s^{-1}$）	1
RF 带宽	220 kHz（−3 dB），1 MHz（−20 dB）
RF 波段	2.4 GHz，ISM 波段
RF 载波	23/79
载波的间隔/MHz	1
传输功率/W	0.1
微微网的接入	FH-TDD-TDMA
频跳率/跳/s	1 600
分布式网络的接入	FH-CDMA

表 5.2　国际上蓝牙的频率分配

区　域	调节范围/GHz	RF 信道
美国、欧洲的大部分国家和其他国家中的大部分	2.4～2.483 5	f= 2.402+n MHz，n=0，…，78
日　本	2.471～2.497	f= 2.473+n MHz，n=0，…，22
西班牙	2.445～2.475	f= 2.449+n MHz，n=0，…，22
法　国	2.446 5～2.483 5	f= 2.454+n MHz，n=0，…，22

扩展阅读

蓝牙技术联盟(Bluetooth SIG)主导的 Bluetooth Smart Ready 与 Bluetooth Smart 将引爆新一波蓝牙设计热潮。已经有数以百计的蓝牙新产品问世,包括家庭自动锁、计步器、健身传感器、足球、鞋子、医疗设备,甚至是花盘等产品,均采用了 Bluetooth Smart 超低能耗技术。

据悉,苹果(Apple)、宏达电和三星(Samsung)皆推出支持蓝牙 Smart Ready 的手机,因而带动周边连接设备从蓝牙 2.1/3.0 升级至 4.0 的 Smart 规格,以减轻与行动设备连接的功耗,并省去繁琐的配对认证流程。据分析机构预估,到 2018 年蓝牙 Smart 芯片市场规模将成长十倍以上。

"未来,人们将越来越熟悉某些蓝牙技术的应用,同时我们也将会见到更多惊喜的创新应用。"蓝牙技术联盟执行总监麦弗利博士(Michael Foley,Ph.D.)说道:"蓝牙技术能为我们创造美好生活带来无限的可能性。"

任务 2　蓝牙技术的应用

蓝牙技术在居家、工作、驾驶、多媒体、娱乐和停车场中得到了广泛应用。

1.居家

现代家庭与以往的家庭有许多不同之处。在现代技术的帮助下,越来越多的人开始居家办公,生活更加随意而高效。他们还将技术融入居家办公以外的领域,将技术应用扩展到家庭生活的其他方面。

通过使用 Bluetooth 技术产品,人们可以免除在办公中被电缆缠绕的苦恼。鼠标、键盘、打印机、膝上型计算机、耳机和扬声器等均可以在 PC 环境中无线使用,这不但增加了办公区域的美感,还为室内装饰提供了更多创意和自由(设想,将打印机放在壁橱里)。此外,通过在移动设备和家用 PC 之间同步联系人和日历信息,用户可以随时随地存取最新的信息。

Bluetooth 设备不仅可以使居家办公更加轻松,还能使家庭娱乐更加便利。用户可以在 9 m 以内无线控制存储在 PC 或 iPod 上的音频文件。Bluetooth 技术还可以用在适配器中,允许人们从相机、手机、膝上型计算机向电视发送照片来与朋友共享。

2.工作

Bluetooth 技术的用途不仅限于解决办公室环境的杂乱情况。启用 Bluetooth 的设备能够创建自己的即时网络,让用户能够共享演示稿或其他文件,不受兼容性或电子邮件访问的限制。Bluetooth 设备能方便地召开小组会议,通过无线网络与其他办公室进行对话,并将干擦白板上的构思传送到计算机。

不管是在一个未联网的房间里工作或是试图召开热情互动的会议,Bluetooth 无线技术都可以帮助你轻松开展会议、提高效率并增进创造性协作。市场上有许多产品都支持通过 Bluetooth 连接从一个设备向另一个设备无线传输文件。类似 eBeam Projection 之类的产品支持以无线方式将白板上的会议记录保存在计算机上,而其他一些设备则支持多方参与献计献策。

3.驾驶

(1)免提电话

开车接听或者拨打电话的情况在街头并不少见,这种行为不但违反交通法规,还存在安全隐患。而使用蓝牙技术,当用户进入车内,车载系统会自动连接上用户手机。用户在驾车行驶过程中,无需用手操作就可以用声控完成拨号、接听、挂断和音量调节等功能,可通过车内麦克风和音响系统进行全双工免提通话。

(2)汽车遥控

用户可以在 10 m 范围内用附有蓝牙的手机控制车门和车中的各类开关,包括汽车的点火控制等。

(3)电子导航

用户可以通过手机加蓝牙下载电子地图等数据到车载 GPS 导航系统中。导航系统得到当前坐标参数由蓝牙再通过手机短信传回导航中心。越来越多的车主购买“经济型”导航仪的原因有两个:首先是“指路”,车载导航仪内置了上百个城市的详细地图,覆盖全国几十个省市,车主选择始发地和目的地,导航仪就会给出最适合的路线,并全程语音提示,帮助车主顺利到达目的地;另一个则是“兴趣点”导航,加油站、宾馆、饭店、旅游景点,使车主即使是行驶在陌生的城市也能得心应手。

(4)汽车自动故障诊断

车载系统可以通过手机加蓝牙将故障代码等信息发往维修中心,维修中心派人前来修理时可以按故障代码等信息准备好相应的配件和修理工具,现场排除故障。

(5)车辆定位

蓝牙地址唯一性特点,给车辆的身份确认和定位提供了技术解决方案。首先,汽车上的蓝牙可以通过周边附有蓝牙设备的固定物体,如路边指示牌、路灯、桥梁、大楼等作为参照,再由电子地图确认自身的准确位置。其次,以蓝牙微微网加移动通信构成的网络可以在需要时实时查找汽车位置信息。

(6)避开拥堵路段

目前,汽车拥堵在大城市已是一个非常突出的问题,特别是在我国,已到了非治理不可的地步了。这其中除了车辆增长过快以外,没有一个智能化的信息平台也是一个重要的方面。蓝牙芯片价格便宜,又具有地址功能,所以用蓝牙在城市构成微微网,可以迅速组网,从而用最少的经费实现交通管理信息化的要求。一方面,交管部门可以通过附有蓝牙的汽车掌握流量信息并及时发布(而不是实况视频)实现智能管理;另一方面,车载蓝牙实时系统可以提示驾驶员避开拥堵路段绕过行。

4.娱乐

玩游戏、听音乐、聊天、与朋友共享照片,越来越多的消费者希望能够方便即时地享受各种娱乐活动,而又不想再忍受电线的束缚。Bluetooth 无线技术是一种能够真正实现无线娱乐的技术。内置了 Bluetooth 技术的游戏设备,让用户能够在任何地方与朋友展开游戏竞技。

5.停车场

蓝牙停车场的全称是蓝牙远距离停车场管理系统,它是利用蓝牙技术完成远距离(现有技术在 3~15 m 范围内)非接触性刷卡的停车场管理系统。蓝牙远距离停车场管理系统,具有省时省力节能、收费、计时准确可靠、保密防伪性好、灵敏度高、使用寿命长、不停车刷卡进出门等优点。

司机把蓝牙卡放在车挡风玻璃边,调好角度,车辆距离蓝牙读头 3~30 m 时,激活蓝牙读卡器,读写器读取该卡的特征和有关信息,若有效,给停车场控制器传达指令,停车场控制器给道闸开关量信号,道闸升起,车辆感应器检测到车辆通过后,栏杆自动落下;若卡片无效或已过有效期,则道闸不起杆。当车辆在感应线圈下时,自动道闸杆永不落下,车辆感应器具有防砸车功能。

项目小结

蓝牙是一种短距离无线数据和语音传输的全球性开放式技术规范,它也是一种用于各种固定的、移动的数字化硬件设备之间近距离无线通信技术的代称。蓝牙已累计颁布了 6 个版本:V1.1/1.2/2.0/2.1/3.0/4.0,其标准规格不断得到更新和加强。

蓝牙技术规定每一对设备之间进行蓝牙通信时,必须一个为主角色,另一个为从角色,才能进行通信。一个蓝牙主端设备,可同时与 7 个蓝牙从端设备进行通信。蓝牙系统采用一种灵活的无基站的组网方式,蓝牙网络的拓扑结构有两种形式,即微微网和散射网。蓝牙系统由无线单元、链路控制单元、链路管理支持单元、主机终端接口和蓝牙软件、协议共同组成。蓝牙技术在工作、生活和娱乐中有大量的实际应用。

1.问答题

(1)蓝牙技术有哪些特点?
(2)蓝牙协议体系中有哪些协议?
(3)蓝牙核心协议有哪些?
(4)简述蓝牙系统由哪些部分组成。
(5)画出蓝牙的 2 种网络拓扑结构。
(6)蓝牙技术的应用有哪些?

2.练习题

(1)将 2 台计算机通过蓝牙传送文件。
(2)将智能手机拍摄的照片通过蓝牙技术传至计算机中。

项目6 红外技术

教学目标

- 掌握红外技术的概念；
- 掌握红外技术的技术特点；
- 了解红外技术的发展；
- 了解红外技术的标准；
- 了解红外技术的协议栈；
- 了解红外技术的各种具体应用。

重点、难点

- 红外技术的标准和协议栈。

任务 1 认识红外技术

1.红外技术的概念

红外技术(Infrared Technique)顾名思义就是红外辐射技术。红外辐射习惯上称为红外线,也称为热辐射。

红外技术的发展以红外线的物理特性为基础。红外线是由于物质内部带电微粒的能量发生变化而产生的,它是一种电磁波,处于可见光谱红光之外,突出特点是热作用显著。红外线的波长介于可见光与无线电波之间,在 0.75~1 000 μm,可分为 4 个波段:近红外(0.75~3 μm)、中红外(3~6 μm)、远红外(6~15 μm)、极远红外(15~1 000 μm)。

2.红外线的特性

1)红外光电效应

当光线照射在金属表面时,金属中有电子逸出的现象称为光电效应。红外线光子的能量低于可见光光子,它能对一些较活泼的金属产生光电效应(即红外光电效应),红外光电效应是红外技术得到应用的关键。通过红外光电效应可把红外光转换成电信号,经放大后,作用到荧光屏上,再把电信号转换成可见光,使人眼看得见红外线照射的物体。

2)红外辐射

实验表明,物体在任何温度下都要向周围空间辐射电磁波,物体在一定时间内向周围辐射电磁波的能量的多少以及能量按波长(或频率)的分布都与物体的温度有关。在室温下,大多数物体发出的辐射能分布在电磁波谱的红外线部分,随着温度的升高,辐射能量也随着增加。同时,辐射能的分布逐渐向频率高的方向移动,即温度越高,辐射能中高频电磁波成分越多。

3)红外反射

目标和环境对可见光的反射差异不大,但在近红外区对红外线的反射差异很大,故用近红外线比可见光更易识别目标。军事上利用目标和景物对红外线的不同成像,经转换获得可见光图像以发现识别目标;在反红外伪装时,既要考虑颜色的近似感,同时还要注意它们对红外线的反射情况。

4)大气传输特性

大气中的二氧化破、水蒸气、臭氧等对各种波长的红外线有着不同程度的吸收。有些波段的红外线被吸收得多,不易透过大气传播;有些被吸收得少,容易透过大气。这些能透过或能较多透过大气的红外波段称为“大气窗口”,红外线有 3 个大气窗口:0.75~2.5 μm、3~5 μm、8~14 μm。战争中主要军事目标辐射的红外线大都在窗口内。

导弹辐射的红外线波段是 1~3 μm,处于第一窗口;喷气飞机辐射的红外线波段是 3~4 μm,坦克发动机辐射的红外线约为 5 μm,均位于第二窗口;装备、工厂、人员等地面和水上目标辐射 8~14 μm 的红外线,处在第三窗口。故第一窗口的红外装备可用于侦察导弹,第二窗口可用于制导、侦察和跟踪;第三窗口可用于观察地面和水上的一般军事目标。除吸收效应外,红外线在大气中传播时,还会被尘埃、雾滴等散射,在传播方向上不断衰减。散射效应对近红外线影响较大,对中、远红外影响较小,故中远红外线适于全天候和远距离的传输。

3.红外技术的发展概述

1979 年,IBM 公司的 F.R.Gfeller 和 U.H.Bapst 主持开发了世界上第一套室内无线光通信系统,该系统使用的是 950 nm 波长的红外光,通信距离可以达到 50 m,但该系统仅仅局限于实验室内,并未投入商业化使用。

1983 年,日本富士通公司研制出通信速率达到 9.2 kbit/s 的红外通信系统,它采用 880 nm波长的红外光,发射功率为 15 mW。1985 年,美国 HP 实验室采用发射功率 165 mW的红外光源,将通信速率提高到 1 Mbit/s。1994 年,美国贝尔实验室采用发射功率40 mW的红外光源,将通信速率提高到 155 Mbit/s。但这些都仅限于实验室水平,并没有投入商用。

红外收发器和控制器是实现红外通信的关键元器件。国内生产高端红外收发器的半导体公司较少,高端红外收发器主要由国际知名半导体公司生产。VI、IBM、日立、富士通、HP Labs、摩托罗拉、BT Labs、ZiLOG、夏普等公司及研究机构均生产红外收发器。ZiLOG 公司的 IrDA 兼容收发器系列模块外型小,可为薄型 PDA、蜂窝电话以及其他手持式便携器件增加红外连接功能。Agilent Technologies 公司于 2005 年研制的红外收发器以最高 4 Mbit/s 的速率提供符合 IrDA 标准的数据传输,并且实现了手机和 PDA 对电视、VCR、DVD 和其他家电的通用红外遥控功能。Vishay Intertechnology 公司于 2007 年开发的 TFDU6300 及 TFDU6301 提供 IrSimpleShot 所需的 4 Mbit/s 的快速红外数据速率,这两种收发器完全符合 IrDA 物理层规范。数据传送距离长达 0.7 m,可在 25 m 的距离内传送电视遥控信号。随后,该公司又推出业界最小的远红外(FIR)收发器 TFBS6711 和 TFBS6712,典型工作距离超过 50 cm,数据速率高达 4 Mbit/s,这两款收发器完全符合 IrDA 物理层及 IEC60825-Ⅱ级眼睛安全规范。夏普公司于 2008 年开始量产支持“IrSS(IrSimpleShot)”规格的接收专用器件“GP2W4020XP0F”,主要用于打印机、电视以及蓝光光盘录像机等。在光轴±15°以内且发送端的输出为 100 mW/sr 时,可接收的距离为标准 2.5 m。与以往产品的 20 cm~1 m 相比,接收距离大幅加长。

Microchip Technologies 公司于 2003 年研制的 MCP2140 是一款线速为 9 600 bit/s)的

IrDA标准协议堆栈控制器，适用于无线局域网、调制/解调器、移动电话接口设备、无线手持式数据收集系统。Rohm 公司于 2005 年研发了采用高速数据传输方式的 IrSimplc-4M 规格的控制器 LSI。据称其数据传输速率为 IrDA-4M 方式的 4～10 倍。目前市场上的大多数红外控制器实现了高速（FIR）或超高速（VFIR）模式。美国国家半导体（NI）公司生产的红外控制器综合性能比较优异。

由于红外通信是对有线通信非常有力的补充，随着通信技术的发展，红外无线通信越来越被重视，在目前通信技术的发展中，它凭借自身的独特优势在通信领域中占据了重要的地位。

4.红外技术的特点

红外数据协会成立于 1993 年，是一个致力于建立无线传播连接的国际标准非营利性组织。目前在全球拥有 160 个会员，参与的厂商包括计算机及通信硬件、软件及电信公司等。目前广泛采用的 IrDA 红外连接技术就是由该组织提出的。

IrDA 旨在建立通用的、低功率电源的、半双工红外串行数据互联标准、支持近距离、点到点、设备适应性广的用户模式。建立 IrDA 标准是在各种设备之间较容易地进行低成本红外通信的关键。

红外通信标准 IrDA 是目前 IT 和通信业普遍支持的近距离无线数据传输规范。红外通信是利用 900 nm 近红外波段的红外线作为传递信息的媒体，即通信信道。发送端将基带二进制信号调制为一系列的脉冲串信号，通过红外发射管发射红外信号。接收端将接收到的光脉冲转换成电信号，再经过放大、滤波等处理后送给解调电路进行解调，还原为二进制数字信号后输出。常用的调制方法有两种：通过脉冲宽度来实现信号调制的脉宽调制（PWM）和通过脉冲串之间的时间间隔来实现信号调制的脉时调制（PPM）。

简而言之，红外通信的实质就是对二进制数字信号进行调制与解调，以便利用红外信道进行传输；红外通信接口就是针对红外信道的调制/解调器。IrDA 在技术上的主要优点有：

✧通过数据电脉冲和红外光脉冲之间的相互转换实现无线的数据收发。

✧主要是用来取代点对点的线缆连接。

✧新的通信标准兼容早期的通信标准。

✧小角度（30°以内），短距离，点对点直线数据传输，保密性强。

✧传输速率较高，4 Mbit/s 速率的 FIR 技术已被广泛使用，16 Mbit/s 速率的 VFIR 技术已经发布。

✧不透光材料的阻隔性，可分隔性，限定物理使用性，方便集群使用。

✧无频道资源占用性，安全特性高。红外线利用光传输数据的这一特点确定了它不存在无线频道资源的占用性，且安全性特别高。在限定的空间内进行数据窃听不是一件容易的事。

✧优秀的互换性，通用性。因为采用了光传输，且限定物理使用空间。红外线发射和接收设备在同一频率的条件下可以相互使用。

✧无有害辐射,绿色产品特性。科学实验证明,红外线是一种对人体有益的光谱,所以红外线产品是一种真正的绿色产品。

此外,红外线通信还有抗干扰性强、系统安装简单、易于管理等优点。

除了在技术上有自己的特点外,IrDA 的市场优势也是十分明显的。在成本上,红外线 LED 及接收器等组件远比一般 RF 组件便宜。此外,现有 IrDA 接收角度也由传统的30°扩展到 120°。这样,在台式计算机上采用低功耗、小体积、移动余度较大的含有 IrDA 接口的键盘、鼠标就有了基本的技术保障。同时,由于 Internet 的迅猛发展和图形文件逐渐增多,IrDA 的高速率传输优势在扫描仪和数码相机等图形处理设备中更可大显身手。

当然,IrDA 也有其不尽如人意的地方:

✧ IrDA 是一种视距传输技术,也就是说两个具有 IrDA 端口的设备之间如果传输数据,中间就不能有阻挡物,这在两个设备之间是容易实现的,但在多个电子设备间就必须彼此调整位置和角度等。

✧ IrDA 设备中的核心部件——红外线 LED 不是一种十分耐用的器件,对于不经常使用的扫描仪、数码相机等设备虽然游刃有余,但如果经常用装配 IrDA 端口的手机上网,可能很快就不堪重负了。

✧ IrDA 点对点的传输连接方式,无法灵活地组成网络。

5.红外技术的技术标准

要使各种设备能够通过红外接口随意连接,一个统一的软硬件规范是必不可少的。但在红外通信发展早期,存在规范不统一的问题:许多公司都有着自己的一套红外通信标准,同一个公司生产的设备自然可以彼此进行红外通信,但却不能与其他公司有红外功能的设备进行红外通信。当时比较流行的红外通信系统有惠普的 HP-SIR,夏普的 ASKIR 和 GeneralMagic 的 MagicBeam 等,虽然它们的通信原理比较相似,但却不能互相感知。混乱的标准给用户带来了很大的不便,并给人们造成了一种红外通信不太实用的错觉。

为了建立一个统一的红外数据通信标准,红外数据协会相继制定了很多红外通信协议,有侧重于传输速率方面的,有侧重于低功耗方面的,也有二者兼顾的。

1994 年,红外数据协会发布的第一个红外通信标准 IrDA 1.0 定义了数据传输率最高 115.2 kbit/s 的红外通信,简称为 SIR(Serial Infrared,串行红外协议),采用 3/16ENDEC 编/解码机制。SIR 是基于 HP-SIR 开发出来的一种异步的、半双工的红外通信方式,它以系统的异步通信收发器(UART)为依托,通过对串行数据脉冲的波形压缩和对所接收的光信号电脉冲的波形扩展这一编解码过程实现红外数据传输。

1996 年,红外数据协会发布了 IrDA 1.1 标准,即 Fast Infrared(快速红外协议),简称为 FIR。与 SIR 相比,由于 FIR 不再依托 UART,其最高数据传输率有了质的飞跃,可达到 4 Mbit/s的水平。FIR 采用 4PPM(Pulse Position Modulation,脉冲相位调制)编译码机制,同时在低速时保留 IrDA 1.0 协议规定。

IrDA 1.2 协议定义了最高速率为 115.2 kbit/s 下的低功耗选择。

IrDA 1.3 协议将这种低功耗选择功能推广到 1.152 Mbit/s 和 4 Mbit/s。之后,IrDA 又推出了最高通信速率达 16 Mbit/s 的协议,简称为 VFIR（Very Fast Infrared,特速红外协议）。

IrDA 标准包括 3 个强制性规范:物理层 IrPHY(The Physical Layer)、连接建立协议层 IrLAP(Link Access Protocol)以及连接管理协议层 IrLMP（LinkManagement Protocol),每一层的功能是为上一层提供特定的服务。IrPHY 规范制定了红外通信硬件设计上的目标和要求;IrLAP 和 IrLMP 为两个软件层,负责对连接进行设置、管理和维护。这里,我们侧重介绍前两个规范。在 IrLAP 和 IrLMP 基础上,针对一些特定的红外通信应用领域,IrDA 还陆续发布了一些更高级别的红外协议,如 TinyTP、IrOBEx、IrCoMM、IrLAN、IrTran-P 和 IrBus 等.

1)物理层(IrPHY)

(1)参数定义

IrDA 物理层定义了串行、半双工、距离 0~100 cm、点到点的红外通信规程,它包括调制、视角(接收器和发射器之间红外传输方向上的角度偏差)、视力安全、电源功率、传输速率以及抗干扰性等,以保证各种品牌、种类的设备之间物理上的互联。该规范也保证了在某些典型环境下(如存在环境照明——太阳光或灯光及其他灯外干扰)的可靠通信,并将参加通信的设备之间的干扰降到最低。目前最新版本规范 113 支持两种电源:标准电源和低功率电源。标准电源无差错传输距离为 0~100 cm,最大视角至少 15°;低功率电源选择应用于便携式设备和电信产业中,无差错传输距离为 0~20 cm,最大视角至少 15°。

(2)脉冲调制的必要性

IrDA 红外通信通过数据电脉冲和红外光脉冲之间的相互转换实现无线数据的收发。

IrDA 设备靠发光二极管发送信号,波长范围为 875±30 nm,接收器采用装有滤波屏的光电二极管,仅使经调制的特定频率的红外光通过并接收。接收器的光学部分接收到的电荷量与信号辐射的能量成正比。因为接收装置需要把混在外界照明和干扰中的有用信号提取出来,所以尽可能地提高发送端的输出功率,才可能在接收端有较大信号电流和较高信噪比。但是,红外发光二极管不能在 100%时间段内全功率工作,所以发射端采用了脉宽 3/16 或 1/4 比特的脉冲调制,这样,发光二极管持续发光功率可提高到最大功率的 4~5倍。另外传输路径中不含直流成分,接收装置总在调整适应外界环境照明,接收到的只是变化的部分,即有用信号,所以脉冲调制是必要的。集成的 IrDA 收发器具有滤波屏以消除噪声,在 IrDA 频率范围 2.4~115.2 kbit/s 和 0.576~4 Mbit/s 内的信号通过。

(3)调制原理

IrDA 1.0 是基于 HP-SIR(惠普在 SIR 编/解码电路及红外接收装置上拥有专利)开发出来的一种异步的、半双工的红外通信方式。这是为了与通常的 UART 如 NS16550 建立连接，是对串口的简单延伸，如图 6.1 所示。数据在发送前首先被编码调制，因为 UART 和串口使用 NRZ（Non Return to Zero）编码，输出在整个比特内保持一致，多比特可持续高电位。这不是最佳红外传输，因为持续的一串高电位比特使发光二极管导通任意长时间，这就必须限制发光二极管的功率，因此缩短了有效工作距离。而 IrDA 标准要求 RZI（Return to Zero Inverted，反向归零）调制，以便使峰值与平均功率之比得到增加。波特率在 1.152 Mbit/s 以下时，都使用 RZI 调制。由于受到 UART 通信速率的限制，SIR 的最高通信速率只有 115.2 kbit/s，也就是大家熟知的计算机串行端口的最高速率。

综上，波特率在 214~115.2 kbit/s 时，使用脉宽为 3/16 比特的脉冲调制，或使用固定宽的脉冲调制。数据与串行异步通信格式相一致，一帧字符用起始位和停止位来完成收发同步。一个“0”用一个光脉冲表示。UART 与编/解码电路之间的信号[1]是 UART 数据帧，它包含一个起始位，8 个数据位，一个停止位，如图 6.2 所示。在编/解码电路与红外转换电路之间的信号[2]是红外 IR 数据帧，它具有与串口相同的数据格式，如图 6.3 所示。其中在红外发送与 LED 驱动之间是 3/16 比特宽的脉冲信号，与探测接收和红外接收解码之间的信号基本一致。这样，信号[2]是红外信号[3]的电信号表示。IrDA 1.1 标准与最高通信速率可达到 4 Mbit/s。在物理层之上的 IrLAP（Link Access Protocol）层要求所有的红外连接以 916 kbit/s 的速率（3/16 调制）建立起始连接，因此支持 4 Mbit/s 速率的设备至少必须支持 916 kbit/s 的速率，这样也保证了 4 Mbit/s 的设备可以与仅支持 916 kbit/s 的低速设备相通信，即保证向后兼容。IrDA 1.1 物理层框图如图 6.4 所示。

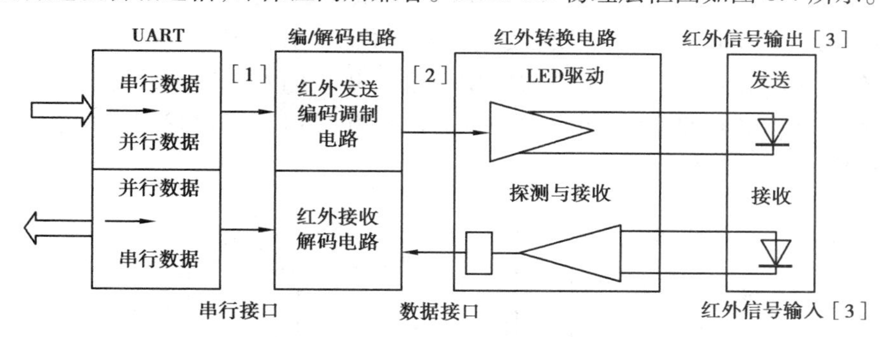

图 6.1　IrDA 1.0 物理层框图

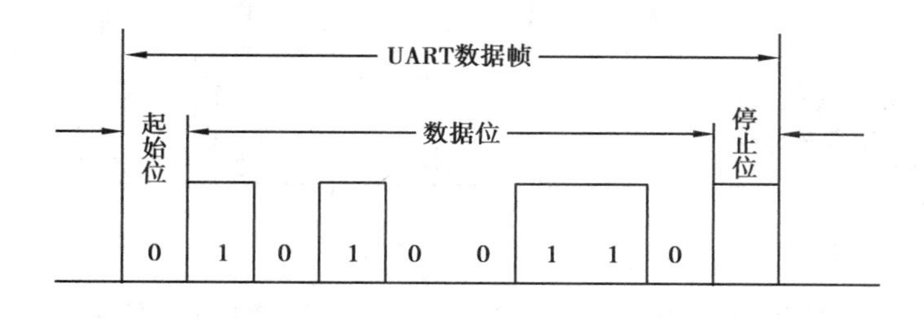

图 6.2　UART 数据帧

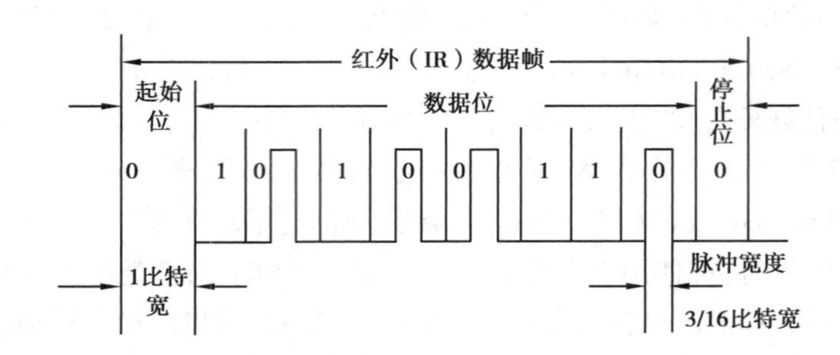

图 6.3　红外数据帧

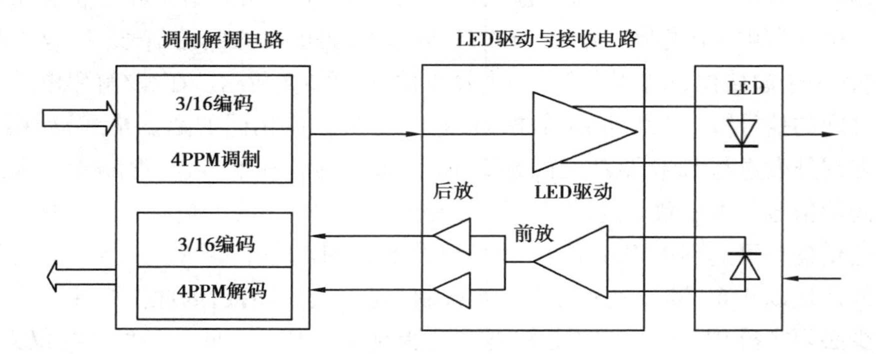

图 6.4　IrDA 1.1 物理层框图

速率为 0.576 Mbit/s 和 1.152 Mbit/s 时，使用与 IrDA 1.0 相同的 RZI 编码，只是用 1/4 比特宽替代 3/16 调制。如果发送 0100110101 这一串二进制码，图 6.5 所示为实际传输的信号在不同速率下的脉冲编码（较低速率和 0.576 Mbit/s 以及 1.152 Mbit/s ），其中 NRZ 表示未经调制的原始信号。

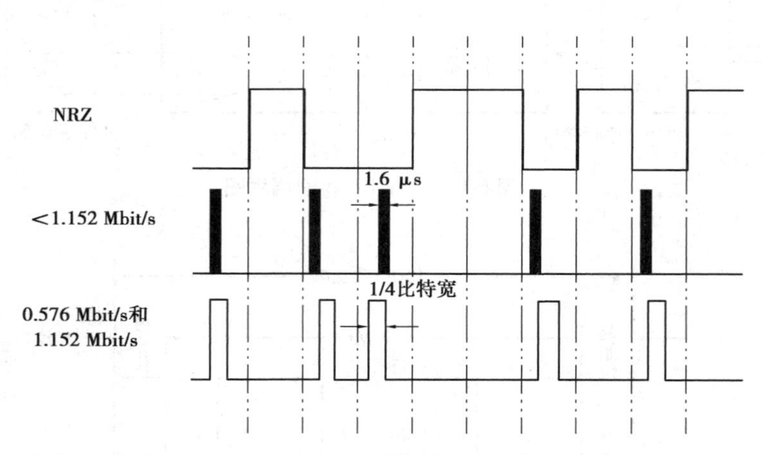

图 6.5　速率为 0.576 Mbit/s 和 1.152 Mbit/s 的一比特宽编码和低速 1.65 s 编码

当波特率为 4 Mbit/s 时，FIR 采用了全新的 4PPM（Pulse Position Modulation）调制解

调,即依靠脉冲的相位来表达所传输的数据信息,其通信原理与 SIR 不同,如表 6.1 所示。每两个比特即“比特对”被一起编码成一个 500 ns 宽的“数据符号位”,每个符号位分为 4 等份,只有一份包含光脉冲,信息靠数据符号脉冲的位置来传达。例如,比特 00 将被传送为 1000,01 被传送为 0100,11 被传送为 0001,每一个“1”靠一个光脉冲传送。对于 4 Mbit/s的传输速率,光脉冲宽度为 125 ns,发射器闪烁频率为数据传输速率的一半即 2 Mbit/s,而且在一段固定时间内,接收器收到的脉冲数目是一定的,这将使接收器比较容易与外界环境光强度保持一致,使接收到的只是变化的部分即有用信号。

其中逻辑 1 表示在这段数据符号位内 LED 发送红外光,逻辑 0 表示在这段数据符号位内 LED 处于关断状态。

表 6.1　速率为 4 Mbit/s 时的 4PPM 调制

比特对	4PPM 数据符号位
00	1000
01	0100
10	0010
11	0001

2)连接建立协议层(IrLAP)

连接建立协议层的定义与开放式系统互联参考模型第二层——数据链路层(Open System Interconnect Reference Model,OSI)相对应,是红外通信规范强制性定义层。IrLAP 以现有的高级数据链跳控制协议 HDLC(High Level Data LinkControl Procedure)和同步数据链路控制 SDLC(Synchronous Data Link Control)半双工协议为基础,经修订以适应红外通信需要。IrLAP 为软件提供了一系列指南,如寻找其他可连接设备,解决地址冲突,初始化某一连接,传输数据以及断开连接。IrLAP 定义了红外数据包的帧和字结构,以及出错检测方法。

IrLAP 对不同的数据传输速率定义了 3 种帧结构:①异步帧(速率在 916 ~ 115.2 kbit/s);②同步 HDLC 帧(速率为 0.576 Mbit/s 和 1.152 Mbit/s);③同步 4PPM 帧(速率为 4 Mbit/s)。速率在 115.2 kbit/s(包括 115.2 kbit/s)之内时,信号除使用 RZI 编码外,还被组织成异步帧,每一字节异步传输,具有一起始位,8 比特数据位和一比特停止位。数据传输率在 115.2 kbit/s 以上时,数据以包含有许多字节的数据包——同步帧串行同步传输。同步帧的数据包由两个起始标记字,8 比特目标地址,数据(8 比特控制信息和其他2045B数据),循环冗余码校验位(16 或 32 比特)和一个停止标记字组成。包括循环冗余码校验位在内的数据包由与 IrDA 兼容的芯片组产生。

(1)NRZ 编码

信号电平的一次反转代表 1,电平不变化表示 0,并且在表示完一个码元后,电压不需回到 0。

不归零编码是效率最高的编码,缺点是存在发送方和接收方的同步问题。

不归零码分为单极性不归零码和双极性不归零码两种,这两种编码,都是在一个码元的全部时间内发出或不发出电流(单极性),以及发出正电流或负电流(双极性)。每一位编码占用了全部码元的宽度,故这两种编码都属于全宽码,也称作不归零码 NRZ (Non Return Zero)。如果重复发送"1"码,势必要连续发送正电流;如果重复发送"0"码,势必要连续不送电流或连续发送负电流,这样使某一位码元与其下一位码元之间没有间隙,不易区分识别。

单极性不归零码,无电压(也就是元电流)用来表示"0",而恒定的正电压用来表示"1"。每一个码元时间的中间点是采样时间,判决门限为半幅度电平(即 0.5)。也就是说接收信号的值在 0.5 与 1.0 之间,就判为"1"码,如果在 0 与 0.5 之间就判为"0"码。每秒钟发送的二进制码元数称为"码速"。

双极性不归零码,"1"码和"0"码都有电流,但是"1"码是正电流,"0"码是负电流,正和负的幅度相等,故称为双极性码。此时的判决门限为零电平,接收端使用零判决器或正负判决器,接收信号的值若在零电平以上为正,判为"1"码;若在零电平以下为负,判为"0"码。

(2)NRZ-1 编码

NRZ-1 编码(No Return Zero-Inverse)是非归零反相编码。

在 NRZ-1 编码方式中,信号电平的一次反转代表比特 1。就是说是从正电平到负电平的一次跃迁,而不是电压值本身,来代表一个比特 1。0 比特由没有电平变化的信号代表。非归零反相编码相对非归零电平编码的优点在于:因为每次遇到比特 1 都发生电平跃迁,这能提供一种同步机制。

一串 7 个比特 1 会导致 7 次电平跃迁。

每次跃迁都使接收方能根据信号的实际到达来对本身时钟进行重同步调整。

根据统计,连续的比特 1 出现的几率比连续的比特 0 出现的几率大,因此对比特 1 的连续串进行同步就在保持整体消息同步上前进了一大步。

一串连续的比特 0 仍会造成麻烦,但由于连续 0 串出现不频繁,对于解码来说其妨碍就小了许多。

6.IrDA 协议栈

IrDA 协议栈是红外通信的核心,本节将系统描述 IrDA 协议栈中各层协议。基于 IrDA 协议的红外数据通信技术,目前已被广泛应用于笔记本计算机、台式计算机,各种移动数据终端(如手机、数码相机、游戏机、手表)以及工业设备和医疗设备等,并且为嵌入式系统和其他类型设备提供了有效、低廉的短距离无线通信手段。

通信协议管理整个通信过程,通常被划分成几层,各层除有自己的一套管理职责外,与上下层之间联系紧密,可以互相调用,将各协议层叠起来就成了协议栈。IrDA 是一套层叠的专门针对点对点红外通信的协议,图 6.6 是 IrDA 协议栈的结构图,其中有核心协议和可选协议之分。核心协议包括红外物理层(Infrared Physicallayer,IrPHY),定义硬件要求和低级数据帧结构以及帧传送速度;红外链路建立协议(Infrared Link Access Protocol, IrLAP),在自动协商好的参数基础上提供可靠的、无故障的数据交换;红外链路管理协议(Infrared LinkManagement Protocol,IrLMP)提供建立在IrLAP连接上的多路复用及数据链路管理;信息获取服务(Information Access Service,IAS)提供一个设备所拥有的相关服务检索表。

依据各种特殊应用需求可选配如下协议:

✧微型传输协议(Tiny Transport Protocol,TTP),对每通道加入流控制来保持传输顺畅。

✧红外对象交换协议(Infrared Object Exchange,IrOBEX),文件和其他数据对象的交换服务。

✧红外通信(Infrared Communication,IrCOMM),串、并行口仿真,使当前的应用能够在IrDA平台上使用串、并行口通信,而不必进行转换。

✧红外局域网(Infrared Local Area Net Word,IrLAN),能为笔记本电脑和其他设备开启IR局域网通道。

当图6.6栈中各层被集成到一个嵌入式系统中时,其结构如图6.7所示。从图中可以看出在嵌入式应用环境下,拥有3种操作模式:用户模式、驱动模式、中断模式,各模式之间的衔接是通过应用编程接口(Application Programming Interface,API)来实现的。下面具体介绍在此环境下各层的通信协议。

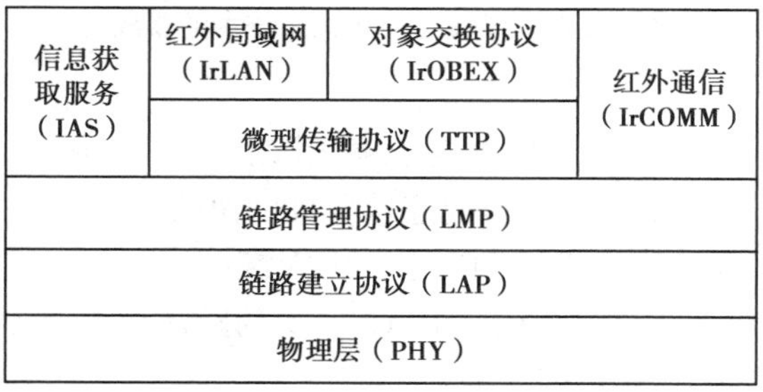

<table>
<tr><td rowspan="2">信息获取服务(IAS)</td><td>红外局域网(IrLAN)</td><td>对象交换协议(IrOBEX)</td><td rowspan="2">红外通信(IrCOMM)</td></tr>
<tr><td colspan="2">微型传输协议(TTP)</td></tr>
<tr><td colspan="4">链路管理协议(LMP)</td></tr>
<tr><td colspan="4">链路建立协议(LAP)</td></tr>
<tr><td colspan="4">物理层(PHY)</td></tr>
</table>

图6.6　IrDA 协议栈结构图

1)核心协议层

(1)物理层和帧生成器(Framer)

红外物理层规范涵盖了红外收发器、数据位的编/解码以及一些数据帧的组成,如帧头、帧尾标志和循环冗余检测(CRC)。还规定了传输距离、传输视角(接收器和发送器之间的红外传输方向上的角度偏差)、视力安全、电源功率等,以保证不同品牌不同种类的设备之间在物理上的互连。这一层主要是通过硬件来实现的。

为了将栈数据通信部分与经常变动的硬件层隔离,构造了一个被称为帧生成器的软件层,它的主要责任是接收来自物理层的帧并将它们提交给IrLAP层,还包括接收输出帧,并传送它们到物理层。此外,帧生成器有责任根据 IrLAP 层的命令来控制硬件通信速度。

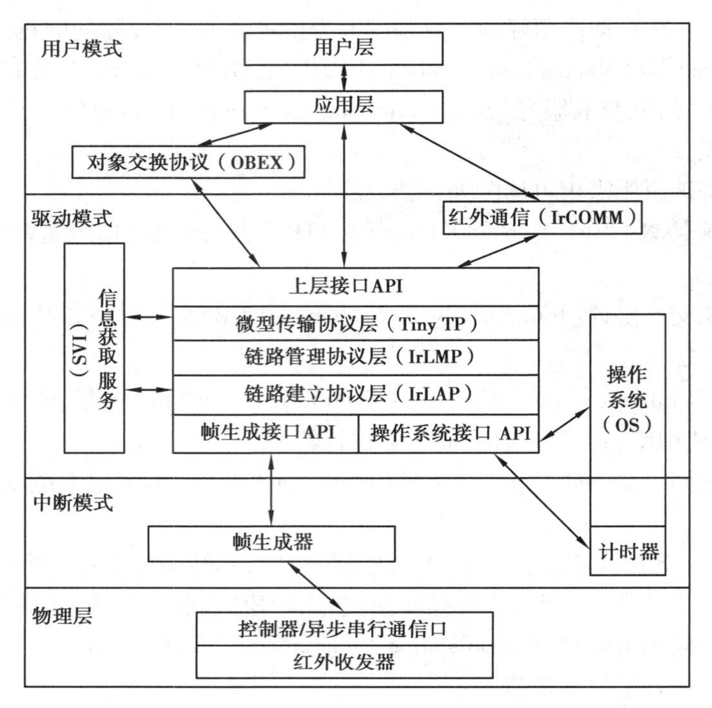

图 6.7 IrDA 协议栈在嵌入式系统中的集成框图

(2)连接建立协议层

IrLAP 是在广域网中广泛使用的高级数据链路控制协议(High-level Data Link Control, HDLC)基础上开发的半双工面向连接服务的协议。

在 IrLAP 的开发过程中需要考虑到以下几个因素:

✧点对点:连接是一对一的,如相机对 PC,典型的距离范围是 0~1 m,甚至可以拓宽到 10 m,但它不能够像一个局域网(多对多)一样。

✧半双工:红外光(或数据)一次只能在一个方向上传输,但可以通过链路频繁改变方向近似模拟全双工。

✧狭窄的红外锥角:红外传输为了将周围设备的干扰降到最低,其半角应在 15°范围内。

✧节点隐蔽:当其他红外设备从当前发送方后面靠近现存的链路时,不可能迅速侦测到链路的存在。

✧干扰:IrLAP 必须能克服荧光、其他红外设备、太阳光、月光等诸如此类的干扰。

✧无冲突检测:硬件的设计是不检测冲突的,因此软件必须处理冲突以免数据丢失。

建立 IrLAP 连接的两部分存在主从关系,承担不同的责任,用 IrDA 术语来表达为主站(Primary)和从站(Secondary)。

主站控制通信,管理和保持各个任务的独立性,它发送命令帧,初始化链路和传输,组织发送数据和进行数据流控制,并处理不可校正的数据链路错误;从站发送响应帧来响应主站的请求。但是设备的协议栈可以既作主站又作从站,一旦链路建立,双方轮流发问(在允许另一方有机会发问之前,发问方一次发问不能超过 500 ms)。

注意:在更高层,主从关系并不明显,一旦两设备建立连接,从站的应用程序也能实现初始化操作。

IrLAP 的建立过程中包含两个操作模式,其划分依据是连接是否存在。

✧常规断开模式(Normal Disconnect Mode,NDM):这是未建立连接的设备的默认操作模式。由于各个站在可能的通信范围内移动,因此主站在建立链路时需要寻找移动站所在的位置。在这一模式下,设备必须对传输媒质进行检测,在进行传输之前必须检查其他传输是否正在进行,这可以通过对传输活动进行监听来完成。如果超过 500 ms(最大链路运行周期),无传输活动被检测到,则可认为媒质可用来建立连接,这样做可以避免对现有的链路造成干扰。

一个典型的问题是在这种模式下连接双方需要通过互传信息,协商一致的通信参数配置,这对嵌入式设备(没有用户接口来进行设备通信参数设置)而言尤其困难。IrDA 中规定了在 NDM 状态下,使用下列连接参数:ASYNC(异步)、9 600 bit/s,8 位、无校验。在连接双方握手的过程中,相互交换信息,协商确立最佳的通信参数。这些参数包括:波特率、最大分组长度(64 bit~2 kbit)、窗口尺寸、分组头标志的数量(0~48)、最小运行周期(0~10 ms)、链路断开时间。

✧常规响应模式(Normal Response Mode,NRM):这是已连接设备的操作模式。一旦连接双方采用在 NDM 中协商好的最佳参数进行通信,协议栈中较高的层就可以利用常规命令和响应帧来进行信息交换。

在图 6.8 中,标志字段标记每一帧的开始和结束,并且包含了特殊的位模式 011111100 地址字段是自我解释性的,标准格式是 8 位,扩充格式为 16 位。当只有一个主站并且从站之间不互相发送帧时,目的地址是不需要的,而源地址是必需的,主站因此才能得知帧的出处。在有些情况下,段还包括组地址和广播地址(全部为 1),带有组地址的帧将被所有组中预先定义的从站接收,而且有广播地址的帧将被所有主站建立连接的从站接收。校验序列(FCS)用于 CRC 错误检测,大部分情况定义为 16 位;控制字段用来发送状态信息或发布命令,一般情况下为 8 位,它的内容取决于帧的类型。帧有 3 种类型:信息帧、监控帧、无号帧,格式如图 6.9 所示。

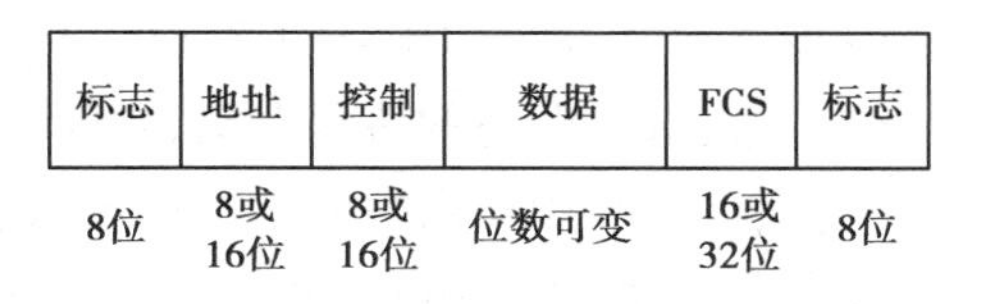

图 6.8　IrLAP 帧格式

在传送之前,可以对帧信息进行格式转换。依据不同的数据传输速率,IrLAP 定义了 3 种编码方式不同的帧结构:①异步帧(速率在 9.6~115.2 kbit/s);②同步 HDLC 帧(速率为 0.576 Mbit/s 和 1.152 Mbit/s);③同步 4PPM 帧(速率为 4 Mbit/s)。

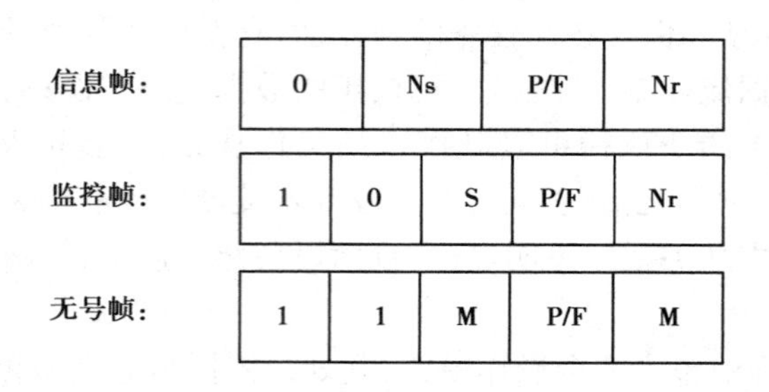

图 6.9　帧格式图

在 IrLAP 服务中定义了很多服务，但对特定的设备来说不是所有这些服务都是必需的。IrLAP 操作可用服务单元规则来进行描述。图 6.10 为 IrLAP 层有向传输图。

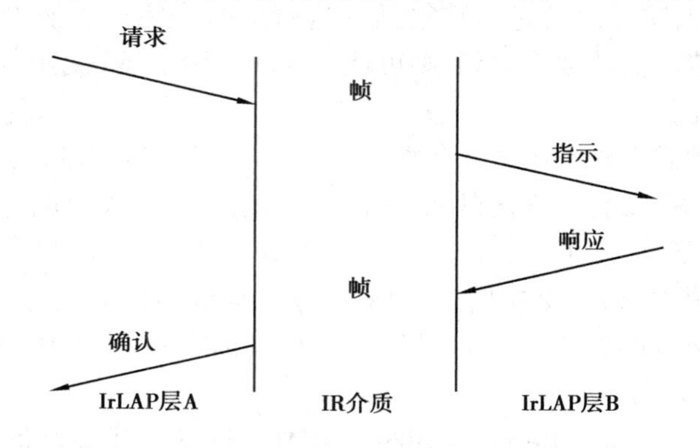

图 6.10　IrLAP 层有向传输图

精简的 IrDA（IrDALite）标准中对 IrLAP 规则提出的要求如下：

✧设备搜索：搜寻 IR 空间存在的设备；

✧连接：选择合适的传送对象，协商双方均支持的最佳的通信参数，并且连接；

✧数据交换：用协商好的参数进行可靠的数据交换；

✧断开连接：关闭链路，并且返回到 NDM 状态，等待新的连接。

（3）连接管理协议层（IrLMP）

IrLMP 是 IrDA 协议栈的核心层之一，根据 IrLAP 层建立的可靠连接和协商好的参数特性，提供如下功能：①多路复用，允许同时在一个 IrLAP 链路上独立地运行多个 IrLMP 服务连接。②高级搜索，在 IrLAP 搜索中解决地址冲突，处理具有相同 IrLAP 地址的多设备的事件，并告知它们重新产生一个新的地址。

为了在一个 1rLAP 链路上建立多个 IrLMP 连接，必须有一些更高级的寻址方案，其中包括下面两个重要的专用名词：

✧链路服务访问点（Link Service Access Point，LSAP）：在 IrLMP 内的一个服务或者应用的访问点，如打印服务。以一个简单的字节作为导入点，它就是下面所介绍的 LSAP-SEL。

✧链路服务访问导入点（LSAP Selector，LSAP-SEL）：一个字节响应一个 LSAP，作为一个服务在LMP多路复用内的一个地址，在链路多路复用过程中，采用了7 bit的识别符。LSAP-SEL的可用值范围是0x00～0x7F，其中0x00分配给IAS使用，0x70分配给无线连接型通信使用，0x7F作为广播地址，0x71～0x7E为保留段，其余的为LMP上可用的服务标识，并且值的分配是任意的。

IrLMP层为了执行其基本操作，加入了下面两个字节的信息到帧中。C：区分控制和数据帧；r：保留位；DLSAP-SEL：当前帧接收方的服务地址入口；SLSAP-SEL：当前帧发送方的服务地址入口。IAS是信息服务和应用的检索表，它定义了命令/响应型的信息检索规程和几种基本的数据表示方法。对将要建立的连接而言，所有可用的服务或应用必须在IAS中有入口，这可以用来决定服务地址，也就是其LSAP-SEL，也能询问IAS有关服务的附加信息。一个完整的IAS执行机构由客户端和服务器端两部分组成，客户端是负责用信息获取协议（Information Access Protocol，IAP）来询问在其他设备上的服务，服务器端是弄清如何去响应来自一个IAS客户端的询问。注意，没有进行LMP连接初始化的设备可能只包括一个IAS服务器端。

IAS信息集是用来描述将来可用连接服务的目标集合，它被IAS服务器端用来响应将来的IAS客户端的询问。信息集对象由一个类名和一个或多个标志构成。它们与电话簿黄页中的条目非常相似，其中类名等同于电话簿中的商务名，IAS客户端将会用类名询问一个服务。标志包含的信息类似于电话号码、地址和其他商务标记，对每一个条目而言，最关键的标记就是服务地址（LSAP-SEL），LMP用它来与各服务之间建立连接。

IAS目标由类名（≤60B）和命名标记（≤60B，最多为256个标记）组成。标记值有3种类型：字符串（≤256B）、字节序列（≤1024B）、符号整数（32位）。

2）可选协议层

（1）微型传输协议层

TTP是IrDA协议栈的可选层之一，从它的重要性来看，应作为核心层对待。它有两个功能：

✧在每一个LMP连接基础上进行数据流控制。

✧分组与重新拼合（Segmentation And Reassembly，SAR），将数据分段传送，然后在接收方重新拼合。

TTP以LMP单元核为中心，进行连接、发送、断开和施加流控制操作。

IrLAP也提供了流控制，为什么还需要另外一个流控制呢。假定一个IrLAP连接已经建立，并且在其连接基础上有两个LMP服务连接采用多路复用，如果一方开启LAP流控制，则在LAP连接上的所有数据流（与所有的LMP连接相关联）在此方向上被完全切断，这样另一方就无法得到它想要的数据，直到LAP流控制关闭为止。如果流控制是基于每一个LMP连接，并采用TTP，那么其中一方在可以不对另一方产生任何负面影响的情况下，能够通过停止数据传输来处理已经接收到的信息。

TTP是一种基于信用授权（Credit）的流控制方案，在连接时一个Credit相对应允许发送一个LMP数据包。如果发送一个Credit，就应有能力接收一个最大尺寸的数据包。可见,连接双方 Credit 的数目完全依赖于其缓冲空间的大小,只要有足够的缓冲空间,就能够最多拥有 127 个 Credit,可以将数据发送到任何目的地。同时,发送数据会导致 Credit 的消耗,每发送一个数据包,就会消耗 1Credit 单元。接收方会定期发布更多的 Credit,而这一策略完全依赖于接收方的处理能力,最终可能会使链路性能产生较大差异。如果发送方在不断地消耗 Credit,而且又不得不等待更多的可用 Credit,那么信息流量就会受到影响。如果发送方没有了 Credit,则链路上就没有数据传输。需要说明的是,只有 Credit 的数据包是可以被传输的,它不受制于流量控制。

TTP 的另外一个功能是 SAR,基本的思想是 TTP 将较大的数据分成几块来传输,然后在另一方重新将其拼合起来。被分割和拼合的数据中一个完整的数据块被称为服务数据单元(Service Data Unit,SDU),并且在 TTP/LMP 连接建立时就要协商好 SDU 的最大尺寸。

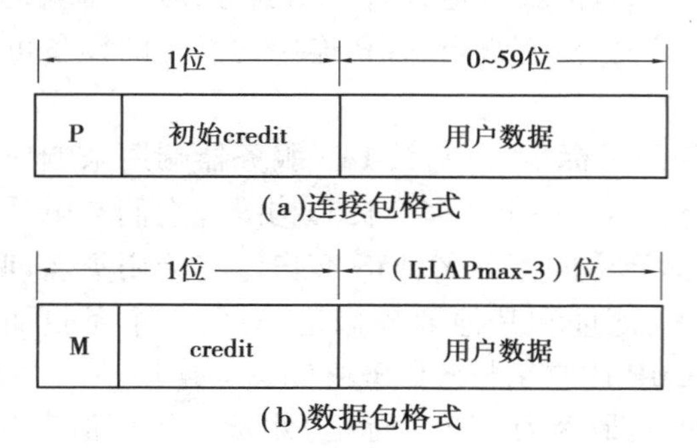

图 6.11 TTP 帧格式

TTP 有两种帧格式:连接包(由 IrLMP 连接包传输,因此有长度限制)、数据包(由 IrLMP 数据包传输),如图 6.11 所示,P 为参数位,0 表示不包括参数,1 表示包括参数;M 为段提示位,0 表示此为最后一段,1 表示后面还有更多段。

(2)对象交换协议

IrOBEX(简写为 OBEX)是一个可选的应用层协议,设计它的目的是使异种系统能交换大小和类型不同的数据。在嵌入式系统中最普遍的应用是任意选择一个数据对象,并将其发送到红外设备指向的任一地址。为了使接收方识别数据对象,并能很顺利地处理它,OBEX 提供了相应的工具。

OBEX 针对的对象范围也比较广,不仅包含传统的文档,而且还包括页面、电话信息、数字图像、电子商务卡片、数据库记录、手持设备输出或诊断信息。建立该层的一般思路就是使所有应用根本不必牵涉到管理连接或处理通信过程,仅仅只是选择对象并将其用最直接的方法传到另一方,这与 Internet 协议组中的 HTTP 服务所起的作用相似。

建立 OBEX 的目的就是尽可能完整地打包 IrDA 通信传输数据,这样可以大大简化通信应用的开发。需要特别注意的是,IrOBEX 虽在 IrDA 协议栈上运行,但其传输是独立的,OBEX 协议中包含了两种模式。在会话校式中会话规则用来规范对象的交换,包括连接中可选的参数约定,以及针对对象的“放”“取”的一整套操作。允许在不关闭连接的情况下终止传输,支持连接独立关断;在对象模式中提供了一个灵活的可扩展的目标和信息代表来描述对象。

本书针对 IrDA 常用协议层做了大致的介绍,也包括用于简化的 IrLite 规则,用来对上述各层的服务进行精简,以使得在拥有一套完整 IrDA 运行的面向连接的通信基础上,通信尺寸达到最小。依据经验,在最简单的嵌入式系统中,一般的 8 位处理器主站程序代码大约为 10 kbit,从站程序代码大约为 5 kbit,用来缓存信息帧的 RAM 只要几百字节,在实际应用中,必须根据处理器资源灵活配置协议栈参数。

任务 2　红外技术的应用

红外技术在安防领域、消防领域、电力领域、企业制造控制领域、医疗领域、建筑领域、遥感领域等发挥着越来越重要的作用。

1.安防领域

随着商业和民用安防监控实际需求的不断增长、部署监控系统性价比的不断提升以及“国家应急体系”“平安建设”“科技强警”等重大工程项目在全国不断推进，我国视频监控市场将持续升温，并不断创造出更多的市场需求和机会。

北京奥运会、上海世博会、广州亚运会等国内大型活动的举办和世界社会安全形势的多变，对各种危险性的预防也提出了越来越高的要求，具有全天时准全天候的红外监视显得更加突出。

非制冷红外探测器的出现和市场价格的可接收性，使用红外报警已从近红外主动照射成像报警、点源红外探测报警快速向红外凝视焦平面成像发展。

红外成像、红外可见光融合的智能视频监控报警系统将获得快速发展，并将广泛运用到边防、银行、机场、油库、军械库、图书文献库、文物部门、监狱等重要部门，以及交通、工业、仓储、港口码头、物联网和森林防火等行业市场。

2.消防领域

我国的消防车中配备红外热像仪的还很少，如果每台消防车配备一台红外热像仪，平均每台按 10 万元计算（目前售价约为 15 万元），全球消防领域的市场需求总量将达到 200 亿元，我国将达到 36 亿元。

3.电力领域

作为最成熟、最有效的电力在线检测手段，红外热像仪可以大大提高供电设备运行的可靠性，减少设备的检修时间。

虽然电力行业是目前我国民用红外热像仪应用最多的行业，但仅限于广东、浙江、江苏、山东等沿海经济发达地区，而且目前这些发达地区的拥有量也仅为需求量的 20%。

据统计，我国电力行业红外热像仪的总需求量约为 2.5 万台，以平均每台售价 6 万元（目前售价约为 10 万元）计算，市场需求总额约为 15 亿元。

4.企业制造控制领域

目前,我国制造业共有约 130 万家企业,这些制造业如果利用红外热像仪对制造过程进行控制,则能大大提高企业的产品品质,如制造业中 10%的大型企业配备一台红外热像仪,以每台售价 10 万元计算,则市场需求额可达 130 亿元。

5.医疗领域

红外技术的医疗应用主要包括人体温度检测、疾病临床诊断、疾病治疗与保健 3 个领域。

红外温度检测在非典、流感期间发挥了重要作用;医用红外热成像技术对结构成像技术(B 超、CT、核磁共振)是一个很好的补充,许多以往结构成像技术不能表现或晚于机能表现的异常信息,却能通过红外热成像技术表达。据文献报道,在发现肿瘤方面,它比 CT、核磁早 6~12 个月。它又是疼痛及软组织损伤的唯一可查仪器。

目前,医用红外热成像技术正在生物信息、无创检测、亚健康评估、肿瘤预测、中医诊断客观化、人体异常信息的无创监测(包括 SARS 疫情监测)等重大前沿领域得到广泛的应用。各种红外理疗仪已经逐步进入了人们的家庭。

6.建筑领域

2006 年 11 月 1 日,中国工程建设标准化协会批准实施《红外热像法检测建筑外墙饰面层脱粘结缺陷技术规程》,对红外热像仪在建筑行业的应用进行了规范。目前,我国建筑企业约为 10 万家,如果每家配备 1 台红外热像仪,以平均每台售价 5 万元计算,市场需求额可达 50 亿元。

7.遥感领域

红外遥感仪器获取地物目标的红外波段辐射数据,经过信号或信息处理可以获得地球环境的信息。在地球资源探查、气象预报、防灾减灾、抗灾搜救等方面具有重要的应用价值和广阔的应用空间。现在有星载、机载、浮空器等众多遥感平台。

项目小结

红外技术就是红外辐射技术,其发展以红外线的物理特性为基础,即红外光电效应、红外辐射、红外反射、大气传输特性。红外通信标准 IrDA 是目前 IT 和通信行业普遍支持

的近距离无线数据传输规范。IrDA 具有移动通信设备所必需的体积小、功率低的特点。IrDA 协议栈是红外通信的核心。本项目从核心协议层和可选协议层两方面介绍了 IrDA 协议栈。红外技术目前主要应用在各种低成本、近距离的数据通信中。

问答题

(1)红外技术使用的电磁波波段是哪些?

(2)红外线具有哪些特性?

(3)红外技术的技术特点是什么?

(4)IrDA 有哪些规范? 这些规范的作用是什么?

(5)IrDA 物理层规范的调制原理是什么?

(6)IrDA 协议栈分为哪些层?

(7)红外技术有哪些应用?

项目7 超宽带技术

学习目标

- 掌握UWB的定义及技术规范;
- 掌握UWB的技术特点;
- 了解UWB与现代通信的区别;
- 了解UWB的关键技术;
- 了解UWB的标准;
- 了解UWB的系统框架;
- 了解UWB的各种具体应用。

重点、难点

- UWB的定义及技术规范、关键技术和技术标准。

任务1　认识超宽带技术

超宽带(Ultra-Wide Band,UWB)技术是利用超宽频带的电波进行高速无线通信的技术。从时域上讲,超宽带系统有别于传统的通信系统。一般的通信系统是通过发送射频载波进行信号调制,而 UWB 是利用起、落点的时域脉冲(几十纳秒)直接实现调制。超宽带的传输把调制信息过程放在一个非常宽的频带上进行,而且以这一过程中所持续的时间来决定带宽所占据的频率范围。

1.超宽带的定义及规范

超宽带无线通信技术是目前无线通信领域较先进的技术之一。这项技术曾被美国军方秘密用于第二次世界大战,当时这项技术被称为冲激无线电(Impulse Radio),主要是利用脉冲通信减少干扰和阻塞,增强通信的准确性、可靠性和隐蔽性,随后关于这项技术的研究工作也主要局限于军方,直到 20 世纪 90 年代,"超宽带"这一术语由美国国防部首先提出,并应用于超宽带通信、超宽带导航、超宽带雷达、超宽带微波炸弹等。目前,它逐步转入民用阶段,并在无线电、音、视频和数据传输及家用设备领域内得到迅速发展。

随着电子技术的飞速发展,人们对脉冲无线电技术的认识也更加清楚,2002 年美国联邦通信委员会(FCC)发布了针对超宽带的报告和规范,规定只要一个信号的相对带宽≥25%,或者-10 dB 绝对带宽大于 500 MHz,则这个信号就是超宽带信号。其中,相对带宽为式(7.1)。

$$\frac{\Delta f}{f_0}=\frac{f_H-f_L}{f_0}=\frac{f_H-f_L}{(f_H+f_L)2} \tag{7.1}$$

其中:f_H 为信号最高频率,f_L 为信号最低频率,f_0 为信号中间频率。

UWB 信号带宽不同于通常所定义的 3 dB 带宽,如图 7.1 所示。

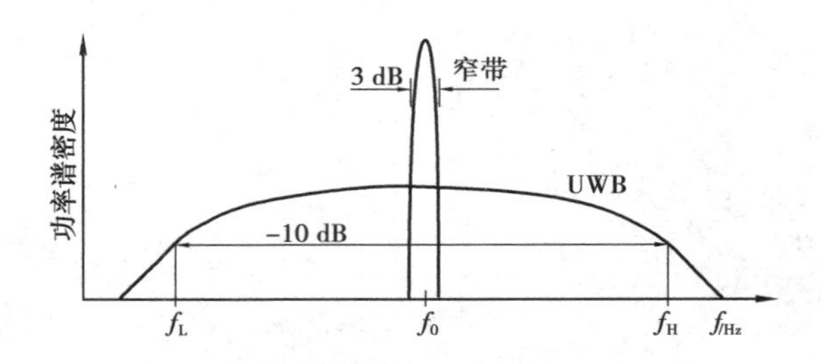

图 7.1　超宽带信号的定义

为了避免民用的超宽带系统对已有的无线通信系统(GPS、蜂窝移动通信、802.11 n)产生干扰,FCC 规范根据 3 类用途的超宽带通信系统可能产生的干扰,对它们的频谱使用范围和功率辐射进行了严格、具体的规定:

✧三类用途的超宽带通信系统为：包括探地雷达（GPR）、穿墙雷达的成像系统、监视器以及医疗成像设备；

✧车载雷达系统；

✧通信和测量系统。

FCC 对不同用途的超宽带设备频谱的使用范围的规定如下：

✧探地雷达与墙壁成像系统：低于 960 MHz 或 3.1~10.6 GHz；

✧墙壁穿透成像系统：低于 960 MHz 或 1.99~10.6 GHz；

✧监视系统：1.99~10.6 GHz；

✧医疗系统、通信和测量系统：3.1~10.6 GHz；

✧车载雷达：22~29 GHz，另外，中心频率和最高辐射电平点的频率必须大于 24.075 GHz。FCC 对超宽带设备的功率辐射限制以 EIRP（Effective Isotropic Radiated Power）指标给出。所谓 EIRP，即有效全向辐射功率，是一个天线的输入功率与某个指定方向天线增益的乘积相对全向天线的值。

2.UWB 技术的特点

从上述对超宽带信号时域与频域的描述中可以看出，超宽带信号在时域、频域两个方面都与传统无线电信号有着较大差异，正因为这些显著的差异，直接导致了超宽带信号有着传统无线电信号不具备的特性或优点，主要表现在以下几个方面。

1）发射机和接收机相对简单

不需要载波，且发送和接收设备简单，是 UWB 技术的重要特点。由于 UWB 信号是一些超短时的脉冲，其频率很高，故发射器可直接用脉冲激励天线，且不需要功放与混频器；同时在接收端也不需要中频处理，因此，必然会使发射机和接收机的结构简单化。

2）功耗低

信息论中关于信息容量的香农（Shannon）公式为式（7.2）。

$$C = B\log_2\left(1 + \frac{S}{N}\right) \tag{7.2}$$

其中：C 为信道容量（用传输速率度量），B 为信号频带宽度，S 为信号功率，N 为白噪声功率。

说明：在给定的传输速率 C 不变的条件下，频带宽度 B 和信噪比 S/N 是可以互换的，这可通过增加频带宽度的方法，来降低系统对信噪比的要求，即当发射信号功率很小（如 50~70 mW）时，也可以保证在适当传输距离上实现正常通信。

正因如此，UWB 技术的平均发射功率很低，在短距离应用中，UWB 发射机的发射功率通常可以低于 1 mW，从而大大延长了电源的供电时间。FCC 规定，UWB 的发射功率谱密度必须低于美国发射噪声规定值-41.3 dBm/MHz,因此,从理论上来说,相对于其他通信系统,UWB 信号所产生的干扰仅相当于一宽带白噪声。民用 UWB 设备的功率一般是传统移动电话所需功率的 1/100 左右,是蓝牙设备所需功率的 1/20 左右,而且军用 UWB 电台的耗电也很低。因此,UWB 设备在电池寿命和电磁辐射上,相对于传统无线设备有着很大的优越性。

表 7.1 给出了目前市场上蓝牙芯片、无线局域网 IEEE 802 的典型产品以及已经推出的超宽带产品的通信距离和它们的收发系统功耗的典型值,从表中可以看出。超宽带在功耗方面明显优于其他两种近距离无线通信技术。

3)传输速率高

超宽带脉冲信号和系统的频带极宽,一般在几百 MHz 到几 GHz,即脉冲码元速率可以达 10 Gbit/s,这是一般通信体制无法达到的高速率。目前,超宽带通信已经可以在很低的信噪比门限下实现大于 100 Mbit/s 的可靠高速无线传输,且其进一步的目标是 500 Mbit/s 和 1 Gbit/s。

一个相同作用范围的超宽带通信系统,其速率可以达到无线局域网 802.1lb 系统的 10 倍以上,蓝牙(Bluetooth)系统的 100 倍以上。

表 7.2 给出了 UWB、WLAN 以及其他 WPAN 数据传输速率的典型值。

表 7.1 UWB 与蓝牙、无线局域网 IEEE 802 在功耗上的比较

技术类型	通信距离	功率
802.11b	100 m	50 mW
802.11g	100 m	50 mW
802.11a	50 m	200 mW
蓝牙	10 m	1 mW
UWB	10 m	200 uW

表 7.2 UWB、WLAN 以及其他 WPAN 数据传输速率的典型值

技术类型	传输速率/(Mbit · s^{-1})
802.11b	11
802.11g	54
802.11a	54
蓝牙	1
UWB	>480

4)隐蔽性与安全性好

隐蔽性好、安全性高是 UWB 技术的另一重要特点。由于 UWB 信号的带宽很宽,且发射功率很低,这必然使其具有低截获能力。另外,超宽带还采用了扩频技术,接收端必须在知道发射端扩频码的条件下才能解调出发送的数据信息,因而提高了安全特性。

5)距离分辨率高

利用通信电波来回传输的时间长短,确定距离的计算公式为式(7.3)。

$$d = \frac{\tau}{2}c \tag{7.3}$$

即传输的时间 $\tau = 10^{-9} \sim 10^{-12}$ s 时,距离 d 的分辨率在厘米以内。

由于常规无线通信的射频信号大多为连续信号或其持续时间远大于多径传播时间,

所以，在这些通信系统中，多径传播效应限制了通信质量和数据传输速率。而在 UWB 系统中，从时域角度看，超宽带系统采用的脉冲宽度为几纳秒的窄信号，脉冲持续时间极短，而且具有极低的占空比，脉冲重复周期远远大于脉冲宽度，且远大于多径时延，这就使得所有时延大于脉冲宽度而小于脉冲周期的多径分量都可以明确地分辨出来，因此，超宽带信号具有很强的多径分辨能力。

6）能够克服多径干扰

由于 UWB 信号的带宽极宽，脉冲宽带一般为 ns 量级~ps 量级（10^{-9}~10^{-12}），只要反射信号延时大于 2 ns，就能被相关接收机滤除，因而容易克服多径干扰。

另外，从频域的角度分析，所有信号在传输过程中一定会出现频率选择性衰落现象。然而，正是因为极宽的带宽，多径衰落只在某些频点出现，从整体上考虑，衰落掉的能量只是信号总能量很小的一部分。

7）频带利用率高及信道容量大

从时域看，超宽带通信是对超窄脉冲进行调制，脉冲波形有梯形波、钟形波、锯齿波，脉冲可调参数有宽度、重复频率、上升下降时间等，即可供调制的参数比正弦型载波要多得多，在不占有现有频率资源的情况下，可带来一种全新通信方式。

8）抗干扰能力强

在常用的直接序列扩频系统中，采用高速率的伪随机码和低速率的信息数据进行相关运算来实现扩频，扩频后的频谱一般为几十兆赫。超宽带通信系统采用的跳时扩频方式，是利用窄脉冲信号本身的频谱特性进行扩频，扩展后的频谱为几千兆赫兹，是一般扩频系统的一百倍。因此，在具有相同信息码速率的情况下，超宽带通信系统比一般扩频系统的处理增益大 20 dB 左右。另外，超宽带通信脉冲型载波可调参数多，差错率低，有不同于常规的通信体制，所以具有更强的抗干扰能力，特别适用于军事信息对抗。

9）穿透能力强

超窄脉冲的频谱非常丰富，它能穿透冰层、海水、丛林、大地等，从而可以辨别隐藏在物体背后的目标，实现与深水潜艇的通信等，穿透深度为式（7.4）。

$$\text{穿透深度}\ \delta = \sqrt{\frac{2}{\omega\mu\sigma}} \tag{7.4}$$

全球卫星定位系统只能定出可视范围内的目标位置，而超宽带脉冲极强的穿透能力可以定出地下等重要目标，特别是军事目标，也可以对存放在货架上的贵重物品进行跟踪监控。

3.超宽带通信与现代通信的比较

由于超宽带无线电是采用脉冲机制的实现方式，因此超宽带无线通信与传统的基于连续正弦波进行调制的技术有着根本的区别，其基本信息载体为脉冲宽度约 0.1 ns 至几纳秒范围内的窄脉冲，所以其对应的频谱宽度一般达数 GHz。而信息则被调制在窄脉冲的幅度、位置、极性或相位等参数上。

1）信号时域、频域波形不一样

超宽带信号波形一般为冲激脉冲信号，其频谱宽、平均功率低，现有通信信号一般多为正弦载波，其频谱窄、平均功率高。

（1）时域上

从超宽带信号的时域上看，其信号的时域特性也与传统无线电信号的时域特性有着明显的差异，主要表现在以下两个方面：

✧超宽带信号在时域上是没有载波的，发射的信号是一串低占空比的窄脉冲，而传统通信体制下，发射的信号都需要载波作为信息的载体；

✧超宽带信号在时域上呈现非连续特性（由于低占空比的因素），而传统通信体制的发射信号一般在时域上呈现波形连续特性。

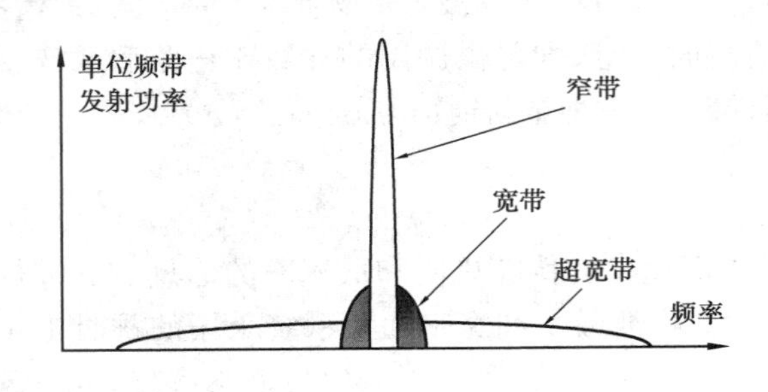

图 7.2　超宽带与宽带、窄带的比较

（2）频域上

超宽带信号的频谱，无论从频谱幅度和频谱宽度上都与传统无线电信号的频谱有较大的区别。超宽带直接发射冲激脉冲串，不需要传统无线电所需的载波，它可以认为是不需要混频的，是基带信号，而从另一个方面看，由于超宽带直接发射基带的脉冲串，空间的频谱结构又与传统的无线电并无本质区别，因此可以认为超宽带信号既是基带信号，又是射频信号。而超宽带所具有的空间宏观频谱结构与其所采用的基带脉冲波形紧密联系在一起的，而其细微空间频谱结构是由采用的具体调制方式所决定的。

超宽带与窄带、宽带的带宽、单位频率发射功率有很大的差别，如图 7.2 所示。

2）通信器材不一样

超宽带通信所有元器件都必须具有超宽带性能，现有通信元器件为常规器件，可以容易在市场上购置。

3）检测手段不同

超宽带信号一般采用频域检测，测量谱密度。现有通信信号采用时域检测，测量峰值功率。

4) **通信体制可以不同**

UWB 通信可以被分类为一种扩频技术,但又与使用特定载波的常规扩频技术不同,它发送的是波形不变的窄脉冲,这种脉冲持续时间非常短(一般为纳秒级),波形中有过零点。

知识连接

根据傅里叶变换原理,时域内信号持续时间越短,相应的频域上占据的频带就越宽,信号能量在频谱内分布的也就越广,进而实现扩频。

在 UWB 通信系统中,为实现多用户同时通信(即多址通信),采用了跳时多址(Time Hopping Multiple Access,THMA)方式,即用伪随机码改变脉冲在时间轴上出现的位置,利用不同的伪随机码来区分不同的用户,只有拥有相同伪随机码的用户才能相互通信。

5) **优于"蓝牙"技术**

超宽带通信适应复杂环境(城市、室内),通信距离为 10 m~50 km("蓝牙"<100 m),可用于室内、通信和大范围蜂窝组网,且传输速率比"蓝牙"高,更能适应多媒体业务,抗干扰能力比"蓝牙"强。

实现超宽带通信的首要任务是产生 UWB 信号。从本质上看,UWB 是发射和接收超短电磁脉冲的技术。可使用不同的方式来产生和接收这些信号以及对传输信息进行编码,这些脉冲可以单独发射或成组发射,并可根据脉冲幅度、相位和脉冲位置对信息进行编码(调制)。

根据香农信道容量公式 7.5 可得,增大通信容量有两种实现办法,一是通过增加信号功率 P,二是增大传输带宽 B。UWB 技术就是通过后者来获得非常高的传输速率的。

$$C = B\log_2\left(1 + \frac{P}{BN_0}\right) \tag{7.5}$$

其中:B 为信道带宽,N_0 为高斯白噪声功率谱密度,P 为信号功率

FCC 规定 UWB 工作频谱位于 3.1~10.6 GHz。UWB 技术并不是去寻找新的频谱资源,而是充分利用频谱重叠技术去分享目前正在使用的频谱资源,这是其与传统无线电技术的本质区别,如图 7.3 所示。UWB 与其他技术存在同频和邻频干扰问题。近年来,由于考虑超宽带脉冲对其他传统窄带通信系统的干扰,提出了 2 个方案:一是限制发射功率,这样的超宽带脉冲通信只能提供短距离的高速数据传输;二是采用灵活的调制方案,避开一些已经使用和干扰严重的频段,这就是多载波的调制方案。为了降低 UWB 设备对处于该频段的其他设备的干扰,必须对 UWB 设备的发射功率进行限制。

美国 FCC 严格限制 UWB 的室内和室外辐射功率,在 UWB 频谱范围内,带宽为1 MHz 的辐射体在 3 m 距离处产生的场强不得超过 500 μV/m,相当于功率谱密度为 75 nW/MHz,即-41.3 dBm/MHz。如图 7.4 所示 FCC 对发射信号的功率谱密度(PSD:

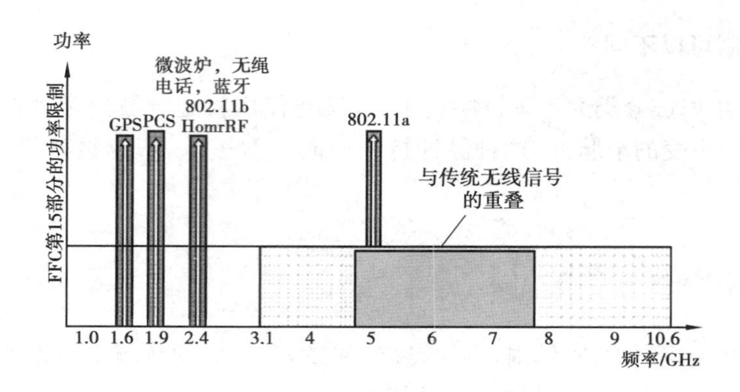

图 7.3　UWB 频谱与其他无线信号频谱的关系

Power Spectrum Diagram)有严格的限制。具体数值如表 7.3 所示。

表 7.3　FCC 对室内超宽带通信的辐射功率谱密度的规定值(2002.4.22)

Frequency/MHz	EIRP/(dBm · MHz^{-1})
0-960	-41.3
960-1 610	-75.3
1 610-1 990	-53.3
1 990-3 100	-51.3
3 100-10 600	-41.3
10 600 以上	-51.3

尽管 FCC 对 UWB 的带内功率和带外功率进行了严格的限制,但是它对同一频谱和相邻频谱的其他设备的干扰却是依然存在的。

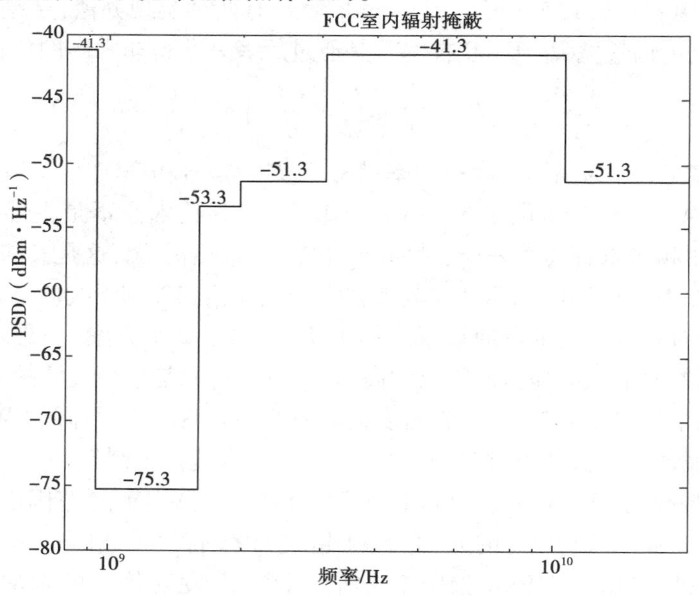

图 7.4　FCC 对室内超宽带通信的辐射功率谱密度规定(2002.4.22)

4.UWB 无线通信系统的关键技术

1)脉冲信号的产生技术

从本质上讲,产生脉冲宽度为纳秒级(10^{-9} s)的信号源是 UWB 技术的前提条件,单个无载波窄脉冲信号有两个特点:一是激励信号的波形为具有陡峭前后沿的单个短脉冲,二是激励信号包括从直流到微波的很宽的频谱。

目前产生脉冲源的方法有:光电方法和电子方法。

✧光电方法的基本原理是利用光导开关的陡峭上升/下降沿获得脉冲信号。由激光脉冲信号激发得到的脉冲宽度可达到皮秒量级,是最有发展前景的一种方法。

✧电子方法的基本原理是利用晶体管 PN 结反向加电,在雪崩状态的导通瞬间获得陡峭上升沿,整形后获得极短脉冲,是目前应用最广泛的方案。受晶体管耐压特性的限制,这种方法一般只能产生几十伏到上百伏的脉冲,脉冲的宽度可以达到 1 ns 以下,实际通信中使用一长串的超短脉冲。

2)UWB 的调制技术

由于 UWB 的传输功率受传输信号的功率谱密度限制,因而在两个方面影响调制方式的选择:一是对于每比特能量调制需要提供最佳的误码性能;二是影响了信号功率谱密度的结构,有可能把一些额外的限制加在传输功率上。在 UWB 中,信息是调制在脉冲上传递的,既可以用单个脉冲传递不同的信息,也可以使用多个脉冲传递相同的信息。

(1)单脉冲调制

对于单个脉冲,脉冲的幅度、位置和极性变化都可以用于传递信息。适用于 UWB 的主要单脉冲调制技术有:脉冲幅度调制(PAM)、脉冲位置调制(PPM)、通断键控(OOK)、二相调制(BPM)和跳时值扩二进制相移键控调制 TH/DS-BPSK 等。

PAM 是通过改变脉冲幅度的大小来传递信息的一种脉冲调制技术。PAM 既可以改变脉冲幅度的极性,也可以仅改变脉冲幅度的绝对值大小。通常所讲的 PAM 只改变脉冲幅度的绝对值。

BPM 和 OOK 是 PAM 的两种简化形式。BPM 通过改变脉冲的正负极性来调制二元信息,所有脉冲幅度的绝对值相同。OOK 通过脉冲的有无来传递信息。在 PAM,BPM 和 OOK 调制中,发射脉冲的时间间隔是固定不变的。

实际上,我们也可以通过改变发射脉冲的时间间隔或发射脉冲相对于基准时间的位置来传递信息,这就是 PPM 的基本原理。在 PPM 中,脉冲的极性和幅度都不改变。

PAM、OOK 和 PPM 共同的优点是可以通过非相干检测恢复信息。PAM 和 PPM 还可以通过多个幅度调制或多个位置调制提高信息传输速率。然而 PAM、OOK 和 PPM 都有一个共同的缺点:经过这些方式调制的脉冲信号将出现线谱。线谱不仅会使 UWB 脉冲系统的信号难以满足一定的频谱要求(例如 FCC 关于 UWB 信号频谱的规定),而且还会降低功率的利用率。

通过上面 5 种调制方式的分析及实践中的应用可知：对于功率谱密度受约束和功率受限的 UWB 脉冲无线系统，为了获得更好的通信质量或更高的通信容量，BPM 是一种较理想的脉冲调制技术。

(2)多脉冲调制

在实际使用中，我们常使用多脉冲来提高抗干扰性能。当采用多脉冲调制时，传输相同信息的多个脉冲称为一组脉冲，多脉冲调制过程可以分两步：

第一步，每组脉冲内部的单个脉冲通常采用 PPM 或 BPM 调制；

第二步，每组脉冲作为整体通常可以采用 PAM、PPM 或 BPM 调制。

一般把第一步称为扩谱，把第二步称为信息调制。因而在第一步中，把 PPM 称为跳时扩谱(TH-SS)，即每组脉冲内部的每一个脉冲具有相同的幅度和极性，但具有不同的时间位置；把 BPM 称为直接序列扩谱(DS-SS)，即每组脉冲内部的每一个脉冲具有固定的时间间隔和相同的幅度，但具有不同的极性。在第二步中，根据需要传输的信息比特，PAM 同时改变每组脉冲的幅度，PPM 同时调节每组脉冲的时间位置，BPM 同时改变每组脉冲的极性。这样，把第一步和第二步组合起来不难得到以下多脉冲调制技术：TH-SS PPM、DS-SS PPM、TH-SS PAM、DS-SS PAM、TH-SS BPM 和 DS-SS BPM 等。多脉冲调制不仅可以通过提高脉冲重复频率来降低单个脉冲的幅度或发射功率，更重要的是，多脉冲调制可以利用不同用户使用的 SS 序列之间的正交性或准正交性实现多用户干扰抑制，也可以利用 SS 序列的伪随机性实现窄带干扰抑制。在多脉冲调制中，利用不同 SS 序列之间的正交性，还可以通过同时传输多路多脉冲调制的信号来提高系统的通信速率，这样的技术通常被称为码分复用(CDMA)技术。2004 年的国际信号处理会议上提出了一种特殊的 CDMA 系统—无载波的正交频分复用系统(CL-UWB/OFDM)，这种多脉冲调制技术可以有效地抑制多路数据之间的干扰和窄带干扰。

3)UWB 多址技术

在 UWB 系统中，多址接入方式与调制方式有密切联系。当系统采用 PPM 调制方式时，多址接入方式多采用跳时多址；若系统采用 BPSK 方式，多址接入方式通常有直序和跳时两种方式。基于上述两种基本的多址方式，许多其他多址方式陆续被提出，主要包括以下几种。

✧伪混沌跳时多址方式(PCTH)：根据调制的数据，产生非周期的混沌编码，用它替代 TH-PPM 中的伪随机序列和调制的数据，控制短脉冲的发送时刻，使信号的频谱发生变化。PCTH 调制不仅能减少对现有无线通信系统的影响，而且更不易被检测到。

✧ DS-BPSK/TH 混合多址方式：此方式在跳时(TH)的基础之上，通过直接序列扩频码进一步减少多址干扰，其多址性能优于 TH-PPM，与 DS-BPSK 相当，但在实现同步和抗远近效应方面，具有一定的优势。

✧ DS-BPSK/Fixed TH 混合多址方式：此方式的特点是打破 TH-PPM 多址方式中采用随机跳时码的常规思路，利用具有特殊结构的固定跳时码，减少不同用户脉冲信号的碰撞

概率。即使有碰撞发生时，利用直接序列扩频的伪随机码的特性，也可以进一步削弱多址干扰。

此外，由于 UWB 脉冲信号具有极低的占空比，其频谱能够达到 GHz 的数量级，因而 UWB 在时域中具有其他调制方式所不具有的特性。当多个用户的 UWB 信号被设计成具有不同的正交波形时，根据多个 UWB 用户时域发送波形的正交性来区分用户，实现多址，这被称为波分多址技术。

5.UWB 的系统架构

UWB 系统的完整架构如图 7.5 所示。最下层为物理层和 MAC 层，在其上为汇聚层，汇聚层的上面就是应用层的无线 USB、无线 1394 和其他的应用环境。而本文下面提到的 MB-OFDM 和 DS-CDMA 均属于物理层和 MAC 层的技术方案。

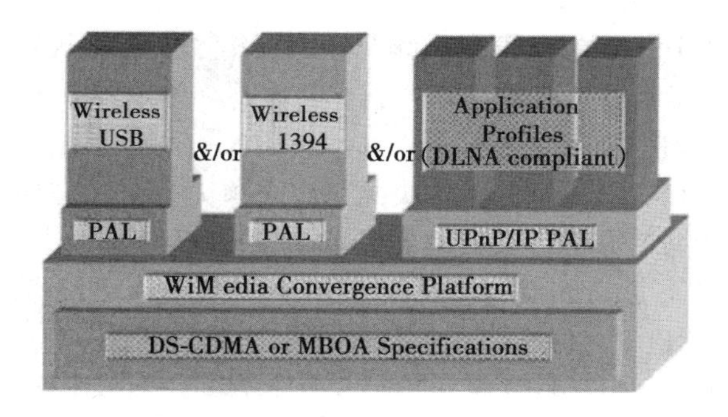

图 7.5 UWB 系统架构

6.UWB 的两大技术标准

1) 标准内容

2003 年，在 IEEE 802.15.3a 工作组征集提案时，Intel、TI 和 XtremeSpectrum 分别提出了多频带(MultiBand)、正交频分复用(OFDM)和直接序列码分多址(DS-CDMA)3 种方案，后来多频带方案与正交频分复用方案融合，从而形成了多频带 OFDM(MB-OFDM)和 DS-CDMA 两大方案。下面分别对这两种方案进行介绍。

(1) MB-OFDM 方案技术特征

MB-OFDM 的核心是把频段分成多个 528 MHz 的子频带，每个子频带采用 TFI-OFDM(时-频交织正交频率复用)方式，数据在每个子带上传输。使用部分或全部子带进行数据传输。信号成形和数据调制在基带完成通过射频载波搬移到不同子带，避开传统窄带系统使用频段。传统意义上的 UWB 系统使用的是周期不足 1 ns 的脉冲，而 MB-OFDM 通过多个子带来实现带宽的动态分配，增加了符号的时间。长符号时间的好处是抗 ISI（符号间干扰）能力较强，但是这种性能的提高是以收发设备的复杂性为代价的，而且由于 OFDM 技术能使微弱信号具有近乎完美的能量捕获，所以它的通信距离也会较远。

多频带系统根据调制方式分为多带脉冲无线电和多带正交频分复用两种方式。其多址问题采用跳频技术来解决。相对于符号速率又可分为快跳和慢跳。MBOA（MultiBand Orthogonal frequency division multiplexing Alliance）多频带 OFDM 联盟提议将 UWB 频带分为最少 3 个频段，并采用正交频分复用（OFDM）方式将 3 个频段进一步分为大量的窄通道。

（2）DS-CDMA 方案技术特征

DS-CDMA 最早是由 XtremeSpectrum 公司提出的。它采用低频段（3.1～5.15 GHz）、高频段（5.825～10.6 GHz）和双频带（3.1～5.15 GHz 和 5.825～10.6 GHz）3 种操作方式。低频段方式提供 28.5～400 Mbit/s 的传输速率，高频段方式提供 57～800 Mbit/s 的传输速率。DS-CDMA在每个超过 1 GHz 的频带内用极短时间脉冲传输数据，采用 24 个码片的 DS-SS（直接序列扩频）实现编码增益，纠错方式采用 R-S 码和卷积码。

传统的无载波 UWB 方案存在较多低频分量，无法满足 FCC 规定的发射功率的限制。而单载波 DS-CDMA 方案通过频谱搬移解决了这一难题。单频带系统仅使用单一的成形脉冲进行数据传输，其信号带宽很大，多径分辨率很高，抗衰落能力强。但由于信号的时间弥散严重，接收机的复杂度较高。此外，为解决共存性问题，避免与带内窄带系统的干扰，该系统采用的滤波器也是比较复杂的。其典型代表是单载波 DS-CDMA。在单载波 DS-CDMA 方案中，经过 DS-CDMA 扩频之后的信号再对载波进行调制，从而可以在合适的频带范围内传输。表 7.4 给出了 MB-OFDM 和 DS-CDMA 两种方案的主要技术参数。

表 7.4 MB-OFDM 和 DS-CDMA 两种方案的主要技术参数

技术参数	MB-OFDM	DS-CDMA
频带数量	10	2
频带带宽	每个子频带 528 MHz	1.268～2.736 GHz
频率范围/GHz	1 组：3.168～4.752 2 组：4.752～6.336 3 组：6.336～7.920 4 组：7.920～9.504 5 组：9.504～10.560	3.1～5.15 5.825～10.6
调制方式	TFI-OFDM，QPSK	BPSK，QPSK，DS-SS
纠错编码	卷积码	RS 码，卷积码
复用方式	TFI	CDMA

从技术上来讲，MBOA 和 DS-CDMA 是无法彼此妥协的。对无线电频率管理来说，有两个基本的原则：一是新的无线电技术不得对已有的无线电台（系统）造成有害干扰；二是受到干扰不得提出保护要求，即要能忍受已有无线电台的各种干扰。DS-CDMA 因为使用整个 3.1～10.6 GHz 频段，包括传统无线技术使用其中的一些频率，而 MBOA 使用多个频率子带可以很方便地避开这些频率。

在 UWB 相关应用方面，MB-OFDM 已被 USB-IF 采纳为无线 USB 的技术；同时，BluetoothSIG（Bluetooth Special Interest Group，蓝牙特别兴趣小组）宣布将结合 MB-OFDM 技术和现有蓝牙技术，从而实现新的高速传输应用。相比之下，DS-CDMA 的发展就略逊一筹，为了抢占庞大的 USB 市场，UWB Forum 成立了 Cable-Free USB Initiative，开发其自有的无线 USB 规范。

在尚未明朗的无线 1394 领域，就两大联盟的参与者来看，UWB Forum 中有 SONY 的参与，而 SONY 在家电等相关产品中有相当程度的影响力，所以在无线 1394 的发展上，UWB Forum 的实力仍不可小视。

2）标准化现状

从以上两种技术方案提出之日起，IEEE802.15.3a 工作组中就一直不能达成一致。从技术上来讲，MB-OFDM 和 DS-CDMA 是无法彼此妥协的，DS-UWB 曾提出一个通用信令模式，希望与 MB-OFDM 兼容，但被 MB-OFDM 拒绝。经过三年没有结果的争辩竞争，IEEE802.15.3a 工作组宣布放弃对 UWB 标准的制定，工作组随即解散。

IEEE802.15.3a 工作组解散后，MB-OFDM 的支持者 WiMedia 论坛转而取道 ECMA/ISO想要激活标准。2005 年 12 月，WiMedia 与 ECMA International（国际欧洲计算机制造商协会）合作制定并通过了建立 ECMA 368/369。ECMA 368/369 基于 MB-OFDM 技术，支持的速率高达 480 Mbit/s 以上。ECMA-368 是超宽带 PHY 层和 MAC 层的标准。ECMA-369 是超宽 MAC-PHY 接口的标准。

7.超宽带通信的实现方法

超宽带无线电通信按实现方式大致分为两类：脉冲无线电和多频带 OFDM。其中，脉冲无线电技术是传统的超宽带技术。多频带 OFDM 的关键是 OFDM。脉冲无线电是指采用冲激脉冲（超短脉冲）作为信息载体的无线电技术。这种脉冲传输技术的特点是，通过对非常窄（往往小于 1 ns）的脉冲信号进行调制，以获得非常宽的带宽来传输数据。

这里主要讨论脉冲无线电（Impulse Radio）

1）脉冲波形

脉冲无线电采用高斯脉冲的微分（升余弦脉冲或 Herimite（厄密特）脉冲等）作为发射脉冲。

2）调制方式

脉冲无线电的调制方式一般采用二进制的脉冲相位调制（PPM）或二进制的相移键控（BPSK）。在多址接入方式上，有跳时扩频（TH-SS）和直接序列扩频（DS-SS）两种方式可选。典型的组合方案是 TH-PPM 和 DS-BPSK。

3)收发信机

脉冲无线电是直接将经过频谱成形之后的宽带窄脉冲发射出去,信道传输的是基带信号,接收机主要是由一个相关检测器构成,结构比传统窄脉冲通信系统简单得多。

图 7.6、图 7.7 分别是脉冲无线电 UWB 系统的实现框图。

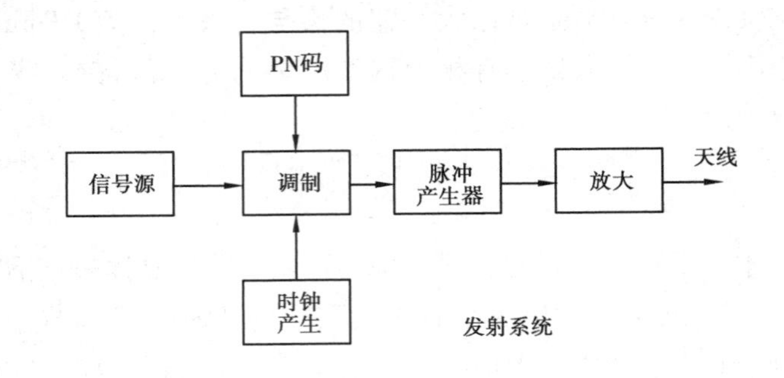

图 7.6 脉冲无线电 UWB 系统发射系统

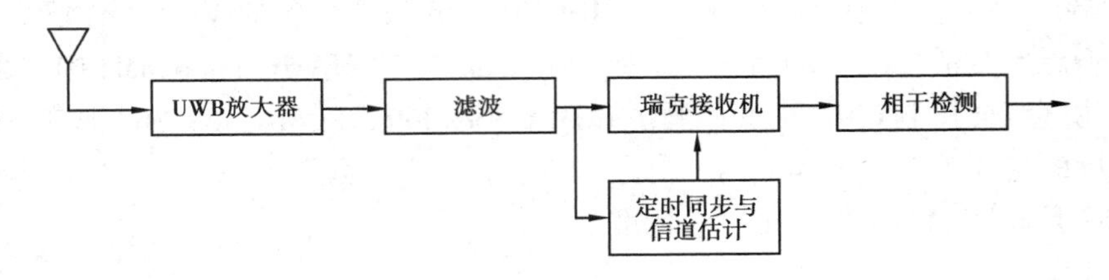

图 7.7 脉冲无线电 UWB 系统接收系统

同传统结构相比,UWB 收发机的结构相对简单。在 UWB 收发信机中,信息可被不同技术调制,在接收端,天线收集信号能量经放大后通过相关接收后处理,再经门限检测后获得原来信息。相对于超外差式接收机来说,实现相对简单,没有本振、功放、PLL(锁相环)、VCO(压控振荡器)、混频器等,成本低,而且 UWB 接收机可全数字化实现,采用软件无线电技术,可动态调整数据率、功耗等。

任务 2 UWB 的应用

1.UWB 应用的网络结构

从网络拓扑角度来看,在实际方案中,通常考虑两种 UWB 网络:一种是基础网络,另一种是移动自组织(ad hoc)网络。

图 7.8 显示了一个基础 UWB 网络的例子。通过一个接入点,嵌在 UWB 收发器中的移

动节点(桌上电脑、膝上电脑、个人数字助理(PDA)和移动电话)可以连到互联网上,并能跟其他的远距离用户通信。此外,接入点可以为处于相同 UWB 网络中的节点传送数据包。

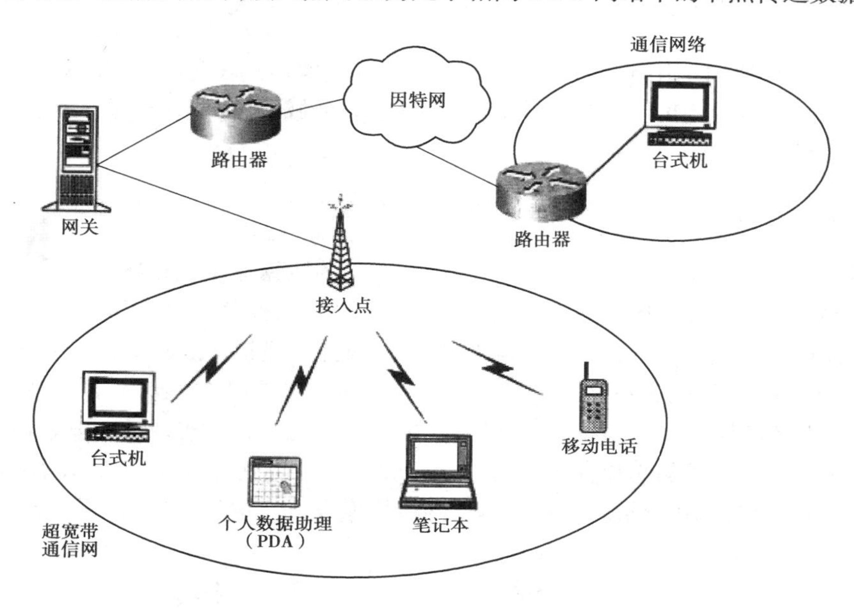

图 7.8　一个基础 UWB 网络的例子

图 7.9 显示了一个 ad hoc UWB 网络的例子。因为 ad hoc 网络不用预先安置基站或者接入点,人们可以在一个小区域内轻松地共享大的文件或者进行高质量的视频会议。

媒体接入控制(MAC)主要是为相互争用的设备间的信道接入提供一个协调的基本原则。重点的研究挑战在于对 MAC 的资源分配和服务质量(QoS)保障的研究。

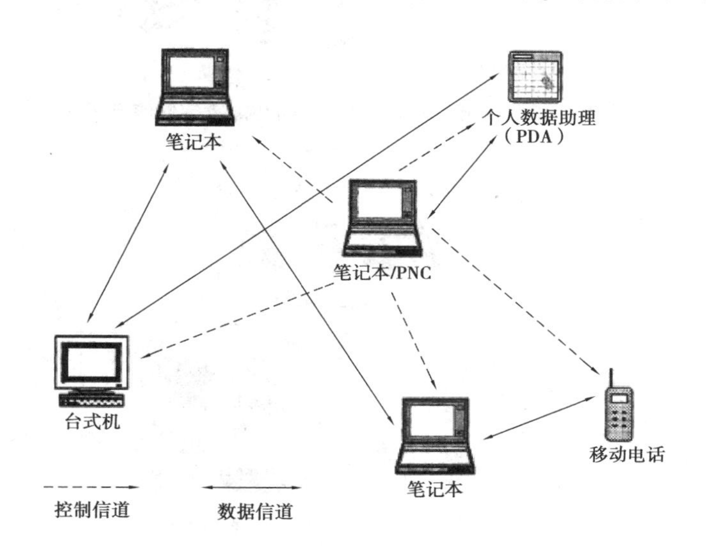

图 7.9　一个 ad hoc UWB 网络的例子

2.UWB 的应用领域

由于 UWB 通信利用了一个相当宽的带宽，就好像使用了整个频谱，并且它能够与其他的应用共存，因此 UWB 可以应用在很多领域，如个域网、智能交通系统、无线传感网、射频标识、成像应用、军事应用。

1)用于个域网

UWB 可以在限定的范围内（比如 4 m）以很高的数据速率（如 480 Mbit/s）、很低的功率（200 μW）传输信息，这比蓝牙好很多。蓝牙的数据速率是 1 Mbit/s，功率是 1 mW。UWB 能够提供快速的无线外设访问来传输照片、文件、视频。因此 UWB 特别适合于个域网。通过 UWB，可以在家里和办公室里方便地以无线的方式将视频摄像机中的内容下载到 PC 中进行编辑，然后送到 TV 中浏览，轻松地以无线的方式实现掌上电脑（PDA）、手机与 PC 数据同步，装载游戏和音频/视频文件到 PDA，音频文件在 MP3 播放器与多媒体 PC 之间传送等，如图 7.10 所示。可见，UWB 的应用遍及个人电脑，消费电子产品以及移动通信领域，如图 7.11 所示。

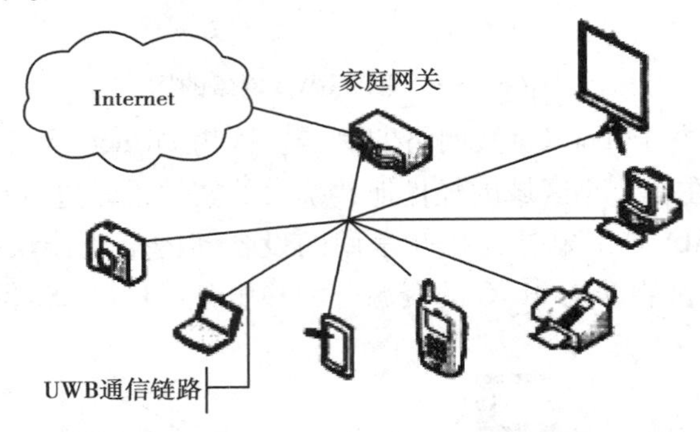

图 7.10　利用 UWB 技术构造的智能家庭网络示意图

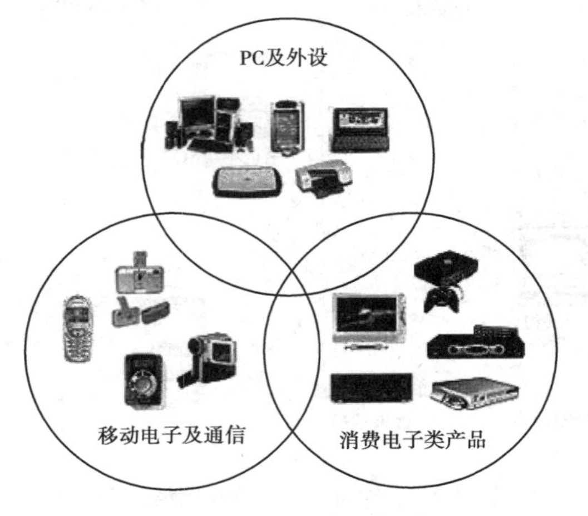

图 7.11　UWB 应用领域

(1)PC 及外围设备

UWB 技术可以为 PC 用户提供取代线缆的无线 USB,从而为 PC 和打印机、扫描仪、键盘、显示器等外围设备提供无线的连接。

(2)移动电子类设备和通信设备

一旦 PC 采用 UWB 作为短距离线缆的替代方案,数码相机、数码摄像机以及移动消费电子类产品将随之改变。UWB 技术不仅可将所有的影像捕捉设备与个人电脑互联,而且可以将其直接连接到显示设备、打印机和 P2P 设备;UWB 技术也使得移动电话变成个人服务器,可以直接与个人电脑、打印机、大屏幕显示器、扬声器和汽车电器互联。

(3)家庭消费电子类产品

UWB 技术将会消除家庭娱乐设备之间的电缆,并且将提供个人电脑,家庭娱乐设备以及消费电子设备之间的无线互联。

2)用于智能交通

利用 UWB 的定位和搜索能力,可以制造防碰和防障碍物的雷达,即车载雷达(Automotive Radar),图 7.12 是各种车载雷达的图示。装载了这种雷达的汽车会非常容易驾驶。当汽车的前方、后方、旁边有障碍物时,该雷达会提醒司机。在停车的时候,这种基于 UWB 的雷达是司机强有力的助手。当判定碰撞将要发生时,就发出自动刹车指令。通过强制汽车刹车,碰撞的力量就可以大大减小。汽车制造商希望这种技术可以大大避免车上人员的伤亡。利用 UWB 可还以建立智能交通管理系统,这种系统应该由若干个站台装置和一些车载装置组成无线通信网,两种装置之间通过 UWB 进行通信完成各种功能。例如,实现不停车的自动收费、汽车方的随时定位测量、道路信息和行驶建议的随时获取、站台方对移动汽车的定位搜索和速度测量等。

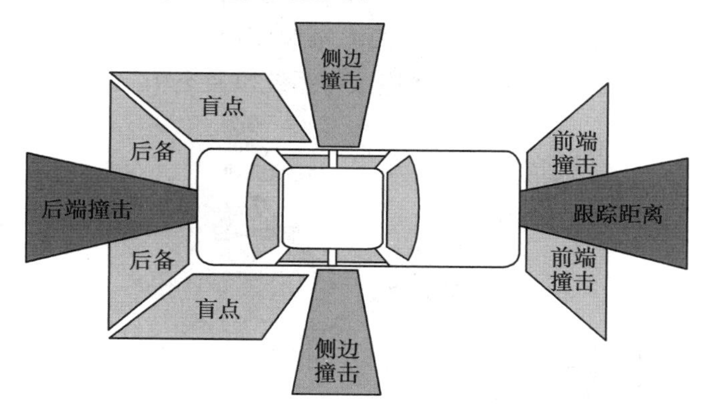

图 7.12　车载雷达

3)用于传感器联网

利用 UWB 低成本、低功耗的特点,可以将 UWB 用于无线传感网。在大多数的应用中,传感器被用在特定的局域场所。由于价格低廉,低速率传感器广泛应用于室内、工厂、农场以及其他各种地方,如应用在控制室内照明系统、工厂自动化生产以及仓库应用中。这些典型应用用来处理由电池供电的收发器之间的少量数据传输。一些应用需要确定物体的物理位置,则通过 UWB 信号的特点来确定发射机的准确物理位置。传感器网络以吞吐量为牺牲,换来了更大的覆盖范围以及链接距离,同时也使得传感器网络可以用小容量的电池进行供电,从而降低了设备的成本。

传感器通过无线的方式而不是有线的方式传输数据将特别方便。作为无线传感网的通信技术,它必须是低成本的;同时它应该是低功耗的,以免频繁地更换电池。UWB 是无线传感网通信技术的最合适候选者。

4)用于成像系统

由于 UWB 具有好的穿透墙、楼层的能力,UWB 可以应用于成像系统。利用 UWB 技术,可以制造穿墙雷达、穿地雷达、墙内成像系统、周边警戒系统。

穿墙雷达可以用在战场上和警察的防暴行动中,定位墙后和角落的敌人。

地面穿透雷达可以用来探测矿产,在地震或其他灾难后搜寻幸存者。

基于 UWB 的成像系统也可以用于避免使用 X 射线的医学系统。墙内成像和探测技术被建筑工人用来寻找和检测墙里隐藏的东西,如水管、电线和钢筋。

周边警戒利用 UWB 的雷达特性来建立一道虚拟的信号探测围墙。跨过围墙的侵入者会被检测到,然后警报就会启动。这些超宽带成像应用中,在其管理条款和其他的文件中提及最多的是探地雷达。

5)用于军事

在军事方面,UWB 可用来实现战术/战略无线多跳网络电台,服务于战场自组织网络通信;也可用来实现非视距 UWB 电台,完成海军舰艇通信;还可以用于飞机内部通信,如有效取代电缆的头盔。图 7.13 为空中防撞预警系统以及空中飞行器与地面的 UWB 数据传输示意图。

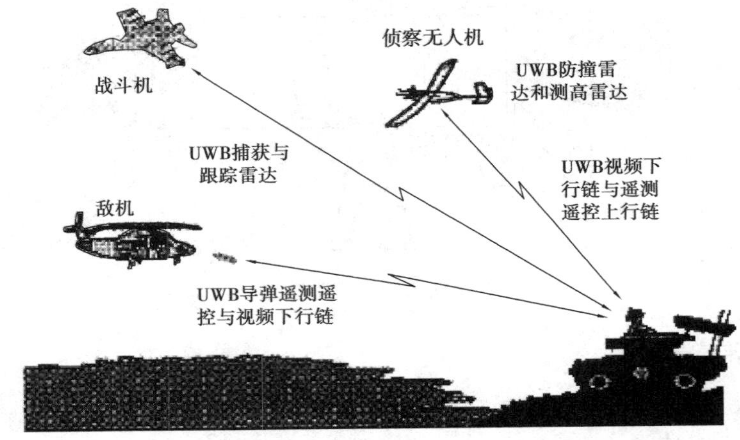

图 7.13 空中防撞预警系统以及空中飞行器与地面的 UWB 数据传输示意图

由于 UWB 有着很多优点，它还可以用在智能标识、有线网络的无线延伸的通信系统中。

项目小结

超宽带技术是一种新型的无线通信技术，其相对带宽≥25%。该技术的工作频段范围为 3.1~10.6 GHz，传输距离为 10 m，在工作带宽内，发射功率的频谱密度低于41 dBm。由于该技术存在宽的信号带宽、传输信息的速率高、功耗低、隐蔽性好、抗信号多径效果好等优点。在 UWB 实际的应用方案中，通常考虑两种 UWB 网络：基础网络和移动自组织(ad hoc)网络。UWB 可以应用在很多领域，如个域网、智能交通系统、无线传感网、射频标识、成像应用、军事应用。利用 UWB 技术和 RFID 技术可以组建高精度定位的仓储物流系统。

问答题

(1) UWB 使用的电磁波波段有哪些？

(2) UWB 具有哪些技术特点？

(3) 超宽带技术与现代通信有哪些区别？

(4) UWB 的技术标准有哪些？

(5) 超宽带技术有哪些应用？

项目8 移动通信技术

学习目标

- 了解移动通信发展的历史；
- 掌握移动通信网络的属性和特点；
- 掌握移动通信网络的系统组成；
- 了解移动通信网络的主流业务；
- 掌握移动通信中用到的基本技术；
- 了解3G移动通信系统的结构；
- 掌握3G的3大标准；
- 了解3G的应用；
- 了解4G的关键技术；
- 了解4G的优点；
- 了解5G的关键技术；
- 了解4G的优点。

重点5难点

- 移动通信网络的系统组成；
- 移动通信中用到的基本技术。

任务 1 认识现代移动通信网络

物联网要实现“任何地方,任何时间,任何物体”的互联,移动通信技术将在其中扮演着重要的角色。

由于物联网是建立在多种网络融合的基础之上的,它的信息节点具有广泛性和移动性的特点,这就决定它可以将无线通信技术作为主要的联网技术之一。近几年来,中国的移动通信网络不断升级发展,第三代移动通信已经基本普及,4G 网络已经开始应用。移动通信技术的发展和移动通信网络的升级为物联网的实现和应用提供了坚实的基础,移动通信网络必将在物联网的组网中得到广泛地应用。

20 世纪以来,通信网络以超摩尔的速度向前发展,光纤传输容量已经达到 80×40 Gbit/s;接入的能力达到 1 Gbit/s,网络的健壮性能大为提高,终端设备丰富多样,新业务层出不穷。2010 年,全球无线网络用户数量突破 50 亿。网络的发展,对社会的文明和进步产生了重大影响。利用无线信道最终接入的移动通信网络,巧妙地实现了固定网络与自由移动终端之间的连接,更使得人们开始实现了任何人(Whoever)在任何时间(Whenever)、任何地点(Wherever)与任何人(Whoever)进行任何种类(Whatever)的信息交换。

1.移动通信发展的历史

移动通信技术,实际上是随着整个通信网络、电子技术、计算机技术的发展而逐渐成长起来的。

移动数据通信的演进历史如图 8.1 所示。

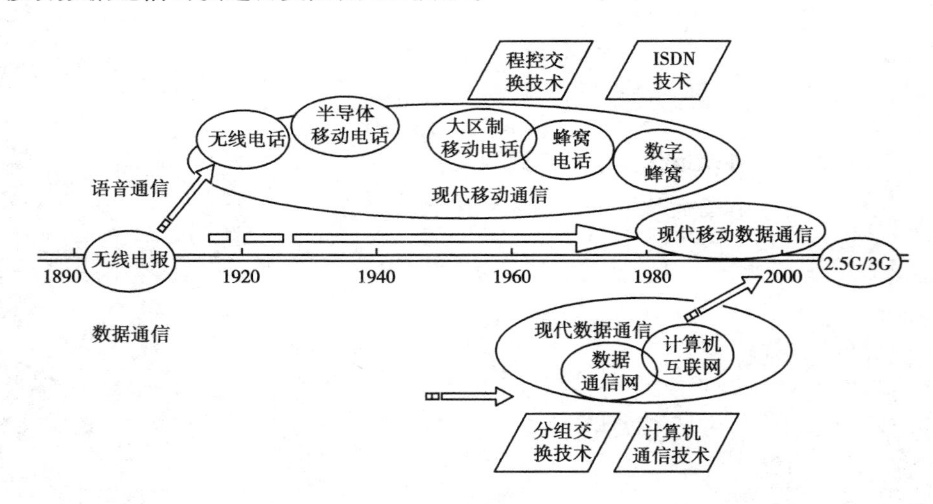

图 8.1 移动数据通信的演进历史

19 世纪末，无线电技术早期的贡献者奥斯特、安培、法拉弟、亨利等人，经过无数的实验，奠定了无线电通信的基础。1873 年，苏格兰人 J.C.麦克斯韦尔提出了电磁场理论；1880 年，德国物理学家 H.赫兹根据麦克斯韦尔方程所预言的电磁波的发生、检测及其属性的测量进行了一系列著名的实验；1894 年，意大利学者 M.G 马可尼做出了一个可用的无线电装置；1897 年，M.G.马可尼在英国官员的监督下，完成了超过 2 英里距离的无线电通信试验；从历史的角度来看，我们把这一过程看作移动通信的起始阶段。

20 世纪 20 年代至 40 年代，人类对电磁振荡以及无线电波的认识还局限在 2~100 MHz的水平上，一个实用的移动通信系统是美国底特律市警察使用的车载无线电系统，该系统的工作频率为 2 MHz，到 20 世纪 40 年代中期提高到 40 MHz。

到 20 世纪 60 年代初期，移动通信技术已经开始系统化发展，美国及欧洲多国相继掌握了诸如频分复用、新的调制技术等，开始建立公众移动通信服务。1946 年，根据美国联邦通信委员会（Federal Communications Commission，FCC）的计划，贝尔公司在圣路易斯城建立了世界上第一个公用汽车电话网，称为“城市系统”。当时使用 3 个频道，间隔为 120 kHz，通信方式为单工。随后，德意志联邦共和国（简称联邦德国）（1950 年）、法国（1956 年）、英国（1959 年）等国相继研制了公用移动电话系统。美国贝尔实验室完成了人工交换系统的接续问题，但总的来看，网络的容量比较小。

20 世纪 60 年代中期，美国推出了改进型移动电话系统（Improved Mobile Telephone Service，IMTS），使用 150 MHz 和 450 MHz 频段，采用大区制、中小容量，实现了无线频道自动选择，并能够自动接续到公用电话网。可以说，这一阶段是移动通信系统改进与完善的阶段，其特点是采用大区制、中小容量，使用 450 MHz 频段，实现了自动选频与自动接续。

20 世纪 70 年代中期，美国贝尔实验室成功研制了先进移动电话系统（Advanced Mobile Phone System，AMPS），建成了蜂窝状移动通信网，大大提高了系统容量。其他国家也相继开发了各自的网络，如日本的 800 MHz 汽车电话系统、联邦德国的 450 MHz C 网、英国 900 MHz 的全接入通信系统（Total Access Communications System，TACS）等。这个时期的特点是蜂窝状移动通信网成为实用系统，并在世界各地迅速发展。除了消费生活的需要之外，电子技术的迅猛发展也起到了决定性作用，终端设备的微型化以及电池供电能力的提高，深受当时用户的欢迎。贝尔实验室提出的蜂窝网概念创建了小区制，实现了频率复用，大大提高了系统容量。

20 世纪 80 年代中期是数字移动通信系统逐渐成熟和发展的时期。模拟蜂窝移动通信系统虽然取得了成功，但也存在频谱利用率低、费用高、不保密等问题。解决这些问题的方法是开发新一代数字蜂窝移动通信系统。为此，欧洲发展了 GSM 网络系统，美国发展了 DAMPS（Digital AMPS）网络系统。随后，美国又推出了码分多址（Code Division Multiple Access，CDMA）网络系统。

1982 年，欧洲成立了泛欧移动通信组织（Group Special Mobile，GSM），任务是制定泛欧移动通信漫游的标准。GSM 是欧洲成立的一个移动通信小组的简称，这个小组在欧洲的蜂窝移动通信方面作了大量的工作，制定了泛欧洲的数字蜂窝移动通信系统标准，并用该研究小组名字的缩写命名。随后，GSM 的含义扩展为全球移动通信系统（Global System

For Mobile Communications,GSM)。1991 年 7 月,GSM 网络开始投入商用;1995 年,GSM 网络覆盖了全欧洲的主要城市。

美国开发的 DAMPS 网络系统与 GSM 同时代,都属于 TDMA 方式,主要市场在美洲。

CDMA 原本是为军事通信而开发的技术,其想法初衷是防止敌方对己方通信的干扰,在战争期间广泛应用于军事抗干扰通信,后来美国高通公司进一步设计出商用蜂窝通信网络技术。1995 年,第一个 CDMA 商用系统运行之后,CDMA 技术理论上的诸多优势在实践中得到了检验,从而在北美、南美和亚洲等地得到了迅速推广和应用。在美国和日本,CDMA 成为主要的移动通信技术。在美国,10 个移动通信运营公司中有 7 家选用CDMA。

在我国,2001 年中国联通开始在中国部署 CDMA 网络(简称 C 网)。2008 年 5 月,中国电信收购中国联通 CDMA 网络,并将 C 网规划为中国电信未来的主要发展方向。

20 世纪 90 年代,移动通信开始进入第 3 代发展时期,同时,第 4 代移动通信也进入了研究阶段。

1985 年,国际电信联盟(International Telecommunications Union,ITU)提出未来公共陆地移动通信系统(FPLMTS);1992 年世界无线电大会决定,在 2 GHz 频段中配给未来公共陆地移动通信系统陆地业务和卫星通信业务 230 MHz 带宽,并决定在 2000 年左右投入商用,于是正式更名为 IMT 2000。

它的目标原本是在全球实现统一频段、统一标准、无缝隙覆盖,提供包括语音、数据和图像的综合多媒体业务,其中车速环境为 144 kbit/s,步行环境为 384 kbit/s,室内环境为 2 Mbit/s。当前地面系统主流的技术倾向于 3 种体制,即宽带码分多址(WCDMA)、多载波码分复用扩频调制(CDMA 2000)和时分同步码分多址接入(TD-SCDMA),也就是宽带(5 MHz)码分多址技术。

在第 3 代移动通信还没有完全铺开,距离完全实用化还有一段时间的时候,已经有国家开始了对下一代移动通信系统(4G)的研究。2010 年 11 月底,ITU 无线通信部门(ITU-R)在瑞士日内瓦会议上对 4G 技术进行重新评估,ITU 公开表示,目前常规的长期演进(Long TermEvolution,LTE)、高速下行链路分组接入技术(High Speed Downlink Packet Access,HSDPA)、全球微波互联接入(Worldwide Interoperability for Microwave Access,WiMAX),以及“甚至被我们广泛认为是从 3G 演变而来的技术”都已经可以打上 4G 网络的标签。

关于 4G 的探讨已有近十年,运营商早已经根据 3G 技术的正常演进升级网络,如 LTE、HSPA+,只不过这些都被冠以“准 4G”标准。2010 年底,ITU 对 4G 技术进行了扩展,曾经的“准 4G”也被归为“4G”范围。

4G 时代,视频通话、高清电视、互联网游戏、电影下载等对传输速度要求很高的移动互联网服务全部实现,甚至随身携带的通信产品——手机成为个人的信息中心。

2.移动通信网络的属性和特点

移动通信网络是通信网络的一部分。移动通信网络所承载的系统和业务,通过空中无线接口将移动台与基站联系起来，进而通过有线网络（光网络或电网络）与交换机相联系，形成一个有线与无线的综合体，这个综合体充分体现通信网络全程全网的属性，也表现出它独特的性能。

1）移动通信网络的属性

移动通信，是指通信时，至少有一方是在移动过程中进行的，当然也包括通信双方都在移动过程中进行的情况，如由移动终端（手机或车载移动台）与基站之间的通信以及移动终端与卫星之间的通信。特殊情况下，也可以是由移动通信网络构建的由固定到固定的通信过程，如多台计算机通过移动通信网络构成的局域网所提供的数据服务。

按照移动过程的不同，移动通信可以分为陆地移动通信、海上移动通信和空中移动通信。而目前使用的移动通信系统有航空（航天）移动通信系统、航海移动通信系统、公众陆地移动通信系统和国际卫星移动通信系统，其中，公众陆地移动通信系统又包括集群移动通信系统和蜂窝移动通信系统。

2）移动通信网络的特点

（1）移动通信网络强调的是服务的移动性

移动性就是保持用户在移动状态中通信，因此必须利用无线电波，或无线通信与有线通信相结合。无线电波允许用户可以在一定范围内自由移动，但是其传播特性不稳定，如果用户所处的地理环境十分复杂，无线电波会受到地形、地物的变化发生复杂的衰落，从而产生多径效应。

这种多径信号的幅度、相位和到达时间都不一样，它们相互叠加会产生电平衰落和时延扩展；其次，移动通信常常在快速移动中进行，这不仅会引起多普勒（Doppler）频移，产生随机调频（由多普勒频移引起的信号相位变化），而且会使得电波的传播特性发生快速的随机起伏，严重影响通信质量。因此，移动通信网络必须根据移动信道的特征，进行合理设计。

（2）移动通信网络无线频率资源的有限性

移动通信网络利用无线电波进行通信，这就需要确定无线电频率。无线电频率是一种自然资源，为人类所共有，但需要人类严格有序的利用。归纳起来有 4 个特性。

✧无线电频率资源是有限的。由于受人类技术的限制，当前无线电通信使用的频率资源非常有限，ITU 当前只划分了 9 kHz~400 GHz 的无线电频率范围，而且目前使用较多的频段只有几十 GHz。

✧无线电频率资源是一种非消耗性的资源。它不同于土地、水、矿山、森林等资源，如果频率得不到充分利用，则是一种资源浪费，使用不当也是一种资源浪费，甚至会造成严重的危害。

✧无线电波传播的无边界性。无线电波固有的传播特性使它不受行政区域、国家边界的限制。因此，任何一个国家、一个地区、一个部门甚至个人都不能随意使用，否则会造成相互干扰而不能正常通信。

✧无线电频率资源极易受到污染。它容易受到人为噪声和自然噪声的干扰，以致无法正常使用和准确而有效地传输各类信息。

鉴于上述多种原因,为了加强对无线电频率的有效管理和利用,国际间对无线电频率按业务进行划分、分配和指配,规定把某一频段分配给某一种或多种地面或空间业务在规定条件下使用,称为“频率划分”。最有效地利用有限的频率资源,一直是通信业不断努力的方向,业内通过开发新的多址技术,在频分、时分、码分及空分等多个方面对有限的频率资源加以利用。

(3)移动通信网络运行在复杂的干扰环境中

在自然界中存在着这样或那样的外部干扰,如天电干扰、工业干扰和信道噪声。另外,系统本身和不同系统之间还会产生这样或那样的干扰。因为在移动通信系统中常常有多个用户随机地在同一地区请求服务,基站还会有多部收发信机在同一地点工作,这些电台之间都会产生干扰。

(4)移动通信网络结构复杂管理困难

不同的地理环境需要不同的网络组成,移动通信网络可以组成带状(如公路、铁路沿线)、面状(如覆盖一个城市或地区)或立体状(如地面通信设施与中低轨道卫星通信网络的综合系统)等,可以单网运行,也可以多网同时运行且实现互连互通。

(5)移动通信设备需适应在移动环境中使用

要求终端设备体积小、重量轻、省电、操作简单和携带方便,以适应在移动环境中使用。车载台和机载台除要求操作简单和维修方便外,还应保证在震动、冲击、高低温变化等恶劣环境中能够正常工作。

3.移动通信网络的系统组成

进入20世纪以后,移动通信网络得到了飞速发展,以往的模拟移动通信系统和无线寻呼系统已经退出了服务。本节讨论的移动通信网络主要是当前在网服务的系统网络。

1)移动通信网络的基本工作方式

按照通话的状态和频率的使用方法,移动通信网络有3种基本工作方式:单工制、半双工制和双工制。单工制又分为单频单工制和双频单工制两种。

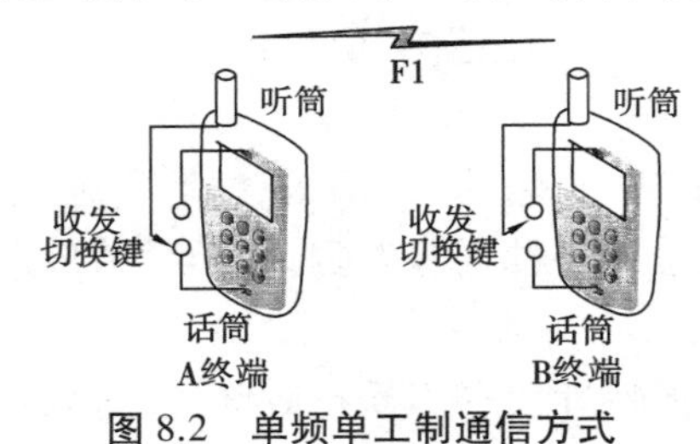

图8.2 单频单工制通信方式

✧单频单工制:单频是指通信双方使用相同的工作频率F1。单工是通信双方必须轮流发信而不争抢的一种通信方式,如图8.2所示。平时,双方的接收机均处于收听状态。如果A方需要发话,可按压发信开关,关掉A方接收机,使其发射机工作,这时由于B方接收机处于收听状态,即可实现由A至B的通话;同理,也可实现由B至A的通话。在该方式中,同一终端的收发信机是交替工作的,故收发信机可使用同一副天线,而不需要使用天线共用器。

✧半双工制:是指通信双方中有一方(如基站)使用双工方式,收发信机同时工作,且使用两个不同的频率 F1 和 F2；另一方（如移动终端）则采用双频单工方式，收发信机交替工作，如图 8.3 所示。平时，移动终端处于收听状态，仅在发信时才按压发信开关，切断收信机使发信机工作。其优点是设备简单、功耗小，克服了通话断断续续的现象，但操作仍不太方便；所以半双工制主要用于专业移动通信系统中，如汽车调度系统等。

✧双工制：是指通信双方的收发信机均同时工作，即任一方在发话的同时，也能收听到对方的语音，而无需按压发信开关，与普通市内电话的使用情况类似，如图 8.4 所示。但是采用这种方式的通信过程中，不管是否发话，发射机总是工作的，能源消耗大。为此，在某些系统中，移动台的发射机仅在发话时才工作，而移动台的接收机总是工作的，通常称这种系统为准双工系统，它可以和双工系统相兼容。目前，这种工作方式在移动通信系统中获得了广泛的应用。

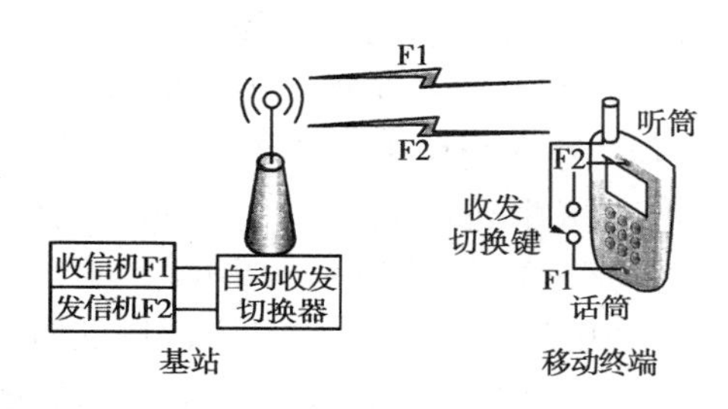

图 8.3　半双工制通信方式

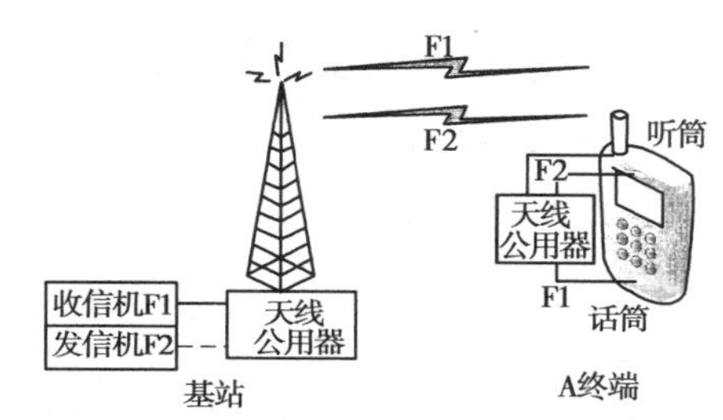

图 8.4　双工制通信方式

2）公众蜂窝数字移动通信网络的基本组成

公众蜂窝数字移动通信网络是一种双向双工通信系统，由移动台（MS）、基站子系统（BTS，BSC）、移动业务交换中心（MSC 以及用于移动性管理的多个数据库）组成，并且与市话网（PSTN）相连构成完整的通信网络，如图 8.5 所示。

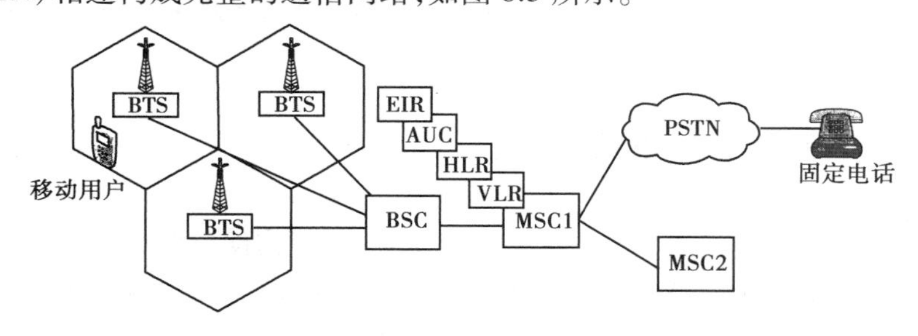

图 8.5　公众蜂窝数字移动通信网络

在这个系统中，MSC 为网络节点，在网络中起控制和管理作用，由 4 个数据库协助，对所在地区已注册登记的用户实施频道分配、建立呼叫、移动管理和越区切换，提供系统维护和性能测试，并存储计费信息等，还要提供移动用户和固定用户之间的通信。BTS 为基站收发信机，为无智网元，与天馈系统相连，提供用户通信所需的信道。BSC 为基站控制器，是智能网元，管理数个 BTS 的信道分配和收回以及用户语音业务或数据业务的路由。

通过 MSC 和中继传输链路，就可以实现整个服务区内任意两个移动用户之间的通信联系，从而构成一个自成体系的移动电话网。MSC 再经过中继线与市话局连接，就能实现移动用户与市话用户之间的通话,从而构成一个有线与无线相结合的复杂的移动通信网。

如图 8.6 所示,蜂窝移动通信网络把整个服务区域划分成若干个较小的区域(Cell,在蜂窝系统中称为小区),各小区均用小功率的发射机(即基站发射机)进行段盖,许多小区以正六边形的形状相互紧密连接覆盖任意形状的服务地区,因此称为蜂窝小区。

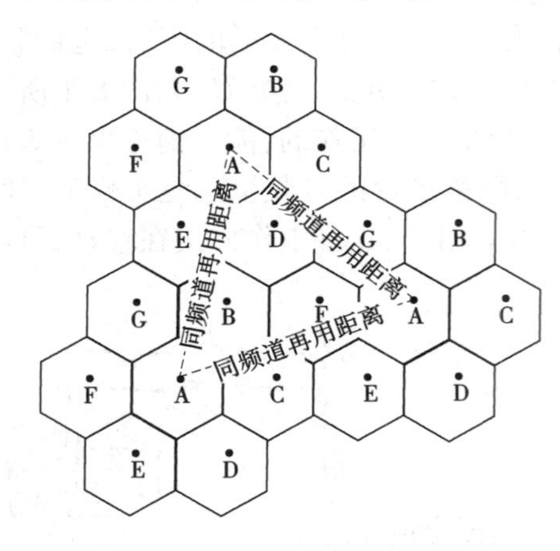

图 8.6　相同频道再用

一般情况下,频率配置时相邻小区不使用相同的频道,以防发生相互干扰(称同频干扰)。但由于各小区在通信时所使用的功率较小,因此只要任意两个小区相互之间的空间距离大于某一数值,即可克服同频干扰。把若干相邻的小区按一定的数目划分成区群(Cluster),并把可供使用的无线频道分成若干个频率组,区群内各小区均使用不同的频率组,而任一小区所使用的频率组,在其他区群相应的小区中还可以重复使用或再次使用,这就是频率复用,如图 8.6 所示。

当移动用户在蜂窝小区中快速运动时,用户之间的通话通常不会在一个小区中结束。快速行驶的汽车在一次通话的时间内可能跨越多个小区。当移动台从一个小区进入另一相邻的小区时,其工作频率及基站与 MSC 所用的接续链路必须从它离开的小区转换到正在进入的小区,这一过程称为越区切换。

当移动用户只是自由移动而并没有通信时,移动通信网络为了准确地跟踪用户,以便及时把对这个用户的呼叫送达,需要不断地与用户交换位置信息,这个过程是系统自动完成的,称为位置更新。

当前在网服务的公众蜂窝数字移动通信系统,无论它是多址方式还是 CDMA,由于服务目标是一致的,所以它们的网络组成没有太大区别。

4.移动通信网络的主流业务

纵观移动通信的发展历史,可以清楚地看到,移动通信网络技术是随着通信网络技术、电子技术、无线电技术以及计算机技术的发展逐步发展起来的。到 2011 年底,全球部署的移动通信网络,以 2G、3G 技术方案混合部署,4G 以下兼容的方式提供服务。无论 2G 还是 3G 移动通信网络,提供的业务均为移动语音业务和移动数据业务两大类。

1)移动语音业务

移动语音业务是当前移动运营商所提供的主要业务,该业务使用户之间能够进行语音交流或可视图像语音交流,同时提供使用户在处理公共紧急事务时能够实施免身份认证呼叫(如在我国拨打 110、119 等紧急电话)。在此基础上,移动语音业务还包含如下附加业务:

✧呼叫转移:当用户不能接听电话时,可把来电转移至用户预先设置好的固定电话或

其他手机上。

✧来电显示:当有电话打入时,手机会自动显示主叫用户的电话号码,用户根据自己的需要,决定是否接听。

✧自动漫游:移动电话用户从本业务区到其他业务区时,移动电话自动切换到该业务区,用户可以直接拨打或接听电话。漫游分为国内漫游和国际漫游两种。

✧语音信箱:当用户的移动电话超出接收范围、占线、无人接听、电池电量低或关机时,来电就会自动转到语音信箱。用户手机处于可接通状态时,短消息中心会及时通知用户收听已记录的留言。

移动通信网络还能提供固定通信网络所能提供的其他附加业务,当然这些业务是在开通基本语音业务基础上完成的。

2)移动数据业务

移动数据业务的基本业务为短信业务,用户可以用手机发送中文字符和数字,短信限制中文字符和标点每条 70 字符。移动数据业务包含如下附加业务:

✧彩信:以无线应用协议 WAP 为载体传送视频短片、图片、声音和文字,传送方式除了在手机间传送外,还可以是手机与电脑之间的传送。具有 MMS 功能的移动电话的独特之处在于其内置了媒体编辑器,这使得用户可以很方便地编写多媒体信息。如果手机具有一个内置或外置的照相机,用户便可以制作出 PowerPoint 格式的信息或电子明信片,并把它们传送给朋友或同事。

✧飞信:融合语音(IVR)、GPRS、短信等多种通信方式,覆盖 3 种不同形态(完全实时、准实时和非实时)的客户通信需求,实现互联网和移动网间的无缝通信服务。飞信不但可以从 PC 给手机发短信,而且不受任何限制,能够随时随地与好友开始语聊,还具备防骚扰功能,只有对方被授权为好友时,才能进行通话和短信,安全又方便。

✧彩铃:用户可以设置背景音乐,当用户被叫时,别人听到的声音是用户设置的音乐。

✧移动音乐:用户可以借助互联网,利用手机实时收听到自己喜欢的音乐。

✧移动视频:用户可以利用手机随意点播自己喜欢的节目和互联网上的视频文件。

✧移动游戏:用户可以即时登录互联网,选择自己喜欢的游戏,并且与同在网络的玩家互动游戏。

✧移动理财:用户可以通过手机实时了解股市行情、理财产品并进行交易。

✧手机支付:通信运营商与金融机构共同推出的一项全新的移动电子支付通道服务。通过把客户的手机号码与银行卡等支付账户进行绑定,使用手机短信、语音、WAP 等操作方式,随时随地拥有快捷支付的能力。这项业务覆盖了大型超市、航空旅行、铁路公路运输、医疗保健消费等社会众多领域,在欧洲及美国开展得比较普遍。

✧手机定位:通过特定的定位技术来获取移动手机或终端用户的位置信息(经纬度坐标),在电子地图上标出被定位对象的位置的技术或服务。定位技术有两种:一种是基于 GPS 的定位,利用了嵌入手机内的 GPS 定位模块将自己的位置信号发送到定位后台来实现手机定位,定位精度高;另一种是基于基站定位,是利用基站对手机的距离的测算来确定手机位置的,这种方式不需要手机具有 GPS 定位能力,但是精度很大程度依赖于基站的分布及覆盖范围的大小,有时误差会超过 1 km。

✧无线射频识别:利用手机终端以及 SIM 卡,通过移动网络支撑,作为门禁卡、会员卡、信用卡,拓展手机及移动通信网络的功能。

✧二维条形码扫描:利用手机内置的数码相机,对各类电子票证、产品标识、广告内涵信息检索等的扫描识别功能。

✧手机邮件:使用手机收发处理邮件。

除了上述的主流业务之外,随着用户要求的不断攀升以及新技术的近一步支撑,移动网络所能提供的新业务将层出不穷,我国各大运营商也积极紧跟世界大多数移动通信运营商的步伐,开展了多项成熟的业务和有中国特色的新业务,为我国广大用户提供更加周到的服务。

5.移动通信的基本技术

1)认识移动无线信道特性

移动通信靠的是无线电波的传播,一个移动通信信道的质量,主要取决于无线传输的质量。因此,我们必须了解和掌握移动通信环境中无线电波传播的基本特点。典型的移动通信环境中,电波传播的主要特点可归纳如下:

(1)传播环境复杂

移动通信系统工作在 VHF 和 UHF 两个频段(30~3 000 MHz),电波以直射方式在低层大气中传播,介质的不均匀性会导致折射和吸收现象,而且在传输路径上遇到各种障碍物还可能产生反射、绕射和散射等,如图 8.7 所示。

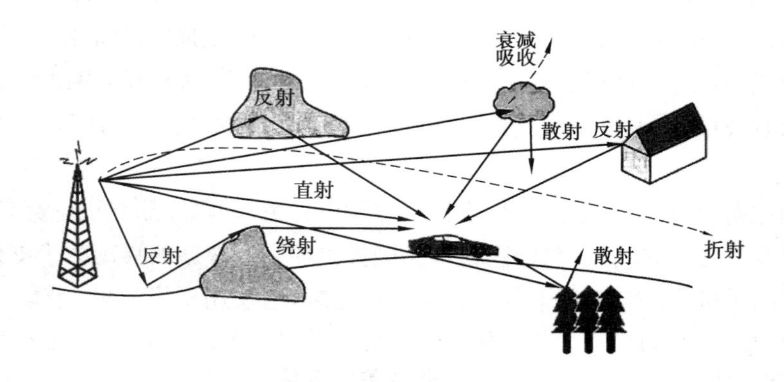

图 8.7 移动通信环境示意图

✧当电磁波遇到比波长大很多的物体时,就会发生反射,反射发生于地球表面、建筑物和墙壁表面等光滑界面处。

✧当接收机和发射机之间的传播路径被尖利的边缘阻挡时,电磁波就会发生绕射。由于绕射,电磁波可越过障碍物到达接收天线。即使收发天线间不存在视线路径,接收天线仍然可以接收到电磁信号。

✧当波穿行的介质中存在小于波长的物体并且单位体积内阻挡体的个数非常巨大时,就会发生散射。散射波产生于粗糙表面、小物体或其他不规则物体。在实际的通信系统中,树叶、街道标志和灯柱等都会引起散射。

✧另外,位于建筑物外面的发射机发射的无线电波,在建筑物内接收时,会受到复杂的环境影响。测试报告显示,随频率或建筑物高度以及群落的增加,信号的多径衰落增加,即接收信号的干扰进一步加强。

因此,地形、地物会对电波的传播造成影响,地球的曲率半径也会对电波的传播造成影响。我国地域辽阔,地形复杂多样,其中4/5为山区和半山区,即使在属于平原地区的大城市中,林立的高楼也使电波传播变得十分复杂,必须认真对待。

(2)信号衰落严重

典型的移动通信系统中,用户的接入都是通过移动台与基站间的无线链路,无线电波的传播在通信的过程中始终受移动台周围物体的影响,因此移动台收到的信号是由多个反射波和直射波组成的多径信号。多径信号造成的结果往往是信号严重衰落,所以移动通信必须克服衰落的影响。

(3)环境被电磁噪声污染

无线电波的传播环境本身是一个被电磁噪声污染的环境,而且这种污染日益严重,由汽车点火系统、工业电磁污染以及蓬勃发展的广播和无线通信的干扰等因素造成。

以上这些电波传播特点都会在实际中增加移动通信无线网络规划的难度。

2)抗衰落技术

多径传播的信号到达接收机输入端,形成幅度衰落、时延扩展及多普勒频谱扩展,将导致数字信号的高误码率,严重影响通信质量。为了提高系统的抗衰落性能,通信业采用分集技术、均衡技术、信道编码技术来有效地解决这些问题。

(1)分集技术

如果一条无线传播路径中的信号经历了深度衰落,另一条相对独立的路径中仍可能包含较强的信号,可以在多径信号中选择两个或两个以上的信号,这样对接收机的瞬时信噪比和平均信噪比都有提高。

分集技术的基本思想是将接收到的多径信号分离成不相关的(独立的)多路信号,然后将这些多路分离信号的能量按一定规则合并起来,使接收的有用信号能量最大,从而提高接收端的信噪比,对数字信号而言可使误码率最小。因此,分集技术应包括如下两个方面。

✧把接收的多径信号分离出来,使其互不相关。

✧将分离出的多径信号合并起来,获得最大信噪比的收益。

(2)信道编码技术

移动通信的随参信道中,由于传输特性的不理想以及信道中噪声、干扰等因素的影响,收到的数字信号不可避免地会发生错误,为了保证移动通信系统的可靠性,其中重要的措施之一就是信道编码。

信道编码的基本做法是:在发送端给被传输的信息码元加入一些必要的监督码元,这些监督码元与信息码元之间以某种确定的规则相互关联,这个过程称为信道编码。信道编码的本质是增加通信的可靠性,是以降低信道传输效率为代价的,这也是我们常常说的增加了开销。就好像我们运输一批蔬菜,为了不使蔬菜途中腐烂,我们一般使用泡沫箱将蔬菜装载起来以保鲜,这种包装使蔬菜总体的体积变大,能运输的蔬菜总量减少。同样,在带宽固定的信道中,总的传送码率也是固定的,由于信道编码增加了数据量,其结果只能是以减小传送有用信息码率为代价。将有用比特数除以总比特数就等于有用编码效率,不同的编码方式,其编码效率有所不同。

在接收端,按既定的规则检验信息码元与监督码元之间的关系,当发现原来的信息码元与监督码元之间的关系被破坏,就会发现错误乃至纠正错误,这个过程称为信道解码或信道译码。可见信道编码的作用就是进行差错控制,所以信道编码也称为差错控制编码。

3)调制技术

调制就是处理信号源的信号,使其变为适合于信道传输的形式的过程。一般来说,信号源(也称为信源)的信息含有直流分量和频率较低的分量,称为基带信号。基带信号往往不能作为传输信号,因此必须把基带信号转变为一个相对于基带频率而言频率非常高的信号,以适合于信道传输,这个信号称为已调信号,基带信号称为调制信号。调制是通过改变高频载波,即消息的载体信号的幅度、相位或者频率,使其随着基带信号的变化而变化来实现的。而解调则是将基带信号从载波中提取出来,以便预定的接收者(也称为信宿)处理和理解的过程。在通信中,我们常采用的调制方式有以下 3 种。

✧模拟调制方式:用连续变化的信号去调制一个高频正弦波,主要有幅度调制(调幅 AM,双边带调制 DSBSC、单边带调幅 SSBSC、残留边带调制 VSB 以及独立边带 ISB 和角度调制(调频 FM、调相 PM)。因为相位的变化率就是频率,所以调相波和调频波是密切相关的。

✧数字调制方式:用数字信号对正弦或余弦高频振荡进行调制,主要有振幅键控 ASK、频移键控 FSK 和相位键控 PSK。

✧脉冲调制方式:是用脉冲序列作为载波,主要有脉冲幅度调制(Pulse Amplitude Modulation,PAM)、脉宽调制(Pulse Duration Modulation,PDM)、脉位调制(Pulse Position Modulation,PPM)和脉冲编码调制(Pulse Code Modulation,PCM)。

由于移动通信网已经过渡到全数字制式,因此系统中必须采用数字调制技术,然而一般的数字调制技术,如 ASK、PSK 和 FSK,因传输效率低而无法满足移动通信的要求,为此,需要专门研究一些抗干扰性强、误码性能好、频谱利用率高的数字调制技术,尽可能地提高单位频谱内传输数据的比特率,以适应移动通信窄带数据传输的要求。

4)语音编码技术

在移动通信系统中,带宽是极其有限的。在有限的可分配带宽内容纳更多的用户,压缩语音信号的传输带宽，一直是业内追求的目标。语音编码的设计和主观测试是相当困难的。只有在低速率语音编码情况下，数字调制方案才有助于提高语音业务的频谱效率。为了使语音编码有实用性，语音编码必须消耗的功率少和提供可接受直至很好的语音质量。语音编码就可使表达语音信号的比特数目最小。语音编码大致分为：波形编码、参量编码和混合编码 3 类。语音编码的意义在于如下 3 个方面：

✧提高通话质量，通过数字化和信道编码纠错技术实现。

✧提高频谱利用率，通过低码率编码实现。

✧提高系统容量，通过语音激活技术实现。

移动通信对语音编码的要求有如下 5 个方面：

✧编码速率，低语音质量好。

✧有较强的抗噪声干扰和抗误码的性能。

✧编译码延时小，总延时在 65 ms 以内。

✧编译码器复杂度低，便于大规模集成化。

✧功耗小，便于应用于手持机语音编码的目的。

语音编码的目的是解除语音信源的统计相关性，在保持一定的算法复杂程度和通信时延的前提下，运用尽可能少的信道容量传送尽可能高质量的语音。通常，编码器的效率和获得此效率的算法复杂程度之间有正比关系，算法越复杂，时延与费用就会越高。因此就必须在这两个矛盾的因素之间寻求一个平衡点。语音编码发展的目的是为了移动该平衡点，使平衡点向更加低的比特率方向移动。

5）多址技术

在移动通信系统中，有许多移动用户终端要同时通过一个基站和其他用户进行通信，因而必须对不同用户和基站发出的信号赋予不同的特征，使基站能从众多用户终端的信号中区分出是哪一个用户发出来的信号，各用户终端又能识别出基站发出的信号中哪个是发给自己的信号，解决这个问题的办法称为多址技术。

有差别才能进行鉴别，能鉴别才能进行选择。多址技术的基础是信号特征上的差异。一般说，信号的这种差异可以表现在某些参数上，如信号的工作频率、信号的出现时间以及信号具有的特定波形等。多址接入方式的数学基础是信号的正交分割原理。无线电信号可以表达为时间、频率和码型的函数，即可写为 $S(c,f,t,s)=c(t).s(f,t,s)$，其中 $c(t)$ 是码型函数，$s(f,t,s)$ 为时间（t）、频率（f）和空间（s）的函数。其要求是各信号的特征彼此独立，或者说正交，或者说任意两个信号波形之间的相关函数等于 0，或接近于 0。多址方式的基本类型有：频分多址（FDMA）、时分多址（TDMA）和码分多址（CDMA）。实际中常用到其他一些多址方式，如空分多址（SDMA）以及多种多址方式的混合，如时分多址/频分多址（TDMA/FDMA）、码分多址/频分多址（CDMA/FDMA）等。

6）蜂窝覆盖技术

移动通信网络的发展经历了大区制和小区制两个过程，大区制是指一个基站覆盖整个服务区。为了增大通信用户量,大区制通信网只有增多基站的信道数,但这总是有限的。因此,大区制只能适用于小容量的通信网。小区制是指把整个范围区域划分成若干个小区,每个小区分别设置一个基站负责本区的移动电话通信的联络和控制,每个小区使用一组频道,邻近的小区使用不同的频道。由于小区制基站服务区域缩小,所以在整个服务区中,同一组频道可以多次重复使用,因而大大提高了频率利用率。另外,在区域内可根据用户的多少确定小区的大小。小区发射机发射功率可提供本小区边缘用户的通信需要,小区的半径约为数十公里,小至几百米,在实际中,小区的覆盖不是形状规则的,确切的小区覆盖取决于地势和其他因素。为了设计方便,我们做一些假设,假定覆盖区为规则的多边形,如全向天线小区,覆盖面积近似为圆形,如图 8.8 所示。为了实现全覆盖、无盲区,小区面积多为正多边形,如正三角形(a)、正四边形(b)、正六边形(c)。

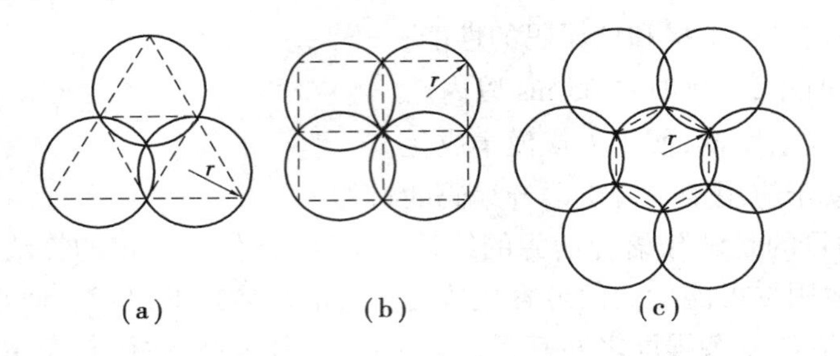

图 8.8 移动通信小区的形状

经过比较,多个正六边形无缝连接在一起,中间包含的面积最大,相互交叠的面积最小。采用正六边形的覆盖需要较少的小区,相对基站建设减少,投资费用少。

当然,公众陆地移动通信网络有时也需要服务一些狭长的区域,如江河水道,戈壁或沙漠上的铁路或公路,这就形成了带状覆盖,如图 8.9 所示。

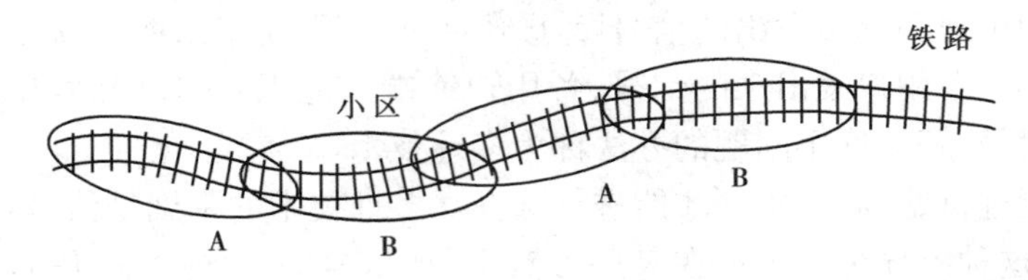

图 8.9 移动通信小区的带状覆盖

任务 2 认识 3G 移动通信系统

1.第三代移动通信系统概述

20 世纪 80 年代末,第二代移动通信系统的出现将移动通信带入了数字化的时代,但第二代移动通信也只实现了区域内制式的统一,而且数据能力很有限,随着 Internet 应用

的快速普及,用户迫切希望能有一种能够提供真正意义的全球覆盖,具有宽带数据能力,业务更为灵活,同时其终端设备又能在不同制式的网络间漫游的新系统。为此国际电联(ITU)提出了FPLMTS(未来公共陆地移动通信系统)概念,这就是第三代移动通信系统的前身。1996年,FPLMTS被正式更名为IMT 2000,由ITU-R完成无线传输技术的标准化工作,而ITU-T则负责网络部分即国际移动通信系统,工作于2 000 MHz频段,在2000年左右投入商用。从此,第三代移动通信开始了其不断发展之路。

1)第三代移动通信的目标

第三代移动通信系统的主要目标是实现IT网络全球化、业务综合化和通信个人化。IMT 2000不但要满足多速率、多环境、多业务的要求,还应能将现存的通信系统集成为统一的可替代的系统。因此,它应具有以下特点,实现以下目标:

✧提供全球无缝覆盖和漫游(如图8.10所示);

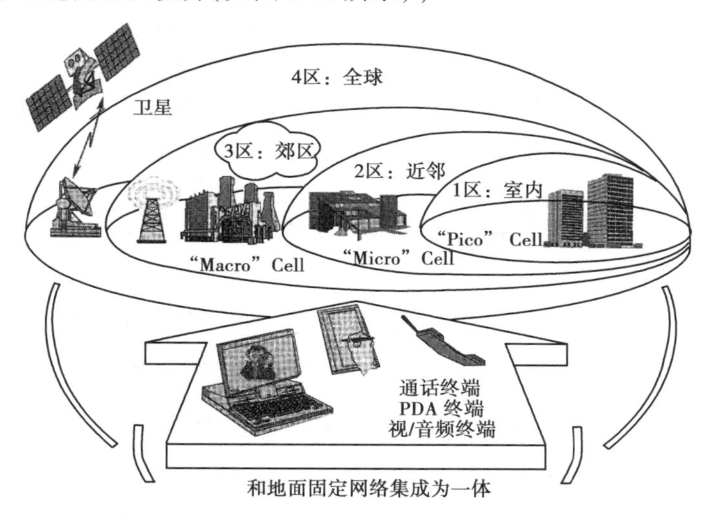

图8.10　IMT-2000网络覆盖示意图

✧提供高质量的话音、图像、可变速率的数据等多种多媒体业务;

✧多重小区结构、多种接入方式,适应陆地、航空、海域等多种运行环境;

✧系统管理和配置灵活,业务组织灵活;

✧移动终端轻便、成本低,满足通信个人化的要求;

✧高频谱利用率,足够的系统容量;

✧全球范围设计上的高度一致,与现有网络之间各种业务的相互兼容,支持系统平滑升级和现有系统的演进。

为实现上述目标,对其无线传输技术提出了以下要求:

✧高速传输速率以支持多媒体业务:室内环境至少2 Mbit/s;室外步行环境至少384 kbit/s;室外车辆运动中至少144 kbit/s;

✧传输速率能够按需分配;

✧上、下行链路能适应不对称业务的需求。

2)第三代移动通信系统结构与标准

(1)系统结构

为使现有的第二代移动通信系统能够顺利地向第三代移动通信系统过渡,保护已有投资,这就要求 IMT 2000 系统在结构组成上应考虑不同无线接口和不同网络。于是 ITU-T 提出"IMT 2000 家族"的概念,允许各地区性标准化组织有一定的灵活性,使它们能根据市场、业务需求上的不同,提出各个国家和地区向第三代系统演进的策略。IMT 2000 家族就是 IMT 2000 系统的联合体,为用户提供 IMT 2000 业务。家族的特点在于它具有向任何其他家族成员的漫游用户提供业务服务的功能,以满足 IMT 2000 的全球漫游业务需求。

ITU 建议的 IMT 2000 的一个主要特点是将依赖无线传输技术的功能和不依赖无线传输技术的功能分离,网络的定义尽可能独立于无线传输技术。

IMT 2000 的系统结构如图 8.11 所示。它分为终端侧和网络侧。终端侧包括用户识别模块(UIM)和移动终端(MT);网络侧设备分为两个网:无线接入网(RAN)和核心网(CN)。

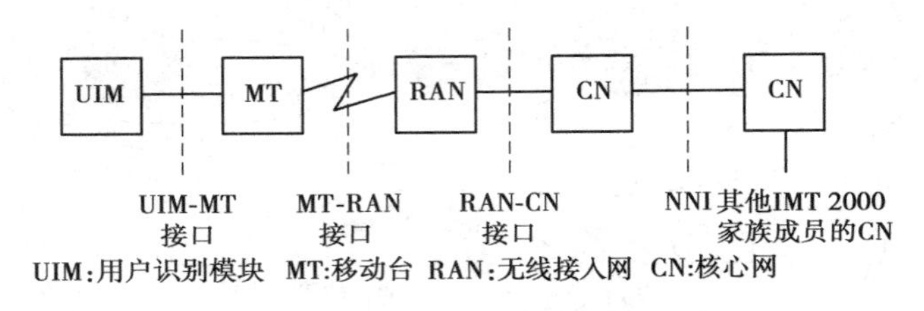

图 8.11 IMT-2000 系统结构与接口

UIM 对应于 GSM/CDMA 系统的 SIM/UIM 卡,其功能是支持用户的安全和业务;MT 的作用是提供与 UIM 和 RAN 通信的能力,支持用户的各种业务和终端的移动性;RAN 对应于 GSM/CDMA 系统的基站子系统(BSS),提供与 MT 和 CN 两个方向上的信息传递与处理,并根据核心网络与移动终端间交换信息的需求,在二者之间起桥接、路由选择器以及关口作用;CN 对应于 GSM/CDMA 系统的网络子系统(NSS),具有与 RAN 以及其他家族成员系统的 CN 通信的能力,并提供支持用户业务和用户移动性的各项功能。

为了使不同 IMT 2000 家族成员的各个系统能实现系统间的互操作,以支持无缝的全球漫游和业务传递,ITU-T 对 IMT 2000 家族成员系统的接口作了规定和定义。如图 8.11 所示,IMT 2000 系统中,有核心网络与核心网络间的接口(NNI)、无线接入网络与核心网络间的接口(RAN-CN)、移动终端与无线接入网络间的接口(MT-RAN)以及用户识别模块与移动终端间的接口(UIM-MT)。

NNI 接口主要应用于 IMT 2000 系统不同核心网络间的连接和信息传递,是不同家族成员之间的标准接口,是保证互通和漫游的关键接口。

RAN-CN 接口位于 RAN 与 CN 之间,一个 RAN 可连接到不同的 CN。该接口也可支持固定无线电、无绳电话终端、卫星及有线系统等。在RAN与CN间设置接口有助于对语音、数据等承载业务进行交换，便于控制信息（如呼叫、移动性等）以及数据安全与资源管理信息的交换。

MT-RAN接口是MT与RAN之间的无线接口，它支持MT和RAN间的通信功能。MT-RAN接口在移动终端和无线接入网络间传送信息，支持数据保护和资源管理。

UIM-MT接口是用户的可卸式UIM与移动终端之间的物理接口。其功能是在UIM至MT或CN间传递信息，信息包括UIM接入控制、标识号管理、鉴权控制、业务控制以及人机接口控制。

（2）推荐标准

ITU-R最终推荐的第三代移动通信标准中包括3种CDMA标准，即WCDMA、CDMA 2000和TD-SCDMA，这3个标准的核心差异在于无线传输技术（RTT），即多址技术、调制技术、信道编码与交织、双工技术、物理信道结构和复用、帧结构、RF信道参数等方面的差异。这3种推荐标准将在后续小节中讨论，其主要特性对比见表8.1。

表8.1 IMT 2000标准3种无线传输技术特性对比

	WCDMA	CDMA200	TD-SCDMA
信道带宽/MHz	5/10/20	N×1.25（N=1,3,6,9,12）	1.6
码片速率	3.84 Mcp/s	N×1.228 8 Mcp/s	1.28 Mcp/s
多址方式	单载波DS-CDMA	单载波DS-CDMA	单载波DS-CDMA+TD-SCDMA
双工方式	FDD/TDD	FDD	TDD
帧长/ms	10	20	10
多速概念	可变扩预因子和多码RI位测；高速率业务盲检；低速率业务	可变扩预因子和多码盲检；低速率业务	可变扩预因子和多时多码RI位测
FEC编码	卷积码R=1/2,1/3;K=9 RS码（数据）	卷积码R=1/2,1/3,3/4;K=9 Turbo码	卷积码R=1/4~1;K=9
交织	卷积码:帧内交织 RS码:帧间交织	块交织（20 ms）	卷积码:帧内交织 Turbo RS码（数据）
扩频	前向:Walsh（信道化）+Gold序列218（区分小区） 反向:Walsh（信道化）+Gold序列241（区分用户）	前向:Walsh（信道化）+M序列215（区分小区） 反向:Walsh（信道化）+M序列241-1（区分用户）	前向:Walsh（信道化）+PN序列（区分小区） 反向:Walsh（信道化）+PN序列（区分用户）
调制	数据调制:QPSK/BSK 扩频调制:QPSK	数据调制:QPSK/BSK 扩频调制:QPSK/OQPSK	接入信道:DQPSK 接入信道:DQPSK/16QAM

续表

	WCDMA	CDMA200	TD-SCDMA
相干解调	前向:专用导频信道(TDM) 反向:专用导频信道(TDM)	前向:公共导频信道 反向:专用导频信道(TDM)	前向:专用导频信道(TDM) 反向:专用导频信道(TDM)
语音编码	ARM	CELP	EFR(增强全速率语音音码)
最大数据率	室外达 384 kbit/s,室内高达 2.048 Mbit/s	1x 最高为 2.048 Mbit/s lxEV 支持 2.5 Mbit/s	最高为 2.048 Mbit/s
功率控制	FDD:开环+快速闭环(1.6 kHz) TDD:开环+慢速闭环	开环+快速闭环(800 kHz)	开环+快速闭环(200 kHz)
基站同步	可选同步(需 GPS) 异步(不需 GPS)	同步(需 GPS)	同步(主从同步,需 GPS)

驱动 3G 发展的一大动力是目前可供 2G 网络使用的无线频率资源有限。为了发展第三代移动通信系统,首先要解决适合第三代移动通信系统运营的频谱问题。因此研究第三代移动通信系统的频谱利用,合理地分配和划分相应的频段,是提高系统性能,高效率地利用频谱资源,满足移动通信发展需要的基础。

ITU 关于 3G 频谱的划分是建议性的,世界各国和地区频率分配的方式各不相同。依据国际电联(ITU)有关第三代公众移动通信系统(IMT 2000)频率划分和技术标准,按照我国无线电频率划分规定,结合我国无线电频谱使用的实际情况,我国对第三代公众移动通信系统的频率规划如下。

◇主要工作频段:

频分双工(FDD)方式:1 920~1 980 MHz、2 110~2 170 MHz,共 2×60 MHz;

时分双工(TDD)方式:1 880~1 920 MHz、2 010~2 025 MHz,共 55 MHz。

◇补充工作频段:

频分双工(FDD)方式:1 755~1 785 MHz、1 850~1 880 MHz,共 2×30 MHz;

时分双工(TDD)方式:2 300~2 400 MHz,与无线电定位业务共用,均为主要业务。

◇卫星移动通信系统工作频段:1 980~2 010 MHz、2 170~2 200 MHz。

目前已规划给第二代公众移动通信系统的 825~835 MHz、870~880 MHz、885~915 MHz、930~960 MHz 和 1 710~1 755 MHz、1 805~1 850 MHz 频段,同时规划为第三代公众移动通信系统 FDD 方式的扩展频段,上、下行频率使用方式不变。

2.TD-SCDMA

TD-SCDMA 是时分—同步码分多址的英文缩写,是由原中国电信技术研究院(现大唐

电信股份有限公司)于1999年正式提出,具有中国独立知识产权的新技术,被ITU正式批准为第三代移动通信标准之一,是我国通信业发展的一个新的里程碑,它打破了国外厂商在专利、技术、市场方面的垄断地位,促进了民族移动通信产业的迅速发展。

同WCDMA标准一样,TD-SCDMA标准的制定与演进也是在3GPP组织内进行的,并纳入到3GPP出版标准中,3GPP R4、R5、R6等版本都包含了完整的TD-SCDMA无线接入技术。由于双工方式的差别,TD-SCDMA的所有技术特点和优势得以在空中接口的物理层体现,即TD-SCDMA与WCDMA最主要的差别体现在无线接口物理层技术方面。在核心网方面,TD-SCDMA与WCDMA采用完全相同的标准规范,这些共同之处保证了两个系统之间的无缝漫游、切换、业务支持的一致性、QoS的保证等,也保证了TD-SCDMA和WCDMA在标准技术的后续演进上保持相当的一致性。

在实际的标准制定与演进中,TD-SCDMA标准具有鲜明的特征。它基于GSM系统,其基本设计思想是使用较窄的带宽(1.2~1.6 MHz)和较低的码片速率(不超过1.35 Mchip/s)用同步CDMA、软件无线电、智能天线、现代信号处理等技术来达到IMT 2000的要求。

TD-SCDMA系统采用时分双工(TDD),TDMA/CDMA多址方式工作,基于同步CDMA、智能天线、多用户检测、正交可变扩频系数、Turbo编码技术、软件无线电等新技术,工作在1 880~1 920 MHz,2 010~2 025 MHz等非成对频段上。

1) TD-SCDMA **技术特点**

✧频谱灵活性好,频谱效率高。

如图8.12所示,TD-SCDMA采用时分双工(TDD)方式,不需要成对的频率,并且仅需要1.6 MHz的最小带宽,因而它对频谱的使用非常灵活,将来可以利用逐步空置出来的第二代系统频率开展第三代业务,有效地使用日益宝贵的频谱资源(如空置出的8个连续GSM频点就可安排一个1.6 MHz的TD-SCDMA载波)。TD-SCDMA以较低的码片速率和较窄的带宽就能满足IMT 2000的要求,因而它的频谱利用率很高,可以达到GSM的3~5倍,能够解决人口稠密地区频率资源紧张的问题。

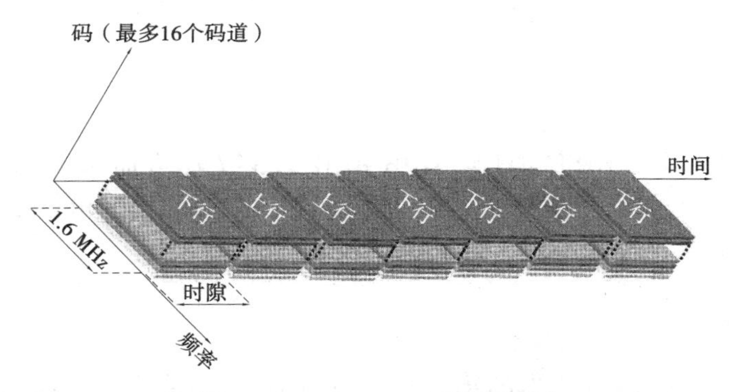

图8.12　TD-SCDMA原理示意图

✧易于采用智能天线等新技术。

时分双工(TDD)上下行链路工作于同一频率、不同的时隙,因而上下行链路的电波传播特性基本一致,易于使用智能天线等新技术。

✧特别适合不对称业务。

在第三代移动通信中,数据业务将是主要业务,尤其是不对称的 IP 业务。TDD 方式灵活的时隙配置可高效率地满足上下行不对称、不同传输速率的数据业务的需要,大大提高了资源利用率,在互联网浏览等非对称移动数据和视频点播等多媒体业务方面具有突出优势。业务发展初期,为适应语音业务上下对称的特点可采用3∶3(上行∶下行)的对称时隙结构;数据业务进一步发展时,可采用2∶4(如图 8.12 所示)或1∶5的时隙结构。

✧易于数字化集成,可降低产品成本和价格。

✧采用软件无线电技术。

✧与第二代移动通信系统 GSM 兼容,可由 GSM 平滑演进。

2) TD-SCDMA 技术演进

如同其他 3G 技术一样,TD-SCDMA 技术也在不断演进,其演进过程如图 8.13 所示。演进过程大体分为单载波/多载波 TD-SCDMA 系统、单载波/多载波 HSDPA+上行 HSUPA 系统、长期演进(TD-LTE)和 TDD 未来演进系统 4 个阶段,其中每个阶段又可以分为不同的层次。

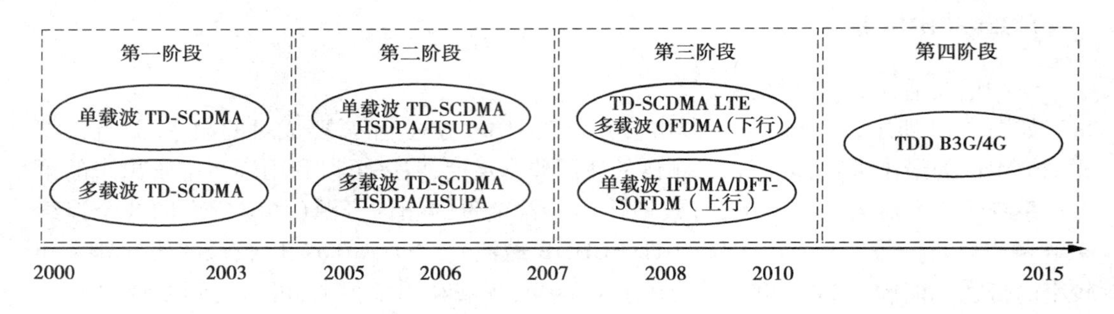

图 8.13　TD-SCDMA 的演进

3.WCDMA

WCDMA 主要由欧洲 ETSI 和日本 ARIB 提出、经多方融合而形成,是在 GSM 系统基础上发展的一种技术,其核心网基于 GSM-MAP。支持这一标准的电信运营商、设备制造商形成了 3GPP 阵营。

1) UMTS 系统

采用 WCDMA 空中接口技术的第三代移动通信系统通常称为通用移动通信系统(UMTS),它采用了与第二代移动通信系统类似的结构,包括无线接入网(RAN)和核心网(CN)。其中 RAN 处理所有与无线有关的功能;而 CN 从逻辑上分为电路交换域(CS 域)

和分组交换域(PS 域),处理 UMTS 系统内所有的话音呼叫和数据连接,并实现与外部网络的交换和路由功能。UMTS 陆地无线接入网(UTRAN)、CN 与用户设备(UE)一起构成了整个 UMTS 系统。其系统结构如图 8.14 所示。

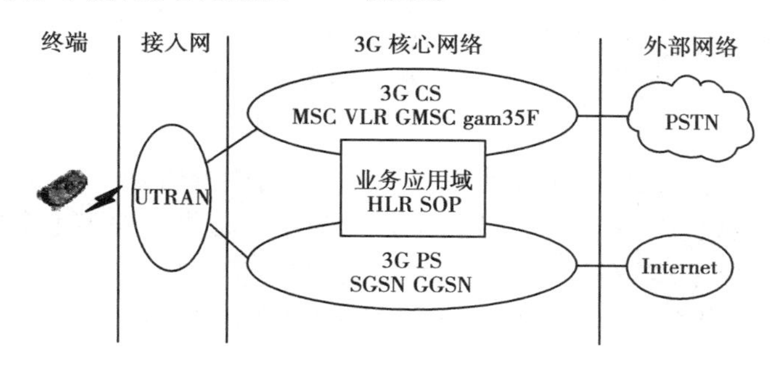

图 8.14 UMTS 系统结构

通过 3GPP 的标准化工作,UMTS 的技术也在不断地更新和增强。为了尽快将 WCDMA 系统商用,3GPP 对 UMTS 的系列规范划定了不同的版本。首先完成标准化工作的版本是 R99,也称为 WCDMA 第一阶段。随后 3GPP 在 R99 的基础上进行了技术更新和增强,推出 R4、R5、R6 等版本。R99 版本的 UMTS 网络单元构成如图 8.15 所示。

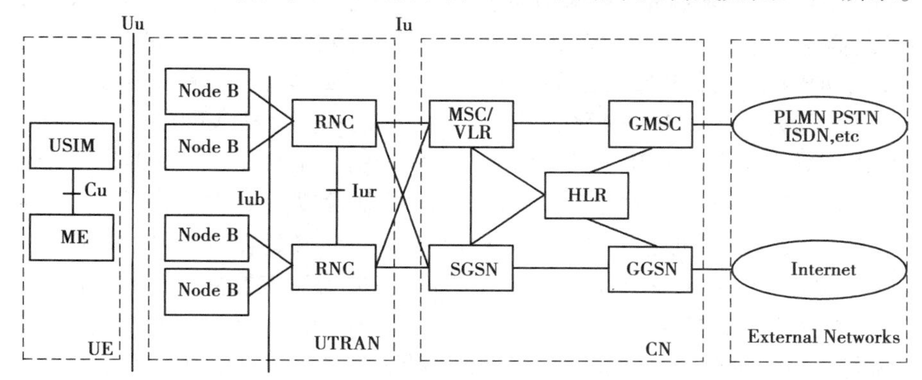

图 8.15 UMTS 网络单元构成

(1)UE

UE 是用户终端设备,它主要包括射频处理单元、基带处理单元、协议栈模块以及应用层软件模块等。UE 通过 Uu 接口与网络设备进行数据交互,为用户提供电路域和分组域内各种业务功能。

(2)UTRAN

UTRAN 即陆地无线接入网,分为基站(Node B)和无线网络控制器(RNC)两部分。

Node B 是 WCDMA 系统的基站(即无线收发信机),包括无线收发信机和基带处理部件,通过标准的 Iub 接口和 RNC 互连,主要完成 Uu 接口物理层协议的处理。Node B 由 RF 收发放大、射频收发系统(TRX)、基带部分(BB)、传输接口单元、基站控制部分等几个逻辑功能模块构成,其主要功能是扩频、调制、信道编码及解扩、解调、信道解码,还包括基带信号和射频信号的相互转换等功能。

RNC 是无线网络控制器，主要完成连接建立、断开、切换、宏分集合并、无线资源管理控制等功能，具体如下：

✧执行系统信息广播与系统接入控制功能；

✧执行切换和 RNC 迁移等移动性管理功能；

✧执行宏分集合并、功率控制、无线承载分配等无线资源管理和控制功能。

(3) CN

核心网(CN)负责与其他网络的连接以及对 MS 通信的管理。它分成两个子系统：电路域(CS 域)和分组域(PS 域)。CS 域设备是指为用户提供电路型业务或提供相关信令连接的实体，CS 域特有的实体包括 MSC、GMSC、VLR、IWF；PS 域为用户提供分组型数据业务，PS 域特有的实体包括 SGSN 和 GGSN。其他设备如 HLR(或 HSS)、AUC、EIR、智能网设备(SCP)等为 CS 域与 PS 域共用。

在 3GPP R99 网络中核心网(CN)采用了与第二代的 GSM/GPRS 相同的定义，这样可以实现 GSM/GPRS/WCDMA 的平滑过渡，可利用现有网络资源，如各级汇接网和信令网等，快速建成 3G 网络，并推向市场。此外，在第三代网络建设的初期就可以实现全球漫游。

R5 版本相对于 R4 版本，在多方面进行了扩充，引入了 HSDPA 和 ALL IP 概念。HSDPA支持高速的下行分组数据业务，引入自适应调制和编码技术，支持二层快速调度，通过混合的 ARQ 方式，支持数据的重传，提供高速数据业务，峰值数据速率可高达 8 Mbit/s~10 Mbit/s。ALL IP 的概念主要有两重含义：一是在接入网中，支持基于 IP 的传送。随着 IP 技术的发展，3GPP 在 UTRAN 的承载网引入了 IP 的概念，AMR 码流、数据业务和信令可透过 UDP、SCTP 通过 IP 传送。二层机制可以是 PPP、以太网或其他任何机制，大大扩充了二层传送机制的选项。ALL IP 的另一含义是在分组域。R99 和 R4 版本中，分组域只提供有一定 QoS 服务质量保证的带宽，但无法支持面向连接，业务局限于带宽类和消息类业务。随着 NGN 概念的流行，SIP 信令的普及，3GPP 对 SIP 信令进行了适应性增强，将其引入到分组域，希冀在分组域支持更多的面向连接的多媒体服务，从而在分组域支持面向连接的多媒体服务。

在核心网，R5 协议引入了 IP 多媒体子系统，简称 IMS。IMS 叠加在分组域网络之上，由 CSCF(呼叫状态控制功能)、MGCF(多媒体网关控制功能)、MRF(媒体资源功能)和 HSS(归属地用户服务器)等功能实体组成。IMS 的引入，为开展基于 IP 技术的多媒体业务创造了条件，代表了未来业务的发展方向。

2) WCDMA 技术特点

✧高度的业务灵活性。WCDMA 允许每个 5 MHz 载波提供从 8 kbit/s 到 2 Mbit/s 的混合业务。另外在同一信道上即可进行电路交换业务也可以进行分组交换业务，分组和电路交换业务可在不同的带宽内自由地混合、并可同时向同一用户提供。每个 WCDMA 终端能够同时接入多达 6 个不同业务。可以支持不同质量要求的业务(例如语音和分组数据)并保证高质量的覆盖。

◇频谱效率高。WCDMA 能够高效利用可用的无线电频谱。由于它采用单小区复用,因此不需要频率规划。利用分层小区结构、自适应天线阵列和相干解调(双向)等技术,网络容量可以得到大幅提高。

◇容量和覆盖范围大。WCDMA 射频收发信机能够处理的话音用户是典型窄带收发信机的 8 倍。每个射频载波可同时处理 80 个语音呼叫,或者每个载波可同时处理 50 个 Internet 数据用户。在城市和郊区,WCDMA 的容量差不多是窄带 CDMA 的两倍。更大的带宽以及在上行链路与下行链路中使用相干解调和快速功率控制允许更低的接收机门限,有利于提高覆盖。

◇网络规模的经济性好。通过在现有数字蜂窝网络(如 GSM)增加 WCDMA 无线接入网,同一核心网络可被复用,并使用相同的站点。WCDMA 接入网络与 GSM 核心网络之间的链路使用了最新的 ATM 模式的微型小区传输规程 AAL2,这种高效地处理数据分组的方法将标准 El/T1 线路的容量由 30 个提高到了大约 300 个话音呼叫,传输成本将节约 50%左右。

◇卓越的话音能力。尽管下一代移动接入的主要目的是传输高比特率多媒体通信,但对于话音通信它仍是一重要业务。在 WCDMA 网络中每个小区将能够处理至少 192 个话音呼叫;而在 GSM 网络中每个小区只能处理大约 100 个话音呼叫。

◇无缝的 GSM/WCDMA 接入。双模终端将在 GSM 网络和 WCDMA 网络之间提供无缝的切换和漫游。

◇快速业务接入。为了支持多媒体业务的即时接入,开发了一种新的随机接入机制,它利用快速同步来处理 384 kbit/s 分组数据业务。在移动用户和基站之间建立连接只需零点几毫秒。

◇从 GSM 平滑升级,技术成熟、风险低。在日本和欧洲已经对 WCDMA 试验、测试、评估了多年,技术非常成熟。

◇终端的经济性和简单性。WCDMA 手机所要求的信号处理大约是复合 TD/CDMA 技术的十分之一。技术成熟、简单、经济的终端易于进行大规模生产,为此带来了更高的规模经济、更多的竞争,网络运营公司和用户也将获得更大的选择余地。目前,终端市场上 WCDMA 在终端种类、性价比、数量等方面都占有相当大的优势。

4.CDMA2000

CDMA2000 是由窄带 CDMA IS-95 向上演进的技术,经融合形成了现有的3GPP2 CDMA2000。IMT 2000 标准中 CDMA2000 包括 1×和 N×两部分,对于射频带宽为 N×1.25 MHz的 CDMA2000 系统(N=1,3,6,9,12),采用多个载波来利用整个频带。

1)CDMA2000 主要技术特点

表 8.2 归纳了 IMT 2000 标准中 CDMA2000 系列的主要技术特点。与 CDMA One 相比,CDMA2000 有下列技术特点:

表 8.2 CDMA2000 系列的主要技术特点

名 称	CDMA2000 1x	CDMA2000 3x	CDMA2000 6x	CDMA2000 9x	CDMA2000 12x
带宽/MHz	1.25	3.75	7.5	11.5	15
无线接口来源于	IS-95				
业务演进来源于	IS-95				
最大用户比特率/(bit · s^{-1})	307.2 k	1.036 8 M	2.083 6 M	2.457 6 M	
码片速率/(Mbit · s^{-1})	1.228 8	3.686 4	7.372 8	11.059 2	14.745 6
帧的时长/ms	典型为 20,也可选 5,用于控制				
同步方式	IS-95(使用 GPS,使基站之间严格同步)				
导频方式	IS-95(使用公共导频方式,与业务码复用)				

✧ N×1.25 MHz 多种信道带宽;

✧可以更加有效地使用无线资源;

✧具备先进的媒体接入控制,从而有效地支持高速分组数据业务;

✧可在 CDMA One 的基础上实现向 CDMA2000 系统的平滑过渡:

✧核心网协议可使用 IS-41、GSM-MAP 以及 IP 骨干网标准;

✧采用了前向发送分集、快速前向功率控制、Turbo 码、辅助导频信道、灵活帧长、反向链路相干解调、选择较长的交织器等技术,进一步提高了系统容量、增强了系统性能。

正如上一节所述,严格意义上来讲 CDMA2000 lx 系统只能算是 2.5G 系统,其后续演进走上了一条新的演进之路。3GPP2 从 2000 年开始在 CDMA2000 lx 基础上制订 lx 的增强技术——lxEV 标准,通常人们认为从此开始 CDMA2000 才真正进入 3G 阶段。

2) lxEV

lxEV 是一种依托在 CDMA2000 lx 基础上的增强型技术,能在与前期 CDMA2000 lx 相同的 1.25 MHz 带宽情况下使数据业务能力达到 ITU 规定的第三代移动通信业务速率标准 2 Mbit/s以上,并与 IS-95A 和 CDMA2000 lx 网络后向兼容。lxEV 原本又分为 CDMA2000 lxEV DO 和 CDMA2000 lxEV DV。CDMA2000 lxEV DV 一度作为 CDMA2000 lxEV DO 的后续演进技术,标准草案于 2002 年完成,但由于支持的厂商较少,在 2005 年已遭废止。

lxEV DO 与现有的 IS-95 和 CDMA2000 lx 网络兼容,可沿用现有网络规划及射频部件,基站可与 IS-95 或 CDMA2000 lx 合一,从而很好地保护了 IS-95 及 CDMA2000 lx 运营商的现有投资,成本低廉,广为 CDMA 运营商所采用,中国电信基于 CDMA2000 lxEV DO Rel.A 的 3G 网络也于 2009 年 5 月商用。

除利用 lx 增强技术大幅提升数据业务能力外,lx 增强技术也能用于大幅提高系统的话音业务容量,具体包括推出采用增强型声码器、干扰消除、移动台分集接收等技术的移动终端,升级基站信道卡等手段。

5.3G 通信技术的应用举例

1)3G 的核心应用

3G 与前两代系统相比,第三代移动通信系统的主要特征是可提供丰富多彩的移动多媒体业务,其传输速率在高速移动环境中支持 144 kbit/s,步行慢速移动环境中支持 384 kbit/s,静止状态下支持 2 Mbit/s。其设计目标是为了提供比第二代系统更大的系统容量、更好的通信质量,而且要能在全球范围内更好地实现无缝漫游及为用户提供包括话音、数据及多媒体等在内的多种业务,同时也要考虑与已有第二代系统的良好兼容性。

3G 的核心应用:

手机收发语音邮件、写博客、聊天、无线搜索、视频通话、手机电视、手机购物、手机音乐、手机网游、下载图铃。

2)3G 在智能交通系统中的应用

我国大中型城市中交通路口众多,交通流量较大,违章事件频繁,基于 3G 通信技术的智能交通系统就能为交通违章行为的监控、排查和打击起到很大的作用。

(1)无线电子警察、监控系统

3G 通信技术的无线电子警察、监控系统主要由 3G 数据通信链路、监控中心和多个前端组成。

3G 数据通信链路采用标准的 TCP/IP 协议,可直接运行在管理部门的内部无线局域网上。前端摄像机的抓拍图片、识别信息、视频信号等通过 3G 数据传输模块传输到监控中心。系统可以根据现场情况和用户的需求配置不同的外围硬件设备。监控前端使用系统外围设备有摄像机、前端主机、3G 数据传输模块、数字解码器、高速云台和可变镜头等,完成监控中心所需的前端车辆抓拍识别信息的实时传输和前端图像监控。监控中心使用系统外围设备有识别服务器、后台中心软件、主控台、3G 无线路由器、主交换机、视频服务器、电视墙等。具体可根据用户要求进行灵活配置。

系统可以组成多级系统,监控中心还可以通过级联的方式构成多级交通监控系统,以扩大交通监控范围和系统容量。监控主机将采集的图像、图片信息实时地传送给服务器并通过服务器向外广播发送,相关客户只要通过浏览器打开网页便能实时地进行监控和查看。

(2)移动查车、稽查系统

移动电子警察系统(车载测速仪)主要由摄像机、视频采集卡、控制主机、无线通信设备及相关软件构成,主要功能如下:

车牌识别功能:系统可以自动识别来往车辆的号牌号码、号牌颜色,警车在巡逻或定点时,系统实时识别过往车辆号牌,比对“黑名单”数据库,报告车辆状态,声讯报警提示,并详细列出报警原因。

自动测速功能:使用雷达测速仪自动检索车辆是否超速,在巡查过往车辆的同时,如有车辆超速,则立即声讯报警,并自动捕获和识别,自动检索数据库资料获取该车辆信息。

手动抓拍违章:在巡查过往车辆的同时,如遇到逆向行驶、占用公交车道、闯红灯等违章行为的车辆,可启动抓拍或录像,抓拍时点击一次抓拍一帧,录像时点击一次录取一段点击前的影像,具有历史追忆功能。

档案查询功能:系统可对识别的车辆进行档案查询,可查询基本登记档案、违章历史、检车情况、是否盗抢车辆、是否交通事故逃逸车辆等等。

(3)移动无线图像传输系统

移动无线图像传输系统通过车载的形式适用于日常巡逻、突发性事件或其他特殊情况的现场处理和控制。现场情况需要实时而迅速地传回指挥中心,而事发地点又通常具有不确定性,车载实时监控系统发挥出强劲的技术优势,通过无线视频技术将现场情况及时传回指挥中心,便于远程指挥和调度,可以极大地缩短反应时间,便于快速远程调度指挥。

系统工作流程:

启动 3G 车载无线视频终端(含摄像头),设备按照设定的参数自动运行,通过摄像头进行视频采集,并在本地进行压缩编码,同时连接 3G 无线网络,建立数据链路。视频传输设备通过 3G 无线链路将编码后的视频信息实时传送到监控中心的视频管理服务器,运行在视频管理服务器中的视频处理程序将接收到的视频信息重新合成,通过发布程序进行视频实时发布。用户根据权限,使用客户端软件,就可以观看实时的视频。

系统应用范围如下:

✧行政执法:在日常巡逻和行政执法过程中,通过车载视频系统,实时将现场实际情况传送到监控指挥中心。

✧突发事件:当发生突发事件时,车辆到达现场后,通过车载视频系统,第一时间将现场实际情况传送到监控指挥中心。

✧本地指挥:车内指挥人员根据车载视频系统监控,通过车内语音广播对现场进行指挥。

✧远程指挥:通过车载视频系统实时监控巡逻周边现场情况,监控指挥中心根据现场情况进行远程监控管理和指挥。

总之,3G 通信网很好地解决了前端监控点位置分散、现场布线困难等难题,为智能交通系统组网提供了一种新的选择。

任务 3　认识 4G 移动通信系统

1.4G 移动通信概述

4G 通信技术是继第三代通信技术以后的又一次无线通信技术演进。与传统的通信技术相比,4G 通信技术最明显的优势在于通话质量及数据通信速度。

对于无线通信，人们很早就提出过美好的愿景，那就是“在任何时间、任何地点与任何人进行任何类型的信息交换”。

到了 3G 时代，WCDMA、CDMA2000 EV DO、TD-SCDMA 分别支持 14.4 Mbit/s、3.1 Mbit/s、2.8 Mbit/s。这样高的速率对于绝大多数的数据业务而言都足够了，到此为止，“任何信息”的目标算是实现了。

虽然 WCDMA 以及其他两大 3G 标准很好地实现了最初的梦想，但是(接近 4G 标准)人们并没有满足，其要求越来越高，想法越来越多，其实也唯有如此，才能推动无线通信技术不断向前进步。

2.4G 移动通信的标准

1) LTE

LTE(Long Term Evolution，长期演进)项目是 3G 的演进，它改进并增强了 3G 的空中接入技术，采用 OFDM 和 MIMO 作为其无线网络演进的唯一标准。

主要特点：在 20 MHz 频谱带宽下能够提供下行 100 Mbit/s 与上行 50 Mbit/s 的峰值速率，相对于 3G 网络大大提高了小区的容量，同时将网络延迟大大降低：内部单向传输时延低于 5 ms，控制平面从睡眠状态到激活状态迁移时间低于 50 ms，从驻留状态到激活状态的迁移时间小于 100 ms。并且这一标准也是 3GPP 长期演进(LTE)项目，是近两年来 3GPP 启动的最大的新技术研发项目，其演进的历史如下：

GSM—> GPRS—> EDGE—> WCDMA—> HSDPA/HSUPA—> HSDPA +/HSUPA +—> FDD-LTE 长期演进

GSM：9k—>GPRS；42k—>EDGE；172k—>WCDMA：364k—>HSDPA/HSUPA；14.4M—>HSDPA+/HSUPA+；42M—>FDD-LTE；300M

由于 WCDMA 网络的升级版 HSPA 和 HSPA+均能够演化到 FDD-LTE 这一状态，所以这一 4G 标准获得了最大的支持，也将是未来 4G 标准的主流。TD-LTE 与 TD-SCDMA 不能直接向 TD-LTE 演进。该网络提供媲美固定宽带的网速和移动网络的切换速度，网络浏览速度大大提升。

2) LTE-Advanced

从字面上看，LTE-Advanced 就是 LTE 技术的升级版，那么为何两种标准都能够成为 4G 标准呢？LTE-Advanced 的正式名称为 Further Advancements for E-UTRA，它满足 ITU-R 的 IMT-Advanced 技术征集的需求，是 3GPP 形成欧洲 IMT-Advanced 技术提案的一个重要来源。LTE-Advanced 是一个后向兼容的技术，完全兼容 LTE，是演进而不是革命，相当于 HSPA 和 WCDMA 这样的关系。LTE-Advanced 的相关特性如下：

✧带宽：100 MHz；

✧峰值速率：下行 1 Gbit/s，上行 500 Mbit/s；

◇峰值频谱效率：下行 30 bits/Hz，上行 15 bits/Hz；

◇针对室内环境进行优化；

◇有效支持新频段和大带宽应用；

◇峰值速率大幅提高，频谱效率有限地改进。

如果严格地讲，LTE 作为 3.9G 移动互联网技术，那么 LTE-Advanced 作为 4G 标准更加确切。LTE-Advanced 的入围，包含 TDD 和 FDD 两种制式，其中 TD-SCDMA 将能够进化到 TDD 制式，而 WCDMA 网络能够进化到 FDD 制式。移动主导的 TD-SCDMA 网络期望能够直接绕过 HSPA+网络而直接进入到 LTE。

3）WiMax

WiMax（Worldwide Interoperability for Microwave Access），即全球微波互联接入，WiMax 的另一个名字是 IEEE 802.16。WiMax 的技术起点较高，WiMax 所能提供的最高接入速度是 70 Mbit/s，这个速度是 3G 所能提供的宽带速度的 30 倍。

对无线网络来说，这的确是一个惊人的进步。WiMax 逐步实现宽带业务的移动化，而 3G 则实现移动业务的宽带化，两种网络的融合程度会越来越高，这也是未来移动世界和固定网络的融合趋势。

802.16 工作的频段采用的是无需授权频段，范围在 2 GHz 至 66 GHz 之间，而 802.16 a 则是一种采用 2G 至 11 GHz 无需授权频段的宽带无线接入系统，其频道带宽可根据需求在 1.5 MHz 至 20 MHz 范围进行调整，具有更好地在高速移动下无缝切换的 IEEE 802.16 m 技术正在研发。因此，802.16 所使用的频谱可能比其他任何无线技术更丰富，WiMax 具有以下优点：

◇对于已知的干扰，窄的信道带宽有利于避开干扰，而且有利于节省频谱资源。

◇灵活的带宽调整能力，有利于运营商或用户协调频谱资源。

◇ WiMax 所能实现的 50 km 的无线信号传输距离是无线局域网所不能比拟的，网络覆盖面积是 3G 发射塔的 10 倍，只要少数基站建设就能实现全城覆盖，能够使无线网络的覆盖面积大大提升。

不过 WiMax 网络在网络覆盖面积和网络的带宽上优势巨大，但是其移动性却有着先天的缺陷，无法满足高速移动（≥50 km/h）下的网络无缝链接，从这个意义上讲，WiMax 还无法达到 3G 网络的水平，严格地说并不能算作移动通信技术，而仅仅是无线局域网的技术。

但是 WiMax 的希望在于 IEEE 802.11 m 技术上，将能够有效地解决这些问题，也正是因为有中国移动、英特尔、Sprint 各大厂商的积极参与，WiMax 成为呼声仅次于 LTE 的 4G 网络手机。

WiMax 当前在全球的使用用户大约有 800 万，其中 60%在美国。WiMax 其实是最早的 4G 通信标准，大约出现于 2000 年。

4）Wireless MAN

WirelessMAN-Advanced 事实上就是 WiMax 的升级版，即 IEEE 802.16 m 标准，802.16

系列标准在 IEEE 正式称为 WirelessMAN，而 WirelessMAN-Advanced 即为 IEEE 802.16 m。其中，802.16 m 最高可以提供 1 Gbit/s 无线传输速率，还将兼容 4G 无线网络。802.16 m 可在“漫游”模式或高效率/强信号模式下提供 1 Gbit/s 的下行速率。该标准还支持“高速移动”模式，能够提供 1 Gbit/s 速率。其优势如下：

✧提高网络覆盖，改建链路预算；

✧提高频谱效率；

✧提高数据和 VOIP 容量；

✧低时延 &QoS 增强；

✧功耗节省。

WirelessMAN-Advanced 有 5 种网络数据规格，其中极低速率为 16 kbit/s，低数率数据及低速多媒体为 144 kbit/s，中速多媒体为 2 Mbit/s，高速多媒体为 30 Mbit/s，超高速多媒体则达到了 30 Mbit/s～1 Gbit/s。

5）国际标准的确立

2012 年 1 月 18 日下午 5 时，国际电信联盟在 2012 年无线电通信全会全体会议上，正式通过将 LTE-Advanced 和 WirelessMAN-Advanced（802.16 m）技术规范确立为 IMT-Advanced（俗称“4G”）国际标准，中国主导制定的 TD-LTE-Advanced 和 FDD-LTE-Advance 同时并列成为 4G 国际标准。

3.4G 移动通信的优点

1）通信更加灵活

从严格意义上说，4G 手机的功能，已不能简单划归“电话机”的范畴，毕竟语音资料的传输只是 4G 移动电话的功能之一而已，因此 4G 手机更应该算得上是一台小型计算机了，而且 4G 手机从外观和样式上，有更惊人的突破，任何一件你能看到的物品（眼镜、手表、化妆盒、旅游鞋）都有可能成为 4G 终端。4G 通信使我们不仅可以随时随地通信，更可以双向下载传递资料、图画、影像，当然更可以和从未谋面的陌生人网上联线游戏。

2）智能性能更高

第四代移动通信的智能性更高，不仅表现在 4G 通信的终端设备的设计和操作具有智能化，例如对菜单和滚动操作的依赖程度将大大降低，更重要的是 4G 手机可以实现许多难以想象的功能。例如 4G 手机将能根据环境、时间以及其他设定的因素来适时地提醒手机的主人此时该做什么事，或者不该做什么事；4G 手机可以将电影院票房资料，直接下载到 PDA 上，这些资料能够把目前的售票情况、座位情况显示得清清楚楚，用户可以根据这些信息在线购买自己满意的电影票；4G 手机可以被看作是一台手提电视，用来观看体育比赛的现场直播。

3)兼容性能更平滑

要使4G通信尽快地被人们接受,不但要考虑它的功能,还应该考虑到现有通信的基础,以便让更多的现有通信用户在投资最少的情况下就能很轻易地过渡到4G通信。因此,从这个角度来看,第四代移动通信系统应当具备全球漫游,接口开放,能跟多种网络互联,终端多样化以及能从第二代通信系统平稳过渡等特点。

4)提供各种增值服务

4G通信并不是从3G通信的基础上经过简单的升级而演变过来的,它们的核心建设技术在根本上就是不同的,3G移动通信系统主要是以CDMA为核心技术,而4G移动通信系统技术则以正交多任务分频技术(OFDM)最受瞩目,利用这种技术人们可以实现如无线区域环路(WLL)、数字音讯广播(DAB)等方面的无线通信增值服务;不过考虑到与3G通信的过渡性,第四代移动通信系统不会仅仅只采用OFDM一种技术,CDMA技术会在第四代移动通信系统中,与OFDM技术相互配合以便发挥出更大的作用,甚至第四代移动通信系统也会有新的整合技术如OFDM/CDMA产生,如前文所提到的数字音讯广播。因此以OFDM为核心技术的第四代移动通信系统,也将结合两项技术的优点。

5)实现更高质量的多媒体通信

尽管第三代移动通信系统也能实现各种多媒体通信,但4G通信能满足第三代移动通信尚不能达到的在覆盖范围、通信质量、造价上支持的高速数据和高分辨率多媒体服务的需要,第四代移动通信系统提供的无线多媒体通信服务将包括语音、数据、影像等大量信息透过宽频的信道传送出去,为此第四代移动通信系统也称为"多媒体移动通信"。第四代移动通信不仅仅是为了适应用户数的增加,更重要的是,必须要适应多媒体的传输需求,当然还包括通信品质的要求。总结来说,首先必须可以容纳市场庞大的用户数,改善现有通信质量以及达到高速数据传输的要求。

6)通信费用更加便宜

由于4G通信不仅解决了与3G通信的兼容性问题,让更多的现有通信用户能轻易地升级到4G通信,而且4G通信引入了许多尖端的通信技术,这些技术保证了4G通信能提供一种灵活性非常高的系统操作方式,因此相对其他技术来说,4G通信部署起来就迅速得多;同时在建设4G通信网络系统时,通信营运商们将考虑直接在3G通信网络的基础设施之上,采用逐步引入的方法,这样就能够有效地降低运行者和用户的费用。据研究人员宣称,4G通信的无线即时连接等服务费用比3G通信更加便宜。

表8.3对3G与4G系统参数作了比较。

表 8.3 3G 与 4G 系统参数比较

	3G 移动通信系统	4G 移动通信系统
开始时间	2002	2012
典型标准	WCDMA、CDMA2000、TD-SCDMA	OFDM、UWB
频带范围/GHz	1.8~2.5 GHz	2~8 GHz
带宽/(Mbit·s^{-1})	2~5	10~20
多址技术	CDMA	FDMA、TDMA、CDMA、SDMA
核心网络	电信网、部分 IP 网	全 IP 网
业务类型	话音为主,部分多媒体	话音和数据融合,多媒体
网络体系结构	基站方式的广域网模式	融合局域网和广域网的混合模式
数据速率/(Mbit·s^{-1})	2	20~100
接入方式	W-CDMA	OFDM、MC-CDMA、LAS-CDMA
交换方式	电路/分组交换	分组交换
前向纠错码	1/2、1/3 卷积码	级连码
模块设计	无线优化设计,采用多载波适配器	智能天线,软件无线电
协议	多种空中接口链路协议并存	全数字全 IP
移动台速率/km·h^{-1}	200	200

4.4G 移动通信的网络结构

4G 移动系统网络结构可分为三层:物理网络层、中间环境层、应用网络层。

物理网络层提供接入和路由选择功能,它们由无线和核心网的结合格式完成。中间环境层的功能有 QoS 映射、地址变换和完全性管理等。

物理网络层与中间环境层及其应用环境之间的接口是开放的,它使发展和提供新的应用及服务变得更为容易,提供无缝高数据率的无线服务,并运行于多个频带。

1)系统结构

在 3GPP 中开展 LTE 无线接入技术的规范工作的同时,无线接入网络(RAN)和核心网络(CN)的总体系统架构被重新修订,包括两个网络部分之间的功能分割。这项工作被称为系统架构演进(SAE),结果是形成了一个扁平的 RAN 架构,以及一个被称为演进的分组核心网(EPC)的全新核心网络架构。LTE RAN 和 EPC 一起被称为演进的分组系统(EPS)。

RAN 负责整体网络中所有无线相关功能，包括如调度、无线资源管理、重传协议、编码和各种多天线方案等。

EPC 负责与无线接口无关但为提供完整的移动宽带网络所需要的功能。这包括如认证、计费功能、端到端连接的建立等。应当分开处理这些功能，而非将这些功能集中在 RAN 中，因为这允许同一核心网络支持多种无线接入技术。

(1)核心网

EPC 是从 GSM 和 WCDMA/HSPA 技术所使用的 GSM/GPRS 核心网络逐步演进而来的。EPC 只支持接入到分组交换域，不能接入电路交换域。它包含了几种不同类型的节点，其中一些将在下文中进行简要介绍，如图 8.16 所示。

移动性管理实体(MME)是 EPC 的控制平面的节点。它的职责包括针对终端的承载连接/释放、空闲到激活状态的转移以及安全密钥的管理。EPC 和终端之间的功能操作有时被称为非接入层(NAS)，以独立于处理终端和无线接入网络之间功能操作的接入层(AS)。

服务网关(S-GW)是 EPC 连接 LTE RAN 的用户平面的节点。S-GW 是作为终端在 eNodeB 之间移动时的移动性锚点，以及针对其他 3GPP 技术(GSM/GPRS 和 HSPA)的移动性锚点。针对计费所需要的信息收集和统计，也是由 S-GW 处理的。

分组数据网关(PDN 网关，P-GW)将 EPC 连接到互联网。对于特定终端的 IP 地址分配，以及根据 PCRF(参见下文)所控制的政策来进行的业务质量改善，均由 P-GW 进行管理。P-GW 还可以作为 EPC 连接到非 3GPP 无线接入技术，如 CDMA2000 的移动性锚点。

此外，EPC 还包含了其他类型的节点，如负责业务质足(QoS)管理和计费的政策和计费规则功能(PCRF)，以及归属用户服务器(HSS)节点，一个包含用户信息的数据库。还有一些附加的节点用来实现网络对于多媒体广播/多播服务(MBMS)的支持。

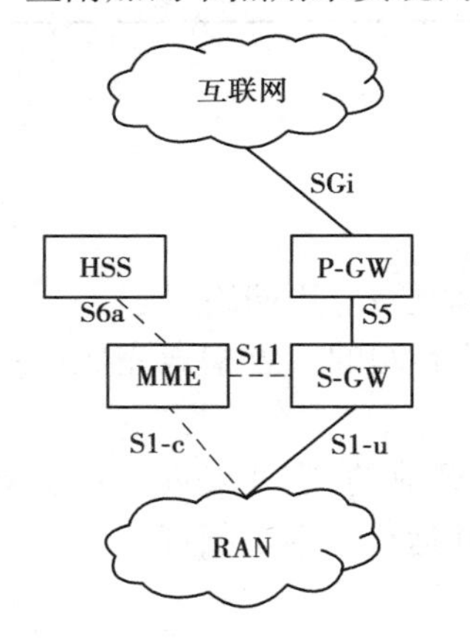

图 8.16　核心网(EPC)架构

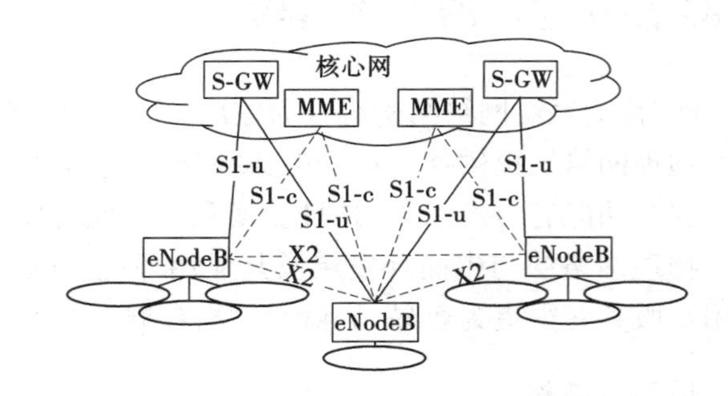

图 8.17　无线接入网接口

应该指出的是，以上讨论的节点均为邃样节点。在实际的物理实现中，其中有些节点很可能被合并。例如，MME、P-GW 和 S-GW 很可能被合并成一个单一的物理节点。

(2)无线接入网络

LTE 无线接入网络采用只有单一节点类型-eNodeB 的扁平化架构。eNodeB 负责一个

或多个小区中所有无线相关的功能。重要的是要注意，eNodeB 是一个逻样节点而非一个物理实现。

eNodeB 的通常实现是一个三扇区站，其中一个基站处理三个小区的传输，虽然还可以发现其他的实现，例如一个基带处理单元连接到远程的许多射频头。后者的一个例子是隶属于同一 eNodeB 的大位室内小区或者高速公路沿线的几个小区。因此，基站是eNodeB的一种可能物理实现，但不等同于 eNodeB。

正如图 8.17 中可以看到的，eNodeB 通过 S1 接口连接到 EPC，更规范的说法是通过 S1 接口用户平面的一部分（S1-u）连接到 S-GW；并通过 S1 控制平面的一部分（S1-c）连接到 MME，为了负载分担和冗余的目的，一个 eNodeB 可以连接到多个 MMES-GW。

将 eNodeB 互相接在一起的 X2 接口，主要用于支持激活模式的移动性。该接口也可用于多小区无线资源管理（RRM）功能，如小区间干扰协调（ICIC）。X2 接口还可用于相邻小区之间通过数据包转发方式来支持的无损移动性。

2）无线协议架构

了解了总体网络架构，接下来就可以讨论无线接入网的用户平面以及控制平面的协议架构。图 8.18 给出了 RAN 架构协议（如上所述，MME 并非 RAN 的组成部分，但仍包括在图中，这是出于完整性的考虑）。从图中可以看出，许多协议实体对于用户平面和控制平面都是通用的。因此，这里主要从用户平面的角度来介绍协议的体系结构，这些描述在许多方面也同样适用于控制平面。

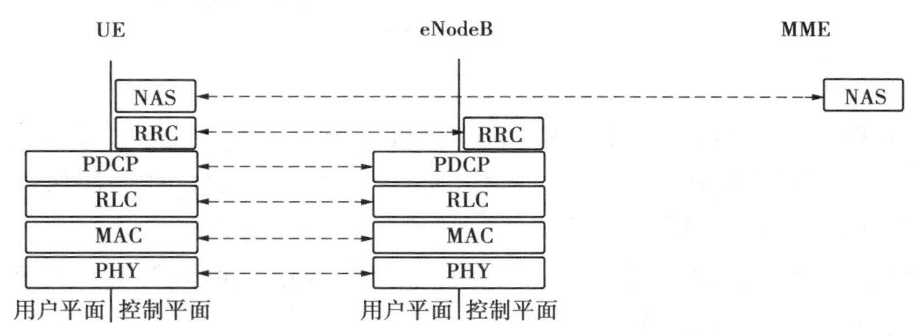

图 8.18　RAN 总体协议架构

LTE 无线接入网络针对根据其业务质量要求所映射的 IP 数据包提供了一个或多个无线承载，针对下行链路的 LTE（用户平面）协议架构的概述如图 8.19 所示。

无线接入网络的不同协议实体归纳如下：

✧分组数据汇聚协议（PDCP）进行 IP 包头压缩，以减少空中接口上传输的比特数量。头压缩机制基于稳健的头压缩（ROHC）算法，一种也应用于其他移动通信技术的标准化的包头压缩算法。PDCP 还负责控制平面的加密、传输数据的完整性保护，以及针对切换的按序发送和复本删除。在接收端，PDCP 协议执行相应的解密和解压缩操作。系统为一个终端的每个无线承载配置一个 PDCP 实体。

✧无线链路控制（PLC）负责分割凝联、重传控制、重复检测和序列传送到更上层。PLC 以无线承载的形式向 PDCP 提供服务。系统为一个终端的每个无线承载配置一个

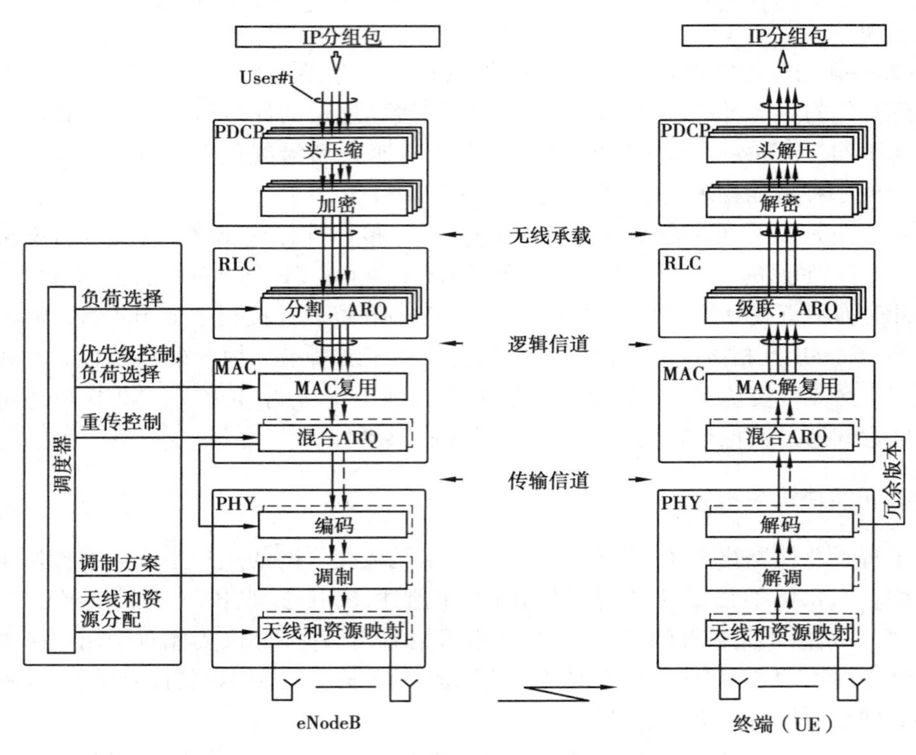

图 8.19　LTE 协议架构(下行链路)

PLC 实体。

✧媒体接入控制(MAC)控制逻辑信道的复用、混合 ARQ 重传、上行链路和下行链路的调度。对于上行链路和下行链路,调度功能位于基站。混合 ARQ 协议部分位于 MAC 协议的发射和接收结束。MAC 以控制信道的形式为 PLC 提供服务。

✧物理层(PRY)管理编码解码、调制解调、多天线的映射以及其他典型的物理层功能。物理层以传输信道形式为 MAC 层提供服务。

5.4G 移动通信的关键技术

1)4G 时代提出的新技术

(1)载波聚合

LTE 中支持的带宽是 20 Mbit/s,但是 LTE-Advanced 为了实现更高的峰值速率,需要最大可以支持 100 Mbit/s 的带宽。因此,LTE-Advanced 采用了载波聚合的方式。所谓载波聚合,其实就是一种资源的整合,不妨把它类比成单位捐款,现在需要捐款 1 万元,一个人要拿出这么多钱都比较困难,如果一人捐一点合到一起就解决了。LTE-Advanced 采取的正是这种模式。

在 LTE-Advanced 里，可以用载波聚合来实现连续/不连续频谱的资源整合。载波聚合的时候首先应该考虑将相邻的数个小频带整合为一个较大的频带，这样对于终端而言滤波器需要滤波的频段比较集中，不需要在一个很大的范围内去滤波，这样实现起来比较容易，如图 8.20 所示。如果相邻频段资源不够，那就要考虑去非相邻频段整合资源，在这么大跨度内整合资源有一个问题横亘在面前，那就是滤波器，如果这些频段之间间隔很大（很多频段相隔数百兆赫兹），那么对于滤波器而言就比较难实现。

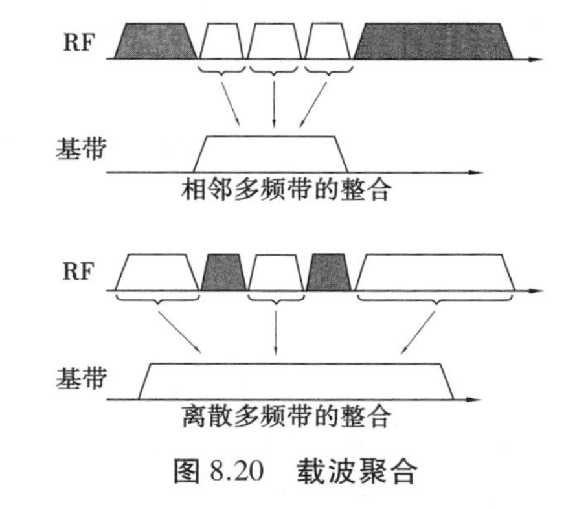

图 8.20　载波聚合

实现载波整合后，LTE 的终端可以接入其中一个载波单元（LTE 的最大带宽为20 Mbit/s，因此这个频谱资源块不超过 20 Mbit/s），而 LTE-Advanced 的终端可以接入多个载波单元，把这些载波单元聚合起来，实现更高的带宽。载波聚合的优点十分明显，LTE-Advanced可以沿用 LTE 的物理信道和调制编码方式，这样标准就不需要有太大的变化，从而实现从 LTE 到 LTE-Advanced 的平滑过渡。

（2）CoMP 传输技术

无线通信制式由于比较关注峰值速率，因此当终端在小区边缘的时候基站容易消耗更多的资源去克服衰落带来的影响。LTE 由于很多时候采取的是同频组网，所以小区间干扰比较大，由于小区间的干扰往往发生在小区边缘，属于多个基站的覆盖区域，靠单个基站的努力效果比较有限，因此需要多个基站的协作。

为了提高小区边缘的性能和系统吞吐量，改善高数据速率带来的干扰问题，LTE-Advanced引入了一种称为协同多点（COMP，Coordinated Multi-Point）传输的技术。

①基站间协同。用来进行协同多点传输技术的基站有两种，其中一种就是利用原来的 eNode B 来对用户一起传数据。这种方式会带来一个问题，就是用来进行协作传输的相邻 eNode B 之间需要敷设光纤，原来的相邻 eNode B 之间的 X2 接口是通过 Mesh 相连的，Mesh 是一种无线组网方式，大家只要理解为原来的 eNode B 之间是通过无线技术对接的即可，由于 Mesh 技术较复杂，在这里不展开讨论。既然是通过无线技术实现基站间互联的，那么大家也想象得到，其所能传输的数据量是有限的，其传输时延也是比较长的。基站之间很难实现数据业务之间的协同，而只能实现控制面的信令交流。

现在基站间通过 RoF（Radio-over-Fiber）光纤直接相连，光纤传输数据的能力大大高于无线的 Mesh 网络。因此，X2 接口可以从一个单纯的控制面接口扩展为一个用户面/控制面综合接口。

除了将现有基站的 X2 口采用光纤互联，扩大其传输能力，从而实现基站间协调传输以外，还有一种方式能实现多点协同通信，那就是采用分布式天线。

②分布式天线。它是一种从“小区分裂”角度来考虑的新型网络架构，其核心思想就是通过插入大量新的站点来拉近天线和用户之间的距离，实现“小区分裂”。这种方式听起来与图 8.21 所采用的方式类似，图 8.21 也是对小区进行分裂，共有 4 个基站。

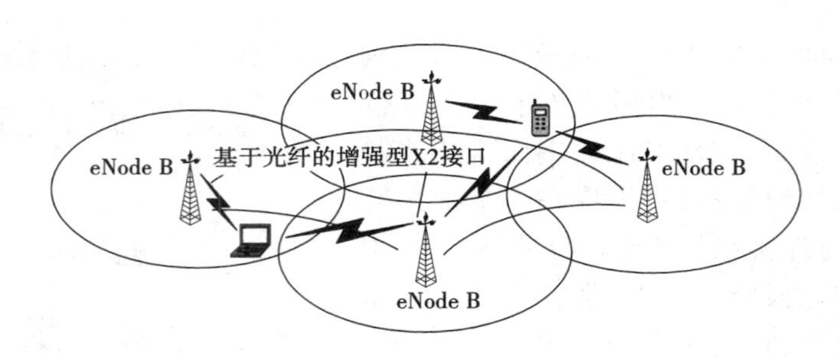

图 8.21　基于现有站点的协同传输

图 8.22 中分布式天线新增的天线站只包含射频模块，类似一个无线远端单元（Radio Remote Unit，RRU），而所有的基带处理仍集中在基站，形成集中的基带单元（Base Band Unit，BBU）。除了"主站点"，其他分站点不再有 BBU，这就是最根本的区别。而 BBU 生成的中频或者射频信号通过 RoF 光纤传送到各个天线站。不妨把天线站看成基站的多个扇区（因为这些站点本来就没有 BBU），既然是一个基站下的多个扇区，互相协同就非常容易。分布式系统的多站点协调如图 8.22 所示。

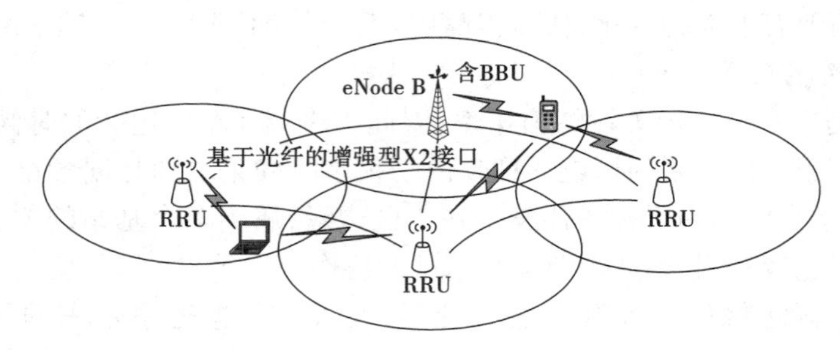

图 8.22　分布式系统的多站点协调

为了多站点协调工作，在 LTE-Advanced 中，CoMP 定义了两个集合，分别是协作集和报告集。协作集指的是直接和间接参与协作发送的节点集合；报告集指的是需要测量其与终端之间链路信道状态信息的小区的集合。LTE-Advanced 的 CoMP 中，传输物理下行控制信道的小区为服务小区，为了和 LTE 兼容，CoMP 中只有一个服务小区。

（3）中继（Relay）

所谓中继，就是基站不直接将信号发送给终端，而是先发给一个中继站（Relay Station，RS），然后再由中继站发送给终端的技术，如图 8.23 所示。

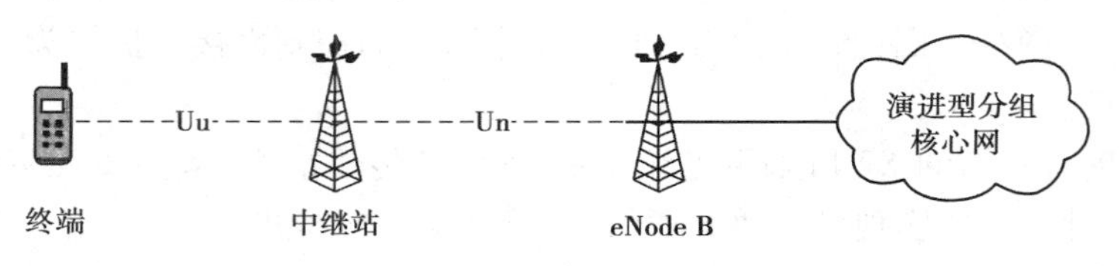

图 8.23　中继

中继通过 Un 接口连接到 eNode B，同时通过 Uu 接口连接到终端，中继相当于在 eNode B 之间扮演了一个"二传手"的角色。请注意，Un 接口也即 eNode B 和中继站的接

口，采取的是无线传输方式，这是与 RRU 光纤拉远方式的一个重要区别。

中继是 LTE-Advanced 采取的一项重要技术，一方面，LTE-Advanced 系统提出了很高的系统容量要求；另一方面，可供获得大容量的大带宽频谱可能只能在较高频段获得，而这样高的频段的路径损耗和穿透损耗都比较大，很难实现好的覆盖。比如在图 8.24 所示的场景中，基站的信号到笔记本电脑终端所在区域衰耗已经比较大，那我们就可以在这之间加一个中继，将接收信号再放大一次，由于中继可以灵活选择位置，因此可以实现对终端的较好覆盖。

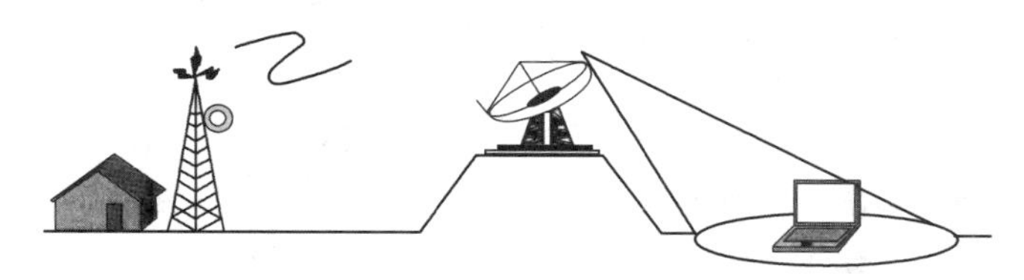

图 8.24　中继应用场景

(4) femto

我们知道，无论运营商的网络覆盖有多好，要照顾到每一个家庭几乎是一个不可能完成的任务，因为电磁波的传播实在太难以控制，而城市的建筑物也是在不断拔地而起，每一栋大楼的建起都会改变周边的电磁环境，要指望基站都能随之改变，实在是一件很困难的事情。或许是在家庭里开始广泛应用的 WiFi 无线路由器给了 3GPP 启示。既然有互联网的地方，就可以有 WiFi(用无线路由器把有线宽带信号转成 WiFi 信号)，那么有互联网的地方，是不是都可以有 LTE 信号呢?

3GPP 对这种想法很感兴趣，因为 LTE-Advanced 需要很高的带宽，这意味着很多时候需要运行在高频段，因为只有高频段才有丰富的频谱资源。但是高频段在室内的信号质量不好。于是，3GPP 开始推动制定家庭基站的标准的工作，由于 LTE 是全 IP 化的网络，因此家庭基站可以通过 IP 网络来实现信号的回传，而现在的互联网也是基于 IP 的，这就意味着家庭基站可以利用家庭的宽带来把手机信号回传到运营商的机房(如图 8.25 所示)，这实在是非常便捷。

图 8.25　家庭基站的梦想

家庭基站产品的大小跟一个 WiFi 路由器差不多，发射功率为 10～100 mW，称为“fem-

图 8.26　家庭基站

tocell”，所谓 femto，在英文里的意思是千万亿分之一，也就说明它是一个很小很小的基站，在国内也通常把它称为“飞蜂窝”，现在 femto 已经不仅仅在 LTE-Advanced 上采用，在 UMTS 上也开始广泛使用，图8.26就是一个 UMTS 的 femto。

家庭基站采用了傻瓜式的操作方法，数据的配置、参数的优化都由它自己完成，如图 8.27 所示。

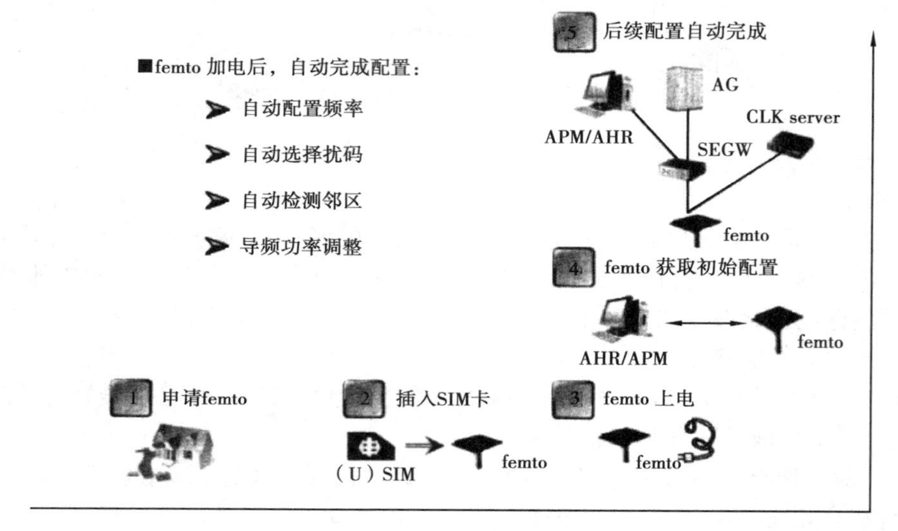

图 8.27　傻瓜式的 femto 基站操作

femto 的网络结构如图 8.28 所示。

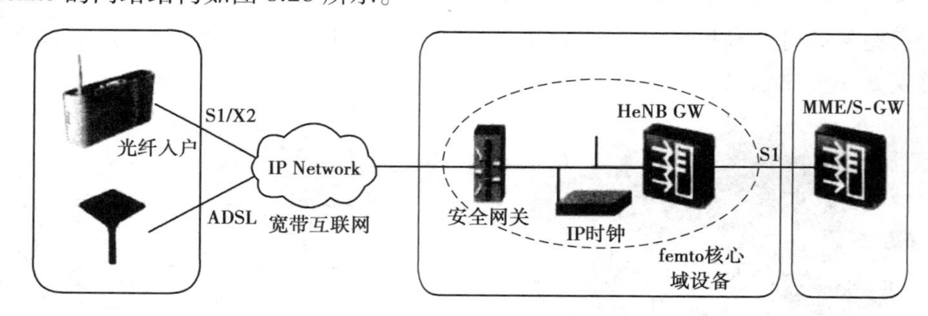

图 8.28　femto 网络结构

(5) SON 网络

移动网络技术发展迅速，从 2G 到 3G 再到 LTE，在带来更高的数据吞吐率以及网络响应速度的同时，由于 LTE-Advanced 信号处于高频段，相比 2G、3G 信号具有更高的路损和穿透损耗，为保证良好的无线覆盖质量，无线小区数量将比以前更多，尤其是家庭基站(femto)大量使用以后，网络将变得更加庞大。

此外,一家运营商同时运营多代无线网络也对运营成本构成了极大的压力。怎样来降低网络的运营成本,成了 LTE-Advanced 时代必须面对和解决的问题。

在一般人模糊的印象里,可能以为资本性支出或者说建设成本(CAPEX)是运营商最大的支出,实际上,运营成本(OPEX)在当前运营商总成本中的占比已达到 60%,而其中维护和能耗成本又占到运营成本的 60%,所以尽力降低维护成本,对于运营商而言是一件非常重要的事情。在 LTE-Advanced 时代,由于站点数量的大量增加,如果还要采取当前这种纯人工维护的方式,成本会更加高昂。

除了网络运营成本的挑战,由于宽带无线接入的爆发式增长使得运维和网络复杂度明显提高。传统的以人工经验为主的组网及网络优化实时性差,调整力度小,出错概率大且人工要求高,将无法适应上述变化。与此同时,从 3G 开始,移动运营商的工作重心就逐步从网络基础设施运维转向网络业务和应用的开发及商业模式的推广,以博取竞争优势及商业收益。因此,如果高效的网络运维主要能由网络自身来实现,将可以帮助运营商减少相关投入,将更多的资金和精力投入到市场竞争中去。

基于这样的背景,3GPP 开始研究自组织网络(Self-Organizing Network,SON),并将其引入 LTE 和 LTE-Advanced 中。这种网络包含 4 个特点,即网络自配置、网络自优化、网络自愈和网络节能。

- 网络自配置

如果大家装过 Windows 系统,相信对此深有感触。以前装 Windows 的时候,每一步都需要人工操作,填写某些相关数据,非常麻烦,后来有了一个 Ghost 盘,把盘插进光驱,只需要一键就能搞定。传统的基站配置需要人工一步步执行,非常复杂,要配置大量数据,比如传输配置、邻区设置、容量和硬件配置等。而 SON 网络可以把这一切工作都集成到网管上,现场只需要配置极少量数据,其他参数都自动从网管上下载,就如 Ghost 安装盘一般简单方便。

- 网络自优化

网络变得越来越庞大和越来越复杂之后,网络能够自动优化就变得非常重要。对于网络自动优化而言,最重要的又是邻区的自动优化。有过维护和优化经验的人都知道,在网络建设和优化的过程中,一个比较耗费人力的工作就是处理邻区关系。在部署了 LTE-Advanced 网络,尤其是部署了家庭型基站 femto 以后,网络会更庞大,邻区关系的优化就会变得更加复杂。由于 LTE-Advanced 无线网络的庞大规模,手动维护邻区关系是一个十分巨大的工程,邻区关系自动优化的需求将极为迫切。对于 SON 来说,自动邻区关系 ANR(Automatic Neighbor Relation)是最重要的功能之一。ANR 必须支持来自不同厂商的网络设备,因此 ANR 是 SON 功能中最早在 3GPP 组织内得以实施标准化的功能之一。当建立一个新的 eNode B 或者优化邻区列表时,ANR 将会大大减少邻区关系的手动处理,从而能够提高成功切换的数量并且降低由于缺少邻区关系而产生的掉话。降低掉话这一点非常重要,因为掉话是用户最糟糕的通信体验之一,也是 KPI 考核中一项重要的指标。

在 LTE-Advanced,不再通过网管来配置邻区,而是通过终端来自动进行 ANR 的维护,这一点非常特殊。因为 LTE-Advanced 的终端不再需要邻区列表,而是通过终端上报的测量报告来获得邻小区的情况。我们通过图 8.29 和图 8.30 来比较传统的邻区维护方式和 LTE-Advanced 中的自动邻区关系维护方式。

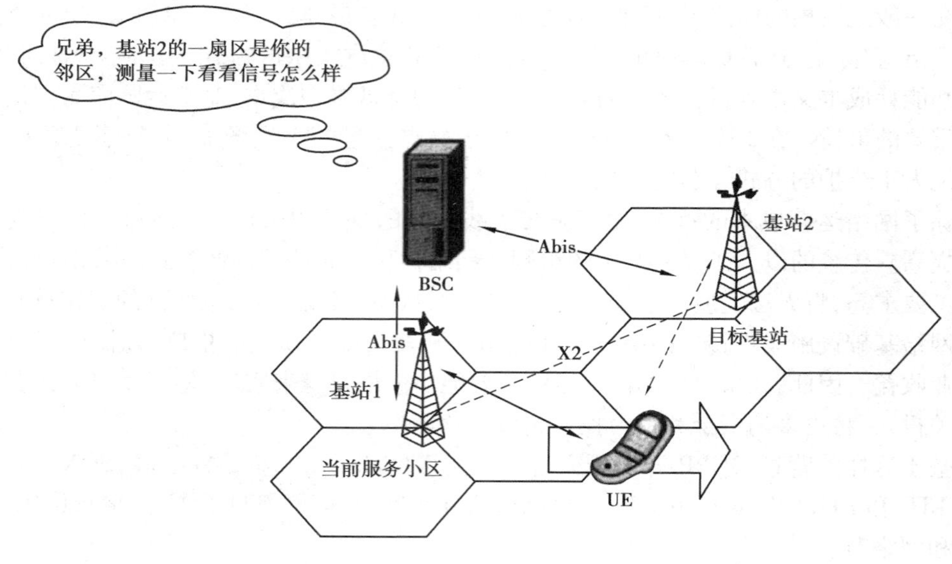

图 8.29 传统的邻区方式

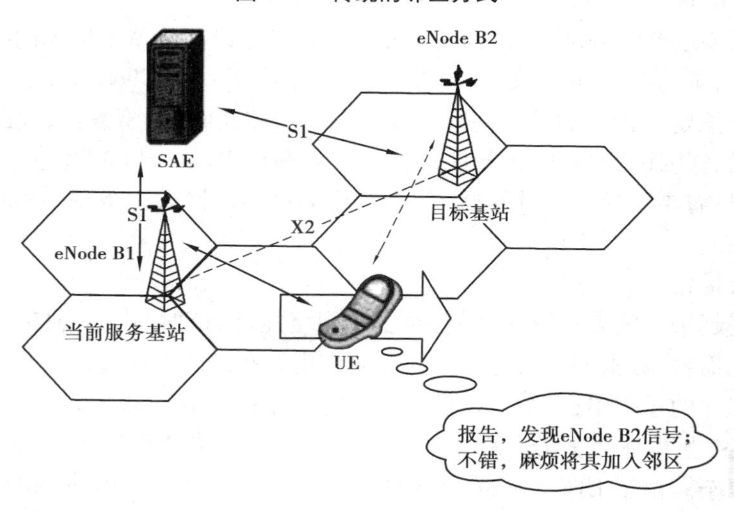

图 8.30 LTE-Advanced 中的 ANR

• 网络自愈

网络自愈指的是网络自身应能够感知、识别、定位并关联告警，并启动自愈机制消除相应的故障，恢复正常工作状态。

• 网络节能

一个传统无线网络的 OPEX（运营支出）中能源消耗占到 30%～40%，是最大的开销项目。而根据测算，这其中 90%的能源消耗都发生在网络没有数据传输的状态下，节能潜力巨大。所谓网络节能，其主要的节能手段就是根据具体网络负荷变化控制无线资源的开闭，在

满足用户使用的同时尽量避免网络资源的空转。通俗一点说，就是通过判断负荷的高低来决定开启资源的多少，比如在GSM里面，现网某小区有4个载波，如果打电话的用户多，可能4个载波都开启，如果打电话的用户少，就关闭2~3个载波，从而达到节能的目的。

SON网络通过自配置、ANR、自愈合、节能等多种方式降低了运营成本，对于运营商而言非常重要。

2)4G移动通信继承的关键技术

(1)OFDM(正交频分复用)技术

OFDM(正交频分复用)是一种无线环境下的高速传输技术，其主要思想就是在频域内将给定信道分成许多正交子信道，在每个子信道上使用一个子载波进行调制，各子载波并行传输。

尽管总的信道是非平坦的，即具有频率选择性，但是每个子信道是相对平坦的，在每个子信道上进行的是窄带传输，信号带宽小于信道的相应带宽。OFDM技术的优点是可以消除或减小信号波形间的干扰，对多径衰落和多普勒频移不敏感，提高了频谱利用率，可实现低成本的单波段接收机。OFDM的主要缺点是功率效率不高。

移动通信业务将从话音扩展到数据、图像、视频等多媒体业务，因此，对服务质量和传输速率的要求越来越高。这对移动通信系统的性能提出了更高的要求。因此，必须采用先进的技术有效地利用宝贵的频率资源，以满足高速率、大容量的业务需求；同时克服高速数据在无线信道下的多径衰落，降低噪声和多径干扰，达到改善系统性能的目的。在各类无线通信系统中，ISI(符号间干扰)一直是影响通信质量的重要因素。目前许多移动通信系统采用自适应均衡器来解决这一问题。但是用户数越多、多径越严重，均衡器的抽头数就越多，这对硬件的处理速度提出了很高的要求，并将大大提高设备的复杂程度和成本。因此，当同样能够有效对抗ISI的OFDM技术推出时，就因其频谱利用率高、抗多径衰落性能好、成本低而被普遍看好。

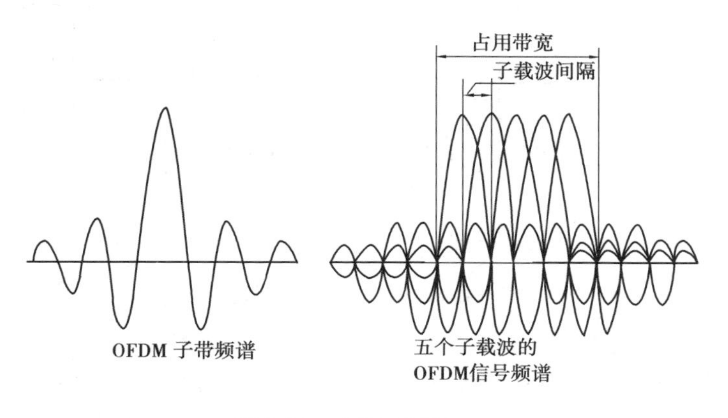

图8.31　OFDM频谱

图 8.32 所示是 OFDM 的原理图。

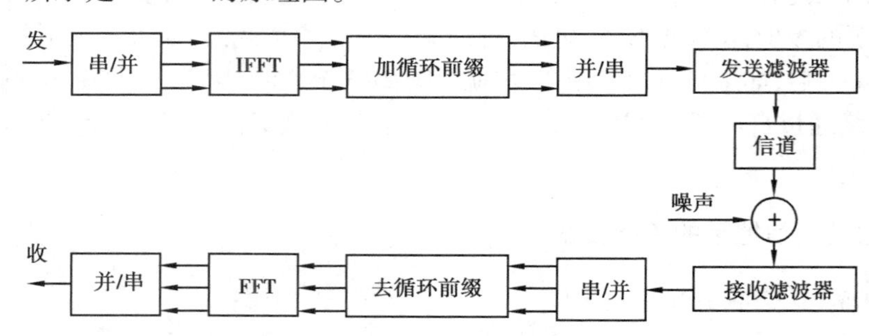

图 8.32 OFDM 原理框图

(2)MIMO 技术

MIMO(多输入多输出)技术是指利用多发射、多接收天线进行空间分集的技术,它采用的是分立式多天线,能够有效地将通信链路分解成为许多并行的子信道,从而大大提高容量。信息论已经证明,当不同的接收天线和不同的发射天线之间互不相关时,MIMO 系统能够很好地提高系统的抗衰落和噪声性能,从而获得巨大的容量。例如:当接收天线和发送天线数目都为 8 根,且平均信噪比为 20 dB 时,链路容量可以高达 42 bps/Hz,这是单天线系统所能达到容量的 40 多倍。因此,在功率带宽受限的无线信道中,MIMO 技术能够实现高数据速率、提高系统容量、提高传输质量。在无线频谱资源相对匮乏的今天,MIMO 系统已经体现出其优越性,也会在 4G 移动通信系统中继续应用。MIMO 的原理如图 8.33 所示。

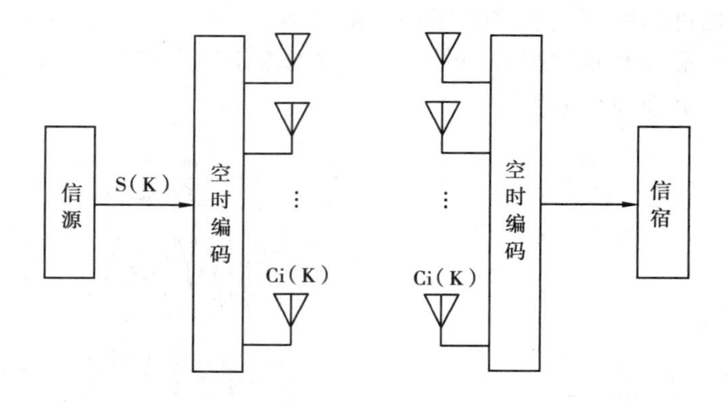

图 8.33 MIMO 原理框图

(3)调制与编码技术

4G 移动通信系统采用新的调制技术,如多载波正交频分复用调制技术以及单载波自适应均衡技术等调制方式,以保证频谱利用率和延长用户终端电池的寿命。4G 移动通信系统采用更高级的信道编码方案(如 Turbo 码、级连码和 LDPC 等)、自动重发请求(ARQ)技术和分集接收技术等,从而在低 Eb/N0 条件下保证系统足够的性能。

（4）高性能的接收机

4G 移动通信系统对接收机提出了很高的要求。Shannon 定理给出了在带宽为 BW 的信道中实现容量为 C 的可靠传输所需要的最小 SNR。按照 Shannon 定理，可以计算出，对于 3G 系统如果信道带宽为 5 MHz，数据速率为 2 Mbit/s，所需的 SNR 为 1.2 dB；而对于 4G 系统，要在 5 MHz 的带宽上传输速率为 20 Mbit/s 的数据，则所需要的 SNR 为 12 dB。可见对于 4G 系统，由于速率很高，对接收机的性能要求也要高得多。

（5）智能天线技术

智能天线具有抑制信号干扰、自动跟踪以及数字波束调节等智能功能，被认为是未来移动通信的关键技术。智能天线应用数字信号处理技术，产生空间定向波束，使天线主波束对准用户信号到达方向，旁瓣或零陷对准干扰信号到达方向，达到充分利用移动用户信号并消除或抑制干扰信号的目的。这种技术既能改善信号质量又能增加传输容量。

（6）软件无线电技术

目前移动通信的多种标准并存、新标准不断演进，不同标准采用不同的工作频段、不同的编码调制方式、不同的多址方式、不同的业务速率等，造成系统间难以兼容，给移动用户的漫游带来很大的限制，也给运营商的网络升级和演进增加了投资。而软件无线电是一种最有希望解决这些问题的技术。

软件无线电的基本思路是研制出一种基本的可编程硬件平台，只要在这个硬件平台上改变相应软件即可形成不同标准的通信设施，如不同技术标准的基站和终端等。换言之，不同系统标准的基站和移动终端都可以由建立在相同硬件基础上的不同软件来实现，这样无线通信新体制、新系统、新产品的研制开发将逐步由硬件为主转变为以软件为主。软件无线电的关键思想是尽可能在靠近天线的部位（中频，甚至射频），进行宽带 A/D 和 D/A 变换，然后用高速数字信号处理器（DSP）进行软件处理，以实现尽可能多的无线通信功能。

（7）基于 IP 的核心网

移动通信系统的核心网是一个基于全 IP 的网络，同已有的移动网络相比具有根本性的优点，即可以实现不同网络间的无缝互联。核心网独立于各种具体的无线接入方案，能提供端到端的 IP 业务，能同已有的核心网和 PSTN 兼容。核心网具有开放的结构，能允许各种空中接口接入核心网；同时核心网能把业务、控制和传输等分开。采用 IP 后，所采用的无线接入方式和协议与核心网络（CN）协议、链路层是分离独立的。IP 与多种无线接入协议相兼容，因此在设计核心网络时具有很大的灵活性，不需要考虑无线接入究竟采用何种方式和协议。

（8）多用户检测技术

多用户检测是宽带通信系统中抗干扰的关键技术。在实际的 CDMA 通信系统中，各个用户信号之间存在一定的相关性，这就是多址干扰存在的根源。由个别用户产生的多址干扰固然很小，可是随着用户数的增加或信号功率的增大，多址干扰就成为宽带 CDMA 通信系统的一个主要干扰。传统的检测技术完全按照经典直接序列扩频理论对每个用户的信号分别进行扩频码匹配处理，因而抗多址干扰能力较差；多用户检测技术在传统检测技术的基础上,充分利用造成多址干扰的所有用户信号信息对单个用户的信号进行检测,从而具有优良的抗干扰性能,解决了远近效应问题,降低了系统对功率控制精度的要求,因此可以更加有效地利用链路频谱资源,显著提高系统容量。随着多用户检测技术的不断发展,各种高性能且不是特别复杂的多用户检测器算法不断提出,在 4G 实际系统中采用多用户检测技术将是切实可行的。

任务 4 认识 5G 移动通信系统

1.5G 移动通信概述

第五代移动通信技术(5th Generation Wireless Systems)即 5G 是继 2G、3G 和 4G 系统之后的最新一代蜂窝移动通信技术。从某些方面来看,5G 不仅仅是 4G 的扩展,它让万物之间的连接交互及使用数千亿设备的海量数据成为可能。4G 的普及与应用为移动互联网的发展打开了大门,伴随着消费电子产品的进步与发展,移动通信技术正时刻改变着人们的生活,同时也刺激着移动通信需求的进一步发展。5G 作为面向 2020 年及以后的移动通信系统,其应用将深入到社会的各个领域,作为基础设施为未来社会提供全方位的服务,促进各行各业的转型与升级。

为此,5G 将提供与光纤相近的接入速度,“零”时延的使用体验,使信息突破时空限制,为用户即时呈现;5G 将提供千亿设备的连接能力,极佳的交互体验,实现人与万物的智能互联;5G 将提供超高流量密度、超高移动性支持,让用户随时随地获得一致的性能体验;同时,超过百倍的能效提升和比特成本降低,也将保证产业的可持续发展。超高速率、超低时延、超高移动性、超强连接能力、超高流量密度,加上能效和成本超百倍改善,5G 最终将实现“信息随心至,万物触手及”的愿景。

2.5G 移动通信的标准

1)5G 标准规划

2017 年 12 月,行业标准组 3GPP 发布了 R15 非独立组网的标准、5G 核心网架构和业务流程标准,重点增强支持移动宽带业务,支持 5G 基站与 4G 基站或 4G 核心网连接,用户通过 4G 基站接入网络后,5G 新空口和 4G 空口为其提供数据服务,4G 负责移动性管理等控制功能。2018 年 6 月,3GPP 发布了第一个 5G 独立组网标准,5G 基站直接连接 5G 核心网,支持增强移动宽带和基础低时延高可靠业务,基于全服务化架构的 5G 核心网,5G 系统能提供网络切片、边缘计算等新应用。2018 年 12 月,3GPP 发布了 R15 第三个子阶段的标准,完成更多组网架构,支持 4G 基站接入 5G 核心网,以快速提供网络切片、边缘计算等业务能力,较之前两个子版本在一定程度上对性能、部署周期和成本等进行了折中。此外,3GPP 于 2019 年年底发布 R16 标准,R16 标准在 R15 的基础上,进一步增强网络支持移动宽带的能力和效率,同时扩展支持更多物联网场景。

2)技术标准

国际电信联盟将 5G 网络服务分为 3 类:增强型移动宽带(eMBB)(手机)、超可靠的低延迟通信(URLLC)(包括工业应用和自动驾驶汽车)和大规模机器类型通信(MMTC)(传感器)。

IEEE 涵盖了 5G 的几个领域,核心重点是远程无线电头端(RRH)和基带单元(BBU)之间的有线部分。

NGFI-I 和 NGFI-II 已经定义了性能值,应该对其进行编译以确保能够承载由 ITU 定义的不同业务类型。1914.3 标准正在创建一种新的以太网帧格式,能够以更有效的方式传输 IQ 数据,具体取决于所使用的功能。正在更新 IEEE 组内的多个网络同步标准,以确保 RU 处的网络定时准确性保持在其上承载的业务所需的水平。

3)技术规范

下一代移动网络联盟定义了 5G 网络的以下要求:

➢ 以 10 Gbps 的数据传输速率支持数万用户;
➢ 以 1 Gbps 的数据传输速率同时提供给在同一栋楼中办公的许多人员;
➢ 支持数十万的并发连接用于支持大规模传感器网络的部署;
➢ 频谱效率应当比 4G 显著增强;
➢ 覆盖率比 4G 有所提高;
➢ 信令效率应得到加强;
➢ 延迟应显著低于 LTE。

4)5G 新空口技术

5G 新空口(New Radio,NR)具有大带宽、低时延、灵活配置的特点,满足多样业务需求,同时易于扩展支持新业务。

在波形和多址方面,NR 仍采用正交频分多址(OFMA)作为上行和下行基础多址方案,考虑到上行覆盖问题,上行还支持单载波方案 DFT-S-OFDMA,此时,仅支持单流传输。相比于 LTE 系统 90%的频谱利用率,NR 支持更高的频谱利用、更陡的频谱模板,并通过基于实现的新波形方案避免频带之间的干扰。

NR 支持更大带宽。针对 6 GHz 以下的频谱,5G 新空口支持最大 100 MHz 的基础带宽;针对 20~50 GHz 频谱,5G 新空口支持最大 400 MHz 的基础带宽,相对于 LTE 最大 20 MHz 的基础带宽,5G 能更有效地利用频谱资源,支持增强移动宽带业务。此外,5G 新空口采用部分带宽设计,灵活支持多种终端带宽,以支持非连续载波,降低终端功耗,适应多种业务需求。

NR 支持灵活参数集,以满足多样带宽需求。NR 以 15 kHz 子载波间隔为基础,可根据 15×2u 灵活扩展,其中 u＝0、1、2、3、4。也就是说 NR 支持 15 kHz、30 kHz、60 kHz、120 kHz、240 kHz 5 种子载波间隔,其中子载波 15 kHz、30 kHz、60 kHz 适用于低于 6 GHz 的频谱,子载波 60 kHz、120 kHz、240 kHz 适用于高于 6 GHz 的频谱。新空口定义子帧长度固定为 1 ms,每个时隙固定包含 14 个符号,因而对于不同子载波间隔,每个时隙长度不同,分别为 1 ms、0.5 ms、0.25 ms、0.125 ms 和 0.062 5 ms。

NR 支持灵活帧结构,定义大量时隙格式,满足各种时延需求。LTE 定义了 7 种帧结构、11 种特殊子帧格式,NR 定义了 56 种时隙格式,并可以基于符号灵活定义帧结构。LTE 帧结构以准静态配置为主,高层配置了某种帧结构后,网络在一段时间内采用该帧结构,帧结构周期为 5 ms 和 10 ms,在特定场景下,也可以支持物理层的快速帧结构调整;NR 从一开始设计就支持准静态配置和快速配置,支持更多周期配置,如 0.5 ms、0.625 ms、1 ms、1.25 ms、2 ms、2.5 ms、5 ms、10 ms,此外,时隙中的符号可以配置上行、下行或灵活符号,其中灵活符号可以通过物理层信令配置为下行或上行符号,以灵活支持突发业务。

NR 支持更大数据分组的有效传输和接收,提升控制信道性能。增强移动宽带业务的大数据分组对编码方案的编译码的复杂度和处理时延提出了挑战,LPDC 在处理大数据分组和高码率方面有性能优势,成为 NR 的数据信道编码方案。对于控制信道,顽健性是最重要的技术指标,极化码 Polar 在短数据分组方面有更好的表现,成为 NR 的控制信道编码方案。

NR 支持基于波束的系统设计,提供更灵活的网络部署手段。LTE 中同步、接入采用广播传输模式,数据信道支持波束成形传输模式。为了实现同步、接入和数据传输 3 个阶段的匹配,NR 中同步、接入、控制信道、数据信道均基于波束传输,并支持基于波束的测量和移动性管理,以同步为例,NR 支持多个同步信号块,SSB 可以指向不同的区域,如楼宇的高层、中层和地面,为网络规划提供更多可调手段。

NR 支持数字和混合波束成形。低频 NR 主要采用传统的数字波束成形,针对高频 NR,既需要补偿路损,又需要合理的天线成本,因而 NR 引入模拟+数字的混合波束成形。NR 下行支持最大 32 端口的天线配置,上行支持最大 4 端口的天线配置;在具体 MIMO 传输能力方面,下行单用户最大支持 8 流,最大支持 12 个正交多用户,上行单用户最大支持 4 流。另外,与 LTE 定义了多种传输模式不同,NR 目前定义了一种传输模式,即基于专用导频的预编码传输模式。此外,相比于 LTE,5G 新空口定义更多导频格式(如 Front-Loaded 和支持高速移动的额外 DMRS),以支持更多天线阵列模式和部署场景。

NR 实现传输资源和传输时间的灵活可配。支持多种资源块颗粒度,如基于时隙、部分时隙、多个时隙的力度,以满足不同业务需求。支持可配置的新数据分组传输和重传时序,在满足灵活帧结构的同时,满足低时延需求。

NR 高层协议大量重用了 LTE 设计。

在控制面,NR 与 LTE 有三大主要差异。相比于 LTE,NR 新增了 RRC inactive 状态,该状态下,终端、基站和核心网部分保留 RRC 和 NAS 上下文,这样可以快速进入 Connected 状态,在省电的同时,降低连接时延、减少信令开销和功耗,以适应未来各种物联网场景。在 LTE 和 NR 双连接架构中,扩展了 NR 的 RRC 协议,新增支持 RRC 分集模式,即辅小区复制主小区的 RRC 信息,并通过主小区和辅小区同时向终端发送 RRC 信息,从而提升手机接收 RRC 消息的成功率和可靠性。此外,LTE 仅支持广播发送系统信息,NR 系统信息支持基于请求和广播两种方式,以降低网络广播开销,并提升系统前向兼容性,扩展资源承载类型。

相比于 LTE,NR 增强协议栈功能和性能。NR 支持 6 种承载类型,以提升接入网的组网灵活度。为了提高数据可靠性,5G 核心网支持基于 IP 流的 QoS 控制,实现更灵活和更精细的 QoS 控制,为了实现端到端 QoS,NR 新增 SDAP 层,执行 IP 流和无线承载间映射。

此外,NR 提供更灵活的接入网架构。除了支持与 LTE 相同的接入网架构,5G 支持中心单元/分布单元(CU/DU)分离的接入网架构,其中 CU 为集中控制,DU 为灵活部署。

5)5G 核心网架构与接口

为支持差异化的 5G 应用场景和云化部署方式,5G 采用全新的基于服务化系统架构,如图 8.34 所示。系统架构中的元素被定义为一些由服务组成的网络功能,这些功能可以被部署在任何合适的地方,通过统一框架的接口为任何许可的网络功能提供服务。这种架构模式采用模块化、可重用性和自包含原则来构建网络功能,使得运营商部署网络时能充分利用最新的虚拟化技术和软件技术,以细粒度的方式更新网络的任一服务组件,或将不同的服务组件聚合起来构建服务切片。显示了服务化架构的设计原则,同时 Stage2 规范还提供了基于参考点的系统架构,其更注重描述实现系统功能时网络功能间的交互关系。

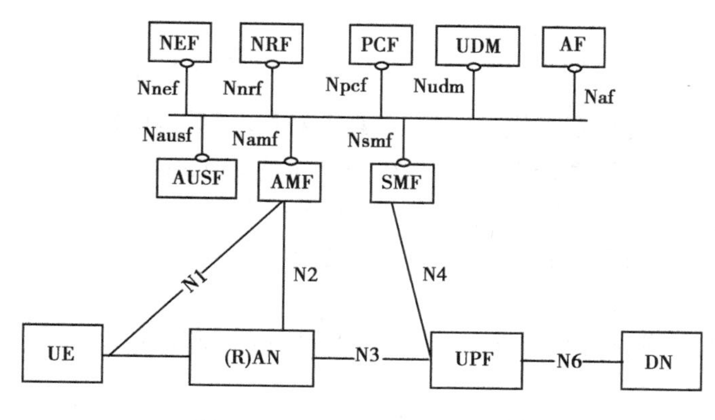

图 8.34 基于服务化系统架构

3.5G 移动通信的优点

1)速度快

5G 在理论速度上高达 20 Gbps,其数据速率比 4G 和 4GLTE 高出几个数量级。企业能够实现的实际速度则取决于多种因素,其中包括与通信塔台的接近程度、通信运营商本身的技术复杂程度,以及网络组件是否已设计为支持千兆位性能。

2)低延迟

延迟是将消息从发送方传递到接收方所需的时间。低通信延迟也是5G的一大优势。较低的延迟可以帮助5G移动网络实现多人移动游戏、自动驾驶以及远程医疗等其他需要快速响应的任务。根据一些试验,5G显著减少了网络设备响应命令所需的时间(通常少于5毫秒)。无论处于何种位置,应用程序和服务都将以相同的方式工作,从而消除了影响实时通信的延迟。

3)容量大

5G支持同时连接比4G多得多的设备,据估计甚至高达100倍。因此,企业不再需要将其蜂窝和Wi-Fi无线策略作为一项或多项提议进行评估。借助5G,企业可以根据需要在蜂窝和Wi-Fi连接之间进行切换,而不必担心性能会受到影响,或移动宽带的可访问性会受到限制。

4)移动性好

用户在500千米/时的移动速度下,仍能良好地连接5G网络。

4.5G 移动通信的网络结构

1)移动通信网络

移动通信网络主要包括无线接入网、承载网和核心网三部分。

无线接入网负责将终端接入通信网络,对应于终端和基站部分;核心网主要起运营支撑作用,负责处理终端用户的移动管理、会话管理以及服务管理等,位于基站和因特网之间;承载网主要负责数据传输,介于无线接入网和核心网之间,是为无线接入网和核心网提供网络连接的基础网络。

无线接入网、承载网和核心网分工协作,共同构成了移动通信的管道。移动通信网络整体架构如图8.35所示。

无线接入网侧,基站作为提供无线覆盖,连接无线终端和核心网的关键设备,是5G网络的核心设备,相比于主要由BBU基带处理单元、RRU射频拉远单元、馈线和天线构成的4G基站,5G基站BBU功能被重构为CU和DU两个功能实体,RRU与天线合并为AAU实体。

BBU拆分为CU和DU,使得无线接入网网元从4G时代的BBU+RRU两级结构演进到CU+DU+AAU 3级结构,相应的无线接入网架构也从包含前传(BBU和RRU之间的网络)和回传(BBU和核心网之间的网络)的两级架构变为5G时代包含前传(DU和RRU/AAU之间的网络)、中传(CU和DU之间的网络)和回传(CU和核心网之间的网络)的3

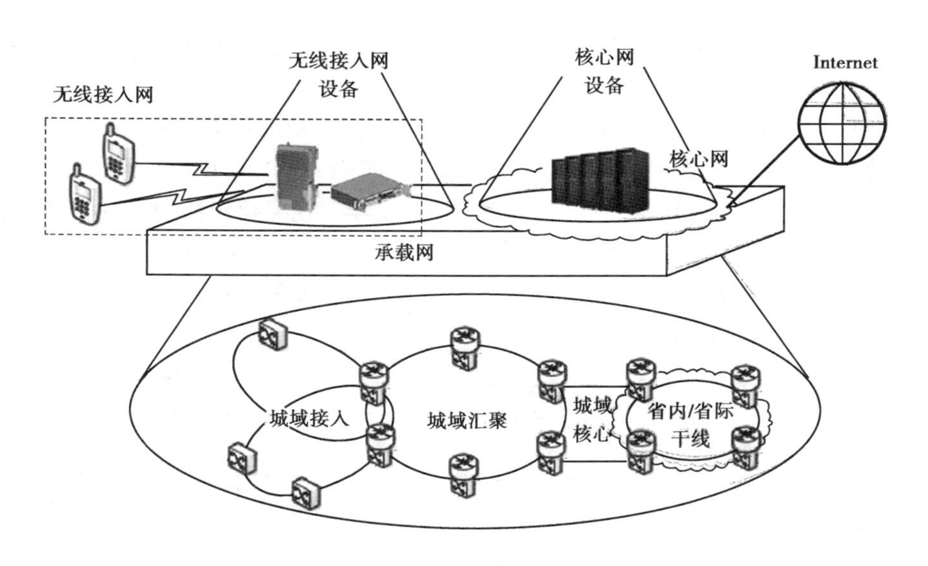

图 8.35　移动通信网络整体架构

级架构，DU 以星型方式连接多个 AAU，CU 以星型方式连接多个 DU。NSA 组网中，5G 基站之间通过 X2 接口传输数据，如图 8.36 所示。

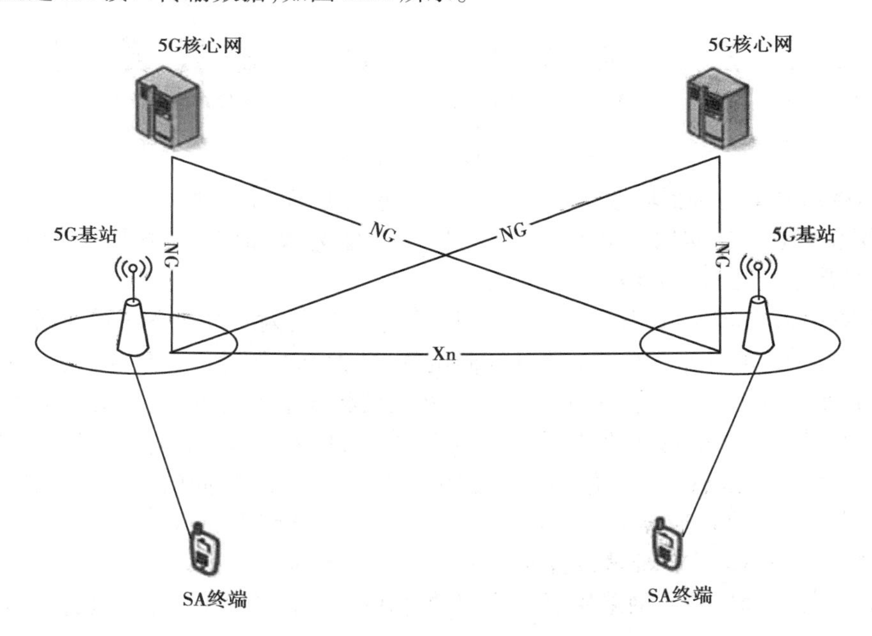

图 8.36　5G 基站之间通过 X2 接口传输数据

新的无线接入网架构意味着 5G 基站将具备多种部署形态，总体看主要有 DRAN（分布式部署）和 CRAN（集中式部署）两种场景，其中 CRAN 又细分为 CRAN 小集中和 CRAN 大集中两种部署模式。

DRAN 是传统模式，CU 与 DU 合一，AAU 共站址部署，结构与 4G 类似，可利用现有的机房及配套设备,光纤资源需求低,是5G无线接入网在建设初期快速部署时主要采用的部署模式。

CRAN的两种模式中,CU和DU均部署在不同站点,AAU按需拉远,需要额外敷设光缆,CU云化部署,两种模式的不同点在于,CRAN小集中模式下,DU按需部署在不同机房,CRAN大集中模式下,DU池化部署在同一机房,在5G规模建设阶段,CRAN模式可以大幅减少基站机房数量,节省机房建设/租赁成本,采用虚拟化技术实现资源共享和动态调度,便于提高跨基站协同效率,将成为5G无线接入的主要部署模式。

无线接入网部署模式如图8.37所示。

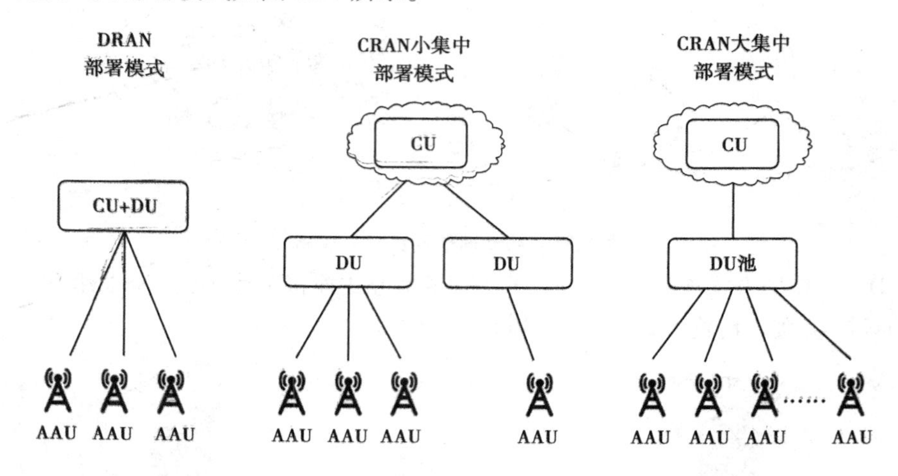

图8.37　无线接入网部署模式

5G承载组网架构包括城域与省内/省际干线两个层面,其中城域内组网按逻辑包括接入、汇聚和核心3层架构。接入层通常为环形组网,汇聚和核心层根据光纤资源情况,可以分为环形组网与双上联组网两种类型。

5G基站引入了CU/DU分离,提高了组网的灵活性,针对不同业务场景和网络发展的不同阶段,CU/DU可以部署在承载网的不同位置,其中DU部署位置和4G的BBU类似,一般部署在承载网的接入层机房,CU可以部署在承载网接入层机房、汇聚层机房或者核心层机房,随着部署层次越高,回传接口的带宽越大,CU容量越大,可连接的DU越多,系统可获得的资源池化增益越大,但同时传输距离越远,CU与DU间的传输时延越大,对于uRLLC等时延敏感的业务场景,需要将CU尽量下沉并靠近DU部署。

承载网架构和CU/DU部署位置如图8.38所示。

根据5G标准,5G核心网采用服务化架构(SBA)设计,虚拟化方式实现,控制面和用户面彻底分离。

控制面采用逻辑集中的方式实现统一的策略控制,保证灵活的移动流量调度和连接管理,用户面将专注于业务数据的路由转发,具有简单、稳定和高性能等特性,便于灵活部署以支持未来高带宽、低时延业务场景需求。

对于5G核心网部署方式,控制面网元主要集中部署在承载网的省级核心或区域核心,用户面将采用根据业务特点切片部署的方式,根据不同类型业务的功能、性能等进行

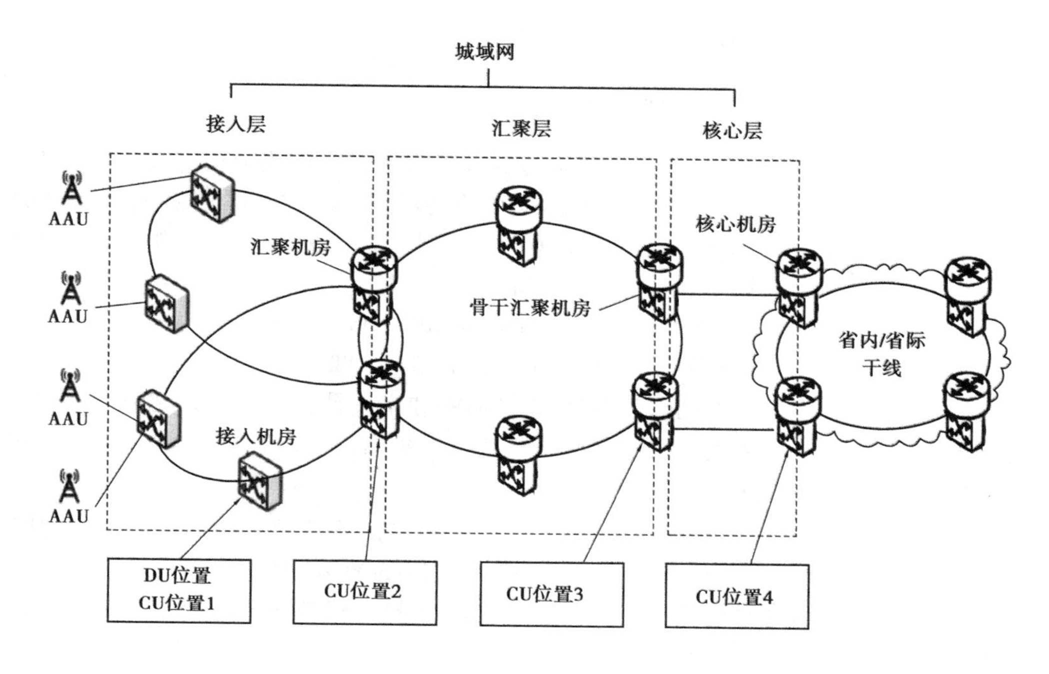

图 8.38 承载网架构和 CU/DU 部署位置

网络切片,并分别进行部署,不同切片部署在网络的不同层级。

从无线接入网与核心网的关系角度看,考虑到 4G 向 5G 的平滑过渡,5G 架构分为独立组网方式(SA)和非独立组网方式(NSA),这两大类又有多种具体的无线网与核心网的组合选择。

对于国内运营商的组网选择,主要有两种:采用 Option2 的 SA,此时 5G 无线接入网(NR)与 5G 核心网(5GC)直接连接;采用 Option3 的 NSA,此时 5G 无线接入网(NR)与 4G 核心网(EPC)连接,不需要 5G 核心网,终端与 5G 无线接入网(NR)和 4G 无线接入网(eNB)采用双连接机制。

Option3 系列如图 8.39 所示。

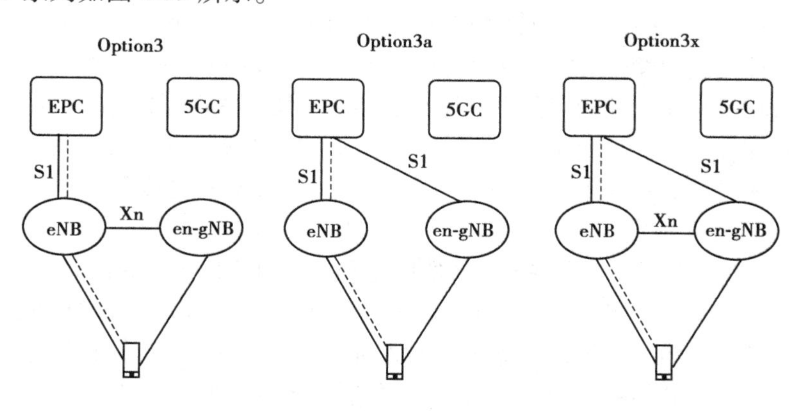

图 8.39 Option3 系列

Option2 组网架构如图 8.40 所示。

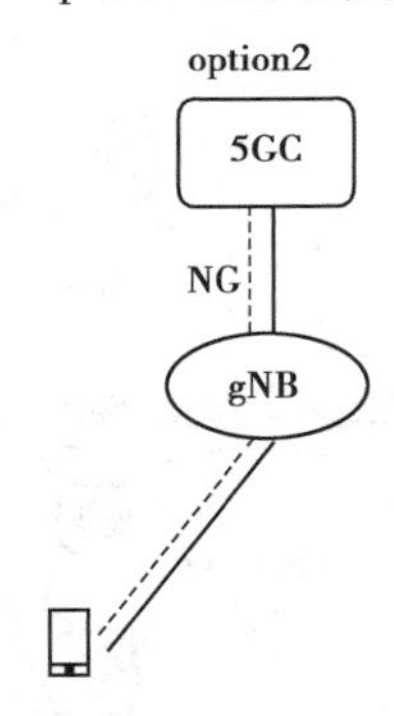

图 8.40 Option2 组网

2) 网络服务

与过去的移动通信系统不同,5G 系统架构将逐渐取消专用的网元设备,转而采用在通用服务器上部署各种网络功能(Network Function,NF)的形式。NF 是 5G 系统逻辑架构中的组件,主要包括以下几种。

• AMF(Access and Mobility Management Function):接入和移动管理功能,是 RAN 控制面接口(N2)的终止,也是 NAS(N1)协议的终止,为 NAS 提供加密和完整性保护。AMF 的主要功能还包括接入授权和认证、连接管理、移动管理等。在与 EPS 互操作的场景中,AMF 负责 EPS 承载 ID 的分配。

• SMF(Session Management Function):会话管理功能,主要负责会话建立、修改和释放,以及 UPF 与接入网(Access Network,AN)节点之间的通道维护。SMF 提供 DHCP 功能,并负责为用户终端分配和管理 IP 地址。SMF 作为 ARP 代理和 IPv6 邻居征集代理,通过提供与请求中发送的 IP 地址对应的 MAC 地址来响应 ARP 和 IPv6 邻居征集请求。SMF 另一个重要的功能是选择和控制用户面功能,包括控制 UPF 代理 ARP 和 IPv6 邻居发现,或将所有 ARP 和 IPv6 邻居请求流量转发到 SMF,用于以太网 PDU 会话。

• UPF(User Plane Function):用户面功能,是 RAT 内及 RAT 间移动时的锚点,也是与 DN 互联的外部 PDU 会话点。UPF 负责分组路由和转发相关功能,如支持上行链路分类器将业务流路由到一个数据网络实例、支持分支点以支持多宿主 PDU 会话。UPF 也负责分组检查,如服务化数据流模板的应用检测。

• PCF(Policy Control Function):PCF 支持统一的策略框架来管理网络行为。为控制面功能提供强制执行的策略规则。访问与统一数据存储库(UDR)中的策略决策相关的订阅信息。

• NEF(Network Exposure Function):网络开放功能主要包含 3 类独立的功能。

能力和事件曝光:3GPP NF 通过 NEF 向其他 NF 公开功能和事件,NF 暴露的能力和事件可以安全地暴露给第三方、应用功能(Application Function,AF)、边缘计算。NEF 使用标准化接口将信息作为结构化数据存储/检索到 UDR(统一数据存储库)。

提供从外部应用程序到 3GPP 网络的安全信息:为 AF 提供一种安全地向 3GPP 网络提供信息的方法,例如,预期的用户行为,在这种情况下,NEF 可以验证和授权并协助限制 AF。

内部-外部信息的翻译:在与 AF 交换的信息和与内部 NF 交换的信息之间进行转换,例如,在 AF 服务识别(AF-Service Identifier)和内部 5G 核心网信息(如 DNN、S-NSSAI)之间进行转换。NEF 还可根据网络策略处理对外部 AF 的网络和用户敏感信息的屏蔽。

• NRF(Network Repository Function):网络存储功能主要负责 NF 的发现和维护等。NF 服务发现是指从 NF 实例接收 NF 发现请求,并将发现的(或被发现的)NF 实例的信息提供给 NF 实例。NF 维护是指对可用 NF 实例及其支持服务的 NF 配置文件的维护。NRF 中维护 NF 实例的描述信息主要包含 NF 实例 ID、NF 类型、PLMN ID 网络切片相关的识别器(如 S-NSSAI、NSI ID)、NF 的 FQDN 或 IP 地址、NF 能力信息、NF 特定服务授权信息等。

- UDM(Unified Data Management):统一数据管理,负责对用户的识别(例如,5G 系统中每个用户的 SUPI 的存储和管理),以及生成 3GPP 认证与密钥协商(Authentication and Key Agreement,AKA)身份验证凭据。UDM 负责订阅管理,并基于订阅数据进行访问授权(如漫游限制)。UDM 对用户终端的服务 NF 进行注册管理(如为用户终端存储服务 AMF,为用户终端的 PDU 会话存储服务 SMF)。UDM 支持服务/会话连续性,如通过保持 SMF/DNN 分配正在进行的会话。
- AUSF(Authentication Server Function):认证服务器功能,支持 TS 33.501 中规定的 3GPP 接入和不受信任的非 3GPP 接入认证。
- NSSF(Network Slice Selection Function):网络切片选择功能,主要包括为用户终端选择服务的网络切片实例集合、确定允许的和已配置的网络切片选择辅助信息(Network Slice Selection Assistance Information,NSSAI)、确定服务用户终端的 AMF 集合等。
- N3IWF(Non-3GPP Inter Working Function):非 3GPP 互操作功能,在不受信任的非 3GPP 访问情况下负责与 UE 建立 IPSec 隧道、为控制面和用户面 N2 和 N3 接口提供终止、为用户终端和 AMF 之间的上行链路和下行链路控制面 NAS(N1)信令提供中继、处理与 PDU 会话和 QoS 相关的 SMF(由 AMF 中继)的 N2 信令、建立 IPSec 安全关联(IPSec SA)以支持 PDU 会话流量。
- UDR(Unified Data Repository):统一数据存储库中保存的数据及主要功能包括存储和检索 UDM 的订阅数据、存储和检索 PCF 的策略数据、存储和检索结构化数据以便进行暴露、存储和检索 NEF 的应用数据[包括用于应用检测的分组流描述(Packet Flow Description,PFD)和用于多个 UE 的 AF 请求信息]。UDR 与使用 Nudr(PLMN 内部接口)存储和从中检索数据的 NF 服务使用者在相同的 PLMN 中,部署时可以选择将 UDR 与 UDSF 并置。
- UDSF(Unstructured Data Storage Function):非结构数据存储功能,是 5G 系统架构中可选的功能模块,主要用于存储任意 NF 的非结构数据。
- SMSF(Short Message Service Function):短消息服务功能,支持基于 NSA 的短信服务,包括短信管理订阅数据检查和相应的短信传送等。
- 5G-EIR(5G-Equipment Identity Register):5G 设备识别寄存器,是 5G 系统架构中可选的功能模块,主要用于检查 PEI 的状态(例如,检查它是否已被列入黑名单)。
- LMF(Location Management Function):位置管理功能,主要负责用户终端的位置确定。LMF 可从用户终端获得下行链路位置策略或位置估计,也可从 NGRAN 获得上行链路位置测量,同时能够从 NG RAN 获得非用户终端相关的辅助数据。
- SEPP(Security Edge Protection Proxy):安全边缘保护代理,是一种非透明代理,主要负责 PLMN 之间的控制面接口消息过滤和监管。SEPP 从安全角度保护服务使用者和服务生产者之间的连接,即 SEPP 不会复制服务生产者应用的服务授权。

• NWDAF(Network Data Analytics Function):网络数据分析功能,代表运营商管理的网络分析逻辑功能。NWDAF 为 NF 提供切片层面的网络数据分析,在网络切片实例级别上向 NF 提供网络分析信息(即负载级别信息),其并不需要知道使用该切片的当前订阅用户。NWDAF 将切片层面的网络状态分析信息通知给订阅它的 NF。NF 可以直接从 NWDAF 收集切片层面的网络状态分析信息。此信息不是订阅用户特定的。

5.5G 移动通信的关键技术

1)高频段传输

移动通信传统工作频段主要集中在 3 GHz 以下,这使得频谱资源十分拥挤,而在高频段(如毫米波、厘米波频段)可用的频谱资源丰富,能够有效缓解频谱资源紧张的现状,可以实现极高速短距离通信,支持 5G 在容量和传输速率等方面的需求。

高频段在移动通信中的应用是未来的发展趋势,业界对此高度关注。足量的可用带宽、小型化的天线和设备、较高的天线增益是高频段毫米波移动通信的主要优点,但也存在传输距离短、穿透和绕射能力差、容易受气候环境影响等缺点。射频器件、系统设计等方面的问题也有待进一步研究和解决。

监测中心目前正在积极开展高频段需求研究以及潜在候选频段的遴选工作。高频段资源虽然目前较为丰富,但是仍需要进行科学规划,统筹兼顾,从而使宝贵的频谱资源得到最优配置。

2)新型多天线传输技术

多天线技术经历了从无源到有源,从二维(2D)到三维(3D),从高阶 MIMO 到大规模阵列的发展,将有望实现频谱效率提升数十倍甚至更高,是目前 5G 技术重要的研究方向之一。

由于引入了有源天线阵列,基站侧可支持的协作天线数量将达到 128 根。此外,原来的 2D 天线阵列拓展成为 3D 天线阵列,形成新颖的 3D-MIMO 技术,支持多用户波束智能赋型,减少用户间干扰,结合高频段毫米波技术,将进一步改善无线信号覆盖性能。

目前研究人员正在针对大规模天线信道测量与建模、阵列设计与校准、导频信道、码本及反馈机制等问题进行研究,未来将支持更多的用户空分多址(SDMA),显著降低发射功率,实现绿色节能,提升覆盖能力。

3)同时同频全双工技术

现有的无线通信系统中,由于技术条件的限制,不能实现同时同频的双向通信,双向链路都是通过时间或频率进行区分的,对应于 TDD 和 FDD 方式。由于不能进行同时、同频双向通信,理论上浪费了一半的无线资源(频率和时间)。

同时同频全双工技术是在相同的频谱上，通信的收发双方同时发射和接收信号，与传统的 TDD 和 FDD 双工方式相比，从理论上可使空口频谱效率提高 1 倍。

由于接收和发送信号之间的功率差异非常大，导致严重的自干扰，因此实现全双工技术应用的首要问题是自干扰的抵消。目前为止，全双工技术已被证明可行，但暂时不适用于 MIMO 系统。

4）D2D 技术

Device-to-Device（D2D）通信是一种在系统的控制下，允许终端之间通过复用小区资源直接进行通信的新型技术，它能够增加蜂窝通信系统频谱效率，降低终端发射功率，在一定程度上解决无线通信系统频谱资源匮乏的问题。由于短距离直接通信，信道质量高，D2D 能够实现较高的数据速率、较低的时延和较低的功耗；通过广泛分布的终端，能够改善覆盖，实现频谱资源的高效利用；支持更灵活的网络架构和连接方法，提升链路灵活性和网络可靠性。

目前，D2D 采用广播、组播和单播技术方案，未来将发展其增强技术，包括基于 D2D 的中继技术、多天线技术和联合编码技术等。

5）密集和超密集组网技术

在 5G 通信中，无线通信网络正朝着网络多元化、宽带化、综合化、智能化的方向演进。随着各种智能终端的普及，数据流量将出现井喷式的增长。数据业务将主要分布在室内和热点地区，这使得超密集网络成为实现 5G 的 1 000 倍流量需求的主要手段之一。超密集网络能够改善网络覆盖，大幅度提升系统容量，并且对业务进行分流，具有更灵活的网络部署和更高效的频率复用。未来，面向高频段大带宽，将采用更加密集的网络方案，部署小小区/扇区将高达 100 个以上。

干扰消除、小区快速发现、密集小区间协作、基于终端能力提升的移动性增强方案等，都是目前密集网络方面的研究热点。

6）新型网络架构

目前，LTE 接入网采用网络扁平化架构，减小了系统时延，降低了建网成本和维护成本。5G 可采用 CRAN 接入网架构。CRAN 是基于集中化处理、协作式无线电和实时云计算构架的绿色无线接入网构架。CRAN 的基本思想是通过充分利用低成本高速光传输网络，直接在远端天线和集中化的中心节点间传送无线信号，以构建覆盖上百个基站服务区域，甚至上百平方公里的无线接入系统。CRAN 架构适于采用协同技术，能够减小干扰，降低功耗，提升频谱效率，同时便于实现动态使用的智能化组网，集中处理有利于降低成本，便于维护，减少运营支出。

项目小结

移动通信是指至少有一方是在移动过程中进行的通信。按照通话的状态和频率的使用方法，移动通信网络有3种基本工作方式，即单工制、半双工制和双工制，其提供的业务分为移动语音业务和移动数据业务两大类。移动通信的无线信道具有传播环境复杂，信号衰落严重及环境被电磁噪声污染。3G的系统结构包括终端侧的用户识别模块和移动终端及网络侧的无线接入网和核心网，其标准有三：cdma2000、WCDMA和TD-SCDMA。4G通信技术并没有脱离以前的通信技术，而是以传统通信技术为基础，并利用了一些新的通信技术，来不断提高无线通信的网络效率和功能的。4G通信技术最明显的优势在于通话质量及数据通信速度。5G移动通信技术以速度快、延时小等优点，将比4G更胜一筹。5G能同时连接的设备估计将是4G的100倍以上。

习　题

问答题

(1)什么叫移动通信？移动通信有哪些特点？
(2)移动通信的基本工作方式有哪些？
(3)移动通信网络的主流业务有哪些？
(4)移动无线信道的特性是什么？
(5)移动通信中采用什么技术抗衰落？
(6)公众蜂窝移动通信网络的基本组成有哪些？
(7)无线空中接口信道有哪些？
(8)3G移动通信的系统结构如何？
(9)3G移动通信的三大标准是什么？
(10)4G的优点有哪些？
(11)试画出4G系统的结构。
(12)列举出4G的关键技术。
(13)5G的优点有哪些？
(14)试画出5G系统的结构。
(15)列举出5G的关键技术。

参考文献

[1] 潘焱.无线通信系统与技术[M]. 北京:人民邮电出版社,2011.

[2] 孙弋.短距离无线通信及组网技术[M]. 西安:西安电子科技大学出版社,2012.

[3] 陈灿峰.低功耗蓝牙技术原理与应用[M]. 北京:北京航空航天大学出版社,2013.

[4] 黄玉兰.射频识(RFID)核心技术详解,2 版[M]. 北京:人民邮电出版社,2012.

[5] Jiangzhou Wang.高速无线通信——UWB、LTE 与 4G[M]. 北京:人民邮电出版社,2010.

[6] 张瑞生.无线局域网搭建与管理[M]. 北京:电子工业出版社,2013.

[7] 董健.物联网与短距离无线通信技术[M]. 北京:电子工业出版社,2012.

[8] 孙友伟.现代移动通信网络技术[M]. 北京:人民邮电出版社,2012.

[9] 张晓红.红外通信 IrDA 标准与应用[J]. 光电子技术,2003(4):261-265.

[10] 邱磊,肖兵.基于 IrDA 协议栈的红外通信综述[J]. 无线通信技术,2004(4):261-265.

[11] 丁奇.大话移动通信[M]. 北京:人民邮电出版社,2011.

[12] Erik Dahlman.4G 移动通信技术权威指南[M]. 北京:人民邮电出版社,2012.

[13] 燕庆明.物联网技术概论[M]. 西安:西安电子科技大学出版社,2012.

[14] 马建.物联网技术概论[M]. 北京:机械工业出版社,2011.